建设工程资料填写与组卷系列丛书

水利水电工程资料填写与组卷范例

本书编委会　编

中国建材工业出版社

图书在版编目(CIP)数据

水利水电工程资料填写与组卷范例/《水利水电工程资料填写与组卷范例》编委会编. —北京:中国建材工业出版社,2008.1(2020.7 重印)

ISBN 978-7-80227-375-7

Ⅰ.水… Ⅱ.水… Ⅲ.①水利工程—技术档案—档案管理②水力发电工程—技术档案—档案管理 Ⅳ.TV51 G275.3

中国版本图书馆 CIP 数据核字(2007)第 188968 号

内 容 提 要

本书依据《水利工程建设项目档案管理规定》,结合最新水利水电工程施工验收规范编写而成,全书共八章,包括水利水电工程建设项目、水利水电工程基建文件、水利水电工程资料组卷与归档、水利水电工程施工资料编制、水利水电工程施工安全资料编制、水利水电工程检验批质量验收记录填写范例、单元工程质量评定表及水利水电工程监理资料,并对水利水电过程中涉及的基础知识和资料表格的使用分别作出了解释和说明。

本书有助于水利水电工程施工企业管理人员、技术员、质量员及资料员了解和掌握工作中出现的各类资料表格,对水利水电工程监理人员也提供了相关的帮助。

水利水电工程资料填写与组卷范例
本书编委会 编

出版发行:中国建材工业出版社
地 址:北京市海淀区三里河路 1 号
邮 编:100044
经 销:全国各地新华书店
印 刷:天津久佳雅创印刷有限公司
开 本:787mm×1092mm 1/16
印 张:23
字 数:619 千字
版 次:2008 年 1 月第 1 版
印 次:2020 年 7 月第 7 次
书 号:ISBN 978-7-80227-375-7
定 价:59.00 元

本社网址:www.jccbs.com.cn
本书如出现印装质量问题,由我社市场营销部负责调换。电话:(010)88386906
对本书内容有任何疑问及建议,请与本书责编联系。邮箱:dayi51@sina.com

《建设工程资料填写与组卷系列丛书》

主要编写人员所在单位

中国建筑科学研究院
北京市建筑科学研究院
中国建筑工程总公司
中铁建设集团总公司
中建一局集团有限公司
北京建工集团有限公司
北京市政建设集团有限公司
北京城乡建设集团有限公司
北京住总集团有限责任公司
北京城建设计研究总院
北京市政工程设计总院
北京工业设计研究院
北京市建设职工大学
北京市双圆监理咨询公司
北京市方园监理咨询公司

水利水电工程资料填写与组卷范例

编委会

主　编： 张亚辉

副主编： 毛　升　秦付良

编　委： 安　民　边　金　蔡中辉　曹　力
代春生　邓建刚　狄　超　董军辉
郭智多　韩国栋　何文福　黄选明
李小林　刘博祥　陆　参　吕方全
马智英　毛　升　庞振勇　皮振毅
孙雅辛　唐燕云　田雪梅　王　静
王　可　王　雷　吴增富　夏红光
夏明进　杨宇雷　姚立刚　于　劲
苑　辉　张达祥　张明轩　张亚奎
张印涛　周　浪　周卫民

前言

建设工程资料是工程建设过程中形成的各种形式记录，它是与工程实体质量紧密结合在一起，它既反映工程质量的客观见证，又是对工程建设项目进行过程检查、质量评定、维修管理的依据，是城市建设档案的重要组成部分。建设工程资料包括工程基建过程中形成的资料、工程监理过程中形成的资料、工程施工过程中形成的资料以及工程的竣工图等。这些都是构成整个建设工程完整的基础信息。

近年来，随着我国工程建设行业的迅猛发展，建设工程资料管理以其鲜明的特点，正越来越发挥着不可替代的作用，例如：工程资料充分体现建筑企业自身的综合管理水平；工程资料为建设管理者决策提供真实、直接的工程信息；工程资料为城市基础设施建设以及现有工程新建、扩建、维修、管理提供翔实的依据；工程资料为明确建设工程质量责任提供准确、直接的工程信息等。

现在有许多想从事工程建设行业的人士，很想在短时间内对工程建设资料的编制与管理有全面地了解，但他们又很少有直接接触工程施工的机会，也就很难在较短的时间里掌握工程资料管理的知识和组卷的方法。而且现在有很多工程施工企业，乃至建设单位、监理单位的工程资料管理水平极不平衡，仍存在严重的偏差，例如：对种类繁多、数量巨大、来源广泛的工程资料无法科学的分类；对现行标准规范的了解程度不够，缺乏灵活运用的方式方法；缺乏必要的工程资料管理经验等。为解决这些实际问题，我们组织有关方面的专家学者编写了《建设工程资料填写与组卷系列丛书》。

本套丛书包括以下分册：

《建筑工程资料填写与组卷范例》

《建筑安全资料填写与组卷范例》

《建设监理资料填写与组卷范例》

《市政工程资料填写与组卷范例》

《公路工程资料填写与组卷范例》

《园林绿化工程资料填写与组卷范例》

《水利水电工程资料填写与组卷范例》

本套丛书参照《建筑法》、《建筑工程施工质量验收统一标准》(GB 50300—2001)、《建设工程文件归档整理规范》(GB/T 50328—2001)、《建设工程监理规程》(GB 50319—2000)、《施工企业安全生产评价标准》(JGJ/T 77—2010)、《施工现场临时用电安全技术规范》(JGJ 46—2005)、《公路工程质量检验评定标准》(JTG F80—2004)、《公路工程施工监理规范》(JTG G10—2006)等法规、标准规范进行编写，力求做到规范性、实用性、知识性和可操作性。

本套丛书与市面上同类图书比较，主要具有以下特色：

1. 资料全面，紧贴现场，理论与实际相结合，注重与新规范相结合，做到通俗易懂，力求知识性、权威性、前瞻性和实用性。

2. 工程资料管理程序的标准化，结合现行施工工艺标准、规定，推出了一系列针对重点分项工程的资料管理标准化程序，致力于减少过程管理的盲区，增进管理者的工作积极性。

3. 工程资料填写内容与要求的标准化：工程资料作为体现工程建设各个相关单位执行标准的规范程度的载体，必须保证内容与要求达到现行规范的规定，同时必须不断的完善。

4. 务实、创新、发展。对每一分项工程的有关表格进行实例的解析与填写，使读者在参阅丛书之后掌握每一分项工程资料的整体情况，正确填写工程建设用表，使建设施工活动和资料管理的程序不断优化、工作更加协调和谐、实现较高的工作效率。

5. 工程资料组卷、编目标准化。依据《建设工程文件归档整理规范》(GB/T 50328—2001)中的工程资料分类、编目、组卷的指导原则，推出一套实用性很强的标准化目录。

丛书编写过程中，得到广大专家的指导和支持，在此表示衷心的感谢，同时由于编者自身知识水平有限，丛书难免有疏漏和不够准确之处，恳请读者和有关专家批评指正，以便我们不断地改正和完善。

本书编委会

目　录

第一章　水利水电工程建设项目

第一节　水利水电工程建设项目概述

一、基本建设的内容与组成

基本建设就是固定资产的再生产。固定资产再生产，必须包括简单再生产和扩大再生产两个方面。简单再生产，是指建设在原有规模上进行，建造出来的新固定资产，只能补偿、替换被消耗掉的固定资产；扩大再生产，是指新建、扩建、改建等形式建设在扩大的规模上进行的，建造出来的新固定资产多于被消耗掉的固定资产。但是还必须指出，不是所有的固定资产再生产，都是基本建设。根据我国目前政策规定，对于那些低于规定的数量或价值的零星固定资产的购置和零星土建工程，一般作为固定资产更新改造处理，对于用各种专项拨款以及企业基金进行挖潜、革新、改造项目，也不列入基本建设范围之内，如图1-1所示。

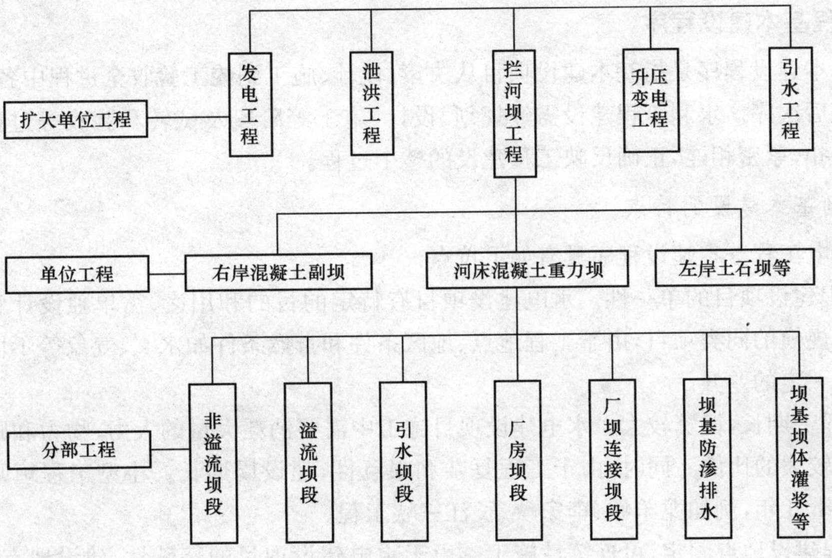

图1-1　水利水电建设项目划分简图

基本建设工程一般可分为建设项目、单项工程、单位工程三级。单位工程由各个分部工程组成，分部工程由各个分项工程组成。

1. 建设项目

建设项目是指按照一个总体设计进行施工，经济上实行统一核算，行政上有独立的组织形式的基本建设单位，一般应以一个企业（或联合企业）事业单位或大型独立工程作为一个建设项目，如新建一条隧道或一个污水处理厂。

2. 单项工程

单项工程又称工程项目，是建设项目的组成部分，能够独立发挥生产能力或效益的工程。一般是指工业建设中能独立生产的车间，或非工业建设中能发挥设计规定的主要效益的各个独立工程，如排水工程中的泵站建设。

3. 单位工程

单位工程单项工程的组成部分，通常按照单项工程所包含的不同性质的工程内容，根据能否独立施工的要求，将一个单项工程划分为若干个单位工程，如泵站建设中泵房建筑是一个单位工程，泵机安装也是一个单位工程。

4. 分部工程

分部工程是单位工程的组成部分，一般是按照单位工程的各个部位划分的，如泵房建筑中可分为基础工程、墙体工程、屋面工程等分部工程，也可按照工种工程来划分，如泵房建筑中的土方工程、钢筋混凝土工程、装饰工程等。

5. 分项工程

分项工程是分部工程的组成部分，它是将分部工程更细地划分为若干分项工程，如泵房建筑中的土方工程又可分为挖土、土方运输、回填土等。

二、工程基本建设程序

工程基本建设程序是指基本建设项目从决策、设计、施工到竣工验收全过程中各项工作所必须遵循的先后次序。水利工程建设需经规划、设计、施工等阶段及试转和验收等过程，各工作环节须环环相扣，紧密相连，正确反映工程建设的整个过程。

1. 水利基本建设的特点

水利水电工程基本建设程序具有如下特点：

(1)工程建设项目的单一性。水电建设项目有特定的目的和用途，需单独设计和单独建设。即使为相同规模的同类项目，由于工程地点、地区条件和自然条件如水文、气象等不同，其设计和施工也具有一定的差异。

(2)工程工期长，耗资较大。水电建设项目施工中需要消耗大量的人力、物力和财力，在工程费用中占有较大的比例。同时，由于工程复杂和艰巨性，建设周期长。小型工程短则二三年，大型工程长则十几年，例如龙羊峡、李家峡、长江三峡工程。

(3)工程建设地点固定，可连续性施工。由于水电建设项目的特殊性，建设地点须经多方案选择和比较，并进行规划、设计和施工等工作。在河道中施工时，需考虑施工导流、截流及水下作业等问题。

(4)工程建设涉及面广，问题复杂。水电建设项目一般为多目标综合开发利用，工程(如水库、大坝、溢洪道、泄水建筑物、引水建筑物、电厂、船闸等)具有防洪、灌溉、发电、供水、航运等综合效益，涉及面广，问题复杂。需科学组织和编写施工组织设计，并采用现代施工技术和科学的施工管理，优质高速地完成预期目标。

2. 水利工程基本建设程序简图

水利水电工程基本建设程序简图如图 1-2 所示。

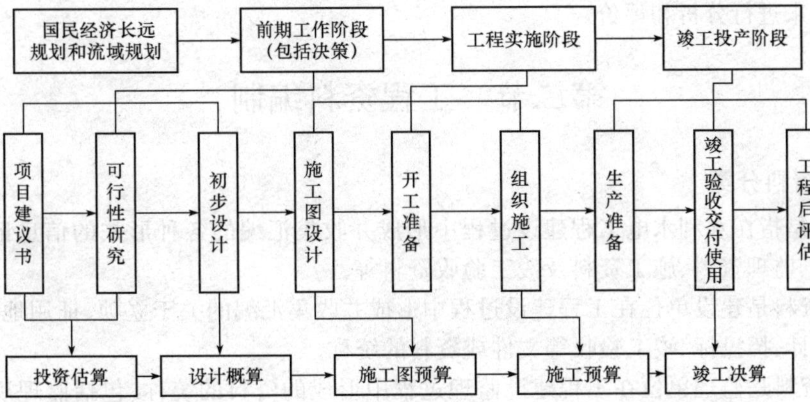

图 1-2　水利水电工程建设程序与概预算关系简图

3. 水利工程基本建设程序分段

(1)流域规划。流域规划就是根据该流域的水资源条件和国家长远计划，以及该地区水利水电工程建设发展的要求，提出该流域水资源的梯级开发和综合利用的最优方案。对该流域的自然地理、经济状况等进行全面、系统的调查研究，初步确定流域内可能的建设位置，分析各个坝址的建设条件，拟订梯级布置方案、工程规模、工程效益等，进行多方案分析比较，选定合理梯级开发方案，并推荐近期开发的工程项目。

(2)项目建议书阶段。在流域规划基础上，由主管部门或投资者提出工程项目轮廓设想，主要从客观上分析项目建设的必要性和可能性，就项目是否有必要建设、是否具备建设条件等进行分析。项目建议书应按国家规定权限向上级主管部门申报审批。

(3)可行性研究阶段。通过调查、勘测、方案比较等工作，对建设项目在技术上和经济上是否可行进行科学分析和研究，提出评价意见，推荐最佳方案。可行性研究是进行建设项目立项决策的依据。

(4)设计阶段。设计工作一般分两阶段进行，即初步设计和施工图设计。对于重大工程建设项目或新型、特殊工程项目采用三阶段设计，即初步设计、技术设计和施工图设计。

(5)施工准备阶段。主要内容为编制建设项目实施计划、组织招标设计及设备物资采购、施工招标投标，组织和建设必需的生产、生活临时建筑工程等，完成施工用水、电、通信、路和场地平整工作。

(6)建设实施阶段。项目法人提出申请开工报告，报主管部门审批。施工单位须严格履行合同，和建设单位、设计单位、监理工程师密切配合。施工过程须按设计图纸严格进行，各个环节要相互协调，科学管理，确保工程质量。

(7)生产准备阶段。在建设项目施工进行的同时，建设单位应有计划有步骤做好各项生产准备，为竣工后投产创造条件。如生产技术和物资准备、人员培训等。

(8)竣工验收阶段。主要全面考核建设成果，检查设计和施工质量，解决影响投产的问题，办理移交手续和交付使用。

办理竣工验收以前，须进行试运行。竣工验收程序有单项工程验收和整个工程项目的全部验收。凡能独立发挥作用的单项工程应进行阶段验收，如截流、下闸蓄水等。

(9)后评估阶段。评估内容有影响评价、经济效益评价和过程评价。前两种评价是从项目投产后运行结果来进行分析和评价。

第二节　工程资料编制

一、工程资料分类

工程资料是指在水利水电工程建设过程中形成并收集汇编的各种形式的信息记录，一般可分为基建文件、监理资料、施工资料及竣工验收资料等。

(1)基建资料是建设单位在工程建设过程中形成并收集汇编的关于立项、征用地、拆迁、地质勘察、测绘、设计、招投标、竣工验收等文件或资料的统称。

(2)监理资料是监理单位在工程建设监理过程中形成的资料的统称，包括监理规划、监理实施细则、监理月报、监理日志、监理工作记录、竣工验收资料、监理工作总结及其他资料。

(3)施工资料是施工单位在施工过程中形成的资料的统称，包括施工管理资料、施工技术文件、施工物资资料、施工测量监测记录、施工记录、施工试验记录、施工验收资料、施工质量评定资料等。

二、工程资料编制要求

(1)工程资料应真实反映工程的实际情况，具有永久和长期保存价值的材料必须完整、准确和系统。

(2)工程资料应使用原件，因各种原因不能使用原件的，应在复印件上加盖原件存放单位公章、注明原件存放处、并有经办人签字及时间。

(3)工程资料应保证字迹清晰，签字、盖章手续齐全，签字必须使用档案规定用笔。计算机形成的工程资料应采用内容打印、手工签名的方式。

(4)施工图的变更、洽商绘图应符合技术要求。凡采用施工蓝图改绘竣工图的，必须使用反差明显的蓝图，竣工图图面应整洁。

(5)工程档案的填写和编制应符合档案缩微管理和计算机输入的要求。

(6)工程档案的缩微制品，必须按国家缩微标准进行制作，主要技术指标(解像力、密度、海波残留量等)应符合国家标准规定，保证质量，以适应长期安全保管。

(7)工程资料的照片(含底片)及声像档案，应图像清晰，声音清楚，文字说明或内容准确。

三、工程资料管理规定

1. 基建文件的管理

(1)建设单位必须按照基本建设程序开展工作，并配备专职或兼职档案资料管理人员。档案资料管理人员应负责及时收集基本建设程序各个环节所形成的文件原件，并按类别、形成时间进行登记立卷、保管，待工作竣工后按规定进行移交。

(2)水利水电工程基建文件的管理流程如图 1-3 所示。

(3)对于新建、扩建、改建的建设项目，其基建文件必须按有关行政主管部门的规定和要求进行申报、审批、并保证开、竣工手续和文件完整、齐全。

(4)工程竣工验收应由建设单位组织勘察、设计、监理、施工等有关单位进行，并形成竣工验收文件(图 1-4)。

(5)工程竣工后，建设单位应负责工程竣工备案工作。按照关于竣工备案的有关规定，提交完整的竣工备案文件，报竣工备案管理部门备案。

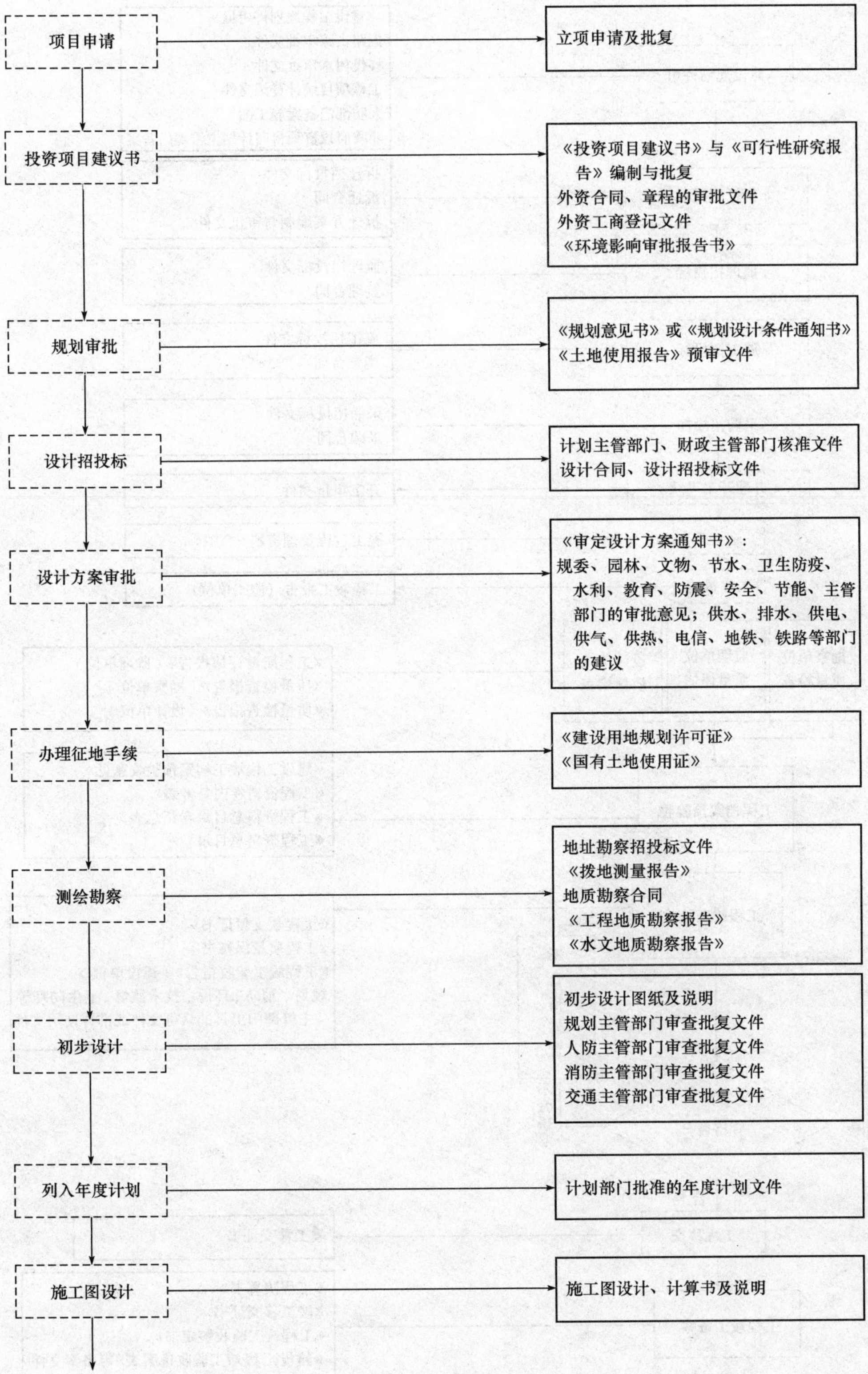

图 1-3　基建文件管理流程(一)

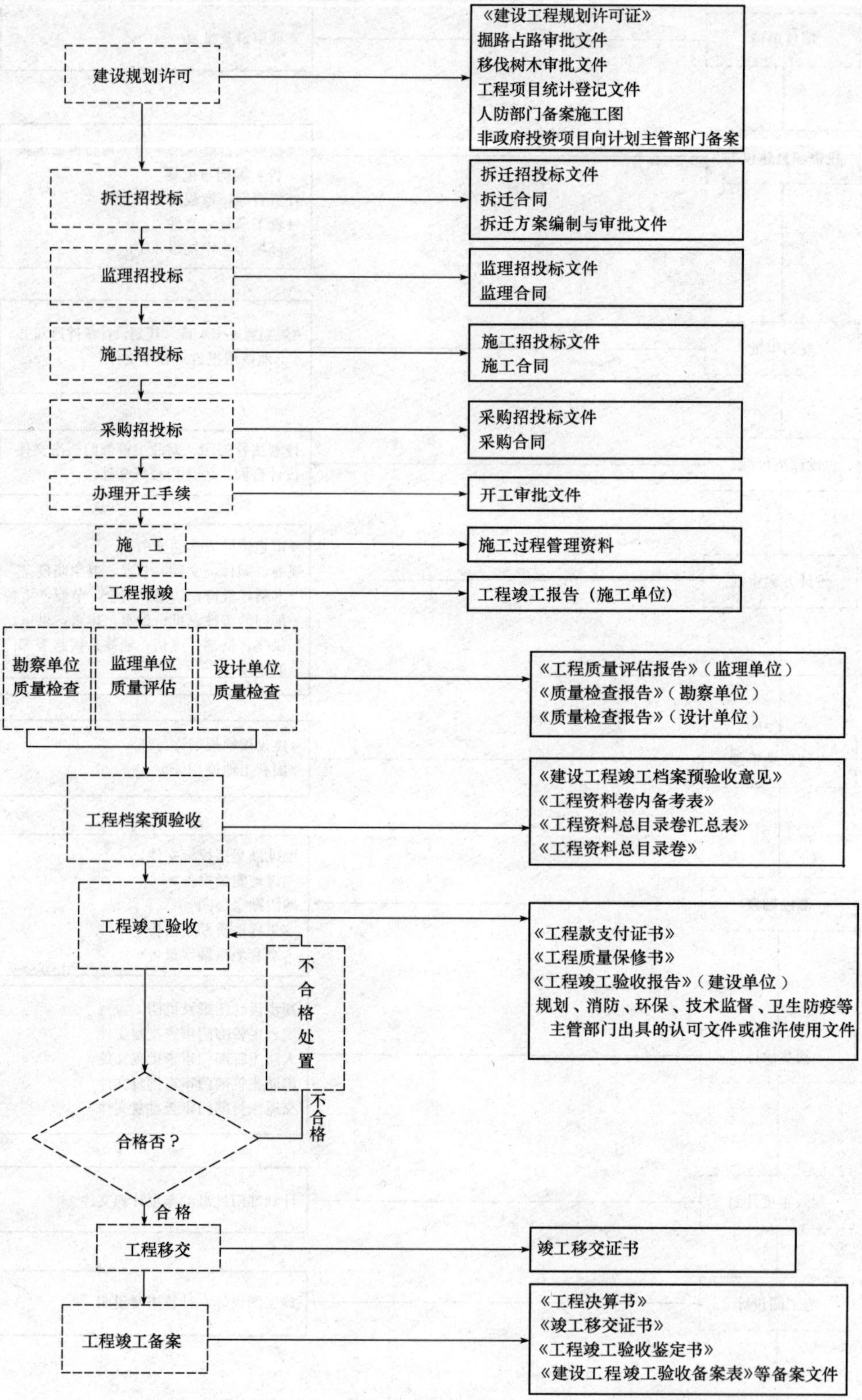

图 1-3　基建文件管理流程(二)

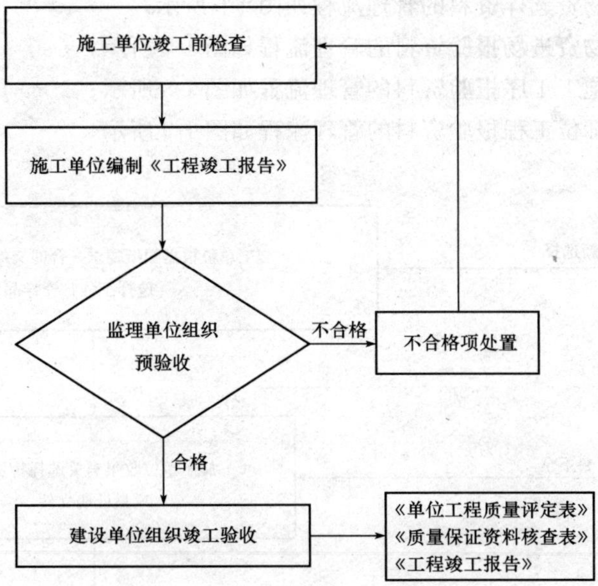

图 1-4　竣工报验资料管理流程

2. 施工资料管理

(1)各类施工资料的具体管理工作流程应符合下列规定：

1)水利水电工程施工技术报审资料的管理流程如图 1-5 所示；

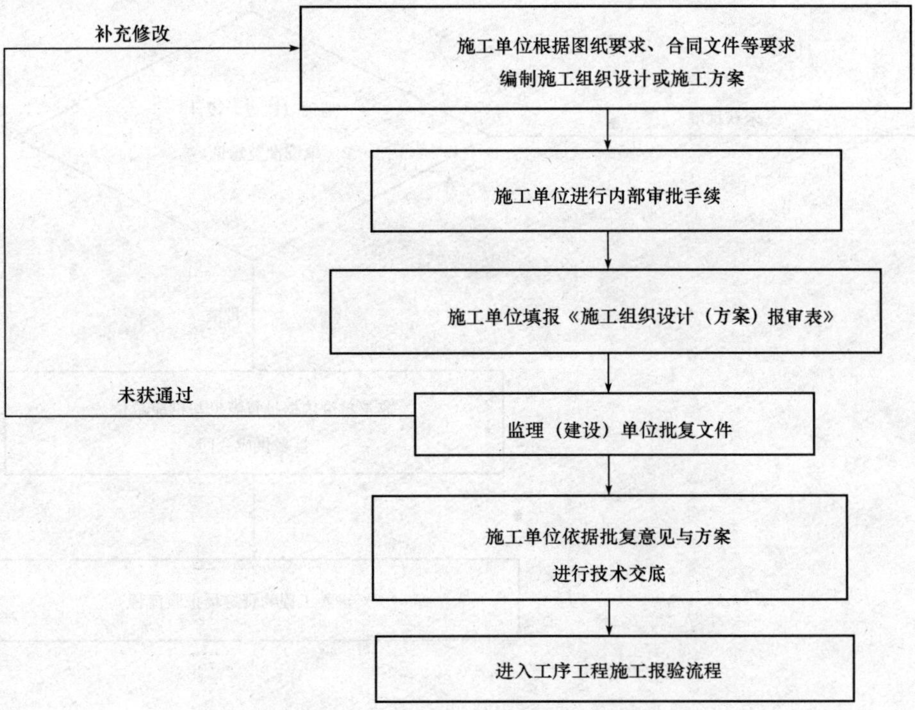

图 1-5　施工技术资料管理流程

2)水利水电工程物资选样资料的管理流程如图 1-6 所示；

3)水利水电工程物资进场报验资料的管理流程如图 1-7 所示；

4)水利水电工程施工工序报验资料的管理流程如图 1-8 所示；

5)水利水电工程部位工程报验资料的管理流程如图 1-9 所示。

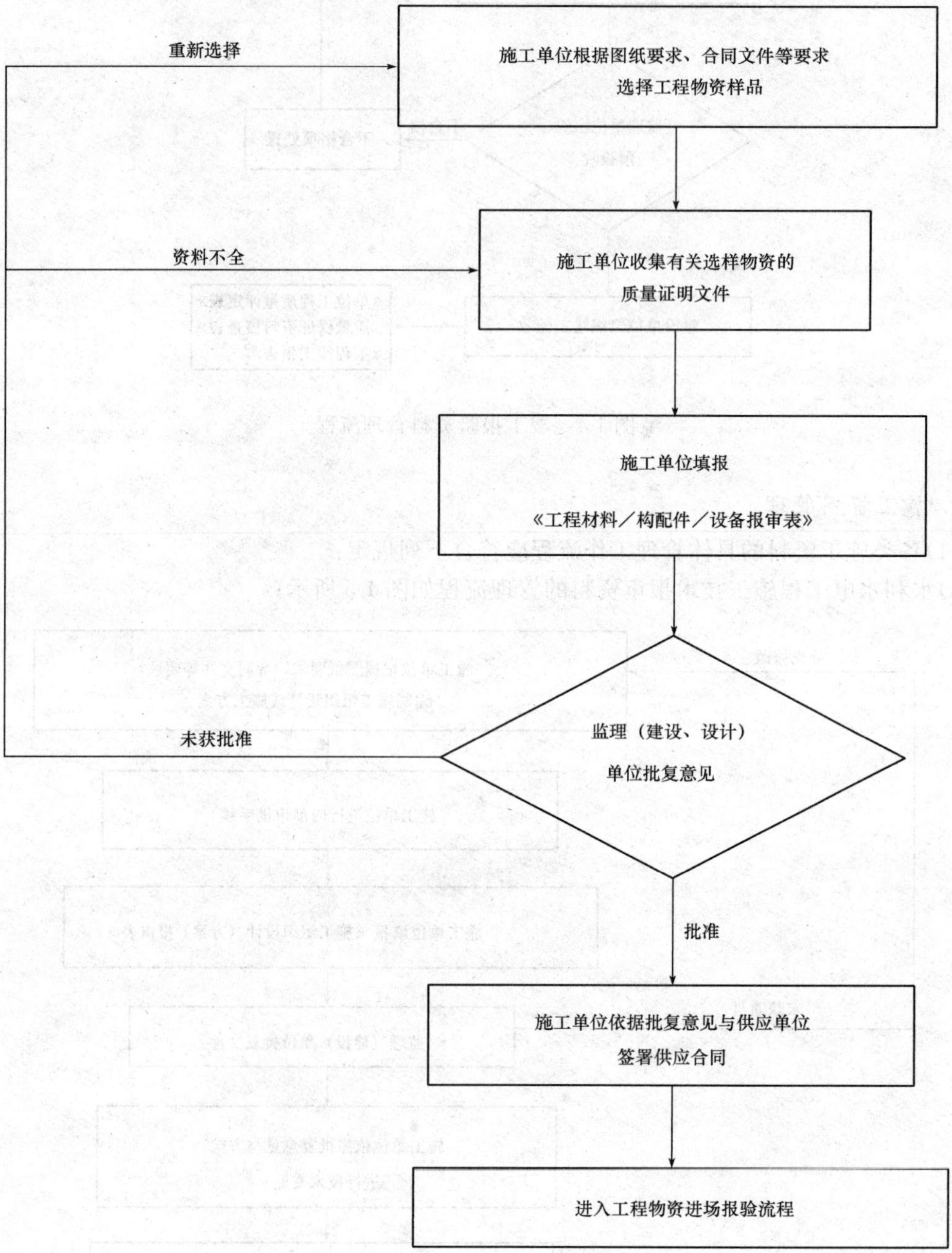

图 1-6　工程物资选样资料管理流程

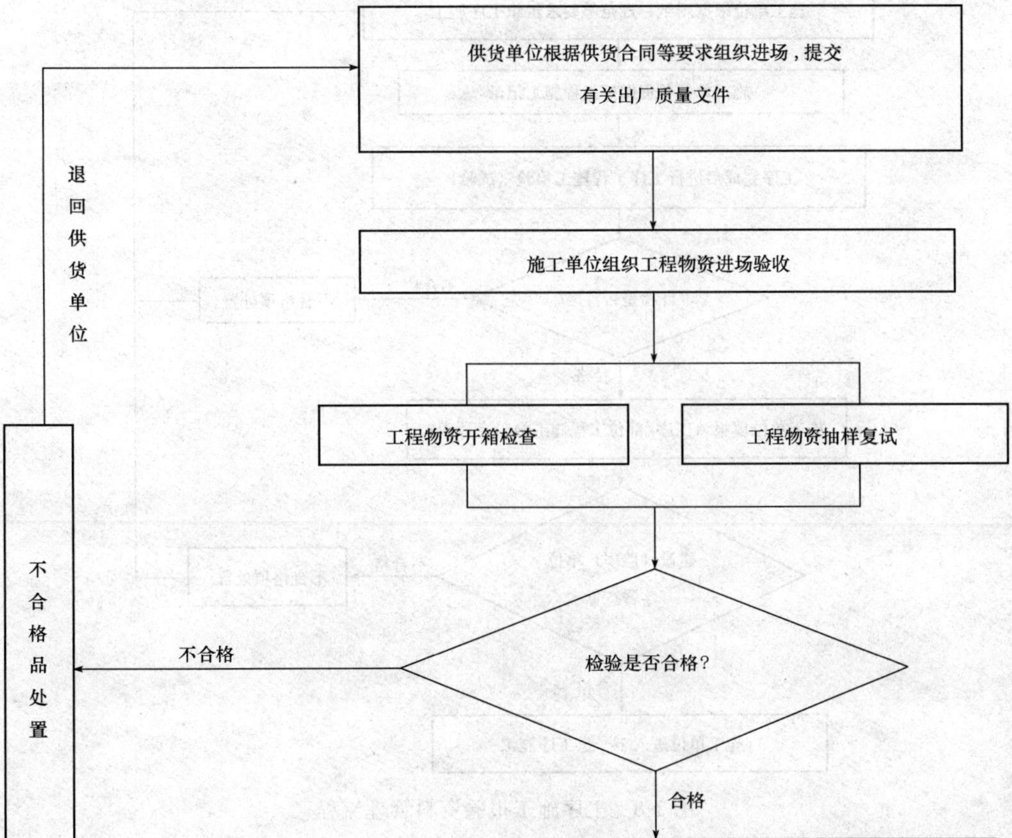

图 1-7　物资进场报验资料管理流程

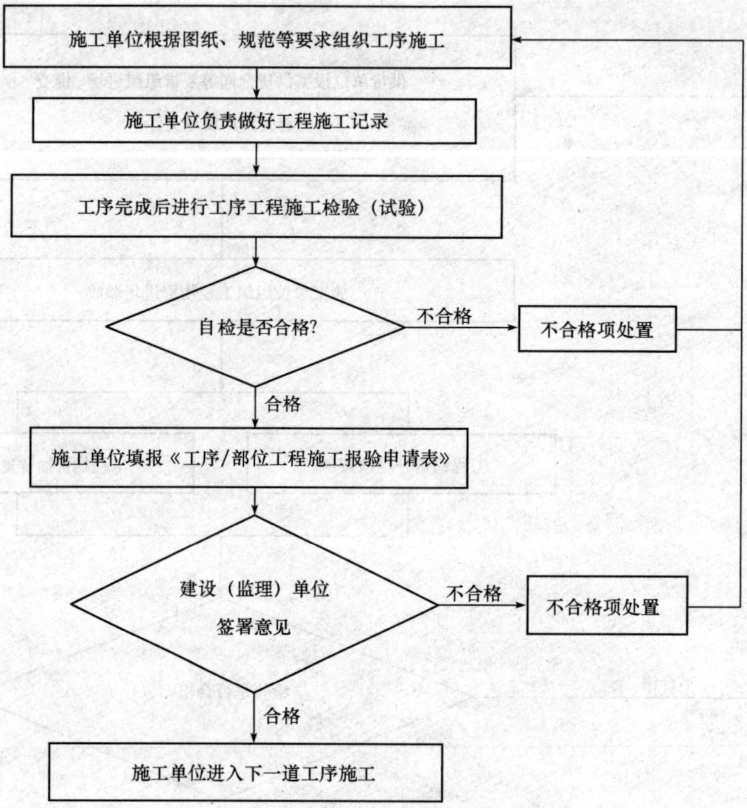

图 1-8　工序施工报验资料管理流程

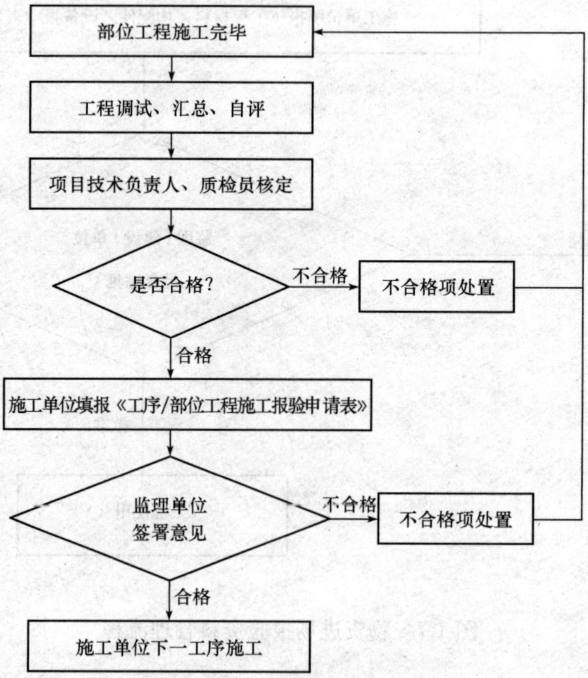

图 1-9　部位工程报验资料管理流程

(2)施工资料应实行报验、报审管理。施工过程中形成的资料应按报验、报审程序，通过相关施工单位审核后，方可报建设(监理)单位。

(3)施工资料的报验、报审应有时限性要求。工程相关各单位宜在合同中约定报验、报审资料的申报时间及审批时间，并约定应承担的责任。当无约定时，施工资料的申报、审批不得影响正常施工。

(4)建筑工程实行总承包的，应在与分包单位签订施工合同中明确施工资料的移交套数、移交时间、质量要求及验收标准等。分包工程完工后，应将有关施工资料按约定移交。

3. 监理资料管理

(1)水利水电工程项目建设中，对于监理资料的管理按图 1-10 所示的流程执行。

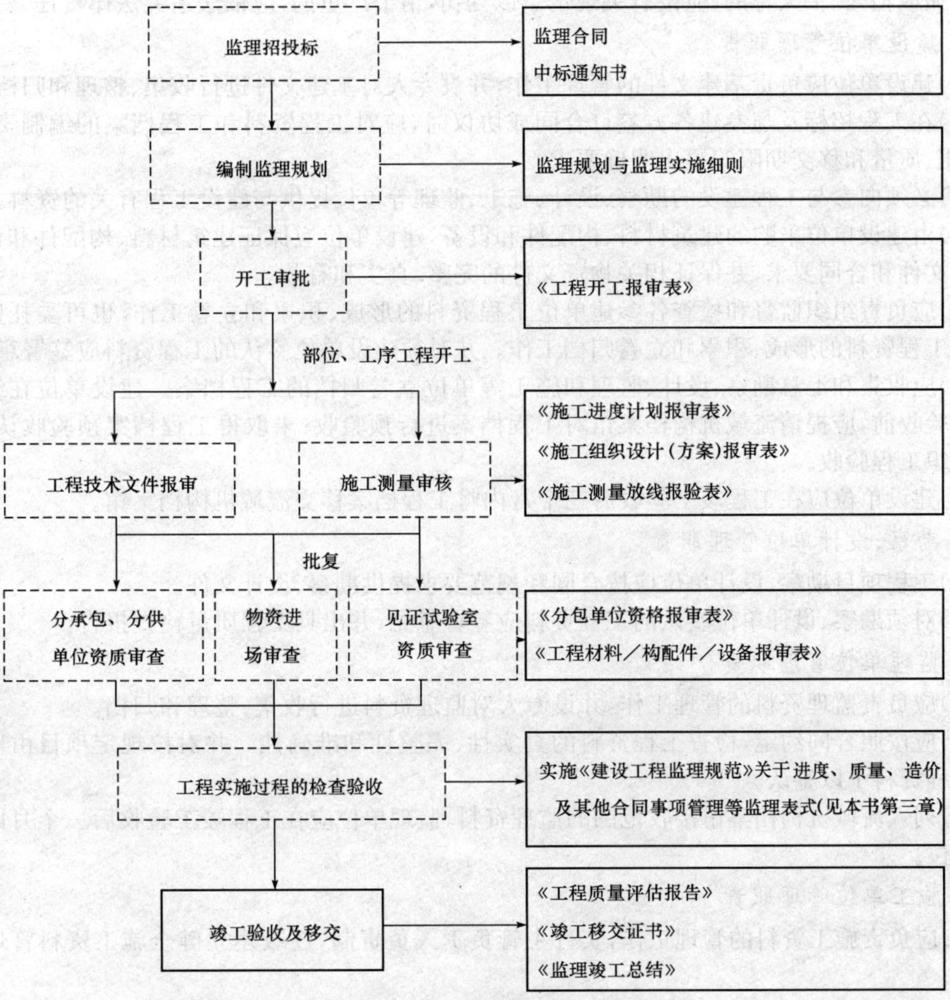

图 1-10　监理资料管理流程

(2)监理资料管理时，除应按照合同约定审核勘察、设计文件外，还应对施工单位报送的施工资料进行审查。报送的施工资料应完整、准确，合格后应予以签认。

四、各单位资料管理职责

水利水电工程资料的形成，应符合国家地方相关法律、法规、施工质量验收标准和规范、工程合同与设计文件的规定。各建设单位对工程建设中所形成的各类资料的管理职责如下：

1. 通用职责

(1)工程项目各参建单位应将工程资料的形成和积累纳入工程建设管理的各个环节,并设置专职或兼职人员具体负责。

(2)在项目建设过程中,所形成的各类工程资料应随工程进度同步收集和整理,并按有关规定进行移交。

(3)工程资料应实行分级管理,由建设、监理、施工单位主管(技术)负责人组织本单位工程资料的全过程管理工作。工程资料的收集、整理工作和审核工作应有专人负责,并按规定取得相应的岗位资格。

(4)工程各参建单位应确保各自文件的真实、有效、完整和齐全,对工程资料进行涂改、伪造、随意抽撤或损毁、丢失等的,应按有关规定予以处罚,情节严重的,应依法追究法律责任。

2. 建设单位管理职责

(1)建设单位应负责基建文件的管理工作,并设专人对基建文件进行收集、整理和归档。

(2)在工程招标及与参建各方签订合同或协议时,应对工程资料和工程档案的编制责任、套数、费用、质量和移交期限等提出明确要求。

(3)必须向参与工程建设的勘察、设计、施工、监理等单位提供与建设工程有关的资料。

(4)由建设单位采购的建筑材料、构配件和设备,建设单位应保证建筑材料、构配件和设备符合设计文件和合同要求,并保证相关物资文件的完整、真实和有效。

(5)应负责组织监督和检查各参建单位工程资料的形成、积累和立卷工作,也可委托监理单位检查工程资料的形成、积累和立卷归档工作。并对须建设单位签认的工程资料应签署意见。

(6)应收集和汇总勘察、设计、监理和施工等单位立卷归档的工程档案。建设单位在组织工程竣工验收前,应提请流域机构档案馆对工程档案进行预验收;未取得工程档案预验收认可的,不得组织工程验收。

(7)建设单位应在工程竣工验收后三个月内将工程档案移交流域机构档案馆。

3. 勘察、设计单位管理职责

(1)工程项目勘察、设计单位应按合同和规范要求提供勘察、设计文件。

(2)对须勘察、设计单位签认的工程资料应签署意见,并出具工程质量检查报告。

4. 监理单位管理职责

(1)应负责监理资料的管理工作,并设专人对监理资料进行收集、整理和归档。

(2)应按照合同约定,检查工程资料的真实性、完整性和准确性。并对按规定项目由监理签认的工程资料予以签认。

(3)列入流域机构档案馆接收范围的监理资料,监理单位应在工程竣工验收后三个月内移交建设单位。

5. 施工单位管理职责

(1)应负责施工资料的管理工作,实行主管负责人负责制,逐级建立健全施工资料管理岗位责任制。

(2)总承包单位负责汇总、审核各分包单位编制的施工资料。分包单位应负责其分包范围内施工资料的收集和整理,并对施工资料的真实性、完整性和有效性负责。

(3)应在工程竣工验收前,将工程的施工资料整理、汇总完成,并移交建设单位进行工程竣工验收。

(4)负责编制的施工资料除自行保存一套外,移交建设单位两套,其中包括移交流域机构档案馆原件一套。资料的保存年限应符合相应规定。如建设单位对施工资料的编制套数有特殊要求的,可另行约定。

第二章　水利水电工程基建文件

第一节　基建文件的内容

水利水电工程各基建部门应积极配合档案管理部门，认真履行监督、检查和指导职责，共同做好本单位及本系统的水利工程档案编写及管理工作。

一、基建文件编制要求

(1)工程资料应真实反映工程的实际情况，具有永久和长期保存价值的材料必须完整、准确和系统。

(2)工程资料应使用原件，因各种原因不能使用原件的，应在复印件上加盖原件存放单位公章、注明原件存放处、并有经办人签字及时间。

(3)工程资料应保证字迹清晰，签字、盖章手续齐全，签字必须使用档案规定用笔。计算机形成的工程资料应采用内容打印、手工签名的方式。

(4)施工图的变更、洽商绘图应符合技术要求。凡采用施工蓝图改绘竣工图的，必须使用反差明显的蓝图，竣工图图面应整洁。

(5)工程档案的填写和编制应符合档案缩微管理和计算机输入的要求。

(6)工程档案的缩微制品，必须按国家缩微标准进行制作，主要技术指标(解像力、密度、海波残留量等)应符合国家标准规定，保证质量，以适应长期安全保管。

(7)工程资料的照片(含底片)及声像档案，应图像清晰，声音清楚，文字说明或内容准确。

水利水电工程基建文件主要包括：可行性研究、任务书；设计基础材料；设计文件；工程管理文件、涉外文件及科研项目资料等，其具体内容见表2-1。

表2-1　　水利水电工程基建文件的内容

序号	文件类别	基建文件的具体内容	备　注
1	可行性研究、任务书	项目建议书及批复 可行性研究报告及批复 项目评估 环境预测、调查报告 计划任务书及批复	
2	设计基础材料	工程地质、水文地质、地质图 勘察设计、勘察报告、勘察记录；化验、试验报告 重要岩、土样及有关说明 地形、地貌、控制点、建筑物、构筑物及重要设备安装测量定位、观测记录 水文、气象、地震等其他设计基础材料	

续表

序号	文件类别	基建文件的具体内容	备 注
3	设计文件	初步设计、技术设计、施工图设计 技术秘密材料、专利文件 设计计算书 关键技术试验 总体规划设计 设计评价、鉴定审批材料	
4	工程管理文件	征用土地的批准文件及红线图(包括土地使用证) 移民规划、安置等方面的文件材料及移民拆迁及补偿协议书 承发包合同及协议书(包括设计、施工、监理) 招标、投标及有关租赁文件 施工执照、开工令(通知或许可证) 环保、消防、卫生等文件材料 水、暖、电、煤气供应及通讯等协议书 重要的协调会与有关专业会议文件	
5	商务文件	年度财务计划 工程概算、预算、决算 固定资产清单及交接凭证 主要消耗材料与器材移交清单	
6	工程开工文件	年度施工任务批准文件 修改工程施工图纸通知书 水利工程规划许可证、附件及附图 固定资产投资许可证 水利工程施工许可或开工审批手续 工程质量监督注册登记表	
7	科研项目	开题报告、任务书、批准书 协议书、委托书、合同书 研究方案、计划、调查研究报告 实验记录、图表、照片 实验分析、计算与整理的数据 实验装置及特殊设备的图纸与工艺技术规范说明书 实验装备操作规程、安全措施与事故分析报告 阶段报告、科研报告、技术鉴定材料 成果申报、鉴定、审批及推广应用材料 考察报告	
8	涉外文件	询价、报价、投标文件 合同、合同附件 谈判协议、议定书 谈判记录 外商提交或我方收集的有关材料 出国考察报告	

续表

序号	文件类别	基建文件的具体内容	备注
8	涉外文件	国外各设计阶段文件 各设计阶段审查议定书 技术问题来往函电 国外设备材料及设计联络;国外引进的设备图纸、说明;国外设备储存、运输 开箱检验记录、商检及索赔 国外设备、材料的防腐、保护措施 外国技术人员现场提供的有关文件材料 国外有关的技术标准	

二、基建文件的审核

水利水电工程建设一般要经过规划、设计、施工等阶段以及试运转和验收等过程,才能投入生产。在此过程中,须产生大量工程资料,这些资料经水利水电工程主管部门审核批准后,方可执行。

(一)水利水电工程建设方案的审批

1. 审批的依据

在相关行政区域内主要河道及出海口河道管理范围内,修建跨河、穿河、穿堤或临河的水利工程时,必须提交工程建设方案,经水利工程主管部门审核批准。

审批提交的工程建设方案时,应依据《中华人民共和国水法》、《中华人民共和国河道管理条例》以及本地区相关行政法规和规章等进行;审核合格后,方可作为工程建议的依据。

2. 审批条件

(1)符合流域综合规划,并与土地利用总体规划、海域开发利用总体规划、城市总体规划和航道整治规划相协调。

(2)符合河口滩涂开发利 用规划;河口滩涂高程较稳定,且处于淤涨拓宽状态。

(3)符合防洪标准和有关技术规范要求。

(4)符合河道行洪纳潮、生态环境、河势稳定、防汛工程设施安全等的要求。

3. 常提交的申请材料

(1)经有审批权的环保部门审查同意的河口滩涂开发利用环境影响评价报告。

(2)建设项目所在地县级以上水行政主管部门的初审意见。

(3)河口滩涂开发利用项目所涉及的防洪措施。

(4)河口滩涂开发利用项目对河口变化、行洪纳潮、堤防安全、河口水质的影响以及拟采取的措施。

(5)开发利用河口滩涂的用途、范围和开发期限。

(6)以上材料要求至少一式两份。

4. 新建、扩建、改建的工程建设方案的审批

在省管权限的水利工程管理和保护范围内,对新建、扩建、改建的工程建设方案审批时,应提交以下申请材料:

(1)申请报告。

(2)水利工程管理单位意见。

(3)工程建设设计报告(方案)。

(4)工程建设设计计算书。

(5)工程建设项目设计图纸。

(6)涉及通航水域内的建设项目,航道主管部门的批复意见。

(7)涉及河道防洪的建设项目,防洪评估报告。

水利工程主管部门接到申请材料后,应认真审查,符合审批条件的应予以批准;不符合审批条件的,可予以驳回。

(二)工程初步设计文件审核

1. 审批依据

(1)水利工程项目建议书、可行性研究报告和初步设计的审批工作由水行政主管部门负责。市投资的水利工程项目由市水行政主管部门审查或上报;区县投资的水利工程项目由区县行政主管部门审查或上报。

(2)根据《水利工程建设程序管理暂行规定》(水利部水建[1998]16 号)第六条:“初步设计由项目法人组织审查后,按国家现行规定权限向主管部门申报审批。”

(3)《国务院办公厅关于加强基础设施工程质量管理的通知》(国办发[1999]16 号)规定:“严格执行建设程序,按照国家规定履行报批手续。基础设施项目建设程序包括:项目建议书、可行性研究报告、初步设计、开工报告和竣工验收等工作环节。”

(4)《国务院批转国家计委、财政部、水利部、建设部关于加强公益性水利工程建设管理若干意见的通知》(国发[2000]20 号)第二条(二):“水利工程项目应该符合流域规划要求,工程建设必须履行基本建设程序。水利工程项目的项目建设书,可行性研究报告、初步设计、开工报告或施工许可等前期工作文件的审批,按照规定的基本建设程序办理。”

2. 审批条件

除应具备法人资料和符合国家法律法规的有关规定外,还应满足下列条件:

(1)工程项目可行性研究报告已经批准。

(2)初步设计文件已按《水电工程可行性研究报告编制规程》(DL/T 5020—2007)的要求编制完成。

(3)地级以上市水行政主管部门已对工程初步设计文件出具初审意见(省直属基建工程除外)。

3. 需要提交的申请材料

(1)上报工程初步设计资料清单及文件目录清单。

(2)地级以上市水利(水务)局初审意见。

(3)符合审批权限规定的立项批文(复印件)。

(4)初步设计报告书。

(5)水文分析复核报告。

(6)工程地质报告。

(7)工程设计计算书。

(8)工程设计图纸。

(9)工程投资概算书(含软盘)。

(10)水土保持方案报告书(表)(专项)。

(11)移民安置、淹没处理及工程永久占地处理专题报告(新建及扩建大、中型工程和单项投资大于200万元的除险回固工程)。

(12)水工模型试验报告及其他试验研究报告。

(13)机电、金属结构设备专题论证报告。

(14)水情自动测报、自动化监测与控制系统、三防指挥系统等专项初步设计报告书(如有本项投资)。

(15)工程管理单位定员定岗及工程运行管理、养护维修经费测算及落实渠道;政府批准或承诺的水价改革实施办法;工程管理体制改革措施。

(16)主要工程量计算书及初审单位审核表。

(17)主要机电设备定价依据(如厂家报价函等)。

(18)当地建设部门颁布的近期建筑材料信息价格。

(19)勘测、设计单位资质证明文件复印件。

(20)按规定设计招标的项目,附中标通知书复印件。

(21)具有通航任务项目的航道主管部门的批复意见。

(22)跨行政区或对其他行政区有影响的有关协调文件。

(23)涉及军事设施项目的军事主管部门的书面意见。

(24)其他专项报告。

(三)工程建设征地补偿和移民安置规划设计审核

(1)新建、扩建的大、中型水利水电工程建设项目,提出的建设征地补偿和移民安置规划设计应符合《大中型水利水电工程建设征地补偿和移民安置条例》(2006年国务院令第471号)的规定。

(2)在工程项目可行性研究阶段,建设单位应提交以下申请材料:

1)设计文件中的综合报告;

2)大中型水利水电工程建设征地补偿和移民安置规划设计(专题)报告;

3)经审批同意的《移民安置规划大纲》;

4)县级以上主管部门的初审意见;

5)(国土资料部门的)工程用地预审手续。

(3)在工程项目初步设计阶段,建设单位应提交以下申请材料:

1)设计文件中的综合报告;

2)大中型水利水电工程建设征地补偿和移民安置规划设计(专题)报告;

3)县级以上主管部门的初审意见;

4)(国土资源部门的)工程用地预审审批文件。

(四)水利工程开工审批

已完成工程初步设计审批的,具备主体工程工工条件的应按相关规定执行开工审批手续;属于省级水行政主管部门负责的水利基建项目,应由省级水行政主管部门负责审批。

1. 工程开工申请条件

当水利工程建设项目具备以下条件时,均可提出水利工程工工审批行政许可申请;

(1)工程初步设计文件已经审批。

(2)项目法人(或责任主体)和法定代表人已按有关规定成立及任命。

(3)有关主体工程已按规定选择了监理与施工单位,并已签订经济合同。

(4)水利基本建设项目(含基建管理项目)投资承包合同书已签订。

(5)已签订《水利水电工程质量安全监督书》。

(6)到位资金满足当年施工需要。

(7)现场施工准备和征地移民拆迁等建设外部条件能够满足主体工程开工需要,并已获得有关土地使用计划或使用权的批准文件。

(8)项目法人与工程设计单位已签订设计图纸交付协议,施工详图设计可满足主体工程施工需要。

2. 开工申请需提交的材料

工程建设单位进行开工申请时,报送的资料如下:

(1)初步设计报告批准文件(复印件)。

(2)县级以上人民政府明确项目法人(或责任主体)和任命法定代表人的文件(复印件)。

(3)按规定须招标项目的中标通知书(复印件),以及勘测、设计、监理和施工等参建单位的资质等级证书(复印件)。

(4)双方已签订的水利基本建设项目(含基建管理项目)投资承包合同书(复印件)。

(5)《水利水电工程质量安全监督书》(复印件)。

(6)主体工程施工进度计划安排。

(7)施工年度计划有度汛任务的应提供足够年度度汛施工项目的资金到位证明。

(五)建设项目水资源论证报告书的审批

1. 受理范围

对直接从江河、湖泊或者地下取水并需申请取水许可证的新建项目,或涉及取水规模、取水口位置、取水用途等变化的改建、扩建的建设项目,在报审“可行性研究报告”前,应先报审“建设项目水资源论证报告书。”

省级水行政主管部门负责“建设项目水资源论证报告书”的审批工作。其受理范围为日取地表水 5000m^3 及以上或日取地下水 1000m^3 以上,且符合下列条件之一的:

(1)省管水利(含供水)工程的取水。

(2)总装机 50000kW 及以上的水电工程取水。

(3)跨地级以上市行政区域的取水。

(4)其他日取地表水 $1.5\times10^5m^3$ 及以上工程的取水。

(5)其他由水利部(珠江水利委员会)授权办理取水许可的项目取水。

2. 审批依据

水利工程建设项目水资源论证报告书审批依据主要有以下三种:

(1)《国务院对确需保留的行政审批项目设定行政许可的决定》(2004 年 6 月中华人民共和国国务院令第 412 号)。

(2)《建设项目水资源论证管理办法》(2002 年 3 月水利部、国家发展计划委员会令第 15 号)。

(3)《水利部关于修改或者废止部分水利行政许可规范性文件的决定》(2005 年水利部 25 号令)。

3. 审批条件

(1)建设项目利用水资源符合江河流域或区域的综合规划及水资源保护规划等专项规划。

(2)遵守经批准的水量分配方案或协议。

(3)业主单位应委托有建设项目水资源论证资质的单位，对其建设项目进行水资源论证。

(4)建设项目水资源论证报告书，应当包括：建设项目概况、取水水源论证、用水合理性论证、退(排)水情况及其对水环境影响分析、对其他用水户权益的影响分析及其他事项等内容。

4. 需提交的申请材料

(1)水行政主管部门采用一般受理程序时，应提交以下申请材料：

1)申请人对审批机关提出申请审查的公函(送审稿，一式一份，原件)；

2)建设项目水资源论证报告书(纸质资料原件一式二十份，并附电子文档的光盘一份)；

3)建设项目水资源论证工作委托合同(一式一份，复印件)；

4)属于水库或自来水供水的提供供水协议、环评报告。

(2)水资源论证报告书通过特别程序后受理时，应提交如下申请材料：

1)经专家组组长和审批机关复核合格的建设项目水资源论证报告书(正式稿，纸质资料原件一式八份，并附电子文档的光盘三份)；

2)建设项目水资源论证报告书评审专家意见(一式一份，复印件)；

3)编制单位盖章的专家意见复核表(一式一份，原件)；

4)经专家组组长同意报告书满足评审要求证明；

5)上报资料目录清单。

第二节 工程项目建议书

一、项目建议书的作用

工程项目建议书是指在项目建设单位通过对投资机会进行研究形成项目建设设想，然后向国家有关部门提出申请建设该项目的建议文件，其主要作用：项目建议书是国家选择建设项目的依据；项目建议书批准后，即为立项。批准立项的工程即可进一步开展可行性研究；涉及利用外资的项目，只有在批准立项后方可对外开展工作。

二、项目建议书的编制

工程项目建议书大多由项目法人委托咨询单位、设计单位负责编制，其主要表现在论证重点、宏观信息、估算误差(±20%左右)和最终结论等几个方面。

1. 基本建设项目

水利工程基本建设项目建议书的主要内容如下：

(1)建设项目提出的必要性和依据。

(2)产品方案、拟建规模的建设地点的初步设想。

(3)资源情况、建设条件、协作关系和引进国别、厂商的初步分析。

(4)投资估算的资金筹措设想。

(5)项目进度安排。

2. 更新改造项目

水利工程更新改造项目项目建议书的主要内容如下：

(1)对于限额以上项目，项目建议书中应明确提出项目建设的目的、必要性和依据，如企业概况和生产技术现状；与国外技术的差距等。

如系引进技术项目，还要说明引进的理由；联合引进的科研单位及其技术现状；与企业的分工；承担消化吸收的能力及目标设计等。

更新改造和技术引进项目划分标准见表 2-2。

表 2-2　　更新改造、技术引进项目限额划分标准　　单位：万元

项目		总投资限额以上项目	总投资限额以下项目	小型
更新改造项目	能源、交通、原材料工业	≥5000	100～5000	<100
	其他项目	≥3000	100～3000	<100
技术引进项目		≥500	<500	—

(2)产品方案和引进技术消化吸收方案：应包括建设单位对市场需求的初步预测及其对改造规模的初步意见。

(3)资源情况，包括建设条件、协作关系和可能从哪些国家、厂商引进的初步意见。

(4)投资估算和资金筹措办法：包括建设期内总投资额估算；偿还贷款能力的大体预测；利用外资项目要说明利用的方式和可能性。

(5)改造的主要内容和进度的初步安排，以及建设单位对经济效益和社会效益的初步估算。

(6)对于限额以下项目的项目建议书可简化，但至少应包括：企业概况及需要理由；技术改造及技术引进的主要内容；改造后预期达到的技术经济效果；投资概算及资金来源；经济效益和社会效益的初步估计。

3. 外商投资项目

外商投资项目的项目建议书的主要内容：中方合营单位；合营目的；合营对象以及合营范围和规模；投资估算、投资方式和资金来源；生产技术和主要设备；主要原材料、水、电、气、运输等需要量和来源；人员的数量、构成和来源；经济效益，并着重说明外汇收支的安排；主要附件。

三、项目建议书的审核

1. 审核依据

省级水行政主管部门对建设单位提交的项目建议书进行审核时，不得违背《中华人民共和国水法》、《中华人民共和国防法》和水利部于 1996 年第 608 号文件《水利水电工程项目建议书编制暂行规定》的规定。项目建议书中所建议的项目应符合国家建设方针和长期规划，对工程预期的经济效益应计算得尽可能的准确、合理，同时，还须符合国家产业结构调整的方向和范围。

2. 需提交的申请材料

项目建设单位报送项目建议书时，应同时报送如下申请资料：

(1)上报资料目录清单。

(2)县级以上水利(务)局和发展和改革局的初审意见。

(3)设计单位资质证明文件复印件。

(4)项目建议书报告。

(5)工程设计图纸。

(6)工程投资估算书(含电子文档软盘)。

(7)主管部门对工程项目(包括河流规划、水利发展计划等)的有关审批文件。

(8)有关地区和部门对本项目意见的书面文件(包括有关单位提供资金单位的意向性文件、

淹没区和占地范围所在地方政府及主管部门的书面意见、具有城镇工业和生活供水任务项目的供水意向协议书、具有通航任务的项目，附航道主管部门的初步意见、跨行政区或对其他行政区、部门有影响的项目应附有关协调文件、涉及军事设施工的项目应附军事主管部门的书面意见等)。

(9)具有城镇工业和生活供水及改善水质任务项目的水质检测报告。

(10)主要机电设备定价依据(如厂家报价函等)。

(11)当地建设部门颁布的近期建筑材料信息价格。

(12)勘察及设计合同复印件。

3. 项目建议书的审批

(1)项目审批部门接到建设单位提交的项目建议书后，应重点审查以下几方面：

1)项目是否符合国家的建设方针和长期规划，以及产业结构调整的方向和范围；

2)项目的产品符合市场需要的论证理由是否充分；

3)项目建设地点是否合适，有无不合理的布局或重复建设；

4)对项目的财务、经济效益和还款要求的粗略估算是否合理，是否与业主的投资设想一致；

5)对遗漏、论证不足的问题，要求咨询单位补充修改。

(2)小型或限额以下的工程项目建议书，可按隶属关系，直接由各主管部门或省、自治区、直辖市发展和改革委员会审批。大中型及限额以上项目建议书的审批见表 2-3。

表 2-3　　大中型及限额以上项目建议书的审批

审批程序	审批单位	审批内容	备注
初审	行业归口主管部门	资金来源 建设布局、资源合理利用、经济合理性、技术政策	—
终审	国家发改委	建设总规模、生产力总布局、资源优化配置、资金供应可能性、外部协作条件	投资额超过 2 亿元的项目，还需报国务院审批

(3)项目建议书审查完毕后，要再按照国家颁布的有关文件规定、审批权限申请立项报批。

第三节　可行性研究报告

工程项目建议书主管部门批准后，建设单位即可组织进行该项目的可行性研究工作。

一、可行性研究的依据

项目法人对项目进行可行性研究时，其主要依据如下：

(1)国家有关的发展规划、计划文件。

(2)项目主管部门对项目建设要求请示的批复。

(3)项目建议书及其审批文件，双方签订的可行性研究合同协议。

(4)拟建地区的环境现状资料；自然、社会、经济等方面有关资料。

(5)试验、试制报告；主要工艺和设备的技术资料。

(6)项目法人与有关方面达成的协议；国家或地方颁布的与项目建设有关的法规、标准、规范、定额。

(7)其他有关资料。

二、可行性研究报告的内容

水利水电工程项目可行性研究报告应按表2-4所示的内容和结构进行编写。

表2-4　项目可行性研究报告的内容

序号	项　目	编写内容	备　注
1	总论	项目提出的背景与概况 可行性研究报告编制的依据 项目建设条件 问题与建议	
2	资源条件评价	资源可利用量 资源品质情况 资源赋存条件 资源开发价值	
3	建设规模	项目建设规模的构成 建设规模的比选及推荐采用的建设规模	
4	场址选择	场址现状及建设条件描述 场址比选及推荐的场址方案	
5	技术设备工程方案	技术方案选择 主要设备方案选择 工程方案选择	
6	总图运输与公用辅助工程	总图布置方案 场(厂)内外运输方案 公用工程与辅助工程方案	
7	原材料、燃料供应	主要原材料供应方案选择;燃料供应方案选择	
	节能措施	节能措施及能耗指标分析	
	节水措施	节水措施及水耗指标分析	
8	环境影响评价	环境条件调查 影响环境因素分析 环境保护措施	
9	劳动安全卫生与消防	危险因素和危害程序分析 安全防范措施 卫生保健措施 消防设施	
10	组织机构与人力资源配置	组织机构调协及其适应性分析 人力资源配置及员工培训	
11	项目实施进度	建设工期 实施进度安排	
12	投资估算	投资估算范围与依据 建设投资估算 流动资金估算 总投资额及分年投资计划	

续表

序号	项　目	编写内容	备　注
13	融资方案	融资组织形式选择 资本金筹措 债务资金筹措 融资方案分析	
14	财务评价	财务评价基础数据与参数选取 销售收入与成本费用估算 编制财务评价报表 盈利及偿债能力分析 不确定性分析 财务评价结论	
15	国民经济评价	影子价格及评价参数的选取 效益费用范围调整 编制国民经济评价报表 计算国民经济评价指标 国民经济评价结论	
16	社会评价	项目对社会影响分析 项目与所在地互适性分析 社会风险分析 社会评价结论	
17	风险分析	项目主要风险 风险程序分析 防范与降低风险对策	
18	研究结论与建议	推荐方案总体描述 推荐方案的优缺点描述 主要对比方案 结论与建议	

三、可行性研究报告的审批

(一)需报送审核的资料

水利水电工程可行性研究报告审核时,须报送以下文件资料:

(1)上报资料目录清单。

(2)县级以上水利(务)局和发展和改革局的初审意见。

(3)自筹资金或资本金筹集的有效文件。

(4)设计单位资质证明文件复印件。

(5)可行性研究报告。

(6)工程地质报告。

(7)工程水文水利分析计算专题报告。

(8)工程设计图纸。

(9)工程投资估算书(含电子文档软盘1份)。

(10)水土保持方案专项设计报告。

(11)移民位置、淹没处理及工程永久占地处理专项报告(附补偿标准依据文件)。

(12)水情自动测报、自动化监测与控制系统、三防指挥系统等专题可行性研究报告(如有本项投资)。

(13)工程招标方式、组织形式及招标范围表。

(14)工程用地预审手续。

(15)工程管理单位定编批文及工程管理、养护维修经费测算及落实依据;政府批准或承诺的水价改革实施办法;工程管理体制改革措施。

(16)项目法人组建的有效文件。

(17)主要工程量计算书及初审单位审核表。

(18)主要机电设备定价依据(如厂家报价函等)。

(19)当地建设部门颁布的近期建筑材料信息价格。

(20)勘察设计合同复印件。

(21)具有城镇工业和生活供水及改善水质任务项目的水质检测报告。

(22)具有城镇工业和生活供水任务项目的供水协议书。

(23)具有通航任务的项目,附航道主管部门的批复意见。

(24)跨行政区或对其他行政区、部门有影响的项目,附有关协调文件。

(25)跨及军事设施的项目,附军事主管部门的书面意见。

(26)涉及取水的项目,附取水许可预申请文件。

(27)水库(闸)工程安全鉴定批复(核查)意见;重建泵站、电站工程附工程报废批复。

(28)全部资料的电子文件光盘2份。

(二)对可行性研究报告的评价内容

可行性研究报告是项目法人作出投资决策的依据,必须对报告进行审查和评价。

1. 建设项目的必要性

(1)从国民经济和社会发展等宏观角度审查建设项目是否符合国家的产业政策、行业规划和地区规划,是否符合经济和社会发展需要。

(2)分析市场预测是否准确,项目规模是否经济合理,产品的性能、品种、规格构成和价格是否符合国内外市场需求的趋势和有无竞争能力。

2. 建设条件与生产条件

(1)项目所需资金能否落实,资金来源是否符合国家有关政策规定。

(2)分析选址是否合理,总体布置方案是否符合国土规划、城市规划、土地管理和文物保护的要求和规定。

(3)项目建设过程中和建成投产后原料、燃料的供应条件,及供电、供水、供热、交通运输等要求能否落实。

(4)项目的"三废"治理是否符合保护生态环境的要求。

3. 工艺、技术、设备

(1)分析项目采用的工艺、技术、设备是否符合国家的技术发展政策和技术装备政策,是否可行、先进、适用、可靠,是否有利于资源的综合利用,有利于提高产品质量、降低消耗、提高劳动生产率。

(2)项目所采用的新工艺、新技术、新设备是否安全可靠。

(3)引进设备有无必要,是否符合国家有关规定和国情,能否与国内设备、零配件、工艺技术相互配套。

4. 建筑工程的方案和标准

(1)建筑工程有无不同方案的比选,分析推荐的方案是否经济、合理。

(2)审核工程地质、水文、气象、地震等自然条件对工程的影响和采取的治理措施。

(3)建筑工程采用的标准是否符合国家的有关规定,是否贯彻了勤俭节约的方针。

5. 基础经济数据的测算

(1)分析投资估算的依据是否符合国家或地区的有关规定,工程内容和费用是否齐全,有无高估冒算、任意提高标准、扩大规模以及有无漏项、少算、压低造价等情况。

(2)资金筹措方式是否可行,投资计划安排是否得当。

(3)报告中的各项成本费用计算是否正确,是否符合国家有关成本管理的标准和规定。

(4)产品销售价格的确定是否符合实际情况和预测变化趋势,各种税金的计算是否符合国家规定的税种和税率。

(5)对预测的计算期内各年获得的利润额进行审核与分析。

(6)分析报告中研究的项目建设期、投产期、生产期等时间安排是否切实可行。

6. 财务效益

从项目本身出发,结合国家现行财税制度和现行价格、项目的投入费用、产出效益、偿还贷款能力,以及外汇效益等财务状况,来判别项目财务上的可行性。

审查效益指标主要是复核财务内部收益率、财务净现值、投资回收率、投资利润率、投资利税率和固定资产借款偿还期。涉外项目还应评价外汇净现值、财务换汇成本和财务节汇成本等指标。

7. 国民经济效益

国民经济效益评价是从国家、社会的角度,考虑项目需要国家付出的代价和国民经济带来的效益。一般审查时用影子价格、影子工资、影子汇率和社会折现率等,分析项目给国民经济带来的净效益,以判别项目经济上的合理性。评价指标主要是审查计算的经济内部收益率、经济净现值、投资效益率等。

8. 社会效益

社会效益包括生态平衡、科技发展、就业效果、社会进行等方面。应根据项目的具体情况,分析和审查可能产生的主要社会效益。

9. 不确定性分析

审查不确定性分析一般应对报告中的盈亏平衡分析、敏感性分析进行鉴定,以确定项目在财务上、经济上的可靠性和抗风险能力。

业主对以上各方面进行审核后,对项目的投资机会进一步作出总的评价,进而作出投资决策。若认为推荐方案成立时,可就审查中所发现的问题,要求咨询单位对可行性研究报告进行修改、补充、完善,并提出结论性的意见和上报有关主管部门批准。

(三)水利工程项目可行性研究报告的审查

水利工程项目是一种非盈利或微利项目,有些基础还要靠国家补贴来维持,在经济评价方面，应重点审查国民经济效益评价，财务评价不作为主要内容，只要求采取必要措施使之具有一定的生命力即可。

水利项目的经济评价以国民经济效益评价为主，防洪、治涝、除害等公益事业项目不进行财务评价。综合水利枢纽工程项目应作为一个系统进行总体评价，计算总效益和总费用。同时，还应按其中各个单位工程项目分别计算效益和费用。审查时，应注意防止效益的重复计算和漏算。水利工程项目的效益主要是防洪、防涝、灌溉、城镇供水、水土保持，以及发电、航运、养殖、旅游等产生的效益或减免的损失。计算范围应限于直接效益和一次相关效益，要考虑效益发生的随机性和计算期内的效益变化。对难以定量计算的效益应作定性描述。水利工程项目的总投资也是包括工程项目建设费用和运行费用两部分。投资来源可能包括国家、集体和个人投入的资金或劳动投入折算的费用。此外，还应计算相关工程费用，以及项目建设后产生的负效益。

第三章　水利水电工程资料组卷与归档

第一节　水利水电工程资料组卷

组卷也称立卷，是指按照一定原则和方法，将有保存价值的文件分类整理成案卷的过程。

一、工程资料的载体

(1)工程资料的载体有纸质载体、光盘载体两种；而工程档案可采用纸质载体、微缩品载体和光盘载体三种形式。采用纸质载体和光盘载体的工程资料应在过程中形成、收集和整理，包括工程音像资料。水利工程建设音像档案是纸制载体档案的必要补充。参建单位应指定专人，负责各自产生的照片、胶片、录音、录像等声像材料的收集、整理、归档工作，归档的声像材料均应标注事由、时间、地点、人物、作者等内容。工程建设重要阶段、重大事件、事故，必须要有完整的声像材料归档。

(2)微缩品载体的工程档案。

1)在纸质载体的工程档案经城建档案馆和有关部门验收合格后，应持流域机构档案馆发给的准可微缩证明书进行微缩，证明书包括案卷目录、验收签章、城建档案馆的档号、胶片代数、质量要求等，并将证书缩拍在胶片“片头”上。

2)报送微缩制品载体工程竣工档案的种类和数量，一般要求报送三代片，即：

第一代(母片)卷片一套，作长期保存使用；

第二代(拷贝片)卷片一套，作复制工作用；

第三代(拷贝片)卷片或者开窗卡片、封套片、平片，作提供日常利用(阅读或复原)使用。

3)向城建档案馆移交的微缩卷片、开窗卡片、封套片、平片必须按流域机构档案馆的要求进行标注。

(3)光盘载体的电子工程档案。

1)纸质载体的工程档案经流域机构档案馆和有关部门验收合格后，进行电子工程档案的核查，核查无误后，进行电子工程档案的光盘刻制。

2)电子工程档案的封套、格式必须按流域机构档案馆的要求进行标注。

二、工程资料组卷

1. 组卷要求

(1)工程资料如基建文件、监理资料、施工资料、水工建筑物质量评定资料及房建工程质量验收资料均应齐全、完整、并符合相关规定。文件材料和图纸应满足质量要求，否则应予以返工。

(2)工程竣工后，应绘制竣工图。竣工图应反差明显、图面整洁、线条清晰、字迹清楚，能满足微缩和计算机扫描的要求。

(3)工程资料组卷时，应按不同收集、整理单位及资料类别，按基建文件、监理资料、施工资料和竣工图分别进行组卷；施工资料还应按专业分类，以便于保管和利用。

(4)组卷时，应按单位工程进行组卷。卷内资料的排列顺序应依据卷内资料构成而定，一般顺序为封面、目录、资料部分、备考表和封底。

组成的卷案应美观、整齐。若卷内存在多类工程资料时，同类资料按自然形成的顺序和时间排序，不同资料这间应按一定顺序进行排列。

(5)水利工程资料组成的案卷不宜过厚，一般不超过 40mm。案卷内不应有重复资料。

2. 资料组卷

水利工程档案的归档工作，一般是由产生文件材料的单位或部门负责。总包单位对各分包单位提交的归档材料负有汇总责任。各参建单位技术负责人应对其提供档案的内容及质量负责；监理工程师对施工单位提交的归档材料应履行审核签字手续，监理单位应向项目法人提交对工程档案内容与整编质量情况的专题审核报告。

水利工程资料主要包括基建文件、监理资料、施工资料及质量评定资料等，组卷时应符合以下规定：

(1)基建文件组卷。基建文件可根据类别和数量的多少组成一卷或多卷，如工程决策立项文件卷、征地拆迁文件卷、勘察、测绘与设计文件卷、工程开工文件卷、商务文件卷、工程竣工验收与备案文件卷。同一类基建文件还可根据数量多少组成一卷或多卷。

(2)监理资料组卷。监理资料可根据资料类别和数量多少组成一卷或多卷。

(3)施工资料组卷。施工资料组卷应按照专业、系统划分，每一专业、系统再按照资料类别并根据资料数量多少组成一卷或多卷。

对于专业化程度高，施工工艺复杂，通常由专业分包施工的子分部(分项)工程应分别单独组卷。应单独组卷子分部(分项)工程并按照顺序排列，并根据资料数量的多少组成一卷或多卷。

(4)水工建筑物施工质量评定资料组卷。根据单位工程或专业进行分卷，每单位工程应组成一卷，如堤防工程、灌浆工程、土砌工程、混凝土面板堆石坝、浆砌砌、发电厂房等，应分别组成一卷或多卷。

(5)房建工程质量验收资料组卷。房建工程施工质量验收资料应按资料的类别或专业进行分类组，有时也按单位工程进行组卷。并根据质量验收资料的多少组成一卷或多卷。

(6)组卷时，应注意：文字材料和图纸材料原则上不能混装在一个装具内，如资料材料较少，需放在一个装具内时，文字材料和图纸材料必须混合装订，其中文字材料排前，图样材料排后。

(7)项目法人可根据实际需要，确定不同文件材料的归档份数，但应满足以下要求：

1)项目法人与运行管理单位应各保存 1 套较完整的工程档案材料(当二者为一个单位时，应异地保存 1 套)；

2)工程涉及多家运行管理单位时，各运行管理单位则只保存与其管理范围有关的工程档案材料；

3)当有关文件材料需由若干单位保存时，原件应由项目产权单位保存，其他单位保存复制件；

4)流域控制性水利枢纽工程或大江、大河、大湖的重要堤防工程，项目法人应负责向流域机械档案馆移交 1 套完整的工程竣工图及时性程竣工验收等相关文件材料。

三、案卷的编写与装订

1. 案卷的规格

工程资料组卷时，要求卷内资料、封面、目录、备考表统一采用 A4 幅(197mm×210mm)尺寸，图纸分别采用 A0(841mm×1189mm)、A1(594mm×841mm)、A2(420mm×594mm)、A3(297mm×420mm)、A4(297mm×210mm)幅面。小于 A4 幅面的资料要用 A4 白纸(297mm×210mm)衬托。

2. 案卷的编写

(1)编写页号应以独立卷为单位。再案卷内资料材料排列顺序确定后,均以有书写内容的页面编写页号。

(2)每卷从阿拉伯数字 1 开始,用打号机或钢笔一次逐张连续标注页号,采用黑色、蓝色油墨或墨水。案卷封面、卷内目录和卷内备案表不编写页号。

(3)页号编写位置:单面书写的文字材料页号编写在右下角,双面书写的文字材料页号正面编写在右下角,背面编写在左下角。

(4)图纸折叠后无论何种形式,页号一律编写在右下角。

(5)案卷脊背项目有档号、案卷题名,有档案保管单位填写。城建档案的案卷脊背由城建档案馆填写。

3. 案卷的装订

(1)案卷应采用统一规格尺寸的装具;属于工程档案的文字、图纸材料一律采用城建档案馆监制的硬壳卷夹或卷盒。

案卷装具的外表尺寸 310mm(高)×220mm(宽),卷盒厚度尺寸分别为 50、30mm 两种,卷夹厚度尺寸为 25mm;少量特殊的档案也可采用外表尺寸为 310mm(高)×430mm(宽),厚度尺寸为 50mm。案卷软(内)卷皮尺寸为 297mm(高)×210mm(宽)。

(2)文字材料必须装订成册,图纸材料可装订成册,也可散装存放。装订时要剔除金属物,装订线一侧根据案卷薄厚加垫草板纸。

(3)案卷用棉线在左侧三孔装订,棉线装订结打在背面。装订线距左侧 20mm,上下两孔分别距中孔 80mm。

(4)装订时,须将封面、目录、备考表、封底与案卷一起装订。图纸散装在卷盒内时,需将案卷封面、目录、备考表三件用棉线在左上角装订在一起。

水利工程建设项目文件材料归档范围与保管期限见表 3-1。

表 3-1　水利工程建设项目文件材料归档范围与保管期限表

序　号	归档文件	保管期限		
		项目法人	运行管理单位	流域机构档案馆
1	**工程建设前期工作文件材料**			
1.1	勘测设计任务书、报批文件及审批文件	永久	永久	
1.2	规划报告书、附件、附图、报批文件及审批文件	永久	永久	
1.3	项目建议书、附件、附图、报批文件及审批文件	永久	永久	
1.4	可行性研究报告书、附件、附图、报批文件及审批文件	永久	永久	
1.5	初步设计报告书、附件、附图、报批文件及审批文件	永久	永久	
1.6	各阶段的环境影响、水土保持、水资源评价等专项报告及批复文件	永久	永久	
1.7	各阶段的评估报告	永久	永久	
1.8	各阶段的鉴定、实验等专题报告	永久	永久	
1.9	招标设计文件	永久	永久	
1.10	技术设计文件	永久	永久	
1.11	施工图设计文件	长期	长期	

续表

序号	归档文件	保管期限		
		项目法人	运行管理单位	流域机构档案馆
2	**工程建设管理文件材料**			
2.1	工程建设管理有关规章制度、办法	永久	永久	
2.2	开工报告及审批文件	永久	永久	
2.3	重要协调会议与有关专业会议的文件及相关材料	永久	永久	
2.4	工程建设大事记	永久	永久	永久
2.5	重大事件、事故声像材料	长期	长期	
2.6	有关工程建设管理及移民工作的各种合同、协议书	长期	长期	
2.7	合同谈判记录、纪要	长期	长期	
2.8	合同变更文件	长期	长期	
2.9	索赔与反索赔材料	长期		
2.10	工程建设管理涉及的有关法律事务往来文件	长期	长期	
2.11	移民征地申请、批准文件及红线图(包括土地使用证)、行政区域图、坐标图	永久	永久	
2.12	移民拆迁规划、安置、补偿及实施方案和相关的批准文件	永久	永久	
2.13	各种专业会议记录	长期	*长期	
2.14	专业会议纪要	永久	*永久	*永久
2.15	有关领导的重要批示	永久	永久	
2.16	有关工程建设计划、实施计划和调整计划	长期		
2.17	重大设计变更及审批文件	永久	永久	永久
2.18	有关质量及安全生产事故处理文件材料	长期	长期	
2.19	有关招标技术设计、施工图设计及其审查文件材料	长期	长期	
2.20	有关投资、进度、质量、安全、合同等控制文件材料	长期		
2.21	招标文件、招标修改文件、招标补遗及答疑文件	长期		
2.22	投标书、资质资料、履约类保函、委托授权书和投标澄清文件、修正文件	永久		
2.23	开标、评标会议文件及中标通知书	长期		
2.24	环保、档案、防疫、消防、人防、水土保持等专项验收的请示、批复文件	永久	永久	
2.25	工程建设不同阶段产生的有关工程启用、移交的各种文件材料	永久	永久	*永久
2.26	出国考察报告及外国技术人员提供的有关文件材料	永久		
2.27	项目法人在工程建设管理方面与有关单位(含外商)的重要来往函电	永久		
3	**施工文件材料**			
3.1	工程技术要求、技术交底、图纸会审纪要	长期	长期	
3.2	施工计划、技术、工艺、安全措施等施工组织设计报批及审核文件	长期	长期	
3.3	建筑原材料出厂证明、质量鉴定、复验单及试验报告	长期	长期	

续表

序　号	归档文件	保管期限		
		项目法人	运行管理单位	流域机构档案馆
3.4	设备材料、零部件的出厂证明(合格证)、材料代用核定审批手续、技术核定单、业务联系单、备忘录等		长期	
3.5	设计变更通知、工程更改洽商单等	永久	永久	永久
3.6	施工定位(水准点、导线点、基准点、控制点等)测量、复核记录	永久	永久	
3.7	施工放样记录及有关材料	永久	永久	
3.8	地质勘探和土(岩)试验报告	永久	长期	
3.9	基础处理、基础工程施工、桩基工程、地基验槽记录	永久	永久	
3.10	设备及管线焊接试验记录、报告、施工检验、探伤记录	永久	长期	
3.11	工程或设备与设施强度、密闭性试验记录、报告	长期	长期	
3.12	隐蔽工程验收记录	永久	长期	
3.13	记载工程或设备变化状态(测试、沉降、位移、变形等)的各种监测记录	永久	长期	
3.14	各类设备、电气、仪表的施工安装记录、质量检查、检验、评定材料	长期	长期	
3.15	网络、系统、管线等设备、设施的试运行、调试、测试、试验记录与报告	长期	长期	
3.16	管线清洗、试压、通水、通气、消毒等记录、报告	长期	长期	
3.17	管线标高、位置、坡度测量记录	长期	长期	
3.18	绝缘、接地电阻等性能测试、校核记录	永久	长期	
3.19	材料、设备明细表及检验、交接记录	长期	长期	
3.20	电器装置操作、联动实验记录	短期	长期	
3.21	工程质量检查自评材料	永久	长期	
3.22	施工技术总结、施工预、决算	长期	长期	
3.23	事故及缺陷处理报告等相关材料	长期	长期	
3.24	各阶段检查、验收报告和结论及相关文件材料	永久	永久	*永久
3.25	设备及管线施工中间交工验收记录及相关材料	永久	长期	
3.26	竣工图(含工程基础地质素描图)	永久	永久	永久
3.27	反映工程建设原貌及建设过程中重要阶段或事件的声像材料	永久	永久	永久
3.28	施工大事记	长期	长期	
3.29	施工记录及施工日记		长期	
4	**监理文件材料**			
4.1	监理合同协议，监理大纲，监理规划、细则、采购方案、监造计划及批复文件	长期		
4.2	设备材料审核文件	长期		
4.3	施工进度、延长工期、索赔及付款报审材料	长期		
4.4	开(停、复、返)工令、许可证等	长期		
4.5	监理通知，协调会审纪要，监理工程师指令、指示，来往信函	长期		

续表

序 号	归档文件	保管期限		
		项目法人	运行管理单位	流域机构档案馆
4.6	工程材料监理检查、复检、实验记录、报告	长期		
4.7	监理日志、监理周(月、季、年)报、备忘录	长期		
4.8	各项控制、测量成果及复核文件	长期		
4.9	质量检测、抽查记录	长期		
4.10	施工质量检查分析评估、工程质量事故、施工安全事故等报告	长期	长期	
4.11	工程进度计划实施的分析、统计文件	长期		
4.12	变更价格审查、支付审批、索赔处理文件	长期		
4.13	单元工程检查及开工(开仓)签证,工程分部分项质量认证、评估	长期		
4.14	主要材料及工程投资计划、完成报表	长期		
4.15	设备采购市场调查、考察报告	长期		
4.16	设备制造的检验计划和检验要求、检验记录及试验、分包单位资格报审表	长期		
4.17	原材料、零配件等的质量证明文件和检验报告	长期		
4.18	会议纪要	长期	长期	
4.19	监理工程师通知单、监理工作联系单	长期		
4.20	有关设备质量事故处理及索赔文件	长期		
4.21	设备验收、交接文件,支付证书和设备制造结算审核文件	长期	长期	
4.22	设备采购、监造工作总结	长期	长期	
4.23	监理工作声像材料	长期	长期	
4.24	其他有关的重要来往文件	长期	长期	
5	**工艺、设备材料(含国外引进设备材料)文件材料**			
5.1	工艺说明、规程、路线、试验、技术总结		长期	
5.2	产品检验、包装、工装图、检测记录		长期	
5.3	采购工作中有关询价、报价、招投标、考察、购买合同等文件材料	长期		
5.4	设备、材料报关(商检、海关)、商业发票等材料	永久		
5.5	设备、材料检验、安装手册、操作使用说明书等随机文件		长期	
5.6	设备、材料出厂质量合格证明,装箱单、工具单,备品备件单等		短期	
5.7	设备、材料开箱检验记录及索赔文件等材料	永久		
5.8	设备、材料的防腐、保护措施等文件材料		短期	
5.9	设备图纸、使用说明书、零部件目录		长期	
5.10	设备测试、验收记录		长期	
5.11	设备安装调试记录、测定数据、性能鉴定		长期	
6	**科研项目文件材料**			
6.1	开题报告、任务书、批准书	永久		
6.2	协议书、委托书、合同	永久		
6.3	研究方案、计划、调查研究报告	永久		
6.4	试验记录、图表、照片	永久		

续表

序号	归档文件	保管期限		
		项目法人	运行管理单位	流域机构档案馆
6.5	实验分析、计算、整理数据	永久		
6.6	实验装置及特殊设备图纸、工艺技术规范说明书	永久		
6.7	实验装置操作规程、安全措施、事故分析	长期		
6.8	阶段报告、科研报告、技术鉴定	永久		
6.9	成果申报、鉴定、审批及推广应用材料	永久		
6.10	考察报告	永久		
7	**生产技术准备、试生产文件材料**			
7.1	技术准备计划		长期	
7.2	试生产管理、技术责任制等规定		长期	
7.3	开停车方案		长期	
7.4	设备试车、验收、运转、维护记录		长期	
7.5	安全操作规程、事故分析报告		长期	
7.6	运行记录		长期	
7.7	技术培训材料		长期	
7.8	产品技术参数、性能、图纸		长期	
7.9	工业卫生、劳动保护材料、环保、消防运行检测记录		长期	
8	**财务、器材管理文件材料**			
8.1	财务计划、投资、执行及统计文件	长期		
8.2	工程概算、预算、决算、审计文件及标底、合同价等说明材料	永久		
8.3	主要器材、消耗材料的清单和使用情况记录	长期		
8.4	交付使用的固定资产、流动资产、无形资产、递延资产清册	永久	永久	
9	**竣工验收文件材料**			
9.1	工程验收申请报告及批复	永久	永久	永久
9.2	工程建设管理工作报告	永久	永久	永久
9.3	工程设计总结(设计工作报告)	永久	永久	永久
9.4	工程施工总结(施工管理工作报告)	永久	永久	永久
9.5	工程监理工作报告	永久	永久	永久
9.6	工程运行管理工作报告	永久	永久	永久
9.7	工程质量监督工作报告(含工程质量检测报告)	永久	永久	永久
9.8	工程建设声像材料	永久	永久	永久
9.9	工程审计文件、材料、决算报告	永久	永久	永久
9.10	环境保护、水土保持、消防、人防、档案等专项验收意见	永久	永久	永久
9.11	工程竣工验收鉴定书及验收委员签字表	永久	永久	永久
9.12	竣工验收会议其他重要文件材料及记载验收会议主要情况的声像材料	永久	永久	永久
9.13	项目评优报奖申报材料、批准文件及证书	永久	永久	永久

备注:保管期限中有 * 的类项,表示相关单位只保存与本单位有关或较重要的相关文件材料。

第二节　水利水电工程档案的建立

一、工程档案封面

在水利工程资料案卷封面上，应注明工程名称、案卷题 名、编制单位、技术主管、保存期限及档案密级等。工程资料案卷封面宜采用城市建设档案封面，见表 3-2。

表 3-2　　**工程档案封面**

工　　程　　资　　料			
名　　称：			
案卷题名：			
编制单位：			
单位主管：			
编制日期：	自××年×月×日起至××年×月×日止		
保管期限：		密级：	
档　　号：			
共　　册		第　　册	

二、工程资料总目录

工程资料总目录由《工程资料总目录汇总表》(表 3-3)和《工程资料总目录》组成，资料编制人员应根据工程资料的组卷情况依次填写。

1. 工程资料总目录汇总表

工程资料组卷完成后，应对案卷进行汇总记录，形成《工程资料总目录》。汇总表的内容应包括名称、案卷类别、案卷名称、册数、汇总日期、城建档案管理员签字。其填写要求如下：

(1)名称：填写工程建设项目竣工后使用名称(或曾用名)。若本工程分为几个(子)单位工程应在第二行填写(子)单位工程名称。

(2)案卷题名:填写本卷卷名,如基建文件、监理资料、施工资料、质量评定资料、质量验收资料。

(3)册数:案卷的数量。

(4)技术主管:编制单位技术负责人签名或盖章。

(5)汇总日期:填写卷内资料汇总的时间。

(6)城建档案管理员签字:各单位城建档案管理员签字。

表 3-3　　工程资料总目录汇总表

工程名称	××水利枢纽工程			
案卷类别	案卷名称	册数	汇总日期	城建档案管理员签字
J	基建文件	1	××年×月×日	×××
L	监理资料	3	××年×月×日	×××
S	施工资料	10	××年×月×日	×××
SP	水工建筑物质量评定资料	5	××年×月×日	×××
FY	房建工程质量验收资料	2	××年×月×日	×××

注:1. 各单位工程资料由各单位城建档案管理员负责组卷并签字。

2. 设计资料由建设单位城建档案管理员负责检查验收并签字。

2. 工程资料总目录

《工程资料总目录》(表 3-4)的内容应包括序号、案卷号、案卷题名、起目页数、保存单位、保存期限、整理日期等。各单位城建档案管理员分别对各个单位工程资料的组卷负责并签字。

(1)序号:案卷内资料排列先后用阿拉伯数字从 1 开始一次标注。

(2)工程资料题名:填写文字材料和图纸名称,无标题的资料应根据内容拟写标题。

(3)保存单位:资料的形成单位或主要负责单位名称。

(4)整理日期:资料的形成时间(文字材料为原资料形成日期,竣工图为编制日期)。

(5)起止页次:填写每份资料在本案卷的页次或起止的页次。

(6)保存期限:永久、长期、短期。

表 3-4　　　　　　　　　　　　　　　　工程资料总目录

工程名称		××水利枢纽工程			类别	
整理单位		××建筑公司				
序号	案卷号	案卷题名	起止页数	保存单位	保存期限	整理日期(年、月)
1	J-1	基建文件	1～35	建设单位 ☑ 监理单位 □ 施工单位 □ 城建档案馆 □	永久 ☑ 长期 □ 短期 □	××年×月
2	J-2	监理文件	36～100	建设单位 □ 监理单位 ☑ 施工单位 □ 城建档案馆 □	永久 □ 长期 ☑ 短期 □	××年×月
3	S-1	施工资料	101～200	建设单位 □ 监理单位 □ 施工单位 ☑ 城建档案馆 □	永久 □ 长期 ☑ 短期 □	××年×月
4	S-2	施工资料	201～350	建设单位 □ 监理单位 □ 施工单位 ☑ 城建档案馆 □	永久 □ 长期 ☑ 短期 □	××年×月
			～	建设单位 □ 监理单位 □ 施工单位 □ 城建档案馆 □	永久 □ 长期 □ 短期 □	
			～	建设单位 □ 监理单位 □ 施工单位 □ 城建档案馆 □	永久 □ 长期 □ 短期 □	
			～	建设单位 □ 监理单位 □ 施工单位 □ 城建档案馆 □	永久 □ 长期 □ 短期 □	
			～	建设单位 □ 监理单位 □ 施工单位 □ 城建档案馆 □	永久 □ 长期 □ 短期 □	
			～	建设单位 □ 监理单位 □ 施工单位 □ 城建档案馆 □	永久 □ 长期 □ 短期 □	

城建档案管理员签字：

三、工程档案卷内目录与备案

1. 工程档案卷内目录

《工程档案卷内目录》(表 3-5)一般包括序号、资料名称、资料编号、资料内容、编制日期、页次及备注等。其填写要求如下：

(1)填写的目录应与案卷内容相符,排列在卷内文件首页之前,原文件目录及文件图纸目录不能代替。编制单位即案卷编制单位。

(2)序号:按卷内文件排列先后用阿拉伯数字从 1 开始依次标注。

(3)资料名称:即表格和图纸名称,无标题或无相应表格的文件应根据内容拟写标题。资料编号:表格编号或图纸编号。资料内容:资料的摘要内容。

(4)编制日期:资料的形成日期(文字材料为原文件形成日期,汇总表为汇总日期,竣工图为编制日期)。页次:填写每份文件材料在本案卷页次或终止页次。

(5)备注:填写需要说明的问题。

表 3-5　　工程资料卷内目录

工程名称		××水利枢纽工程		案卷编号		××-×
编制单位		××建筑公司				
序号	资料名称	编号	资料内容	编制日期	页次	备　注
1	钢筋试验报告	×××－1329	拉伸、弯曲、试验	××年×月×日	1	
2	水泥试验报告	×××－134	强度、安全性、凝结时间	××年×月×日	42	
3	砂试验报告	×××－175	含泥量、泥块含量	××年×月×日	59	
4	碎石试验报告	×××－176	含泥量、泥块含量	××年×月×日	67	
5	外加剂试验报告	×××－13	强度、减水率	××年×月×日	76	

2. 工程档案卷内备案

工程档案卷内备案的内容应包括卷内文字材料张数、图样材料张数、照片张数等，立卷单位的立卷人、审核人及接收单位的审核人、接收人应签字。

(1)《案卷审核备考表》(表 3-6)分为上下两栏，上一栏由立卷单位填写，下一栏由接收单位填写。

(2)上栏应表明本案卷一编号资料的总张数：指文字、图纸、照片等的张数。

审核说明填写立卷时资料的完整和质量情况，以及应归档而缺少的资料的名称和原因；立卷人有责任立卷人签名；审核人有案卷审查人签名；年月日按立卷、审核时间分别填写。

(3)下栏由接收单位根据案卷的完成及质量情况标明审核意见。

技术审核人由接收单位工程档案技术审核人签名；档案接收人由接收单位档案管理接收人签名；年月日按审核、接收时间分别填写。

表 3-6 **工程资料卷内备考**

案卷编号：×××

本案卷已编号的文件资料共 **230** 张，其中：文字资料 **206** 张，图样资料 **20** 张，照片 **4** 张。 **对本案卷完整、准确情况的说明：本案卷完整准确。** 立卷人：××× ××年×月×日 审核人：××× ××年×月×日
保存单位的审核人说明： **工程资料齐全、有效、符合规定要求。** 技术审核人：××× ××年×月×日 档案接收人：××× ××年×月×日

四、工程竣工图

2005年11月1日，水利部发布(水办[2005]480号规定)竣工图是水利工程档案的重要组成部分，必须做到完整、准确、清晰、系统、修改规范、签字手续完备。项目法人应负责编制项目总平面图和综合管线竣工图。施工单位应以单位工程或专业为单位编制竣工图。竣工图须由编制单位在图标上方空白处逐张加盖“竣工图章”，有关单位和责任人应严格履行签字手续。每套竣工图应附编制说明、鉴定意见及目录。施工单位应按以下要求编制竣工图。

(1)按施工图施工没有变动的，须在施工图上加盖并签署竣工图章；

(2)一般性的图纸变更及符合杠改或划改要求的，可在原施工图上更改，在说明栏内注明变更依据，加盖并签署竣工图章；

(3)凡涉及结构形式、工艺、平面布置等重大改变，或图面变更超过1/3的，应重新绘制竣工图(可不再加盖竣工图章)。重绘图应按原图编号，并在说明栏内注明变更依据，在图标栏内注明“竣工阶段”和绘制竣工图的时间、单位、责任人。监理单位应在图标上方加盖并签署“竣工图确认章”。

第三节 水利水电工程档案验收

水利工程档案验收是水利工程竣工验收的重要内容，应提前或与工程竣工验收同步进行。凡档案内容与质量达不到要求的水利工程，不得通过档案验收；未通过档案验收或档案验收不合格的，不得进行或通过工程的竣工验收。

一、档案自检报告

水利工程在进行档案专项验收前，项目法人应组织工程参建单位对工程档案的收集、整理、保管与归档情况进行自检，确认工程档案的内容与质量已达要求后，可向有关单位报送档案自检报告，并提出档案专项验收申请。

档案自检报告应包括：工程概况，工程档案管理情况，文件材料的收集、整理、归档与保管情况，竣工图的编制与整编质量，工程档案完整、准确、系统、安全性的自我评价等内容。

二、档案专项验收

1. 专项验收的组织

各级水行政主管部门组织的水利工程竣工验收，应有档案人员作为验收委员参加。水利部组织的工程验收，由水利部办公厅档案部门派员参加；流域机构或省级水行政主管部门组织的工程验收，由相应的档案管理部门派员参加；其他单位组织的有关工程项目的验收，由组织工程验收单位的档案人员参加。

工程的档案验收应与工程竣工验收同步进行。档案专项验收可分为初步验收和正式验收。初步验收可由工程竣工验收主持单位委托相关单位组织进行；正式验收应由工程竣工验收主持单位的档案业务主管部门负责。

档案专项验收工作的步骤、方法与内容：

(1)听取项目法人有关工程建设情况和档案收集、整理、归档、移交、管理与保管情况的自检报告。

(2)听取监理单位对项目档案整理情况的审核报告。

(3)对验收前已进行档案检查评定的水利工程，还应听取被委托单位的检查评定意见。

(4)查看现场(了解工程建设实际情况)。

(5)根据水利工程建设规模,抽查各单位档案整理情况。抽查比例一般不得少于项目法人应保存档案数量的8%,其中竣工图不得少于一套竣工图总张数的10%;抽查档案总量应在200卷以上。

(6)验收组成员进行综合评议。

(7)形成档案专项验收意见,并向项目法人和所有会议代表反馈。

(8)验收主持单位以文件形式正式印发档案专项验收意见。

档案专项验收意见

(1)工程概况。

(2)工程档案管理情况:

1) 工程档案工作管理体制与管理状况;

2) 文件材料的收集、整理、立卷质量与数量;

3) 竣工图的编制质量与整编情况;

4) 工程档案的完整、准确、系统性评价。

(3)存在问题及整改要求。

(4)验收结论。

(5)验收组成员签字表。

第四章　水利水电工程施工资料编制

第一节　水利水电工程施工管理资料

一、进场组织材料

表 4-1　　**现场组织机构及主要人员报审表**

（承包[××]机人×号）

合同名称：××水利施工合同　　　　合同编号：

承包人：××市第×水利水电工程局

序号	机构设置	负责人	联系方式	主要技术、管理人员（数量）	各工种技术工人（数量）	备注
01	××	×××	138××××	×	×	
02	××	×××	159××××	×	×	

现提交第×次现场机构及主要人员报审表，请审查。

附件：1. 组织机构图。

2. 部门职责及主要人员分工。

3. 人员清单及其资格或岗位证书。

承包人：××市第×水利工电工程局（盖章）

项目经理：×××

日期：××年×月×日

监理机构将另行签发审核意见。

监理机构：××监理公司××监理部

签收人：×××

日期：××年×月×日

说明：本表一式×份，由承包人填写，监理机构审核后，随同审核意见承包人、监理机构、发包人各1份。

表 4-2

材料/构配件进场报验单

（承包[　　]材料　　号）

合同名称：　　　　　　合同编号：　　　　　　承包人：

致：（监理机构）

我方于　　年　　月　　日进场的工程材料/构配件数量如下表。拟用下述部位：

1. ________；2. ________；3. ________。

经自检，符合技术规范和合同要求，请审核，并准予进场使用。

附件：1. 出厂合格证；2. 检验报告；3. 质量保证书；4.

序号	材料/构配件名称	材料/构配件来源、产地	材料/构配件规格	用途	本批材料/构配件数量	承包人试验				材料/构配件进场日期
						试样来源	取样地点、日期	试验日期、操作人	试验结果	

（填报说明）	（审核意见）
承包人：（全称及盖章） 负责人：（签名） 日期：　　年　　月　　日	监理机构：（全称及盖章） 专业监理工程师：（签名） 日期：　　年　　月　　日

说明：本表一式____份，由承包人填写，监理机构检验，审核后，返回承包人 2 份，监理机构、发包人各 1 份。

表 4-3

施工设备进场报验单

（承包[××]设备×号）

合同名称：××水利施工合同　　　　合同编号：××－×

监理机构：××市第×水利水电工程局

致：××监理公司（监理机构）

我方于 ×× 年 × 月 × 日进场的施工设备如下表。拟于用下述部位：

1. ×××
2. ×××
3.

经自检，符合技术规范和合同要求，请审核，并准予进场使用。

附件：

序号	设备名称	规格型号	数量	进场日期	计划	完好状况	拟用工程项目	设备权属	生产能力	备注
1	××	××－×	×		×	×	×			
2	××	×××－×	×		×	×	×			
3										
4										
5										
6										

上述设备已按合同约定进场并已自检合格，特此报验审表。 承包人：××市第×水利水电工程局（盖章） 项目经理：××× 日期：××年×月×日	（审核意见） 监理机构：××监理公司××监理部 总监理工程师/监理工程师：××× 日期：××年×月×日

说明：本表一式 × 份，由承包人填写，监理机构审签后，承包商人、监理机构、发包人各 1 份。

二、现场见证取样及送检资料

水利工程施工现场见证取样及送检资料主要有：有见证取样和送检见证人备案书、见证记录、有见证试验汇总表等。现分述如下：

1. 有见证取样和送检见证人备案书

(1)《有见证取样和送检见证人备案书》填写说明如下：

1)见证人一般由施工现场监理人员担任，施工和材料、设备供应单位人员不得担任。见证人员必须由责任心强，工作认真的人担任。

2)工程见证人确定后，由建设单位向该工程的监督机构递交备案书进行备案，如见证人更换须办理变更备案手续。

3)所取试样必须送到有相应资质的检测单位。

(2)《有见证取样和送检见证人备案书》填写范例见表 4-4。

表 4-4

有见证取样和送检见证人备案书

××× 质量监督站：

××× 试验室：

我单位决定，由 ××× 同志担任 ××发电厂房 工程有见证取样和送检见证人。有关的印章和签字如下，请查收备案。

有见证取样和送检印章	见证人签字
××监理公司 有见证取样和送检印章	××× ×××

建设单位名称(盖章)：××水利工程开发总公司　　××年×月×日

监理单位名称(盖章)：××监理公司　　××年×月×日

施工项目负责人签字：×××　　××年×月×日

2. 见证记录

水利工程施工现场，见证人员及检测人员必须对所取试样实事求是，不许弄虚作假，否则应承担相应的法律责任。

(1)施工过程中，见证人应按照事先编写的见证取样和送检计划进行取样及送检。

(2)试样上应做好样品名称、取样部位、取样日期等标识。

(3)单位工程有见证取样和送检次数不得少于试验总数的 30%，试验总次数在 10 次以下的不得少于 2 次。

(4)送检试样应在施工现场随机抽取，不得另外制作。

3. 有见证试验汇总表

(1)本表由施工单位填写，并纳入工程档案。见证取样及送检资料必须真实、完整，符合规定，不得伪造、涂改或丢失。如试验不合格，应加倍取样复试。

(2)《有见证试验汇总表》填写说明及要求如下：

1)"试验项目"指规范规定的应进行见证取样的某一项目。

2)"应送试总次数"指该项目按照设计、规范、相关标准要求及试验计划应送检的总次数。

3)"有见证取样次数"指该项目按见证取样要求的实际试验次数。

(3)《有见证试验汇总表》填写范例见表 4-5。

表 4-5

有见证试验汇总表

工程名称：××××

施工单位：××工程局

建设单位：××水利工程开发总公司

监理单位：××监理公司

见 证 人：×××

试验室名称：×××

试验项目	应送试总次数	有见证试验次数	不合格次数	备注
混凝土试块	65	27	0	
砌筑砂浆试块	20	8	0	
钢筋原材	42	15	0	
直螺纹钢筋接头	20	8	0	
SBS 防水卷材	5	3	0	

施工单位：××工程局　　　　制表人：×××

填制日期：××年×月×日

(三)施工日志

(1)施工日志是施工活动的原始记录,是编制施工文件、积累资料、总结施工经验的重要依据,由项目技术负责人具体负责。

(2)施工日志应以单位工程为记载对象。从工程开工起至工程竣工止,按专业指定专人负责逐日记载,并保证内容真实、连续和完整。

(3)施工日志填写内容应根据工程实际情况确定,一般应含工程概况、当日生产情况、技术质量安全情况、施工中发生的问题及处理情况、各专业配合情况、安全生产情况等。

(4)施工日志可以采用计算机录入、打印,也可按规定样式手工填写,并装订成册,必须保证字迹清晰、内容齐全,由各专业负责人签字。

(四)施工现场质量管理检查记录表

(1)建筑工程项目经理部应建立质量责任制度及现场管理制度;健全质量管理体系;制定施工技术标准;审查资质证书、施工图、地质勘察资料和施工技术文件等。

(2)施工单位应按规定填写《施工现场质量管理检查记录》(表 4-6),报项目总监理工程师(或建设单位项目负责人)检查,并做出检查结论。

表中各单位名称应填写全称,与合同或协议书中名称一致。检查结论应明确,不应采用模糊用语。

(3)当项目管理有重大调整时,应重新填写。填写完成后,施工单位,监理单位各保存一份。

表 4-6　　施工现场质量管理检查记录

编号:×××

工程名称	××工程	施工许可证	×××	开工日期	××年×月×日
设计单位	××水利水电工程勘探设计院	项目负责人	×××		
建设单位	××水利工程开发总公司	项目负责人	×××		
监理单位	××监理公司	总监理工程师	×××		
施工单位	××工程局	项目经理	×××	项目技术负责人	×××

序号	项　目	内　容
1	现场质量管理制度	质量例会制度;月评比及奖罚制度;三检及交接检制度;质量与经济挂钩制度
2	质量责任制	岗位责任制;设计交底会制;技术交底制;挂牌制度。
3	主要专业工种操作上岗证书	测量工、钢筋工、起重工、木工、混凝土工、电焊工、架子工、有证
4	分包方资质与分包单位的管理制度	
5	施工图审查情况	审查报告及审查批准书××设××号
6	地质勘察资料	地质勘探报告
7	施工组织设计、施工方案及审批	施工组织设计编制、审核、批准齐全
8	施工技术标准	有模板、钢筋、混凝土灌注等 20 多种
9	工程质量检验制度	有原材料及施工检验制度;抽测项目的检验计划
10	搅拌站及计量设置	有管理制度和计量设施精确度及控制措施
11	现场材料、设备存放与管理	钢材、砂石、水泥及玻璃、地面砖的管理办法
12		

检查结论:

施工现场质量管理制度完整,符合要求,工程质量有保障。

总监理工程师

(建设单位项目负责人)×××　　　　××年×月×日

《见证取样》填写范例见表 4-7。

表 4-7

见　证　记　录

编号：×××

工程名称：××水库混凝土坝

取样部位：坝基上×m 处

样品名称：混凝土标养试块　　取样数量：一组

取样地点：施工现场　　取样日期：××年×月×日

见证记录：

见证取样取自 06 号罐车。试块上已作明标识。

有见证取样和送检印章：

××监理公司
有见证取样和送检印章：

取　样　人　签　字：×××

见　证　人　签　字：×××

三、工程质量事故报告

1. 工程质量事故调(勘)查记录

《水利工程质量事故调(勘)查记录》(表 4-8)是当工程发生质量事故后,调查人员对工程质量事故进行初步调查了解和现场勘察所形成的记录。

(1)本表应由调查人员来填写,各有关单位保存。填写时应注明工程名称、调查时间、地点、参加人员及所属单位、联系方式等。

(2)本表应本着实事求是的原则填写，严禁弄虚作假。应采用影像的形式真实记录现场情况，作为分析事故的依据。

(3)“调(勘)查笔录”栏应填写工程质量事故发生时间、具体部位、原因等，并初步估计造成的损失。

《水利工程质量事故调(勘)查记录》填写范例见表4-8。

表4-8　　水利工程质量事故调(勘)查记录

编号：×××

<table>
<tr><td>工程名称</td><td>×××</td><td>日期</td><td colspan="3">××年×月×日</td></tr>
<tr><td>调(勘)查时间</td><td colspan="5">××年×月×日×时×分至×时×分</td></tr>
<tr><td>调(勘)查地点</td><td colspan="5">(工程项目所在地)</td></tr>
<tr><td>参加人员</td><td>单位</td><td colspan="2">姓名</td><td>职务</td><td>联系电话</td></tr>
<tr><td>被调查人</td><td>××工程局</td><td colspan="2">×××</td><td>项目经理</td><td>×××××××××</td></tr>
<tr><td rowspan="2">陪同调(勘)查人员</td><td>×××</td><td colspan="2">×××</td><td>质检员</td><td>×××××××××</td></tr>
<tr><td>×××</td><td colspan="2">×××</td><td>质检员</td><td>×××××××××</td></tr>
<tr><td>调(勘)查笔录</td><td colspan="5">××年×月×日在混凝土施工时，由于振捣工没有按照混凝土振捣操作规程操作，致使坝面与坝基交接处有长100cm，宽10cm混凝土发生漏筋、孔洞等质量缺陷。</td></tr>
<tr><td>现场证物照片</td><td colspan="5">☑有　□无　共5张　共4页</td></tr>
<tr><td>事故证据资料</td><td colspan="5">☑有　□无　共8张　共5页</td></tr>
<tr><td>被调查人签字</td><td>×××</td><td colspan="2">调(勘)查人</td><td colspan="2">×××</td></tr>
</table>

2. 工程质量事故报告书

工程发生重大质量事故后，调查人员应如实填写《工程质量事故报告书》(表4-9)，并交各有关单位保存。

其中事故发生时间应记载年、月、日、时、分；估计造成损失，指因质量事故导致的返工，加固等费用，包括人工费、材料费和一定数额的管理费；事故情况，包括倒塌情况（整体倒塌或局部倒塌的部位）、损失情况（伤亡人数、损失程度、倒塌面积等）；事故原因，包括设计原因（计算错误、构造不合理等）、施工原因（施工粗制滥造、材料、构配件或设备质量低劣等）、设计与施工的共同问题、不可抗力等；处理意见，包括现场处理情况、设计和施工的技术措施、主要责任者及处理结果（表4-9）。

表4-9　**工程质量事故报告单**

（承包[××]事故×号）

合同名称：××水利施工合同　合同编号：××-×

承包人：××市第×水利水电工程局

致：××监理公司（监理机构） ××年×月×日×时，在××（工程地点）发生×××事故，现将事故发生情况报告如下，待调查结果出来后，再另行作详情报告。	
事故简述	混凝土施工时，由于振捣工没有按照混凝土振捣操作规程操作致使坝基与垫层交接处出现一长90cm、宽10cm的缺口，发生漏筋、漏石等质量缺陷。
初步处理意见	(1)对该处工程拆除返工，重新进行浇筑。 (2)对直接责任人进行质量意识教育，持证上岗，并处以50元经济罚款。 (3)对所在班组提出批评，并停工一天进行规程培训。
已采取的应急措施	
（填报说明） 承包人：（全称及盖章） 项目经理：（签名） 日　期：××年×月×日	监理机构将另行签发批复意见。 监理机构：（全称及盖章） 签收人：（签名） 日　期：××年×月×日

说明：本表一式×，由承包人填写，监理机构签收后，承包人、监理机构，发包人各1份。

第二节 水利水电工程施工技术资料

一、施工技术方案申报

(1)施工单位应编写工程技术文件，经施工单位技术部门审查通过，填写《施工技术方案申报表》(表4-10)报项目监理部。总监理工程师组织专业监理工程师审核，填写审核意见，由总监理工程师签署审定结论。

(2)由总承包单位编制，或对分包单位的方案进行审核，之后报送监理单位，经监理单位审批后返还总包单位，各相关单位存档。

(3)“编制单位名称”填写直接编制方案且负责该工程实话的单位。如各分包单位首先填写此栏，后经总承包单位审核并在“施工单位审核意见”栏写出意见后再报送监理单位。

(4)所报审的施工组织设计、专项施工方案等，对重要方案还应附施工单位公司级技术负责人的审批意见。

(5)“监理单位审核意见”栏若空间不足时，可另附页。

表 4-10 **施工技术方案申报表**

(承包[××]技案×号)

合同名称：××水利施工合同　　　　合同编号：××—×

监理机构：××市第×水利水电工程局

致：××监理公司(监理机构) 我方已根据施工合同的约定完成了 ××水利施工 工程 技术方案 的编制，并经我方技术负责人审查批准，现上报贵方，请审批。 附：☑施工组织设计 ☑施工措施计划 ☑安全措施计划 ☑分部工程施工工法 ☑工程放样计划 □ 承包人：××市第×水利水电工程局 项目经理：××× 日期：××年×月×日
监理机构将另行签发审批意见。 监理机构：××监理公司××监理部 签收人：××× 日期：××年×月×日

说明：本表一式 × 份，由承包人填写，随同审批意见承包人、监理机构、发包人、设代机构各1份。

二、施工技术交底记录

1. 施工技术交底规定

(1)重点和大型工程施工组织设计交底应由施工企业的技术负责人把主要设计要求、施工措施以及重要事项对项目主要管理人员进行交底。其他工程施工组织设计交底应由项目技术负责人进行交底。

(2)专项施工方案技术交底应由项目专业技术负责人负责,根据专项施工方案对专业工长进行交底。

(3)分项工程施工技术交底应由专业工长对专业施工班组(或专业分包)进行交底。

(4)“四新”技术交底应由项目技术负责人组织有关专业人员编制。

(5)设计变更技术交底应由项目技术部门根据变更要求,并结合具体施工步骤、措施及注意事项等对专业工长进行交底。

2. 施工技术交底记录

(1)《施工技术交底记录》(表4-11)应包括施工组织设计交底、专项施工方案技术交底、分项工程施工技术交底、“四新”(新材料、新产品、新技术、新工艺)技术交底和设计变更技术交底。各项交底应有文字记录,交底双方签认应齐全。

(2)施工技术交底的内容应具有可操作性和针对性,能够切实地指导施工,不允许出现“详见×××规程”之类的语言。技术交底记录应对安全事项重点单独说明。

(3)当作分项工程施工技术交底时,应填写“分项工程名称”栏,其他技术交底可不填写。

(4)附件收集:必要的图纸、图片、“四新”(新材料、新工艺、新产品、新技术)的相关文件。

表4-11　施工技术交底记录

编号:×××

工程名称	引水隧洞		交底日期		××年×月×日
施工单位	×××水利水电第二工程局		分项工程名称		隧洞开挖与衬砌
交底提要	锚喷支护				
交底内容: (1)锚喷支护用的锚杆材质符合设计要求;使用的钢筋要调直、除锈、去污。 (2)水泥强度等级不低于32.5级,宜选用普通硅酸盐水泥。所用外加剂中严禁含有对锚杆有腐蚀作用的化学成分。 (3)锚孔内岩粉和积水必须清除干净,锚孔内注浆必须饱满。 1)砂浆锚杆要先注浆后插杆; 2)预应力锚杆应先安装锚杆后注浆。 (4)喷注混凝土应分层进行,两层间隔不得超过1h。喷层表面的乳膜、浮尘等杂物应冲洗干净。 (5)对易风化、易崩解和具膨胀性等岩体,开挖后要及时封闭岩体,并采取防水、排水措施。					
审核人	××	交底人	×××	接受交底人	×××

本表由施工单位填写,交底单位与接受交底单位各存一份,也应报送监理(建设)单位。

三、图纸会审

(1)《图纸会审记录》(表4-12)应由建设单位组织设计、监理和施工单位技术负责人及有关人员参加。设计单位对各专业问题进行交底,施工单位负责将设计交底内容按专业汇总、整理,形成图纸会审记录。

(2)图纸会审记录应由建设、设计、监理、和施工单位的项目相关负责人签认,形成正式图纸会审记录。不得擅自在会审记录上涂改或变更其内容。

(3)监理、施工单位应将各自提出的图纸问题及意见,按专业整理、汇总后报建设单位,由建设单位提交设计单位做交底准备。

(4)《图纸会审记录》应由施工单位根据不同的专业进行汇总、整理。图纸会审记录一经各方签字确认后即成为设计文件的一部分,是现场施工的依据。

表4-12　　图纸会审记录

编号:×××

工程名称	××工程		分部工程名称	××	
地点	(工程项目所在地)		日期	××年×月×日	
序号	图号	图纸问题		图纸问题交底	
1	结-1	结构说明3中,混凝土材料:沥青混凝土心墙使用抗渗混凝土,未给出抗渗等级。		抗渗等级为P8	
2	结-10	Z14中标高为25.20~28.00m与剖面图不符。		Z14标高应改为21.50~28.00mm。	
签字栏	建设单位	监理单位		设计单位	施工单位
	×××	×××		×××	×××

四、设计变更通知单

(1)《设计变更通知单》(表4-13)是施工图纸的补充和修改的记载,是现场施工的依据。《设计变更通知单》由设计单位发出,转签后建设单位、监理单位、施工单位各保存一份。

(2)建设单位提出设计变更时，必须经设计单位同意。不同专业的设计变更应分别办理，不得办理在同一份设计变更通知单上。

设计变更通知单上，“专业名称”栏应按专业填写，如建筑、结构、给排水、电气、通风空调等。

(3)设计单位应及时下达设计变更通知单，内容详实，必要时应附图，并逐条注明应修改图纸的图号。设计变更通知单应由设计专业负责人以及建设(监理)和施工单位的相关负责人签认。

(4)附件收集：所附的图纸及说明文件等。

表 4-13　　**设计变更通知单**

编号：×××

工程名称	×××工程	专业名称	××
设计单位名称	×××设计院	日期	××年×月×日
序号	图号	变更内容	
1	基础 1-1	由振冲加固地基改为钻孔灌注桩	
2	地上 1-1	防渗墙槽孔孔深 16m，改为防渗墙槽孔孔深 20m	
签字栏	建设(监理)单位	设计单位	施工单位
	×××	×××	×××

五、工程洽商记录

(1)《工程洽商记录》(表 4-14)应分专业办理,内容详实,必要时应附图,并逐条注明应修改图纸的图号。工程洽商记录应由设计专业负责人以及建设、监理和施工单位的相关负责人签认。

(2)不同专业的洽商应分别办理,不得办理在同一份上。签字应齐全,签字栏内只能填写人员姓名,不得另写其他意见。

“专业名称”栏内应按专业如实填写;收集的附件包括所附的图纸及说明文件等。

(3)设计单位如委托建设(监理)单位办理签认,应办理委托手续。

(4)《工程洽商记录》由施工单位、建设单位或监理单位其中一方发出,经各方签认后存档。

表 4-14 **工程洽商记录**

编号:×××

<table>
<tr><td colspan="2">工程名称</td><td colspan="2">**混凝土大坝**</td><td>专业名称</td><td colspan="2">**坝基防渗与排水**</td></tr>
<tr><td colspan="2">提出单位名称</td><td colspan="2">×××</td><td>日期</td><td colspan="2">××年×月×日</td></tr>
<tr><td colspan="2">内容摘要</td><td colspan="5">**关于垂直排水孔的设置**</td></tr>
<tr><td>序号</td><td>图号</td><td colspan="5">洽商内容</td></tr>
<tr><td>1</td><td>**结-1**</td><td colspan="5">**原垂直排水孔孔深为 12m,允许偏差±0.6m,现改为孔深 15m,允许偏差±0.3m**</td></tr>
<tr><td>2</td><td>**结-1**</td><td colspan="5">**原垂直排水孔倾斜度允许偏差不大于 1.5%,现改为倾斜度允许偏差不大于 1%**</td></tr>
<tr><td>3</td><td>**结-1**</td><td colspan="5">**原垂直排水孔平面偏差小于 10m,现改为孔口平面位置偏差不大于 10cm**</td></tr>
<tr><td></td><td></td><td colspan="5"></td></tr>
<tr><td></td><td></td><td colspan="5"></td></tr>
<tr><td></td><td></td><td colspan="5"></td></tr>
<tr><td></td><td></td><td colspan="5"></td></tr>
<tr><td></td><td></td><td colspan="5"></td></tr>
<tr><td></td><td></td><td colspan="5"></td></tr>
<tr><td></td><td></td><td colspan="5"></td></tr>
<tr><td></td><td></td><td colspan="5"></td></tr>
<tr><td></td><td></td><td colspan="5"></td></tr>
<tr><td></td><td></td><td colspan="5"></td></tr>
<tr><td rowspan="2">签字栏</td><td colspan="2">建设单位</td><td>监理单位</td><td colspan="2">设计单位</td><td>施工单位</td></tr>
<tr><td colspan="2">×××</td><td>×××</td><td colspan="2">×××</td><td>×××</td></tr>
</table>

第三节　水利水电工程施工物资资料

一、工程物资分类

水利水电工程施工物资主要包括原材料、成品、半成品、构配件及设备等，其主要类型如下：

(1)Ⅰ类物资：指仅须有质量证明文件的工程物资，如大型混凝土预制构件、一般设备、仪表、管材等。

(2)Ⅱ类物资：指到场后除必须有出厂质量证明文件外，还必须通过复试检验(试验)才能认可其质量的物资，如水泥、钢筋、砌块、混凝土外加剂、石灰、小型混凝土预制构件、防水材料、关键防腐材料(产品)、保温材料、锅炉、进口压力容器等。

Ⅱ类物资进厂后应按规定进行复试，验收批量的划分及必试项目按相关规定进行，可根据工程的特殊需要另外增加试验项目。

水泥出厂超过三个月、快硬硅酸盐水泥出厂一个月后必须进行复试并提供复试检验(试验)报告，复试结果有效期限同出厂有效期限。

(3)Ⅲ类物资：指除须有出厂质量证明文件、复试检验(试验)报告外，施工完成后，需要通过规定龄期后再经检验(试验)方能认可其质量的物资，如混凝土、沥青混凝土、砌筑砂浆、石灰粉煤灰砂砾混合料等。

二、工程物资分级管理

(一)分级管理的原则

(1)供应单位或加工单位负责收集、整理和保存提供物资原材料的质量证明文件。

(2)施工单位则需收集、整理和保存供应单位或加工单位提供的质量证明文件和进场后进行的试(检)验报告。

(3)各单位应对各自范围内工程资料的汇集、整理结果负责，并保证工程资料的可追溯性。

(二)分级管理的规定

1. 钢筋

(1)钢筋多采用场外委托加工的形式，委托加工单位应保存钢筋的原材出厂证明、复试报告、接头连接试验报告等资料，并保证资料的可追溯性；加工单位必须向施工单位提供《半成品钢筋出厂合格证》。

(2)半成品钢筋进场后施工单位还应进行外观质量检查，如对质量产生怀疑或有其他约定时可进行力学性能和工艺性能的抽样复试。

(3)对钢筋进行力学性能和工艺性能试验时，应从同一出厂批、同规格、同品种、同加工正式工业基础一验收批，对钢筋连接接头每300个接头取不少于一组。

2. 混凝土

(1)现场混凝土多采用搅拌站预拌的方式。混凝土预拌供应单位应保证资料的可追溯性并提供如下资料：

混凝土试配记录、水泥出厂合格证和试(检)验报告、砂和碎(卵)石试验报告、轻集料试(检)验报告、外加剂和掺和料产品合格证和试(检)验报告、开盘鉴定、混凝土抗压强度报告(出厂检验混凝土强度值应填入预拌混凝土出厂合格证)、抗渗试验报告(试验结果应填入预拌混凝土出厂合格证)、混凝土坍落度测试记录(搅拌站测试记录)和原材料有害物含量检测报告。

(2)预拌混凝土供应单位必须向施工单位提供:混凝土配合比通知单、预拌混凝土运输单、预拌混凝土出厂合格证(32d 内提供)、混凝土氯化物和碱总量计算书等。

(3)在混凝土浇筑施工中,施工单位应形的资料有:混凝土浇灌申请书,混凝土抗压强度报告(现场检验),抗渗试验报告(现场检验),混凝土试块强度统计、评定记录(现场)等。

(4)预拌混凝土供应单位必须向施工单位提供质量合格的混凝土,并随车提供预拌混凝土发货单,在 45d 内提供预拌混凝土出厂合格证。有抗冻、抗渗等特殊要求的预拌混凝土合格证提供时间一般不大于 60d,由供应单位和施工单位在合同中明确规定。

(5)采用现场搅拌混凝土方式的,施工单位应收集、整理上述资料中除预拌混凝土出厂合格证、预拌混凝土运输单之外的所有资料。

3. 预制构件

(1)施工单位使用预制构件时,预制构件加工单位应保存各种原材料的质量合格证明、复试报告等资料以及混凝土、钢构件、木权件的性能试验报告和有害物含量检测报告等资料,并应保证各种资料的可追溯性。

(2)施工单位必须保存加工单位提供的《预制混凝土构件出厂合格证》、《钢构件出厂合格证》以及其他构件合格证和进场后的试(检)验报告。

三、工程物资资料编制

1. 编制要求

工程物资资料是反映施工所用的物资质量是否满足设计和规范要求的各种质量证明文件和相关配套文件(如使用说明书、安装维修文件等)的统称。其编制要求如下:

(1)工程所用物资均应具有出厂质量证明文件(包括产品合格证、出厂检验(试验)报告、产品生产许可证和质量保证书等)。质量证明文件应反映工程物资的品种、规格、数量、性能指标等,并与实际进场物资相符。当无法或不便提供质量证明文件原件时,复印件亦可。

复印件必须清晰可辨认,其内容应与原件一致,并应加盖原件存放单位公章、注明原件存放处、有经办人签字和时间;

(2)凡使用的新材料、新产品,应由具备鉴定资格的单位或部门出具鉴定证书,同时具有产品质量标准和试验要求,使用前应按其质量标准和试验要求进行试验或检验。新材料、新产品还应提供安装、维修、使用和工艺标准等相关技术文件;

(3)进口材料和设备等应有商检证明(国家认证委员会公布的强制性[CCC]产品除外)、中文版的质量证明文件、性能检测报告以及中文版的安装、维修、使用、试验要求等技术文件。

(4)涉及结构安全和使用功能的材料需要代换且改变了设计要求时,必须有设计单位签署的认可文件。涉及安全、卫生、环保的物资应有相应资质等级检测单位的检测报告。

2. 材料进场检验

材料、构配件进场后,应由建设(监理)单位会同施工单位共同对进场物资进行检查验收,并填写相关质量检验资料(表 4-15～表 4-20)。填写时,工程物资名称、规格、数量、检验项目和结果等填写应规范、准确;检验结论及相关人员签字应清晰可辨认,严禁其他人代签。

表 4-15　　　　　　　　水泥化学检测报告

检测单位：××中心试验室　　　　　合同编号：　　　　　No.

委托单位	××项目部	水泥品种	普通硅酸盐水泥
工程名称	××工程	强度等级	32.5 级
检测条件		生产厂家	××水泥集团
检测依据	GB 1344—1999	出厂日期	××年×月×日
检测项目	检测结果	结论	
氧化镁(%)	3.0%	合格	
三氧化硫(%)	2.0%		
烧失量(%)	5%		
不溶物(%)	5%		
备注		检测单位(盖章)	

负责：　　　　　审核：　　　　　试验：

表 4-16 水泥检测报告表

检测单位：××中心试验室 合同项目编号： No. 1

<table>
<tr><td colspan="2">分项工程</td><td colspan="2"></td><td>工程部位</td><td></td></tr>
<tr><td colspan="2">厂家强度等级</td><td colspan="2">P · S 32.5</td><td>取验日期</td><td>××年×月×日</td></tr>
<tr><td>序号</td><td colspan="3">检查项目</td><td>检验结果</td><td>附记</td></tr>
<tr><td>1</td><td colspan="3">比重(g/cm³)</td><td></td><td></td></tr>
<tr><td rowspan="2">2</td><td rowspan="2">细度</td><td colspan="2">80μm 方孔筛筛余量(%)</td><td>—</td><td></td></tr>
<tr><td colspan="2">比表面积(m²/kg)</td><td>—</td><td></td></tr>
<tr><td>3</td><td colspan="3">标准稠度(%)</td><td>25.4%</td><td></td></tr>
<tr><td rowspan="2">4</td><td rowspan="2">凝结时间</td><td colspan="2">初凝(h min)</td><td>20h20min</td><td></td></tr>
<tr><td colspan="2">终凝(h min)</td><td>3h45min</td><td></td></tr>
<tr><td>5</td><td colspan="3">安定性</td><td>合格</td><td></td></tr>
<tr><td rowspan="6">6</td><td rowspan="6">强度(MPa)</td><td rowspan="3">抗折强度</td><td>(3)d</td><td>4.4</td><td></td></tr>
<tr><td>(28)d</td><td>8.7</td><td></td></tr>
<tr><td>( )d</td><td></td><td></td></tr>
<tr><td rowspan="3">抗压强度</td><td>(3)d</td><td>23.5</td><td></td></tr>
<tr><td>(28)d</td><td>53.1</td><td></td></tr>
<tr><td>( )d</td><td></td><td></td></tr>
<tr><td rowspan="3">7</td><td rowspan="3"></td><td rowspan="3">水化热(J/g)</td><td>( )d</td><td></td><td></td></tr>
<tr><td>( )d</td><td></td><td></td></tr>
<tr><td>( )d</td><td></td><td></td></tr>
</table>

校核： 计算： 试验： 年 月 日

表 4-17　　混凝土用碎石或卵石检验报告表

检测单位：××中心试验室　　合同项目编号：　　No.

<table>
<tr><td>分项工程</td><td colspan="2">××工程</td><td colspan="2">工程部位</td><td></td></tr>
<tr><td>取样地点</td><td colspan="2"></td><td colspan="2">试验日期</td><td>×年×月×日</td></tr>
<tr><td>项目</td><td colspan="2">检测结果</td><td colspan="2">项目</td><td>检测结果</td></tr>
<tr><td>表观密度(kg/m^3)</td><td colspan="2">—</td><td colspan="2">针片状颗粒含量(%)</td><td>2.5%</td></tr>
<tr><td>紧密密度(kg/m^3)</td><td colspan="2"></td><td colspan="2">有害物含量(%)</td><td>0.5%</td></tr>
<tr><td>堆积密度(kg/m^3)</td><td colspan="2">—</td><td colspan="2">坚固性</td><td></td></tr>
<tr><td>含水量(%)</td><td colspan="2"></td><td colspan="2">压碎指标(%)</td><td>8%</td></tr>
<tr><td>吸水率(%)</td><td colspan="2"></td><td colspan="2">SO_3 含量(%)</td><td></td></tr>
<tr><td>含泥量(%)</td><td colspan="2">0.4%</td><td colspan="2">碱活性</td><td>低碱活性</td></tr>
<tr><td>泥块含量(%)</td><td colspan="2">0.2%</td><td colspan="2"></td><td></td></tr>
<tr><td colspan="6">超粒径含量</td></tr>
<tr><td>颗粒粒径(mm)</td><td>5～20</td><td colspan="2">20～40</td><td>40～80</td><td>80～150</td></tr>
<tr><td>超径含量(%)</td><td></td><td colspan="2"></td><td></td><td></td></tr>
<tr><td>逊径含量(%)</td><td></td><td colspan="2"></td><td></td><td></td></tr>
<tr><td>检验结论</td><td colspan="5">依据《建筑用卵石、碎石》GB/T 14685—2001 标准，各项指标均符合标准</td></tr>
</table>

校核：　　计算：　　试验：　　年　月　日

表 4-18　　　　预制混凝土构件出厂合格证

编号：________

<table>
<tr><td>工程名称</td><td colspan="5">××工程</td><td>合格证编号</td><td>×××062</td></tr>
<tr><td>构件名称</td><td colspan="2">预应力圆孔板</td><td>型号规格</td><td colspan="2">YKB－3</td><td>供应数量</td><td>60</td></tr>
<tr><td>混凝土设
设强度等级</td><td>C30</td><td>混凝土
浇筑日期</td><td>×</td><td colspan="2">生产制造厂及出厂日期</td><td colspan="2"></td></tr>
<tr><td rowspan="9">性能
检验
评定
结果</td><td colspan="2">混凝土抗压强度</td><td colspan="5">主筋</td></tr>
<tr><td colspan="2">达到设计强度(%)</td><td colspan="2">试验编号</td><td colspan="2">力学性能</td><td>工艺性能</td></tr>
<tr><td colspan="2">125</td><td colspan="2">××××－061</td><td colspan="2">钢筋屈服点抗拉强度、伸长率均符合要求</td><td>见钢筋厚材料试验报告</td></tr>
<tr><td colspan="7">外　观</td></tr>
<tr><td colspan="3">质量状况</td><td colspan="4">规格尺寸</td></tr>
<tr><td colspan="3">合格</td><td colspan="4">3580mm×1180mm×120mm</td></tr>
<tr><td colspan="7">结构性能</td></tr>
<tr><td colspan="2">承载力(kPa)</td><td colspan="2">挠　度(mm)</td><td colspan="2">抗裂检验(kPa)</td><td>裂缝宽度(mm)</td></tr>
<tr><td colspan="2">2</td><td colspan="2">1.5</td><td colspan="2">1.4</td><td>0.12≤0.15(w_{max})</td></tr>
<tr><td colspan="7">备注：</td><td>结论：
试件结构各项性能指标检验合格，同意出厂</td></tr>
<tr><td>供应单位技术负责人</td><td colspan="3">×××</td><td colspan="4" rowspan="3">供应单位名称
（盖章）</td></tr>
<tr><td>填表人</td><td colspan="3">×××</td></tr>
<tr><td>填表日期</td><td colspan="3"></td></tr>
</table>

本表由预制混凝土构件供应单位提供，建设单位、施工单位各保存一份。

表 4-19　　**钢构件出厂合格证**

编号：________

工程名称	××工程			合格证编号		
钢材材质		供应总量（t）	80	防腐状况		
数量焊条或焊丝型号		焊药型号	E4303　3.2mm×350mm			

序号	构件名称及编号	构件数量	构件单重（kg）	原材报告编号	复试报告编号	使用部位
1	1# 钢柱	12	85	035	××××－0135	一层①～⑨/Ⓐ～Ⓗ轴

备注：

供应单位技术负责人	×××	供应单位名称（盖章）
填表人	×××	
填表日期	×年×月×日	

本表由钢构件供应单位提供，建设单位、施工单位各保存一份。

表 4-20　　预拌混凝土出厂合格证

编号:＿＿＿＿＿

<table>
<tr><td>工程名称及浇筑部位</td><td colspan="6">××工程　基础底板①～⑨/Ⓐ～Ⓗ轴</td><td>合格证编号</td><td>××××－194</td></tr>
<tr><td>配合比编号</td><td>××××－093</td><td>强度等级</td><td>C35</td><td>抗渗等级</td><td>P8</td><td colspan="2">供应数量</td><td>970</td></tr>
<tr><td>使用单位</td><td colspan="3">××建筑公司</td><td>供应日期</td><td colspan="4">×年×月×日至×年×月×日</td></tr>
<tr><td>原材料名称</td><td>水泥</td><td>砂</td><td>石</td><td colspan="2">掺和料</td><td colspan="3">外加剂</td></tr>
<tr><td>品种及规格</td><td>P·O 42.5R</td><td>中砂</td><td>碎石</td><td colspan="2">Ⅱ级粉煤灰</td><td colspan="3">HNB－1</td></tr>
<tr><td>试验编号</td><td>××××－051</td><td>××××－049</td><td>××××－048</td><td colspan="2">×××－020</td><td colspan="3">××××－018</td></tr>
<tr><td rowspan="7">每组抗压强度值 MPa</td><td>试验编号</td><td>强度值</td><td>试验编号</td><td>强度值</td><td colspan="4" rowspan="10">备注:</td></tr>
<tr><td>××××－0521</td><td>53.2</td><td>××××－0522</td><td>51.2</td></tr>
<tr><td>××××－0523</td><td>51.8</td><td>××××－0524</td><td>51.3</td></tr>
<tr><td></td><td></td><td></td><td></td></tr>
<tr><td></td><td></td><td></td><td></td></tr>
<tr><td></td><td></td><td></td><td></td></tr>
<tr><td></td><td></td><td></td><td></td></tr>
<tr><td rowspan="3">抗渗试验</td><td>试验编号</td><td>强度值</td><td>试验编号</td><td>强度值</td></tr>
<tr><td>××××－0069</td><td>P78</td><td>××××－0070</td><td>P78</td></tr>
<tr><td></td><td></td><td></td><td></td></tr>
<tr><td colspan="5">抗压强度统计结果</td><td colspan="4" rowspan="3">结论:</td></tr>
<tr><td colspan="2">组数(n)</td><td colspan="2">平均值</td><td>最小值</td></tr>
<tr><td colspan="2">4</td><td colspan="2">51.88</td><td>51.2</td></tr>
<tr><td colspan="2">供应单位技术负责人</td><td colspan="2">填表人</td><td colspan="5" rowspan="3">供应单位名称
(盖章)</td></tr>
<tr><td colspan="2">×××</td><td colspan="2">×××</td></tr>
<tr><td>填表日期</td><td colspan="3">×年×月×日</td></tr>
</table>

3. 材料试验报告

材料试验报告由具备相应资质等级的检测单位出具，作为各种相关材料的附件进入资料流程。工程名称、使用部位及代表数量应准确并符合规范要求。

按规范要求须做进场复试的物资，应按其相应专用复试表格填写，未规定专用复试表格的，应按《材料试验报告（通用）》（表 4-21）填写。

表 4-21　　材料试验报告（通用）

编号：

工程名称及部位	××工程风管系统　保温			试样编号	
委托单位	××项目部	试验委托人		委托编号	××××－03997
材料名称及规格	橡塑取样 300mm×400mm×50mm			产地、厂别	××建材公司
代表数量	1块	来样日期	××××	试验日期	××××
要求试验项目及说明： **本材料批量大，使用效果重要，取样做有关密度、导热系数、燃烧性能、吸水率及氧指数性能试验。**					
试验结果： **厂家给出试验报告。** **导热系数为 0.034W/m · K，符合《建筑材料燃烧性能分级方法》（GB 8624—2006），经测定为 GB 8624B1 级难燃性材料，安全可靠。**					
结论： **符合设计、规范要求，材料合格。**					
批准	×××	审核	×××	试验人员	×××
试验单位	××试验室			报告日期	××年×月×日

4. 出厂证明文件

工程所用材料应有出厂证明文件。建设（监理）单位和施工单位除应对材料质量进行检查外，还应填写材料出厂证明文件，如《建筑材料质量检验合格证》、《半成品钢筋出厂合格证》、《预制混凝土构件出厂合格证》、《钢构件出厂合格证》和《预拌混凝土出厂合格证》等。

5. 设备开箱检验记录

工程设备进场后，应由施工单位、建设（监理）单位、供货单位共同开箱检验。其检验项目应包括：设备的产地、品种、规格、外观、数量、附件情况、标识和质量证明文件、相关技术文件等。

检验完毕，应填写《设备开箱检验记录》（表 4-22）。开箱检验记录应包括：设备名称、检查日期、规格型号、总数量、装箱单号、检验数量、检验记录（包装情况、随机文件、备件与附件、外观情况、测试情况）、检验结果、结论等。

表 4-22 设备开箱检验记录

编号：

设备名称	排烟风机	规格型号	GYF—41	总数量	2 台
装箱单号	499～500	检验数量	2 台	检查日期	××××
检验记录	包装情况	塑料布包装			
	随机文件	合格证、出厂检验报告、技术说明书			
	备件与附件	减振垫、螺栓齐全			
	外观情况	外观情况良好、喷涂均匀、无缺陷			
	测试情况	经手动测试运转情况良好			

检验结果	缺、损附备件明细表					
	序号	名称	规格	单位	数量	备注

结论：

经外观检验，手动测试符合设计与施工规范要求。

签字栏	建设（监理）单位	施工单位	供应单位
	×××	×××	×××

本表由施工单位填写并保存。

第四节　水利水电工程施工记录

一、施工测量记录

(1)测绘部门根据建设工程规划许可证(附件)批准的建筑工程位置及标高依据，测定出建筑的红线桩。

(2)施工测量单位应依据测绘部门提供的放线成果、红线桩及场地控制网(或建筑物控制网)，测定建筑物位置、主控轴线及尺寸、建筑物±0.0000绝对高程。

(3)《施工放样报验单》(表4-23)由施工单位填写，随相应的测量放线报验表进入资料流程。

表4-23　　**施工放样报验单**

(承包[　　]放样　　号)

合同名称：　　　　合同编号：

承包人：

致：××监理公司(监理机构) 根据合同要求，我们已完成　　××大楼主体工程　　的施工放样工作，请查验。 附件：测量放样资料			
序号	工程或部位名称	放样内容	备　注
1	四层②～⑦/Ⓐ～Ⓓ轴	轴线控制线、墙柱轴线及边线、门窗洞口位置线等	30m钢尺　DS_3级水准仪
2	四层⑥～⑨/Ⓔ～Ⓗ轴	柱轴线控制线、柱边线等	30m钢尺　DS_3级水准仪
自检结果： 符合工程施工图的设计要求，达到《建筑工程施工测量规程》的精度要求 承包人：(全称及盖章)××× 技术负责人：(签字)××× 项目经理：(签字)××× 日期：××年×月×日			
审核意见： 经检查，符合工程施工图的设计要求，达到了《建筑工程施工测量规程》的精度要求。 监理机构：(全称及盖章) 监理工程师：(签名)××× 日期：××年×月×日			

说明：本表一式__，由承包人填写，监理机构审核后，承包人2份，监理机构、发包人各1份。

表 4-24

联合测量通知单

（承包[××]放样×号）

合同名称：××水利施工合同　　合同编号：××-×

承包人：××市×水利水电工程局

致：××监理公司（监理机构） **根据工程进度情况和合同约定，拟进行工程测量工作，请贵方派员参加。** 施测工程部位：××河段河堤底部高程 项目工作内容： 任务要点： 施测时间：__××__年__×__月__×__日至__××__年__×__月__×__日 承包人：××市第×水利水电工程局 项目经理：×× 日期：××年×月×日
□ 拟于___年___月___日___派监理人员参加测量。 ☑不派人参加联合测量，你方测量后将测量结果报我方审核。 监理机构：××监理公司××监理部 项目工程师：××× 日期：××年×月×日

说明：本表一式×份，由承包人填写，监理机构审核后，承包人、监理机构、发包人各1份。

二、地基基础检查记录

1. 地基验槽检查记录

(1)水利工程基础施工应进行施工验槽，检查内容包括基坑位置、平面尺寸、持力层核查、基底绝对高程标高(和相对标高和绝对高程)、持力层核查、基坑土质及地下水位等，有基础桩桩支护或桩基的工程还应有工程桩的检查。

(2)《地基验槽检查记录》(表4-25)应由建设、勘察、设计、监理、施工单位共同验收签认。地基需处理时，应由勘察、设计部门提出处理意见。

(3)对于进行地基处理的基槽，还应再办理一次地基验槽记录，并将地基处理的洽商编号、处理方法等注明。

(4)验槽内容：注明地质勘察报告编号，基槽标高、断面尺寸，必要时可附断面简图示意。

注明土质情况，附上钎探记录和钎探点平面布置图。若采用桩基还应说明桩的类型、数量等，附上桩基施工记录、桩基检测报告等。

(5)检查意见要明确，验槽内容要符合要求且描述清楚，在检查中，一次验收未通过的要注明质量问题，并提出具体处理意见。

表4-25　　**地基验槽检查记录**

编号：×××

<table>
<tr><td>工程名称</td><td colspan="2">××工程</td><td>验槽日期</td><td colspan="2">××年×月×日</td></tr>
<tr><td>验槽部位</td><td colspan="5">×××</td></tr>
<tr><td colspan="6">依据：施工图纸(施工图纸号　结-1，结-3　)、设计变更/洽商(编号　　)及有关规范、规程。</td></tr>
<tr><td colspan="6">验槽内容：
1. 基槽开挖至勘探报告第　×　层，持力层为　×　层。
2. 基底绝对高程和相对标高　××m　－8.70m　。
3. 土质情况　2类黏土　基底为老土层，均匀密实
(附：☑　钎探记录及钎探点平面布置图)
4. 桩位置　/　、桩类型　/　、数量　/　，承载力满足设计要求。(附：
□施工记录、　□桩检测记录)

注：若建筑工程无桩基或人工支护，则相应在第4条填写处划“/”。
申报人：×××</td></tr>
<tr><td colspan="6">检查意见：
槽底土均匀密实，与地质勘探报告(编号××)相符，基槽平面位置、几何尺寸、基槽底标高，定位符合设计要求。
地下水情况：槽底地地下水位上1.5m，无坑、穴洞。
检查结论：☑　无异常，可进行下道工序　□需要地基处理</td></tr>
<tr><td rowspan="2">签字公章栏</td><td>建设单位</td><td>监理单位</td><td>设计单位</td><td>勘察单位</td><td>施工单位</td></tr>
<tr><td>×××</td><td>×××</td><td>×××</td><td>×××</td><td>×××</td></tr>
</table>

2. 地基处理记录

地基需处理时，应由勘察、设计部门提出处理意见，施工单位应依据勘察、设计单位提出的处理意见进行地基处理，并完工后填写《地基处理记录》(表 4-26)，内容包括地基处理方式、处理部位、深度及处理结果等。地基处理完成后，应报请勘察、设计、监理部门复验查。

当地基处理范围较大、内容较多、用文字描述较困难时，应附简图示意。如勘察、设计单位委托监理单位进行复查时，应有书面的委托记录。

表 4-26 　　　　　　　　　　**地基处理记录**

编号：×××

<table>
<tr><td colspan="2">工程名称</td><td colspan="3">××工程</td><td>日期</td><td colspan="2">××年×月×日</td></tr>
<tr><td colspan="8">处理依据及方式：
处理依据：
(1)《建筑地基基础工程施工质量验收规范》(GB 50202—2002)。
(2)《建筑地基处理技术规范》(JGJ 79—2002)。
(3)本工程《地基基础施工方案》。
(4)设计变更/洽商(编号××)及钎探记录。
方式：填级配石厚 200mm。</td></tr>
<tr><td colspan="8">处理部位及深度(或用简图表示)
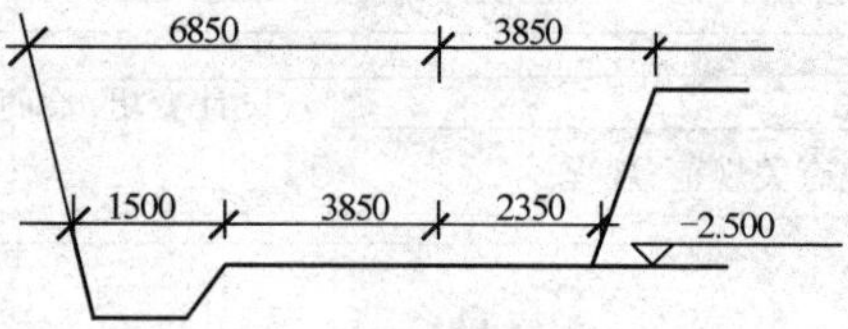

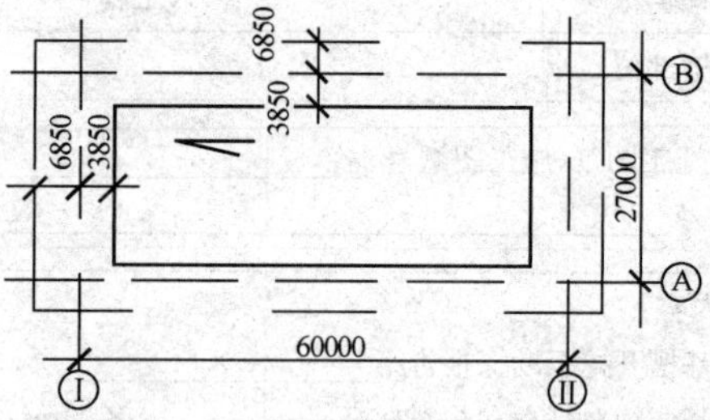

□有　　☑无　附页(图)</td></tr>
<tr><td colspan="8">处理结果：
填级配石厚 200mm
(1)先将基底松土及橡皮土清至老土层。
(2)按设计要求两侧钉好水平桩标高控制在−2.2m 为回填级配石上平。
(3)回填级配石的粒径不大于 10cm，且无草根、垃圾等有机物。
(4)填好基配石后用平板振动器振捣遍数不少于三遍。
(5)排水沟内填卵石，不含有砂子，标高至基底上表面。
(6)级配石的运输方法：用钉好的溜槽投料，严禁将配石由上直接投入槽中。</td></tr>
<tr><td colspan="8">检查意见：
经复验，已按洽商要求施工完毕，符合质量验收规范要求，可以进行下道工序施工。
(由勘察、设计单位签署复查意见)
检查日期：　　××年×月×日</td></tr>
<tr><td rowspan="3">签字栏</td><td rowspan="2">监理单位</td><td rowspan="2">设计单位</td><td rowspan="2">勘察单位</td><td>施工单位</td><td colspan="3">××工程公司</td></tr>
<tr><td colspan="2">专业技术负责人</td><td>专业质检员</td><td>专业工长</td></tr>
<tr><td>×××</td><td>×××</td><td>×××</td><td colspan="2">×××</td><td>×××</td><td></td></tr>
</table>

3. 地基钎探记录

(1)《地基钎探记录》(表 4-27)主要包括钎探点平面布置图和钎探记录。钎探前应绘制钎探点平面布置图,确定钎探点布置及顺序编号。

(2)地基钎探主要用于检验浅土层(如基槽)的均匀性,确定基槽的容许承载力及检验填土质量。钎探中如发现异常情况,应在地基钎探记录表的备注栏内注明。

(3)专业工长负责钎探的实施,并按照钎探图及有关规定进行钎探和记录。钎探记录表中施工单位、工程名称要写具体,锤重、自由落距、钎径、钎探日期要依据现场情况填写。

(4)钎探记录表应附有原始记录表,污损严重的可重新抄写,但原始记录要保存好,并附在新件之后。

表 4-27 **地基钎探记录**

编号:×××

工程名称	×××工程			钎探日期	××年×月×日		
套锤重	12kg	自由落距		60cm	钎径	ϕ35	
顺序号	各步锤击数						
	0~30cm	30~60cm	60~90cm	90~120cm	12~150cm	150~180cm	180~210cm	备注
1	15	39	722	85	25	72	88	
2	14	15	78	57	28	35	43	
3	18	48	89	29	16	18	29	
4	14	40	46	99	35	36	65	
5	18	55	89	40	25	42	34	
6	18	81	143	58	47	39	17	
7	17	69	154	38	34	75	69	
8	15	56	58	32	26	82	68	
9	12	34	56	31	29	57	65	
10	18	65	75	48	18	29	33	
11	24	75	106	88	20	36	18	
12	16	68	115	66	26	44	69	
13	16	67	113	42	41	67	65	
14	21	72	97	30	26	44	42	
15	25	68	68	42	25	31	29	
16	17	61	76	70	19	90	85	
17	15	54	80	63	19	23	27	
18	16	56	108	116	41	111	58	
施工单位	××工程公司							
专业技术负责人			专业工长			记录人		
×××			×××			×××		

三、混凝土检查记录

1. 混凝土浇灌申请书

(1)《混凝土浇灌申请书》的内容应包括：工程名称、浇灌部位及时间、混凝土强度等级及配合比、准备工作情况、批准意见及批准人等。各项内容应根据实际情况填写清楚、齐全，不得有缺项、漏项。

(2)正式浇筑混凝土前，施工单位应检查各项准备工作(如钢筋、模板工程检查；水电预埋检查；材料、设备及其他准备等)，自检合格填写《混凝土浇灌申请书》报监理单位后方可浇筑混凝土。

(3)《混凝土浇灌申请书》用表及填写范例见表4-28。

表 4-28　　混凝土浇灌申请书

编号：×××

工程名称	××水利水电工程	申请浇灌日期	××年×月×日×时
申请浇灌部位	混凝土防渗墙墙基础	申请方量(m^3)	××
技术要求	坍落度170mm，初凝时间2.3h	强度等级	C35
搅拌方式 (搅拌站名称)	××混凝土公司	申请人	×××

依据：施工图纸(施工图纸号　××-×　)、设计变更/洽商(编号　/　)和有关规范、规程。

施工准备检查	专业工长 (质量员)签字	备注
1. 隐检情况：☑已　☐未完成隐检。	×××	
2. 预检情况：☑已　☐未完成预检。	×××	
3. 水电预埋情况：☑已　☐未完成并未经检查。	×××	
4. 施工组织情况：☑已　☐未完备。	×××	
5. 机械设备准备情况：☑已　☐未准备。	×××	
6. 保温及有关准备：☑已　☐未准备。	×××	

审批意见：

原材料、机械设备及施工人员已就位。
施工方案及技术交底工作已落实。
计量设备已准备完毕。
各种隐预检、水电预埋工作已完成。

审批结论：☑同意浇筑　☐整改后自行浇筑　☐不同意，整改后重新申请

审批人：×××　　审批日期：××年×月×日

施工单位名称　**××工程公司**

2. 预拌混凝土运输单

(1)预拌混凝土供应单位应随车向施工单位提供预拌混凝土运输单。

(2)《预拌混凝土运输单》有正、副本之分，其内容应包括工程名称、使用部位、供应方量、配合比、坍落度、出站时间、到场时间和测定的现场实测坍落度等。

(3)《预拌混凝土运输单》的正本由供应单位保存，副本由施工单位保存。其填写范例如下：

表 4-29　　　　预拌混凝土运输单(正本)

编号：×××

合同编号	×××			任务单号	×××		
供应单位	××混凝土公司			生产日期	××年×月×日		
工程名称及施工部位	××工程×××						
委托单位	×××	混凝土强度等级	C30	抗渗等级	×		
混凝土输送方式	泵送	其他技术要求	—				
本车供应方量(m^3)	30	要求坍落度(mm)	140～160	实测坍落度(mm)	150		
配合比编号	××-×	配合比比例	C∶W∶S∶G=1.0∶0.49∶2.42∶3.17				
运距(km)	20	车号	×××	车次	16	司机	×××
出站时间	13∶38	到场时间	14∶28	现场出罐温度(℃)	20		
开始浇筑时间	14∶36	完成浇筑时间		现场坍落度(mm)	150		
签字栏	现场验收人	混凝土供应单位质量员	混凝土供应单位签发人				
	×××	×××	×××				

表 4-30　　　　预拌混凝土运输单(副本)

编号：×××

合同编号	×××			任务单号	×××		
供应单位	××混凝土公司			生产日期	××年×月×日		
工程名称及施工部位	××工程×××						
委托单位	×××	混凝土强度等级	C30	抗渗等级	×		
混凝土输送方式	泵送	其他技术要求	—				
本车供应方量(m^3)	30	要求坍落度(mm)	140～160	实测坍落度(mm)	150		
配合比编号	××-×	配合比比例	C∶W∶S∶G=1.0∶0.49∶2.42∶3.17				
运距(km)	20	车号	×××	车次	16	司机	×××
出站时间	13∶38	到场时间	14∶28	现场出罐温度(℃)	20		
开始浇筑时间	14∶36	完成浇筑时间		现场坍落度(mm)	150		
签字栏	现场验收人	混凝土供应单位质量员	混凝土供应单位签发人				
	×××	×××	×××				

表 4-31 混凝土准浇证

承建单位：××建筑公司 合同编号： No.

<table>
<tr><td colspan="2">单位工程名称</td><td>××工程</td><td>工程量(m^3)</td><td></td></tr>
<tr><td colspan="2">部位</td><td></td><td>编号</td><td></td></tr>
<tr><td colspan="2">桩号</td><td>上 左
下 右</td><td>高程</td><td></td></tr>
<tr><td rowspan="9">分项工程质量检验结果</td><td></td><td>项目</td><td>评定等级</td><td>竣工图情况</td></tr>
<tr><td>1</td><td>岩石地基开挖工程</td><td>合格</td><td></td></tr>
<tr><td>2</td><td>基础岩石、混凝土施工缝处理</td><td>合格</td><td></td></tr>
<tr><td>3</td><td>模板</td><td>合格</td><td></td></tr>
<tr><td>4</td><td>钢筋</td><td>合格</td><td></td></tr>
<tr><td>5</td><td>止水、伸缩缝和排水</td><td>合格</td><td></td></tr>
<tr><td>6</td><td>观测仪器埋设</td><td>合格</td><td></td></tr>
<tr><td>7</td><td>预埋件</td><td>合格</td><td></td></tr>
<tr><td>8</td><td></td><td></td><td></td></tr>
<tr><td>承建单位</td><td colspan="4">经检查，本区浇筑前仓面各项准备工作已符合施工图设计质量标准，允许进行混凝土浇筑。

质检人员：×××</td></tr>
<tr><td>监理签证</td><td colspan="4">本区浇筑措施完善，浇筑方法明确，浇筑设备完好齐备，可在此签证 24h 内开始浇筑。逾时未能浇筑混凝土，本准浇证作废。

签证时间：×年×月×日×时 ×××监理部</td></tr>
<tr><td>备注</td><td colspan="4"></td></tr>
</table>

年 月 日

表 4-32　　　　**混凝土浇筑、衬砌开仓证**

承建单位：　　　　　　　　　　　　　合同编号：　　　　　　　　No.

单位工程		分部工程		分项工程	
工程部位		起止桩号		高程	
设计图纸、通知					

<table>
<tr><td colspan="2">缝面处理、清洗</td><td></td><td rowspan="7">钢筋</td><td colspan="2" rowspan="2">横向筋规格
根数、间距</td><td rowspan="2"></td></tr>
<tr><td colspan="2">岩面处理、清洗</td><td></td></tr>
<tr><td rowspan="5">模板</td><td>稳定性</td><td></td><td colspan="2">纵向筋规格
根数、间距</td><td></td></tr>
<tr><td>牢固性</td><td></td><td colspan="2">平整度(%)</td><td></td></tr>
<tr><td>平整、光洁</td><td></td><td rowspan="2">搭接长</td><td>焊(cm)</td><td></td></tr>
<tr><td>平面尺寸误差</td><td></td><td>绑(cm)</td><td></td></tr>
<tr><td>预留孔、洞尺寸及位置</td><td></td><td colspan="2">保护层(cm)</td><td></td></tr>
<tr><td colspan="2">止水(浆)片</td><td>搭接长：</td><td colspan="2">插入基岩：</td><td>尺寸：</td><td>位置：</td></tr>
<tr><td colspan="2">预埋件</td><td>用途：</td><td colspan="2">规格：</td><td>数量：</td><td>位置：</td></tr>
<tr><td colspan="2">灌浆系统</td><td colspan="5"></td></tr>
<tr><td colspan="7">承建单位意见：

初检：　月　日　　　　复检：　月　日　　　　终检：　年　月　日</td></tr>
<tr><td colspan="7">监理单位意见：

监理工程师：　　　　年　月　日</td></tr>
</table>

3. 混凝土开盘鉴定

(1)采用预拌混凝土的,应对首次使用的混凝土配合比在混凝土出厂前,由混凝土供应单位自行组织相关人员进行开盘鉴定。

(2)混凝土开盘鉴定的内容应包括:工程名称及部位、施工单位、鉴定编号、强度等级、要求坍落度、搅拌方式、配合比编号、试配单位、水灰比、砂率、鉴定结论、试块抗压强度、参加开盘鉴定各单位代表签字或盖章等。

(3)采用现场搅拌混凝土的,应由施工单位组织监理单位、搅拌机组、混凝土试配单位进行开盘鉴定工作,共同认定试验室签发的混凝土配合比确定的组成材料是否与现场施工所用材料相符,以及混凝土拌和物性能是否满足设计要求和施工需要。

(4)采用现场搅拌混凝土的工程,《混凝土开盘鉴定》用表及填写范例见表 4-33。

表 4-33　　混凝土开盘鉴定

编号:×××

<table>
<tr><td colspan="2">工程名称及部位</td><td colspan="4">××工程×××</td><td colspan="2">鉴定编号</td><td colspan="2">××××</td></tr>
<tr><td colspan="2">施工单位</td><td colspan="4">××建筑工程公司</td><td colspan="2">搅拌方式</td><td colspan="2">强制式搅拌机</td></tr>
<tr><td colspan="2">强度等级</td><td colspan="4">C35</td><td colspan="2">要求坍落度</td><td colspan="2">160～180cm</td></tr>
<tr><td colspan="2">配合比编号</td><td colspan="4">××-×</td><td colspan="2">试配单位</td><td colspan="2">××混凝土公司试验室</td></tr>
<tr><td colspan="2">水灰比</td><td colspan="4">0.46</td><td colspan="2">砂率(%)</td><td colspan="2">42</td></tr>
<tr><td colspan="2">材料名称</td><td>水泥</td><td>砂</td><td>石</td><td>水</td><td colspan="2">外加剂</td><td colspan="2">掺和料</td></tr>
<tr><td colspan="2">每 1m³ 用料(kg)</td><td>323</td><td>773</td><td>1053</td><td>180</td><td>8.7</td><td></td><td>91</td><td></td></tr>
<tr><td colspan="2" rowspan="2">调整后每盘用料(kg)</td><td colspan="4">砂含水率　5.4　%</td><td colspan="4">石含水率　0.2　%</td></tr>
<tr><td>646</td><td>1629</td><td>2110</td><td>272</td><td>17.4</td><td></td><td>182</td><td></td></tr>
<tr><td rowspan="4">鉴定结果</td><td rowspan="2">鉴定项目</td><td colspan="4">混凝土拌和物性能</td><td colspan="2" rowspan="2">混凝土试块抗压强度(MPa)</td><td colspan="2" rowspan="2">原材料与申请单是否相符</td></tr>
<tr><td>坍落度</td><td colspan="2">保水性</td><td>粘聚性</td></tr>
<tr><td>设计</td><td>160～180mm</td><td colspan="2"></td><td></td><td colspan="2" rowspan="2">42.2</td><td colspan="2" rowspan="2">相符</td></tr>
<tr><td>实测</td><td>170mm</td><td colspan="2">良好</td><td>良好</td></tr>
<tr><td colspan="10">鉴定结论:
同意 C35 混凝土开盘鉴定结果,鉴定合格。</td></tr>
<tr><td colspan="3">建设(监理)单位</td><td colspan="2">混凝土试配单位负责人</td><td colspan="3">施工单位技术负责人</td><td colspan="2">搅拌机组负责人</td></tr>
<tr><td colspan="3">×××</td><td colspan="2">×××</td><td colspan="3">×××</td><td colspan="2">×××</td></tr>
<tr><td colspan="3">鉴定日期</td><td colspan="7">××年×月×日</td></tr>
</table>

4. 混凝土拆模申请单

在拆除现浇混凝土结构板、梁、悬臂构件等底模和柱墙侧模前，应填写混凝土拆模申请单，并附同条件混凝土强度等级报告，报项目专业负责人审批后报监理单位审核，通过后方可拆模。

(1)拆模时混凝土强度规定：当设计有要求时，应按设计要求；当设计无要求时，应按现行规范要求。

(2)如结构型式复杂(结构跨度变化比较大)或平面不规则，应附拆模平面示意图。

(3)申请拆模部位可按实际拆模部位填写。拆除的模板和支架宜分散堆放放并及时清运。

(4)审批意见：在同条件下，当混凝土养护试件的强度达到设计或规范要求时，由项目专业技术负责人审批。

《混凝土拆模申请单》用表及填写范例见表 4-34。

表 4-34　　　　**混凝土拆模申请单**

编号：×××

工程名称	×××工程		申请拆模部位	×××
构件类型			申请拆模时间	××年×月×日×时
混凝土强度等级	C25		混凝土浇筑完成时间	××年×月×日
拆模时混凝土强度要求	龄期(d)	同条件混凝土抗压强度(MPa)	达到设计强度要求(%)	强度报告编号
应达到设计强度的 **75** % (或____MPa)	**18**	**20**	**80**	**××-018**
审批意见： **同意该部位混凝土拆模申请。** 批准拆模日期：××年×月×日				
施工单位	××建筑工程公司			
专业技术负责人	专业质检员		申请人	
×××	×××		×××	

5. 混凝土搅拌、养护测温记录

(1)冬期混凝土施工时，应进行搅拌和养护的测温记录(表 4-35)，具体规定如下：

1)混凝土冬期施工搅拌测温记录应包括大气温度、原材料温度、出罐温度、入模温度等。

2)混凝土冬施养护测温应先绘制测温点布置图,包括测温点的部位、深度等。测温记录应包括大气温度、各测温孔的实测温度、同一时间测得的各测温孔的平均温度和间隔时间等。

填写测温记录时,在"备注"栏内应填写"现场搅拌"或"预拌混凝土"。此外,表格中各温度值需标注上正负号,以便于清楚识读。

(2)测温起止时间指室外日平均气温连续5d低于5℃时起,至室外日平均气温连续5d高于5℃时止。

掺加防冻剂的混凝土在未达到抗冻临界强度(4MPa)之前每隔2h测量一次,达到抗冻临界强度(4MPa)且温度变化正常,测温间隔时间可由2h调整为6h。

(3)大体积混凝土施工应有对混凝土入模时大气温度、养护温度记录、内外温差记录和裂缝进行检查并记录(表4-36)。大体积混凝土养护测温应附测温点布置图,包括测温点的布置位置、深度等。大体积混凝土养护测温记录应真实、及时,严禁弄虚作假。填写记录时,应作好大气温度记录,并随时观察大气温度对混凝土中心及表面温度影响。

表 4-35　　混凝土搅拌测温记录

编号:×××

工程名称				×××工程							
混凝土强度等级				C25			坍落度		80mm		
水泥品种及强度等级				P·O 42.5			搅拌方式		机械		
测温时间				大气温度(℃)	原材料温度(℃)				出罐温度(℃)	入模温度(℃)	备注
年	月	日	时		水泥	砂	石	水			
××	×	×	10	+5	+5	+16	+4	+62	+18	+16	现场搅拌
××	×	×	12	+6	+5	+15	+4	+61	+18	+16	现场搅拌
××	×	×	14	+8	+5	+12	+5	+65	+20	+17	现场搅拌
××	×	×	16	+6					+18	+15	现场搅拌
××	×	×	18	+5					+19	+16	商品混凝土
××	×	×	20	+2					+17	+15	商品混凝土
××	×	×	22	0					+18	+16	商品混凝土
××	×	×	24	−2					+19	+16	商品混凝土
施工单位					××建筑工程公司						
专业技术负责人					专业质检员				记录人		
×××					×××				×××		

表 4-36　　**大体积混凝土养护测温记录表**

编号：×××

<table>
<tr><td colspan="3">工程名称</td><td colspan="6">××工程</td><td colspan="2">施工单位</td><td colspan="2">××建筑工程公司</td></tr>
<tr><td colspan="3">测温部位</td><td colspan="5">①～⑤/Ⓐ～Ⓙ轴</td><td>测温方式</td><td colspan="2">隔离测温</td><td>养护方法</td><td>浇水覆盖</td></tr>
<tr><td colspan="3">测温时间</td><td rowspan="2">大气温度（℃）</td><td rowspan="2">入模温度（℃）</td><td rowspan="2">孔号</td><td colspan="2" rowspan="2">各测温孔温度（℃）</td><td rowspan="2">$t_{\text{中}}-t_{\text{上}}$（℃）</td><td rowspan="2">$t_{\text{中}}-t_{\text{下}}$（℃）</td><td rowspan="2">$t_{\text{气}}-t_{\text{上}}$（℃）</td><td rowspan="2">内外最大温差记录（℃）</td><td rowspan="2">裂缝宽度（mm）</td></tr>
<tr><td>月</td><td>日</td><td>时</td></tr>
<tr><td rowspan="3">×</td><td rowspan="3">×</td><td rowspan="3">10</td><td rowspan="3">29</td><td rowspan="3"></td><td rowspan="3">1#</td><td>上</td><td>32.5</td><td rowspan="3">6</td><td rowspan="3">4</td><td rowspan="3">−3.5</td><td rowspan="27"></td><td rowspan="27"></td></tr>
<tr><td>中</td><td></td></tr>
<tr><td>下</td><td></td></tr>
<tr><td rowspan="3">×</td><td rowspan="3">×</td><td rowspan="3">12</td><td rowspan="3">30</td><td rowspan="3"></td><td rowspan="3">2#</td><td>上</td><td></td><td rowspan="3">13</td><td rowspan="3">9</td><td rowspan="3">−2</td></tr>
<tr><td>中</td><td>45.0</td></tr>
<tr><td>下</td><td>36.0</td></tr>
<tr><td rowspan="3">×</td><td rowspan="3">×</td><td rowspan="3">14</td><td rowspan="3">32</td><td rowspan="3"></td><td rowspan="3">3#</td><td>上</td><td>33.0</td><td rowspan="3">12</td><td rowspan="3">5</td><td rowspan="3">−1</td></tr>
<tr><td>中</td><td>45.0</td></tr>
<tr><td>下</td><td>40.0</td></tr>
<tr><td rowspan="3">×</td><td rowspan="3">×</td><td rowspan="3">16</td><td rowspan="3">30</td><td rowspan="3"></td><td rowspan="3">4#</td><td>上</td><td>30.0</td><td rowspan="3">13</td><td rowspan="3">7</td><td rowspan="3">0</td></tr>
<tr><td>中</td><td>43.0</td></tr>
<tr><td>下</td><td>38.0</td></tr>
<tr><td rowspan="3"></td><td rowspan="3"></td><td rowspan="3"></td><td rowspan="3"></td><td rowspan="3"></td><td rowspan="3"></td><td>上</td><td></td><td rowspan="3"></td><td rowspan="3"></td><td rowspan="3"></td></tr>
<tr><td>中</td><td></td></tr>
<tr><td>下</td><td></td></tr>
<tr><td rowspan="3"></td><td rowspan="3"></td><td rowspan="3"></td><td rowspan="3"></td><td rowspan="3"></td><td rowspan="3"></td><td>上</td><td></td><td rowspan="3"></td><td rowspan="3"></td><td rowspan="3"></td></tr>
<tr><td>中</td><td></td></tr>
<tr><td>下</td><td></td></tr>
<tr><td rowspan="3"></td><td rowspan="3"></td><td rowspan="3"></td><td rowspan="3"></td><td rowspan="3"></td><td rowspan="3"></td><td>上</td><td></td><td rowspan="3"></td><td rowspan="3"></td><td rowspan="3"></td></tr>
<tr><td>中</td><td></td></tr>
<tr><td>下</td><td></td></tr>
<tr><td rowspan="3"></td><td rowspan="3"></td><td rowspan="3"></td><td rowspan="3"></td><td rowspan="3"></td><td rowspan="3"></td><td>上</td><td></td><td rowspan="3"></td><td rowspan="3"></td><td rowspan="3"></td></tr>
<tr><td>中</td><td></td></tr>
<tr><td>下</td><td></td></tr>
<tr><td rowspan="3"></td><td rowspan="3"></td><td rowspan="3"></td><td rowspan="3"></td><td rowspan="3"></td><td rowspan="3"></td><td>上</td><td></td><td rowspan="3"></td><td rowspan="3"></td><td rowspan="3"></td></tr>
<tr><td>中</td><td></td></tr>
<tr><td>下</td><td></td></tr>
<tr><td colspan="13">审核意见：

混凝土测温点布置及测温措施控制，各项数据符合设计、规范要求。</td></tr>
<tr><td colspan="4">施工单位</td><td colspan="9">××建筑工程公司</td></tr>
<tr><td colspan="4">专业技术负责人</td><td colspan="5">专业工长</td><td colspan="4">测温员</td></tr>
<tr><td colspan="4">×××</td><td colspan="5">×××</td><td colspan="4">×××</td></tr>
</table>

表 4-37　　　　**混凝土单元工程养护记录表**

承建单位：××建筑公司　　　　合同编号：　　　　No.

单位工程名称或编号	××工程	分部工程名称或编码	
分项工程名称或编码		单元工程名称或编码	
工程部位	桩号：①/Ⓐ	高程：	
施工单位	××建筑公司	记录人	×××

养护记录		测量气温(℃)			养护方法	洒水记录		
		最高	最低	平均		次/h 次/d		
		15	**5**	**10**		**3次/h4次/d**		

养护前缺陷及修复记录			
其他说明		养护构筑物示意图	
承建单位报送记录	**本养护记录经复检审核无误，数据正确。** 报送单位： 日期：××年×月×日	监理机构认证意见	□合格　□不合格 工程监理部： 认证人：××× 日期：××年×月×日

说明：一式四份报送项目监理处，完成认证后返回报送单位两份，留存单元、分部、单位工程质量评定资料备查。

四、其他施工记录

1. 构件吊装记录

(1)《构件吊装记录》(表 4-38)适用于预制混凝土结构构件、大型钢、木构件吊装。有关构件吊装规定,允许偏差和检验方法见相关标准、规范。

(2)构件吊装记录的内容应包括构件型号名称、安装位置、外观检查、楼板堵孔、清理、锚固、构件支点的搁置与搭接长度、接头处理、固定方法、标高、垂直偏差等,应符合设计和现行标准、规范要求。

(3)施工单位填写《构件吊装记录》时,应按以下规定执行:

1)表中各项均应填写清楚、齐全、准确,并附有吊装图。吊装图中,构件类别、型号、编号位置应与施工图纸和结构吊装施工记录一致,并注明图名、制图人、审核人及日期。

2)"安装位置"用轴线号表示;"标高检查"栏内填写构件底部标高;"搁置与搭接尺寸"栏:构件在支座上的搭接尺寸;"接头(点)处理"栏:吊装节点的具体处理方式;"固定方法"栏内应填写与结构的连接方法。

"备注"栏内应填写吊装过程中出现的问题、处理措施及质量情况等。对于重要部位或大型构件的吊装工程,应有专项安全交底。

表 4-38 **构件吊装记录**

编号:×××

工程名称		××工程					
使用部位		×××			吊装日期	××年×月×日	
序号	构件名称及编号	安装位置	安装检查				备 注
			搁置与搭接尺寸	接头(点)处理	固定方法	标高检查	
1	**预应力混凝土面板 1#**	**①~③/Ⓐ~Ⓙ轴**	**70mm**	**焊接混凝土灌缝**	**焊接**	**22.8**	
结论: **预应力混凝土面板有出厂合格证,外观、型号数量等各项技术指标符合设计要求及规范规定,构件合格。**							
施工单位		**××建筑工程公司**					
专业技术负责人		专业质检员				记录人	
×××		×××				×××	

2. 预应力筋张拉记录

预应力工程的张拉施工是影响施工质量、安全的重要工序，必须加强过程质量控制，做好张拉施工记录。

(1)预应力筋张拉记录有两种，其相关规定与要求：预应力筋张拉记录(一)包括预应力施工部位、预应力筋规格、平面示意图、张拉程序、应力记录、伸长量等；预应力筋张拉记录(二)对每根预应力筋的张拉实测值进行记录。

后来法预应力张拉施工应执行实行见证管理，按规定要求做见证张拉记录。

(2)预应力工程施工记录有相应资质的专业施工单位负责提供。预应力的张拉力、张拉或施张顺序及张拉工艺应符合设计及施工方案的要求。

(3)表中各项均应填写清楚、齐全、准确；平面示意图要绘制精确，比例适当，标注明白。

《预应力筋拉张记录》用表及填写范例见表 4-39 和表 4-40。

表 4-39　　预应力筋张拉记录(一)

编号：×××

工程名称	××工程	张拉日期	××年×月×日
施工部位	××	预应力筋规格及抗拉强度	ϕ^S　××N(m^3)

预应力张拉程序及平面示意图：

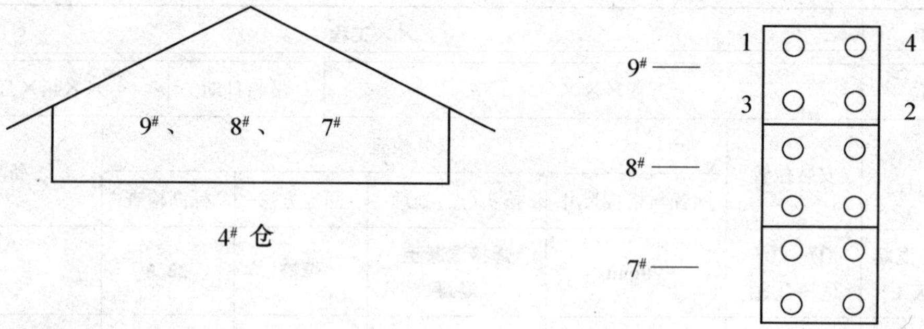

□有　☑无附页

张拉端锚具类型		固定端锚具类型	
设计控制应力	305kN	实际张拉力	308kN
千斤顶编号	1# (表号 498)	压力表编号	20.1
	2# (表号 457)		20.3
混凝土设计强度	C50	张拉时混凝土实际强度	75MPa

预应力筋计算伸长值：

$$\Delta L=\frac{E_p \cdot L}{AP \cdot E_s} \qquad \frac{308\times 27400}{15\times 19.63\times 200}=143\text{mm}$$

预应力筋伸长值范围：

136～157mm

施工单位	××建筑公司	
专业技术负责人	专业质检员	记录人
×××	×××	×××

表 4-40　　　　**预应力筋张拉记录(二)**

编号：×××

工程名称及施工部位		××工程××			张拉日期		××年×月×日		
张拉顺序编号	计算值	预应力筋张拉伸长实测值(cm)							备　注
		一端张拉			另一端张拉			总伸长	
		原长 L_1	实长 L_2	伸长 ΔL	原长 L_1'	实长 L_2'	伸长 $\Delta L'$		
7#1孔	14.2	2.3	13.2	10.9	5.1	8.5	3.4	14.3	
7#2孔	14.2	3.0	13.6	10.6	4.9	8.5	3.6	14.2	
7#3孔	14.2	2.6	13.6	11.0	4.8	8.1	3.3	14.3	
7#4孔	14.2	2.8	14.2	11.4	5.2	8.2	3.0	14.4	
8#1孔	14.3	2.9	13.9	11.0	6.0	9.5	3.5	14.5	
8#2孔	14.3	2.5	13.6	11.1	4.0	7.6	3.6	14.7	
8#3孔	14.3	3.3	14.1	10.8	3.9	7.6	3.6	14.4	
8#4孔	14.3	2.9	14.3	11.4	3.8	6.9	3.1	14.5	
9#1孔	14.4	3.2	14.3	11.1	4.0	7.6	3.6	14.7	
9#2孔	14.4	2.7	13.5	10.8	3.0	6.6	3.6	14.4	
☑有　□无见证	见证单位	×××公司				见证人	×××		
施工单位		××建筑工程公司							
专业技术负责人		专业质检员				记录人			
×××		×××				×××			

3. 灌浆检查记录

在水利工程灌浆施工过程中，施工单位应做好灌浆记录(表 4-41)。记录的内容包括灌浆孔状况、水泥浆配比状况、灌浆压力、灌浆量，并有灌浆点简图和编号等。

(1)孔道灌浆应采用强度等级不低于 32.5 的普通硅酸盐水泥配制的水泥浆。灌浆用水泥浆的抗压强度不应小于 30N(mm^2)。

(2)灌浆用水泥浆的水灰比不应大于 0.45，搅拌后 3h 泌水率不宜大于 2%且不应大于 3%，泌水济源能在 2h 内全部重新被水泥砂吸收。当需要增加加孔道的密实性时，水泥浆可掺入无腐蚀作用的外加剂。

(3)灌浆前孔道应湿润，洁净。灌浆顺序宜先灌注下层孔道，灌浆应缓慢均匀地进行，不得中断，并应排气通顺。在灌满孔道并封闭排气孔后，宜再继续加压至 0.5～0.6MPa，稍后再封闭灌浆孔。

《灌浆检查记录》用表及填写范例见表 4-41。

表 4-41 **灌浆检查记录**

编号：

工程名称	××工程	施工部位			
灌浆配合比		水泥强度等级		复试报告编号	
灌浆要求压力值		灌浆日期	××年×月×日		

灌浆点简图与编号：

1. 灌浆点简图

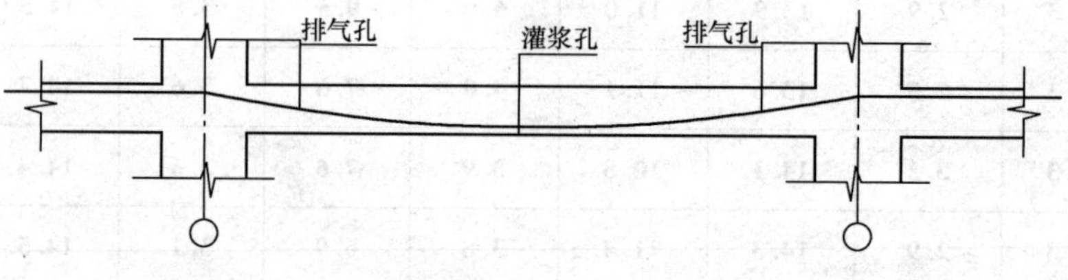

2. 灌浆点编号由梁号、预应力筋编号和每道梁中对应的孔道顺序号组成

灌浆点编号	灌浆压力值（MPa）	灌浆量（升）	灌浆点编号	灌浆压力值（MPa）	灌浆量（升）
YKL-2-1①1	**0.44**	**93.6**	**YKL-2-7④1**	**0.44**	**42.0**
YKL-2-2①1	**0.46**	**93.5**	**YKL-2-8④1**	**0.44**	**41.8**
YKL-2-3②1	**0.40**	**68.8**	**YKL-2-9⑫1**	**0.44**	**85.9**
YKL-2-3③1	**0.44**	**71.1**			
YKL-2-4②1	**0.46**	**68.7**			
YKL-2-4③1	**0.42**	**71.0**			
YKL-2-5①1	**0.44**	**93.7**			
YKL-2-6④1	**0.40**	**42.1**			

备注：

施工单位	××建设集团	
专业技术负责人	专业质检员	记录人
×××	×××	×××

本表由施工单位填写，建设单位、施工单位、城建档案馆各保存一份。

4. 地下工程防水效果检查记录

地下工程验收时，应对地下工程有无渗漏现象进行检查，并填写《地下工程防水效果检查记录》(表 4-42)，主要检查内容应包括裂缝、渗漏水部位和处理意见等。发现渗漏水现象应制作、标示好《背水内表面结构工程展开图》。

填写时，在"检查方法及内容"栏内按《地下防水工程质量验收规范》相关内容及技术方案填写。附件收集：背水内表面结构工程展开图、相关图片、相片及说明文件等。

《地下工程防水效果检查记录》用表及填写范例见表 4-42。

表 4-42　　地下工程防水效果检查记录

编号：×××

<table>
<tr><td>工程名称</td><td colspan="4">×××工程</td></tr>
<tr><td>检查部位</td><td colspan="2">地下室底板、外墙</td><td>检查日期</td><td>××年×月×日</td></tr>
<tr><td colspan="5">检查方法及内容：

依据《地下防水工程施工质量验收规范》(GB 50208—2002)及施工方案，渗漏水水量调查与量测方法执行《地下防水工程施工质量验收规范》(GB 50208—2002)中第 8.0.8 条及附录 C，内容包括裂缝、渗漏部位、大小、渗漏情况、处理意见等。</td></tr>
<tr><td colspan="5">检查结果：

经检查：地下室底板、外墙不存在渗漏水现象，施工工艺及观感质量合格，符合设计要求和《地下防水工程施工质量验收规范》(GB 50208—2002)有关规定。</td></tr>
<tr><td colspan="5">复查意见：

复查人：　　　　　　　　复查日期：</td></tr>
<tr><td rowspan="3">签字栏</td><td rowspan="2">建设(监理)单位</td><td>施工单位</td><td colspan="2">××建筑工程公司</td></tr>
<tr><td>专业技术负责人</td><td>专业质检员</td><td>专业工长</td></tr>
<tr><td>××监理公司</td><td>×××</td><td>×××</td><td>×××</td></tr>
</table>

5. 蓄水检查记录

水利工程修建完成蓄水后必须填写《蓄水检查记录》(表 4-43)。蓄水检查内容包括蓄水方式、蓄水时间、蓄水深度、水落品及边缘封堵情况和有无渗漏现象等。

《蓄水检查记录》用表及填写范例见表 4-43。

表 4-43　　蓄水检查记录

编号：×××

<table>
<tr><td>工程名称</td><td colspan="5">碾压式土石坝工程</td></tr>
<tr><td>检查部位</td><td colspan="2">土石坝坝体 0～90m 处</td><td>检查日期</td><td colspan="2">××年×月×日</td></tr>
<tr><td>检查方式</td><td colspan="2">☑第一次蓄水　□第二次蓄水</td><td>蓄水日期</td><td colspan="2">从 ××年×月×日 8时
至 ××年×月×日 8时</td></tr>
<tr><td colspan="6">检查方法及内容：
拦河土石坝第一次蓄水，蓄水深度为 3.2m，蓄水时间 24h。</td></tr>
<tr><td colspan="6">检查结果：
经检查，土石坝在蓄水期间内牢固、安全，无渗漏现象；结合部位无不良反映，符合施工质量验收规范的要求，检查合格。</td></tr>
<tr><td colspan="6">复查意见：

复查人：　　　　复查日期：</td></tr>
<tr><td rowspan="3">签字栏</td><td rowspan="2">建设(监理)单位</td><td>施工单位</td><td colspan="3">××市第×工程局</td></tr>
<tr><td>专业技术负责人</td><td colspan="2">专业质检员</td><td>专业工长</td></tr>
<tr><td>××监理公司</td><td>×××</td><td colspan="2">×××</td><td>×××</td></tr>
</table>

6. 通风(烟)道、垃圾道检查记录

发电厂房通风(烟)道应做全数通(抽)风、漏风、串风检查试验、并做好检查记录(表4-44)。主烟(风)道应先检查,检查部位按轴线记录;其他烟(风)道按户门编号记录。检查分初检与复查两种,但应注重初检工作。

垃圾道应全数检查其是否畅通情况,要求100%检查,并做好检查记录。

填写检查记录时,检查合格的划"✓",不合格的划"×",复查时合格的,可在"×"后面再划上"✓"。其填写要求及填写范例如表4-44。

表4-44　　**通风(烟)道、垃圾道检查记录**

编号:×××

工程名称	××发电厂房工程				检查日期	××年×月×日	
检查部位和检查结果							
检查部位	主烟(风)道		副烟(风)道		垃圾道	检查人	复检人
	烟道	风道	烟道	风道			
Ⓔ-Ⓕ/⑦-⑩	✓		✓			×××	
Ⓓ-Ⓕ/④-⑥		✓		✓		×××	
Ⓖ-Ⓗ/④-⑥		×✓		✓		×××	×××
Ⓗ-Ⓙ/①-④	✓		✓			×××	
Ⓜ-Ⓝ/⑤-⑥		✓		✓		×××	
Ⓘ-Ⓝ/⑦-⑨	×✓		✓			×××	×××
Ⓔ-Ⓕ/⑩-⑫	✓		✓	✓		×××	
Ⓓ-Ⓔ/⑭-⑯		✓		×✓		×××	×××
Ⓖ-Ⓗ/⑭-⑮		✓	×✓			×××	×××
Ⓗ-Ⓙ/⑯-⑲	✓			✓		×××	
Ⓜ-Ⓝ/⑭-⑮		✓				×××	
Ⓛ-Ⓝ/⑬-⑪	✓		✓			×××	
施工单位	××水利水电工程一局						
专业技术负责人		专业质检员			专业工长		
×××		×××			×××		

注:"✓"合格;"×"不合格;"×✓"初检不合格,复查时合格。

第五节　水利水电工程施工检查记录

一、隐蔽工程检查记录

隐蔽工程是指上道工序被下道工序所掩盖，其自身质量无法再进行检查的工程。隐检即对隐蔽工程进行抽查，并通过表格的形式将工程隐检内容、质量情况、检查意见等记录下来，作为以为工程维护、改造等重要的技术资料。

《隐蔽工程检查记录》(表 4-45)由施工单位填报，其中审核意见、复查结论由监理单位填写。其填写要求如下：

(1)工程名称、隐检项目、隐检部位及日期必须填写准确。

(2)隐检依据、主要材料名称及规格型号应准确，尤其对设计变更、洽商等容易遗漏的资料应填写完全。隐检内容应填写规范，必须符合各种规程规范的要求。

(3)审核意见应明确，将隐检内容是否符合要求表述清楚。

(4)复查结论主要是针对上一次隐检出现的问题进行复查，因此要对质量问题整改的结果描述清楚。

(5)签字应完整，严禁他人代签。

《隐蔽工程检查记录》通用表格及填写示例如下：

表 4-45　　　　隐蔽工程检查记录

编号：×××

<table>
<tr><td>工程名称</td><td colspan="2">××右坝段</td><td>隐检项目</td><td>右坝肩接头</td></tr>
<tr><td>隐检部位</td><td colspan="2">基础 1-1</td><td>隐检日期</td><td>××年×月×日</td></tr>
<tr><td colspan="5">隐检依据：施工图图号＿＿＿＿＿＿＿＿，设计变更/洽商(编号＿＿＿＿＿＿＿＿)及有关国家现行标准等。
主要材料名称及规格/型号：＿＿＿＿＿＿＿＿</td></tr>
<tr><td colspan="5">隐检内容：
(1)基础面松动岩块、陡坎、尖角均已撬挖处理，局部有爆孔。
(2)坝基开挖面基本平顺，局部出现不平顺光面，不平顺处用混凝土块填平补齐。
(3)基坑边坡稳定，无反坡，无松动岩石坡面大致平整。
隐检内容已做完，请予以检查。
申报人：×××</td></tr>
<tr><td colspan="5">检查意见：
经检查；上述各项内容均符合设计要求及《碾压式土石坝和浆砌石坝施工质量验收规范》的规定。
检查结论：☑同意隐蔽　　□不同意，修改后进行复查</td></tr>
<tr><td colspan="5">复查结论：
复查人：　　　　复查日期：</td></tr>
<tr><td rowspan="3">签字栏</td><td rowspan="2">建设(监理)单位</td><td>施工单位</td><td colspan="2">××建筑工程公司</td></tr>
<tr><td>专业技术负责人</td><td>专业质检员</td><td>专业工长</td></tr>
<tr><td>×××</td><td>×××</td><td>×××</td><td>×××</td></tr>
</table>

二、预检记录

预检是对施工过程中某重要工序进行的预先质量控制的检查记录。预检合格后方可进入一道工序。依据现行施工规范，对于其他涉及工程结构安全、实体质量、建筑观感。及人身安全须做质量预检的重要工序，应做质量预控，并填写预检记录。

《预检记录》(表 4-46)填写要求如下：

(1)工程名称应与施工图纸中的名称相一致；预检项目要按实际检查的项目填写，检查多个项目时要分别填写，不得将几个预检项目绕写在一个栏内。

(2)检查部位及检查时间应按照实际检查部位和检查时间填写。

(3)预检依据包括：施工图纸、设计变更、工程洽商及相关施工质量验收规范、标准、规程等。主要材料或设备应按实际发生材料、设备项目填写；其规格、型号要表述清楚。

(4)检查意见应明确，一次验收未通过的要注明质量问题，并提出复查要求。

(5)复查意见主要是针对上一次验收的问题进行的，因此应把质量问题改正的情况表述清楚。

《预检记录》常用表格及填写范例如下：

表 4-46　　　　预　检　记　录

编号：×××

<table>
<tr><td>工程名称</td><td colspan="2">××发电厂房工程</td><td>预检项目</td><td colspan="2">模板</td></tr>
<tr><td>预检部位</td><td colspan="2">×××</td><td>检查日期</td><td colspan="2">××年×月×日</td></tr>
<tr><td colspan="6">依据：施工图纸(施工图纸号 ××-×)、设计变更/洽商(编号 ××-×)和有关规范、规程。
主要材料或设备：钢模板、木模板、架管等
规格/型号：</td></tr>
<tr><td colspan="6">预检内容：
(1)模板清理干净，隔离剂涂刷均匀，擦拭光亮。
(2)模板方案支模，支撑系统的承载能力、刚度和稳定性。
(3)模板几何尺寸、轴线位置、垂直度、平整度、板间接缝。
预检内容均已做完，请予检查。</td></tr>
<tr><td colspan="6">检查意见：
经检查：模板几何尺寸、轴线位置、预埋件、预留洞位置尺寸符合设计要求，标高传递准确，模板清理干净。脱模剂涂刷均匀，无遗漏。模内清理到位。可进行下道工序施工。</td></tr>
<tr><td colspan="6">复查意见：

复查人：　　　　　　　　复查日期：</td></tr>
<tr><td colspan="2">施工单位</td><td colspan="4">××建筑工程公司</td></tr>
<tr><td colspan="2">专业技术负责人</td><td colspan="2">专业质检员</td><td colspan="2">专业工长</td></tr>
<tr><td colspan="2">×××</td><td colspan="2">×××</td><td colspan="2">×××</td></tr>
</table>

三、施工检查记录

对隐蔽检查记录和预检记录不适用的其他重要工序，应按照现行规范要求进行施工质量检查，填写《施工检查记录(通用)》(表 4-47)。附件收集：附相关图表、图片、照片及说明文件等。

《施工检查记录》用表及填写范例如下：

表 4-47 施工检查记录(通用)

编号：×××

<table>
<tr><td>工程名称</td><td colspan="2">水闸工程</td><td colspan="2">检查项目</td><td>地基开挖及处理</td></tr>
<tr><td>检查部位</td><td colspan="2">0-145～0-115 段地基开挖</td><td colspan="2">检查日期</td><td>××年×月×日</td></tr>
<tr><td colspan="6">检查依据：
(1)施工图纸水-3，水-5。
(2)《水闸施工规范》(SL27-91)</td></tr>
<tr><td colspan="6">检查内容：
(1)基坑开挖前，地下水降低于开挖面 0.57m。
(2)机械布置合理，分层分段依次开挖。排水沟逐层设置。
(3)地基已清理干净，无树根、草皮、乱石、坟墓，水井泉眼已处理，地质符合设计。
(4)岸坡清理不彻底，有树根、草皮，已责全施工人员重新清理。</td></tr>
<tr><td colspan="6">检查结论：
经检查，岸坡已清理干净，无树根、草皮、乱石，且有裂隙及洞穴已处理，符合《水电、水利基本建设工程单元工程质量等级评定标准　第一部：土建工程》(DL/T 5113.1-2005)的规定。</td></tr>
<tr><td colspan="6">复查意见：

复查人：　　　　　　　　复查日期：</td></tr>
<tr><td colspan="2">施工单位</td><td colspan="4">××建筑工程公司</td></tr>
<tr><td colspan="2">专业技术负责人</td><td colspan="2">专业质检员</td><td colspan="2">专业工长</td></tr>
<tr><td colspan="2">×××</td><td colspan="2">×××</td><td colspan="2">×××</td></tr>
</table>

四、交接检查记录

《交接检查记录》(表 4-48)由移交单位形成，适用于不同施工单位之间的移交检查，当前一专业工程施工质量对后续专业工程施工质量产生直接影响时，应进行交接检查。

(1)分项(分部)工程完成，在不同专业施工单位之间应进行工程交接，并应做专业交接检查，填写《交接检查记录》。

(2)移交单位、接收单位和见证单位共同对移交工程进行验收，并对质量情况、遗留问题、工序要求、注意事项、成品保护、注意事项等进行记录，填写《专业交接检查记录》。

(3)“见证单位”栏内应填写施工总承包单位质量技术部门，参与移交及接受的部门不得作为见证单位。

当在总包管理范围内的分包单位之间的移交时，见证单位应为“总包单位”；当在总包单位和其他专业分包单位之间移交时，见证单位应为“建设(整理)单位”。

见证单位应根据实际检查情况，并汇总移交和接收单位意见形成见证单位意见。

(4)由移交单位、接收单位和见证单位三方共同签认的《交接检查记录》(表 4-48)方可生效。

表 4-48　　交接检查记录

编号：×××

<table>
<tr><td>工程名称</td><td colspan="3">××大坝</td></tr>
<tr><td>移交单位名称</td><td>××市第×工程局</td><td>接收单位名称</td><td>××水电工程局</td></tr>
<tr><td>交接部位</td><td>防渗面板</td><td>检查日期</td><td>××年×月×日</td></tr>
<tr><td colspan="4">交接内容：
按《土石坎碾压式沥青混凝土防渗墙施工规范》(DL/T 5363—2006)的规定，防渗面板施工前对基基础进行验收。
内容包括：坝体的强度等级、坐标、标高、几何尺寸、表面处理状况等。</td></tr>
<tr><td colspan="4">检查结果：
经检查：碾压式土石坝防渗面板基础质量符合施工要求，验收合格，同意进行设备安装。</td></tr>
<tr><td colspan="4">复查意见：
复查人：　　　　复查日期：</td></tr>
<tr><td colspan="4">见证单位意见：
符合设计及规范要求，同意交接。</td></tr>
<tr><td>见证单位名称</td><td colspan="3">××工程公司××工程项目质量部</td></tr>
<tr><td rowspan="2">签字栏</td><td>移交单位</td><td>接收单位</td><td>见证单位</td></tr>
<tr><td>×××</td><td>×××</td><td>×××</td></tr>
</table>

第六节　水利水电工程施工试验记录

工程施工试验记录是根据设计要求和规范规定进行试验，并记录试验过程中产生的各种原始数据和计算结果，从而得出试验结论的文件资料的统称。采用新技术、新工艺及其他特殊工艺时，更应加强施工试验记录的编制的整理。

施工试验记录由具备相应资质等级的检测单位出具然后随相关资料进入资料管理流程（后续各种专用试验记录与此相同）。

一、施工试验记录（通用）

按照设计要求和规范规定做施工试验的，应填写施工试验记录。若相关规程中并没有规定应采用的施工试验用表，则应填写施工试验记录（通用）；采用新技术、新工艺及特殊工艺时，对施工试验方法和试验数据进行记录，应填写《施工试验记录（通用）》（表 4-49）。

《施工试验记录（通用）》用表及填写范例如下：

表 4-49　　**施工试验记录（通用）**

编号：×××
试验编号：×××
委托编号：×××

<table>
<tr><td>工程名称及施工部位</td><td colspan="5">×××工程×××部位</td></tr>
<tr><td>试验日期</td><td colspan="2">××年×月×日</td><td colspan="2">规格、材质</td><td>×××</td></tr>
<tr><td colspan="6">试验项目：
（根据具体施工试验具体填写）</td></tr>
<tr><td colspan="6">试验内容：
（根据具体施工试验具体填写）</td></tr>
<tr><td colspan="6">结论：</td></tr>
<tr><td>批准</td><td>×××</td><td>审核</td><td>×××</td><td>试验</td><td>×××</td></tr>
<tr><td>试验单位</td><td colspan="3">×××</td><td>报告日期</td><td>××年×月×日</td></tr>
</table>

二、回填土施工试验记录

1. 土工击实试验报告

对于重要的、大型的或设计有要求的填方工程，在施工前应对填料作击实试验。对于小型工程又无击实试验条件的单位，控制干密度可按施工规范计算。《土工击实试验报告》(表4-50)应由试验单位出具。

《土工击实试验报告》的内容应包括：工程名称及部位、委托单位、试验委托人、结构类型、填土部位、要求压实系数、土样种类、试验结果、结论以及来样和试验日期等。其中，“试验结果”栏内应包括最优含水率、最大干密度、控制指标(控制干密度)三项内容。

表 4-50　　**土工击实试验报告**

编号：×××

试验编号：××-×

委托编号：××-×

工程名称及部位	××工程××部分		试样编号	×	
委托单位	××工程局		试验委托人	×××	
结构类型	×××		填土部位	×××	
要求压实系数(λc)	0.95		土样种类	灰土	
来样日期	××年×月×日		试验日期	××年×月×日	
试验结果	最优含水量(W_{0p})＝20.5％				
	最大干密度(ρ_{dmax})＝1.73g(cm³)				
	控制指标(控制干密度) 最大干密度×要求压实系数＝1.7g(cm³)				
结论： 依据《土工试验方法标准》(GB/T 50123—1999)标准，最佳含水率为20.6％，最大干密度为1.72g(cm³)，现将控制指标最小干密度为1.60g(cm³)。					
批准	×××	审核	×××	试验	×××
试验单位	×××				
报告日期	××年×月×日				

注：本表由建设单位、施工单位、城建档案馆各保存一份。

2. 回填土试验报告

工程回填土一般包括柱基、基槽管沟、基坑、填方、场地平整、排水沟、地基处理回填的素土、灰土、砂和砂石等。按设计要求和规范规定应做施工试验，并填写《回填土试验报告》(表4-51)。

(1)试验报告子目填写要齐全，步数、取样位置简图要标注完事、清晰准确，符合要求。

(2)取样位置简图应按规范要求绘制回填土取点平面、剖面示意图，标明重要控制轴线、尺寸数字、分段、分层取样，指北针方向等。

现场取样步数、点数须与试验报告各步、点一一对应，并注明回填土的起止标高。

(3)回填土种类、取样、试验时间应与其他资料交圈吻合，其他资料有：地质勘探报告、地基验槽及隐检记录等。

表4-51 **回填土试验报告**

编号：×××

试验编号：××-×

委托编号：××-×

工程名称及施工部位	××工程×××									
委托单位	××建筑工程公司					试验委托人	×××			
要求压实系数 λ_c						回填土种类	3：7灰土			
控制干密度 ρ_d	1.55 g/cm³					试验日期	××年×月×日			
点号 / 项目 / 步数	1	2								
	实测干密度(g/cm³)									
	实测压实系数									
1	1.62	1.59								
	0.96	0.97								
2	1.6	1.58								
	0.97	0.98								
3	1.59	1.63								
	0.97	0.95								
4	1.64	1.69								
	0.95	0.92								
5	1.57	1.62								
	0.99	0.96								
取样位置简图(附图) 见附图										
结论： 符合最小干密度及《土工试验方法标准》(GB/T 50123—1999)标准规定。										
批准	×××		审核	×××		试验	×××			
试验单位	×××					报告日期	××年×月×日			

三、钢筋连接施工试验记录

《钢筋连接施工试验报告》(表 4-52)中应写明工程名称、钢筋级别、接头类型、规格、代表数量、检验形式、试验数据、试验日期以及试验结果。

(1)正式焊(连)接工程开始前及施工过程中,应对每批进场钢筋,在现场条件下进行工艺检验,工艺检验合格后方可进行焊接或机械连接的施工。

(2)钢筋焊接接头或焊接制品、机械连接接头应按焊(连)接类型和验收批的划分进行质量验收并现场取样复试。承重结构工程中的钢筋连接接头应按规定实行有见证取样和送检的管理。

(3)采用机械连接接头型式施工时,技术提供单位应提交由有相应资质等级的检测机构出具的型式检验报告。

表 4-52 **钢筋连接试验报告**

编号:×××

试验编号:××-×

委托编号:××-×

<table>
<tr><td colspan="2">工程名称及部位</td><td colspan="4">××地下工程××架梁</td><td colspan="2">试件编号</td><td>××</td></tr>
<tr><td colspan="2">委托单位</td><td colspan="4">××建筑工程公司</td><td colspan="2">试验委托人</td><td>×××</td></tr>
<tr><td colspan="2">接头类型</td><td colspan="4">滚轧直螺纹连接</td><td colspan="2">检验形式</td><td>/</td></tr>
<tr><td colspan="2">设计要求
接头性能等级</td><td colspan="4">A 级</td><td colspan="2">代表数量</td><td>×个</td></tr>
<tr><td colspan="2">连接钢筋种类
及牌号</td><td>HRB335</td><td>公称直径
(mm)</td><td colspan="2">××</td><td colspan="2">原材试验编号</td><td>××-×</td></tr>
<tr><td colspan="2">操作人</td><td>×××</td><td>来样日期</td><td colspan="2">××年×月×日</td><td colspan="2">试验日期</td><td>××年×月×日</td></tr>
<tr><td colspan="3">接头试件</td><td colspan="2">母材试件</td><td colspan="3">弯曲试件</td><td rowspan="2">备注</td></tr>
<tr><td>公称面积
(mm^2)</td><td>抗拉强度
(MPa)</td><td>断裂特征
及位置</td><td>实测面积
(mm^2)</td><td>抗拉强度
(MPa)</td><td>弯心直径</td><td>角度</td><td>结果</td></tr>
<tr><td>314.2</td><td>595</td><td>母材拉断</td><td>314.2</td><td>600</td><td></td><td></td><td></td><td></td></tr>
<tr><td>314.2</td><td>600</td><td>母材拉断</td><td>314.2</td><td>595</td><td></td><td></td><td></td><td></td></tr>
<tr><td>314.2</td><td>605</td><td>母材拉断</td><td>—</td><td>—</td><td></td><td></td><td></td><td></td></tr>
<tr><td></td><td></td><td></td><td></td><td></td><td></td><td></td><td></td><td></td></tr>
<tr><td></td><td></td><td></td><td></td><td></td><td></td><td></td><td></td><td></td></tr>
<tr><td colspan="9">结论:

根据《钢筋机械连接技术规程》(JGJ 107—2010)标准,符合滚轧直螺纹 A 级接头性能。</td></tr>
<tr><td colspan="2">批准</td><td>×××</td><td>审核</td><td colspan="2">×××</td><td colspan="2">试验</td><td>×××</td></tr>
<tr><td colspan="2">试验单位</td><td colspan="4">×××</td><td colspan="2">报告日期</td><td>××年×月×日</td></tr>
</table>

四、砌筑砂浆施工试验记录

1. 砂浆配合比申请单及通知单

委托单位在依据设计强度等级、技术要求、施工部位、原材料情况等，向试验部门提出砂浆配合比申请单(表 4-53)。试验部门依据配合比申请单，按照《砌筑砂浆配合比设计规程》(JGJ/T 98—2000)签发配合比通知单。

《配合比通知单》(表 4-54)应字迹清楚，无涂改，签字齐全。所用水泥、砂、掺和料、外加剂等要填写清楚，复试合格后再做试配，并填好试验记录。

表 4-53　　砂浆配合比申请单

编号：×××

委托编号：××-×

工程名称	××工程				
委托单位	××建筑工程公司			试验委托人	×××
砂浆种类	混合砂浆			强度等级	M5
水泥品种	P·O 32.5			厂别	×××水泥厂
水泥进场日期	××年×月×日			试验编号	××C-×
砂产地	×××	粗细级别	中砂	试验编号	××S-×
掺和料种类	白灰膏		外加剂种类	—	
申请日期	××年×月×日		要求使用日期	××年×月×日	

表 4-54　　砂浆配合比通知单

配合比编号：××-×

试配编号：×××

强度等级	M5	试验日期		××年×月×日	
配合比					
材料名称	水泥	砂	白灰膏	掺和料	外加剂
每立方米用量(kg/m^3)	238	1571	95		
比例	1	6.6	0.4		
注：砂浆稠度为 70～100mm，白灰膏稠度为 120±5mm。					
批准	×××	审核	×××	试验	×××
试验单位	×××			报告日期	××年×月×日

注：本表由施工单位保存。

2. 砂浆抗压强度试验报告

承重结构的砌筑砂浆试块应按规定实行有见证取样和送检，并填写《砂浆抗压强度试验报告》(表4-55)。

(1)在试验报告中，砂浆种类、强度等级、稠度、水泥品种及强度等级、砂产地及种类、掺和料与外加剂种类要按规定填写清楚，要与砂浆配合比通知单、试验单相吻合。

(2)"配合比编号"要依据配合比通知单填写。"试验结果"应由试验室来填写；若发现问题应进行复试，并将复试合格单附于此表后一并存档。

表4-55　　**砂浆抗压强度试验报告**

编号：×××
试验编号：××-×
委托编号：××-×

<table>
<tr><td colspan="2">工程名称及部位</td><td colspan="3">××工程</td><td colspan="2">试件编号</td><td colspan="2">××-×</td></tr>
<tr><td colspan="2">委托单位</td><td colspan="3">×××</td><td colspan="2">试验委托人</td><td colspan="2">×××</td></tr>
<tr><td colspan="2">砂浆种类</td><td>水泥混合砂浆</td><td>强度等级</td><td>M10</td><td colspan="2">稠度</td><td colspan="2">70mm</td></tr>
<tr><td colspan="2">水泥品种及强度等级</td><td colspan="3">P·O 32.5</td><td colspan="2">试验编号</td><td colspan="2">××-×</td></tr>
<tr><td colspan="2">矿产地及种类</td><td colspan="3">×××　中砂</td><td colspan="2">试验编号</td><td colspan="2">××-×2</td></tr>
<tr><td colspan="2">掺和料种类</td><td colspan="3">—</td><td colspan="2">外加剂种类</td><td colspan="2">—</td></tr>
<tr><td colspan="2">配合比编号</td><td colspan="7">××-×</td></tr>
<tr><td colspan="2">试件成型日期</td><td>××年×月×日</td><td>要求龄期</td><td>28d</td><td colspan="2">要求试验日期</td><td colspan="2">××年×月×日</td></tr>
<tr><td colspan="2">养护方法</td><td>标准</td><td>试件收到日期</td><td>××年×月×日</td><td colspan="2">试件制作人</td><td colspan="2">×××</td></tr>
<tr><td rowspan="8">试验结果</td><td rowspan="2">试压日期</td><td rowspan="2">实际龄期(d)</td><td rowspan="2">试件边长(mm)</td><td rowspan="2">受压面积(mm^2)</td><td colspan="2">荷载(kN)</td><td rowspan="2">抗压强度(MPa)</td><td rowspan="2">达设计强度等级(%)</td></tr>
<tr><td>单块</td><td>平均</td></tr>
<tr><td rowspan="6">××年×月×日</td><td rowspan="6">28</td><td rowspan="6">70.7</td><td rowspan="6">5000</td><td>54.6</td><td rowspan="6">62.7</td><td rowspan="6">12.5</td><td rowspan="6">125</td></tr>
<tr><td>56.3</td></tr>
<tr><td>69.8</td></tr>
<tr><td>65.5</td></tr>
<tr><td>60.7</td></tr>
<tr><td>69.4</td></tr>
<tr><td colspan="9">结论：

合格。</td></tr>
<tr><td colspan="2">批准</td><td>×××</td><td>审核</td><td colspan="2">×××</td><td>试验</td><td colspan="2">×××</td></tr>
<tr><td colspan="2">试验单位</td><td colspan="7">×××试验室</td></tr>
<tr><td colspan="2">报告日期</td><td colspan="7">××年×月×日</td></tr>
</table>

注：本表建设单位、施工单位各保存一份。

3. 砌筑砂浆试块强度统计、评定记录

(1)砌筑砂浆应具有配合比申请单和试验室签发的配合比通知单。应有按规定留置的龄期为28d标养试块的抗压强度试验报告。承重结构的砌筑砂浆试块还应按规定实行有见证取样和送检。

(2)砂浆试块的留置数量及必试项目应符合规程要求。《砌筑砂浆试块抗压强度统计、评定记录》(表4-56)应按同一类型、同一强度等级的砂浆为一验收批统计,其统计方法及合格标准如下:

1)同一验收批砂浆试块抗压强度平均值必须大于或等于设计强度等级所对应的立方体抗压强度。

2)同一验收批砂浆试块抗压强度的最小一组平均值必须大于或等于设计强度等级所对应的立方体抗压强度的0.75倍。

表4-56　　砌筑砂浆试块强度统计、评定记录

编号:×××

工程名称	××工程				强度等级		M7.5			
施工单位	××建筑工程公司				养护方法		标养			
统计期	××年×月×日至××年×月×日				结构部位		主体围护墙			
试块组数 n	强度标准值 f_2(MPa)		平均值 $f_{2,m}$(MPa)		最小值 $f_{2,min}$(MPa)		$0.75f_2$			
8	7.5		11.46		9.1		5.63			
每组强度值(MPa)	12.6	10.6	9.8	10.6	14.6	11	9.1	13.4		
判定式	$f_{2,m} \geqslant f_2$				$f_{2,min} \geqslant 0.75f_2$					
结果	11.46>7.5				9.1>5.63					
结论: 依据《砌体工程施工质量验收规范》(GB 50203—2002)第4.0.12条标准评定为合格。										
批准		审核			统计					
×××		×××			×××					
报告日期		××年×月×日								

五、混凝土施工试验记录

1. 混凝配合比申请单，通知单

现场搅拌混凝土应有《配合比申请单》(表4-57)和《配合比通知单》(表4-58)。预拌凝土应有试验室签发的配合比通知单。委托单位应依据设计强度等级、技术要求、施工部门、原材料情况等向试验部门提出配合比申请单。试验部门依据配合比申请单签发配合比通知单。

《混凝土配合比申请单》和《混凝土配合比通知单》用表及填写范例如下：

表 4-57　　**混凝土配合比申请单**

编号：×××

委托编号：××-01560

工程名称及部位	××工程××				
委托单位	××建筑工程公司	试验委托人	×××		
设计强度等级	C35	要求坍落度、扩展度	160～180mm		
其他技术要求	—				
搅拌方法	机械	浇捣方法	机械	养护方法	标养
水泥品种及强度等级	P·O 42.5R	厂别牌号	×××××	试验编号	××C-043
砂产地及种类	×××　中砂		试验编号		××S-015
石子产地及种类	×××　碎石	最大粒径	25　mm	试验编号	××G-017
外加剂名称	PHF-3泵送剂		试验编号		××D-024
掺和料名称	Ⅱ级粉煤灰		试验编号		××F-029
申请日期	××年×月×日	使用日期	××年×月×日	联系电话	××××××××

表 4-58　　**混凝土配合比通知单**

配合比编号：××-0082

试配编号：×××

强度等级	C35	水胶比	0.43	水灰比	0.46	砂率	42%
材料名称 / 项目	水泥	水	砂	石	外加剂	掺和料	其他
每 $1m^3$ 用量 (kg/m^3)	320	189	773	1053	8.7	91	
每盘用量(kg)	1.00	0.56	2.39	3.26	0.03	0.28	
混凝土碱含量 (kg/m^3)	注：此栏只有在有关规定及要求需要填写时才填写。						
说明：本配合比所使用材料均为干材料，使用单位应根据材料含水情况随时调整。							
批准			审核			试验	
×××			×××			×××	
报告日期		××年×月×日					

注：本表由施工单位保存。

2. 混凝土抗压强度试验报告

按规定留置的龄期为28d的标准养护试块和一定数量的同条件养护试块应进行抗压强度试验，并填写《混凝土抗压强度试验报告》，抗渗混凝土、特种混凝土应做专项试验，并具有专项试验报告。

冬期施工掺防冻剂的混凝土应按照《混凝土外加剂应用技术规范》的要求，做受冻临界强度试块和转常温试块的抗压强度试验，并填写抗压强度试验报告。

3. 混凝土试块强度统计、评定记录

混凝土试块试压后，应将试压报告按施工部位及施工时间顺序编号，并及时登记在《混凝土试块试压报告目录表》(表4-59)中，然后根据各试块的品种、强度等级分别进行统计和评定。

表4-59 **混凝土抗压强度试验报告**

编号：×××
试验编号：××-0017
委托编号：××-02450

工程名称及部位	××工程×××					试件编号	××-003		
委托单位	××建筑工程公司					试验委托人	×××		
设计强度等级	C30，P8					实测坍落度、扩展度	160mm		
水泥品种及强度等级	P·O 42.5					试验编号	××C-022		
砂种类	中砂					试验编号	××S-011		
石种类、公称直径	碎石 5～10mm					试验编号	××G-013		
外加剂名称	UEA					试验编号	××D-017		
掺和料名称	Ⅱ级粉煤灰					试验编号	××F-009		
配合比编号	××-22								
成型日期	××年×月×日	要求龄期	26 d		要求试验日期				××年×月×日
养护方法	标养	收到日期	××年×月×日				试块制作人		×××
试验结果	试验日期	实际龄期(d)	试件边长(mm)	受压面积(mm^2)	荷载(kN) 单块值	荷载(kN) 平均值	平均抗压强度(MPa)	折合150mm立方体抗压强度(MPa)	达到设计强度等级(%)
	××年×月×日	26	100	10000	460 450 480	463	46.3	44	147
结论： 合格。									
批准	×××		审核	×××		试验	×××		
试验单位	×××								
报告日期	××年×月×日								

注：本表由建设单位、施工单位各保存一份。

合理划分混凝土试块强度验收批，找出所有同一强度等级的各组试块强度值，分别填入《混凝土试块强度统计、评定记录》(表 4-60)中。分别计算出各批混凝土强度试件的强度平均值和标准差，然后计算出各评定数据，判定多批混凝土强度，将评定结论填入表中。

表 4-60　　**混凝土试块强度统计、评定记录**

编号：×××

工程名称	**××工程**	强度等级	**C30**
施工单位	**××建筑工程公司**	养护方法	**标养**
统计期	××年×月×日　至　××年×月×日	结构部位	**主体 1～5 层墙柱**

试块组数 n	强度标准值 $f_{cu,k}$(MPa)	平均值 $m_{f_{cu}}$ (MPa)	标准值 $S_{f_{cu}}$ (MPa)	最小值 $f_{cu,min}$ (MPa)	合格判定系数 λ_1	合格判定系数 λ_2
13	**30**	**46.52**	**8.84**	**36.1**	**1.7**	**0.9**

每组强度值(MPa)										
	50.4	**36.1**	**40.8**	**39.4**	**58**	**37.7**	**36.8**	**57.3**	**56.7**	**51.6**
	57.5	**42.5**	**39.9**							

评定界限	☑ 统计方法(二)			□ 非统计方法	
	$0.90f_{cu,k}$	$m_{f_{cu}}-\lambda_1\times S_{f_{cu}}$	$\lambda_2\times f_{cu,k}$	$1.15f_{cu,k}$	$0.95f_{cu,k}$
	27	**31.49**	**27**		
判定式	$m_{f_{cu}}-\lambda_1\times S_{f_{cu}}\geqslant 0.90f_{cu,k}$	$f_{cu,min}\geqslant\lambda_2\times f_{cu,k}$		$m_{f_{cu}}\geqslant 1.15f_{cu,k}$	$f_{cu,min}\geqslant 0.95f_{cu,k}$
结果	**31.49>27**	**36.1>27**			

结论：

该批混凝土符合《混凝土强度检验评定标准》(GBJ 107—2010)验评标准，评定为合格。

批准	审核	统计
×××	×××	×××
报告日期	××年×月×日	

注：本表建设单位、施工单位、城建档案馆各保存一份。

4. 混凝土抗渗试验报告

(1)有抗渗要求的混凝土应留置检验抗渗性能的试块,对连续浇筑混凝土每 $500m^3$ 应留置一组抗渗试块,且每项工程不得少于两组。其中至少一组在标准条件下养护。采用预拌混凝土的抗渗试块,留置组数应视结构的规模和要求而定。

(2)对于防水混凝土应进行抗渗性能试验,评定抗渗性能试验结果时,应采用标准条件下养护的防水混凝土抗渗试块。

(3)抗渗性能试验应符合现行《普通混凝土长期性和耐久性能试验方法》(GBJ 82—1985)的有关规定。

(4)抗渗等级以每组 6 个试块中有 3 个试件端面呈有渗水现象时的水压(H)计算出的 P 值进行评定。若按委托抗渗等级 P 评定(6 个试件均无透水现象):应试压至 $P+1$ 时的水压,方可评为 $>P$,见表 4-61。

表 4-61　　　　混凝土抗渗试验报告

编号:×××

试验编号:××-008

委托编号:××-0245

<table>
<tr><td>工程名称及施工部位</td><td colspan="3">××发电厂房工程</td><td>试件编号</td><td>××-003</td></tr>
<tr><td>委托单位</td><td colspan="3">××市第×工程局</td><td>委托试验人</td><td>×××</td></tr>
<tr><td>抗渗等级</td><td colspan="3">P8</td><td>配合比编号</td><td>××-22</td></tr>
<tr><td>强度等级</td><td>C30</td><td>养护条件</td><td>标养</td><td>收样日期</td><td>××年×月×日</td></tr>
<tr><td>成型日期</td><td>××年×月×日</td><td>龄期</td><td>33d</td><td>试验日期</td><td>××年×月×日</td></tr>
<tr><td colspan="6">试验情况:
由 0.1MPa 顺序加压至 0.9MPa,保持 8 小时,试件表面无渗水,试验结果: >P8。</td></tr>
<tr><td colspan="6">结论:
根据《普通混凝土长期性能和耐久性能试验方法》(GBJ 82—1985)标准,符合 P8 设计要求。</td></tr>
<tr><td>批准</td><td>×××</td><td>审核</td><td>×××</td><td>试验</td><td>×××</td></tr>
<tr><td>试验单位</td><td colspan="5">×××</td></tr>
<tr><td>报告日期</td><td colspan="5">××年×月×日</td></tr>
</table>

第五章　水利水电工程施工安全资料编制

第一节　安全技术交底

一、用电安全交底

1. 施工现场室内配线安全技术交底

施工现场室内配线安全技术交底记录见表5-1。

表5-1　　安全交底记录

编号：×××

工程名称	××水利工程		
施工单位	×××建筑安装工程公司		
交底项目(部位)	室内配线安全交底	交底日期	××年×月×日

交底内容(安全措施与注意事项)：

(1)室内配线必须采用绝缘导线或电缆。

(2)室内配线应根据配线类型采用瓷瓶、瓷(塑料)夹、嵌绝缘槽、穿管或钢索敷设。

潮湿场所或埋地非电缆配线必须穿管敷设，管口和管接头应密封；当采用金属管敷设时，金属管必须做等电位连接，且必须与PE线相连接。

(3)室内非埋地明敷主干线距地面高度不得小于2.5m。

(4)架空进户线的室外端应采用绝缘子固定，过墙处应穿管保护，距地面高度不得小于2.5m，并应采取防雨措施。

(5)室内配线所用导线或电缆的截面应根据用电设备或线路的计算负荷确定，但铜线截面不应小于1.5mm^2，铝线截面不应小于2.5mm^2。

(6)钢索配线的吊架间距不宜大于12m。采用瓷夹固定导线时，导线间距不应小于35mm，瓷夹间距不应大于800mm；采用瓷瓶固定导线时，导线间距不应小于100mm，瓷瓶间距不应大于1.5m；采用护套绝缘导线或电缆时，可直接敷设于钢索上。

(7)室内配线必须有短路保护和过载保护，短路保护和过载保护电器与绝缘导线、电缆的选配应符合《施工现场临时用电安全技术规范》(JGJ 46—2005)第7.1.17条和7.1.18条要求。对穿管敷设的绝缘导线线路，其短路保护熔断器的熔体额定电流不应大于穿管绝缘导线长期连续负荷允许载流量的2.5倍

交底人	×××	接受交底班组长	×××	接受交底人数	××人

本表由施工单位填写并保存(一式三份。班组一份、安全员一份、交底人一份)。

2. 施工现场变配电及维修安全技术交底

施工现场变配电及维修安全技术交底记录见表5-2。

表 5-2 安全交底记录

编号：×××

工程名称	××水利工程		
施工单位	×××建筑安装工程公司		
交底项目(部位)	变配电及维修安全技术交底	交底日期	××年×月×日

交底内容(安全措施与注意事项)：

(1)现场变配电高压设备，不论带电与否，单人值班严禁跨越遮栏和从事修理工作。

(2)高压带电区域内部分停电工作时，人体与带电部分必须保持安全距离，并应有人监护。

(3)在变配电室内，外高压部分及线路工作时，应按顺序进行。停电、验电悬挂地线，操作手柄应上锁或挂标示牌。

(4)验电时必须戴绝缘手套，按电压等级使用验电器。在设备两侧各相或线路各相分别验电。验明设备或线路确实无电后，即将检修设备或线路做短路接地。

(5)装设接地线，应由两人进行。先接接地端，后接导体端，拆除时顺序相反。拆接时均应穿戴绝缘防护用品。设备或线路检修完毕，必须全面检查无误后，方可拆除接地线。

(6)接地线应使用截面不小于 $25mm^2$ 的多股软裸铜线和专用线夹。严禁使用缠绕的方法进行接地和短路。

(7)用绝缘棒或传统机构拉、合高压开关，应戴绝缘手套。雨天室外操作时，除穿戴绝缘防护用品外，绝缘棒应有防雨罩，应有专人监护。严禁带负荷拉、合开关。

(8)电气设备的金属外壳必须接地或接零。同一设备可做接地和接零。同一供电系统不允许一部分设备采用接零，另一部分采用接地保护。

(9)电气设备所用的保险丝(片)的额定电流应与其负荷量相适应。严禁用其他金属线代替保险丝(片)

交底人	×××	接受交底班组长	×××	接受交底人数	××人

本表由施工单位填写并保存(一式三份。班组一份、安全员一份、交底人一份)。

3. 施工现场线路敷设安全技术交底

施工现场线路敷设安全技术交底记录见表5-3。

表5-3　　安全交底记录

编号：×××

工程名称	××水利工程				
施工单位	×××建筑安装工程公司				
交底项目(部位)	施工现场线路敷设安全技术交底	交底日期	××年×月×日		
交底内容(安全措施与注意事项)： 电缆干线应采用埋地或架空敷设，严禁沿地面明敷设，并应避免机械损伤和介质腐蚀。 (1)电缆在室外直接埋地敷设时，必须按电缆埋设图敷设，并应砌砖槽防护，埋设深度不得小于0.6m。 (2)电缆的上下各均匀铺设不小于5cm厚的细砂，上盖电缆盖板或红机砖作为电缆的保护层。 (3)地面上应有埋设电缆的标志，并应有专人负责管理。不得将物料堆放在电缆埋设的上方。 (4)有接头的电缆不准埋在地下，接头处应露出地面，并配有电缆接线盒(箱)。电缆接线盒(箱)应防雨、防尘、防机械损伤，并远离易燃、易爆、易腐蚀场所。 (5)电缆穿越建筑物、构筑物、道路、易受机械损伤的场所及引出地面从2m高度至地下0.2m处，必须加设防护套管。 (6)电缆线路与其附近热力管道的平行间距不得小于2m，交叉间距不得小于1m。 (7)橡套电缆架空敷设时，应沿着墙壁或电杆设置，并用绝缘子固定，严禁使用金属裸线作绑线。电缆间距大于10m时，必须采用铅丝或钢丝绳吊绑，以减轻电缆自重，最大弧垂距地面不小于2.5m。电缆接头处应牢固可靠，做好绝缘包扎，保证绝缘强度，不得承受外力。 (8)在施建筑的临时电缆配电，必须采用电缆埋地引入。电缆垂直敷设时，位置应充分利竖井、垂直孔洞。其固定点每楼层不得少于一处。水平敷设应沿墙或门口固定，最大弧垂距离地面不得小于1.8m					
交底人	×××	接受交底班组长	×××	接受交底人数	××人

本表由施工单位填写并保存(一式三份。班组一份、安全员一份、交底人一份)。

二、设备安全资料范例

1. 设备进场安装验收记录

设备进场安装验收记录见表 5-4。

表 5-4　　　　塔式起重机安装验收记录

工程名称：××水利工程　　　　施工单位：××市第×水利水电工程局

安装单位	××市政公司机械组		拆装许可证			
施工地点	×××		安装日期	××××	负责人	×××
塔机型号	QT2125	起重力矩	1250KN/m	设备编号		×××
生产厂家	××机械厂		生产日期	××年×月×日		
检查项目	验收内容和标准				验收记录	
塔吊路基	复查基础资料是否齐全准确				齐全准确	
	路基允许承载能力(t/m²)				32t/m²	
	是否设排水沟				已设排水沟	
	场地平整,基础水平情况				符合要求	
	混凝土强度不低于说明书要求的强度等级				C30	
	碎石粒度 20～40mm				—	
	路基碎石厚度　大于 250mm				—	
	枕木间距　小于等于 600mm				—	
	钢轨接头间隙　小于 4mm				—	
	钢轨接头高度差　小于等于 2mm				—	
	拉杆间距　小于等于 6m				—	
	轨距误差　小于 1/1000				—	
	钢轨顶面纵横向倾斜度　小于 1/1000				—	
	行走限位撞杆距止挡距离　大于 1.5m				—	
	轨止挡距钢轨端　大于 1.5m				—	
	接地电阻值　小于 4Ω				0.1Ω	
塔吊结构	螺栓拧紧力矩是否达到技术要求				已达到	
	开口销是否按要求撬开				已全部撬开	
	结构部件、附件是否齐全,位置是否正确				齐全、正确	
	结构是否有变形、开焊、疲劳裂纹				无	
	压重、配重是否按说明书要求安放				已安放	

续表

检查项目	验收内容和标准	验收记录
绳轮传动系统	钢丝绳规格是否正确,断丝和磨损是否达到报废	**正确,未达到报废**
	钢丝绳固定编插缠绕是否符合国家标准	**符合**
	各部位滑轮是否转动灵活,有无破损,轮槽磨损是否达到报废标准	**转动灵活,无破损,未达到报废标准**
	各机构转动是否平稳,有无异响,润滑是否良好	**平稳,无异响,良好**
	制动器调整是否灵活可靠	**灵活可靠**
电气系统	控制、操纵装置动作是否灵活可靠	**灵活可靠**
	仪表、照明装置动作是否完好可靠	**完好可靠**
	电气各安全保护装置是否齐全可靠	**齐全可靠**
	电气系统对塔吊绝缘电阻不小于0.5MΩ	**15MΩ**
	避雷装置是否符合规定要求	**符合规定**
安全限位	力矩限制器是否灵敏可靠	**灵敏可靠**
	行走、回转、变幅、超高限位是否灵敏可靠	**灵敏可靠**
	卷筒保险是否灵活可靠	**灵活可靠**
	夹轨钳是否灵活可靠	—
	吊钩保险是否灵活可靠	**灵活可靠**
试运转	空载荷:检查各传动机构有无异响	**无异响**
	额定载荷:检查钢结构有无变形、制动器是否可靠	**无变形、制动可靠**
验收结论	**经检查塔式起重机安装调试符合国家有关规范规定及安装方案要求,验收合格,同意使用。**	
验收签字	质检员:××× 安装技术负责人:××× 安全员:××× 项目负责人:××× 安装负责人:××× 塔吊机长:××× ××年×月×日	

2. 塔式起重机安全技术交底

塔式起重机安全交底记录见表5-5。

表5-5 安全交底记录

编号：×××

工程名称	××水利工程		
施工单位	××市第×水利水电工程局		
交底项目(部位)	塔式起重机安全技术交底	交底日期	××年×月×日

交底内容(安全措施与注意事项)：

1. 操作前检查

(1)上班必须进行交接班手续，检查机械履历书及交接班记录等的填写情况及记载事项。

(2)操作前应松开夹轨器，按规定的方法将夹轨器固定。清除行走轨道的障碍物，检查路轨两端行走限位止挡离端头不小于2～3m，并检查道轨的平直度、坡度和两轨道的高差，应符合塔机的有关安全技术规定，路基不得有沉陷、溜坡、裂缝等现象。

(3)轨道安装后，必须符合下列规定：

1)两轨道的高度差不大于1/1000。

2)纵向和横向的坡度均不大于1/1000。

3)轨距与名义值的误差不大于1/1000，其绝对值不大于6mm。

4)钢轨接头间隙在2～4mm之间，接头处两轨顶高度差不大于2mm，两根钢轨接头必须错开1.5m。

(4)检查各主要螺栓的紧固情况，焊缝及主角钢无裂纹、开焊等现象。

(5)检查机械传动的齿轮箱、液压油箱等的油位符合标准。

(6)检查各部制动轮、制动带(蹄)无损坏，制动灵敏；吊钩、滑轮、卡环、钢丝绳应符合标准；安全装置(力矩限制器、重量限制器、行走、高度变幅限位及大钩保险等)灵敏、可靠。

(7)操作系统、电气系统接触良好，无松动、无导线裸露等现象。

(8)对于带有电梯的塔机，必须验证各部安全装置安全可靠。

(9)配电箱在送电前，联动控制器应在零位。合闸后，检查金属结构部分无漏电方可上机。

(10)所有电气系统必须有良好的接地或接零保护。每20m作一组接地不得与建筑物相连，接地电阻不得大于4Ω。

(11)起重机各部位在运转中1m以内不得有障碍物。

(12)塔式起重机操作前应进行空载运转或试车，确认无误方可投入生产。

2. 安全操作

(1)司机必须按所驾驶塔式起重机的起重性能进行作业。

(2)机上各种安全保护装置运转中发生故障、失效或不准确时，必须立即停机修复，严禁带病作业和在运转中进行维修保养。

(3)司机必须在佩有指挥信号袖标的人员指挥下严格按照指挥信号、旗语、手势进行操作。操作前应发出音响信号，对指挥信号辨不清时不得盲目操作。对指挥错误有权拒绝执行或主动采取防范或相应紧急措施。

(4)起重量、起升高度、变幅等安全装置显示或接近临界警报值时，司机必须严密注视，严禁强行操作。

(5)操作时司机不得闲谈、吸烟、看书报和做其他与操作无关事情。不得擅离操作岗位

交底人	×××	接受交底班组长	×××	接受交底人数	××人

本表由施工单位填写并保存(一式三份。班组一份、安全员一份、交底人一份)。

3. 桩工机械安全技术交底

桩工机械安全技术交底记录见表5-6。

表5-6 安全交底记录

编号：×××

工程名称	××水利工程		
施工单位	××市第×水利水电工程局		
交底项目(部位)	桩工机械安全技术交底	交底日期	××年×月×日

交底内容(安全措施与注意事项)：

1. 桩工机械一般规定

(1)打桩施工场地应按坡度不大于3%，地耐力不小于8.5N/cm² 的要求进行平实，地下不得有障碍物。在基坑和围堰内打桩，应配备足够的排水设备。

(2)桩机周围应有明显标志或围栏，严禁闲人进入。作业时，操作人员应在距桩锤中心5m以外监视。

(3)安装时，应将桩锤运到桩架正前方2m以内，严禁远距离斜吊。

(4)用桩机吊桩时，必须在桩上拴好围绳。起吊2.5m以外的混凝土预制桩时，应将桩锤落在下部，待桩吊近后，方可提升桩锤。

(5)严禁吊桩、吊锤、回转和行走同时进行。桩机在吊有桩和锤的情况下，操作人员不得离开。

(6)插桩后应及时检验桩的垂直度，桩入土3m以上时，严禁用桩机行走或回转动作纠正桩的倾斜度。

(7)拔送桩时，应严格掌握不超过桩机起重能力，荷载难以计算时，可参考如下办法：

1)桩机为电动卷扬机时，拔送桩时负荷不得超过电机满载电流。

2)桩机卷扬机以内燃机为动力时，拔送桩时如内燃机明显减速，应立即停止起拔。

3)桩机为蒸汽卷扬机时，拔送桩时，如在额定蒸汽压力下产生减速或停车，应立即停止起拔。

4)每米送桩深度的起拔荷载可按4t计算。

(8)卷扬钢丝绳应经常处于油膜状态，不得硬性摩擦。吊锤、吊桩可使用插接的钢丝绳，不得使用不合格的起重卡具、索具、拉绳等。

(9)作业中停机时间较长时，应将桩锤落下垫好。除蒸汽打桩机在短时间内可将锤担在机架上外，其他的桩机均不得悬吊桩锤进行检修。

(10)遇有大雨、雪、雾和六级以上强风等恶劣气候，应停止作业。当风速超过七级应将桩机顺风向停置，并增加缆风绳。

(11)雷电天气无避雷装置的桩机，应停止作业。

(12)作业后应将桩机停放在坚实平整的地面上，将桩锤落下，切断电源和电路开关，停机制动后方可离开。

(13)高处作业必须系好安全带，不得穿硬底易滑的鞋。

2. 桩工机械的运输

(1)汽车装运桩机时，不得超宽、超高、超载、超长装运。公路行驶必须遵守交通规则。

(2)桩机装运时必须绑扎牢固，垫、楔可靠，导杆必须摆放平直，不得压、扭变形。

(3)运输中不得急转弯，应低速行动，通过桥梁、涵洞、隧道时，不得超高、超载盲目强行。

(4)夜间装运时，现场必须有足够的照明，并设专人监护。

3. 桩机的安装与拆除

(1)拆装班组的作业人员必须熟悉拆装工艺、规程，拆装前班组长应进行明确分工，并组织班组作业人员贯彻落实专项安全施工组织设计(施工方案)和安全技术措施交底。

(2)高压线下两侧10m以内不得安装打桩机。特殊情况必须采取安全技术措施，并经上级技术负责人同意批准，方可安装。

(3)安装前应检查主机、卷扬机、制动装置、钢丝绳、牵引绳、滑轮及各部轴销、螺栓、管路接头应完好可靠。导杆不得弯曲损伤

交底人	×××	接受交底班组长	×××	接受交底人数	××人

本表由施工单位填写并保存(一式三份。班组一份、安全员一份、交底人一份)。

第二节　基础工程安全资料

水利水电工程施工环境比较复杂，地质条件多变，因此施工甚至投入使用后依然要进行变形监测监测结果定期整理，做沉降报告。

一、基础工程施工方案

1.《基础(坑)施工支护方案》的具体内容

(1)《基础(坑)施工支护方案》中必须明确下列内容的具体要求：

施工前准备工作；土方开挖顺序和方法；坑壁支护设计及施工详图；临边防护；排水措施；坑边荷载限定；上下通道设置；基坑支护变形监测方案；作业环境的要求等内容。

(2)基坑施工必须有支护方案。具体做法及要求参见《建筑基坑支护技术规程》(JGJ 120—1999)：

1)基坑深度不足 2m 时：原则上不再进行支护，按规范要求放坡。若与相邻建筑物、管线、道路较近或地质情况较差时仍需支护。

2)基坑深度超过 2m 小于 5m 时：坑壁土质为粉质黏土、粉土，湿度为稍湿状态下，周围没有其他荷载，可根据规范放坡。雨季、坡壁土质不良或周围有附加荷载时，应支护。

3)基坑深度超过 5m 时：无论边坡土质情况和周边荷载如何，必须进行支护，并有详细的支护计算。

(3)施工方案必须体现全面性、针对性、可行性、经济性、法令性的特点；必须经上级主管部门审批。

2. 基坑支护验收

《基坑支护验收记录》的具体内容，表格样式参见本节中相关表格。

二、基础工程土方开挖

主要内容和编写要点：

(1)《施工机械进场验收记录》的具体内容：参见本节中相关表格。土方开挖常用机械有：挖掘机、推土机、铲运机、运输车辆等。

(2)《土方开挖施工机械司机上岗证复印件》的具体内容。土方开挖施工机械司机上岗证必须是有效证件。

三、基坑支护变形监测

1. 基坑支护变形监测

《基坑支护变形监测记录》的具体内容：

(1)基坑开挖前应做出系统的监测方案，监测方案应包括监测项目、监测方法、精度要求、监测点的布置、观测周期、观测记录以及信息反馈等。

(2)基坑工程监测应以专门仪器监测为主，以现场目测为辅。

(3)支护设施产生局部变形，应及时采取措施进行处理。

2. 基坑周边环境沉降观测

《基坑周边环境沉降观测记录》的具体内容，表格样式参见表 5-9。

3. 基坑开挖监控

(1)基坑开挖前应做出系统的开挖监控方案，监控方案应包括：监控的目的、监测项目、监控报警值、监测方法及精度要求、监测点的布置、监测周期、工序管理和记录制度以及信息反馈系统等。

(2)监测点的布置应满足监控要求，从基坑边缘以外1～2倍开挖深度范围内的需要保护物体均应作为监控对象。

(3)基坑工程监测项目见表5-10。

(4)位移观测基准点数量不应小于两个，且应设在影响范围以外。

(5)监测项目在基坑开挖前应测得初始值，且不应少于两次。

(6)基坑监测项目的监控报警值应根据监测对象的有关规范及支护结构设计要求确定。

(7)各项监测的时间间隔可根据施工进程确定，当变形超过有关标准或监测结果变形较大时，应加密观测次数。当有事故征兆时，应连续监测。

(8)基坑开挖监测进程中，应根据设计要求提交阶段性监测结果报告。工程结束时应提交完整的监测报告，报告内容应包括：

1)工程概况。

2)监测项目和各测点的平面和立面布置图。

3)采用仪器设备和监测方法。

4)监测数据处理方法和监测结果过程曲线。

5)监测结果评价。

四、基础工程安全资料编制

表5-7 **机械进场验收记录**

工程名称：××水利工程 施工单位：

机械名称	挖掘机	规格型号	WY100	设备编号	
生产厂家	××建筑机械厂	出厂日期		合格证号	
验收日期	年 月 日	参加验收人员			
检查项目	验 收 记 录				
液压系统安全装置	经试运转液压系统工作正常，无漏油、阻塞现象，动作灵活、准确、可靠、无噪声，安全装置齐全有效、灵敏可靠。				
回转装置	经试运转回转装置动作灵活、准确、可靠，工作正常。				
行走装置	经试运转行走装置工作正常，无异常声响。				
铲斗装置	经试运转铲斗装置动作灵活、准确、可靠，无异常。				
资 料	有产品说明书、合格证编号，生产厂家为××建筑机械厂。				
司 机	司机持证上岗，上岗证编号，为有效证件。				
验收结论	挖掘机经检验符合《建筑施工安全检查标准》(JGJ 59—1999)标准及有关规范规定，验收合格，同意使用。 参加验收人员：××× 日期：××年×月×日				

表 5-8 基坑支护验收记录(附件)

工程名称： 验收日期： 年 月 日

结构类型		支护深度(m)		支护面积(m^2)	
设计单位			施工单位		
验收记录：					
验收结论：					
参加验收人员					

表 5-9 基坑周边环境沉降观测记录(附件)

单位工程名称：××工程 施工单位：××建筑公司

观察点编号	第1次			第2次			第3次			第 次		
	×年×月×日			×年×月×日			×年×月×日			年 月 日		
	标高(m)	沉降量(mm)		标高(m)	沉降量(mm)		标高(m)	沉降量(mm)		标高(m)	沉降量(mm)	
		本次	累计		本次	累计		本次	累计		本次	累计
①	35.132	0.5	0.4	35.128	0.6	0.3	35.130	0.5	0.5			
②	30.142	0.6	0.5	30.140	0.5	0.4	30.141	0.6	0.4			
③	24.152	0.5	0.5	24.153	0.4	0.5	24.152	0.6	0.5			
工程部位												
观测者	×××			×××			×××					
监测者	×××			×××			×××					
填表单位：				负责人：×××					制表：			

表 5-10　　基坑监测项目表

基坑侧壁安全等级 / 监测项目	一级	二级	三级
支护结构水平位移	应测	应测	应测
周围建筑物、地下管线变形	应测	应测	宜测
地下水位	应测	应测	宜测
桩、墙、内力	应测	宜测	可测
锚杆拉力	应测	宜测	可测
支撑轴力	应测	宜测	可测
立柱变形	应测	宜测	可测
土体分层竖向位移	应测	宜测	可测
支护结构界面上侧向压力	宜测	可测	可测

第三节　安全技术措施

一、安全技术措施编写要点

《建筑法》第五章“建筑安全生产管理”第三十八条规定：“建筑施工企业在编制施工组织时，应当根据建筑工程的特点制定相应的安全技术措施；对专业性较强的项目，应当编制专项安全施工组织设计，并采取安全技术措施。”

1. 安全技术措施

(1)施工组织设计的项目管理组织机构中，必须按规定明确具备上岗条件的专职安全员，并按建设部规定，每年集中培训 40h，考试合格。

(2)施工组织设计中必须编制安全技术措施，施工组织设计的审批执行有关规定。安全技术措施的编制要求：

1)及时性。工程施工前要求要编制好安全技术措施，如有特殊情况来不及编制完整的，也必须编制单独的安全施工要求。

2)针对性。要针对不同工程的结构特点和不同的施工方法，针对施工场地及周边环境等，从防护上、技术上和管理上提出相应的安全措施。

3)具体化。所有安全技术措施都必须明确、具体，能指导施工。

4)法令性。安全措施一经确认，各级人员必须认真贯彻执行，不得随意修改或拒不执行，否则，发生工伤事故，要追究其责任；如果由于安全技术措施内容有问题，发生工伤事故，要追究编制人和审批人的责任。

(3)施工组织设计中必须明确专业性较强项目的具体内容，并明确这些项目必须单独编制专项安全方案。专业性较强的项目主要是指：

1)脚手架工程。

2)施工用电。

3)基坑支护。

4)模板工程。

5)起重吊装作业。

6)塔吊。

7)物料提升机及其他垂直运输设备。

(4)特殊工程必须编制单项的安全技术措施。特殊工程有:

1)深基础工程,如沉箱、扩底桩等工程。

2)高大塔类构筑物,如水塔、烟囱、冷切塔、电视发射塔等。

3)爆破工程。

4)拆除工程。

5)大型吊装工程。

6)大型建筑物、构筑物的模板工程。

(5)施工组织设计审批。按照企业关于编制施工组织设计(施工方案)的分工规定,分级负责编制安全技术措施;编制的安全技术措施,必须经过上一级技术负责人审查批准后方可执行;根据需要必须修改已批准的安全技术措施时,应按照原编制与审批的分工与程序办理。

2. 季节性安全技术措施

根据季节性施工的特点,编制安全技术措施。主要有:

(1)雨期安全技术措施:

1)防触电措施。

2)防雷击措施。

3)防脚手架、井字架(龙门架)倒塌及槽、坑、沟边坡坍塌的措施。

(2)夏期安全技术措施,主要是预防中暑措施。

(3)冬期安全技术措施:

1)施工及现场取暖锅炉安全运行措施,煤炉防煤气中毒措施。

2)脚手架、井架(龙门架)、大模板、临建、塔吊等的防风倒塌措施。

3)马道、安全通道、爬梯、作业面的防滑措施。

4)现场防火措施。

5)防误食亚硝酸钠等防冻剂中毒的措施。

二、安全技术措施编写范例

Ⅰ. 施工安全技术措施(范本)

1. 做好安全管理工作

(1)严格执行安全责任制度,根据项目具体情况及人员配置建立安全生产责任制,并严格按月考核,奖优罚劣。

(2)严格执行安全目标管理制度,对总的安全目标进行目标分解到人,责任落实、考核到人。

(3)严格执行安全技术交底制度,对操作者进行周一安全活动和班前安全活动,特种作业持证上岗。

(4)每周一、三、五定期检查,对查出的安全隐患,按“四定”原则严格执行,每周一进行安全活动和教育,并确保对新入场工人进行三级教育。

2. 专业性较强项目安全方案的制定及落实

本项目专业性较强的项目有：基坑支护、模板工程、脚手架工程、施工用电、外用电梯、塔式起重机等。

(1)基坑支护：根据工程场地、挖深及土质情况，本工程采用 1∶5 放坡，其基坑周围搭设 1.2m 高的防护栏杆，对边坡的稳定性做好监控。详见基坑支护方案。

(2)模板工程：本工程采用组合钢模板，用碗扣脚手架作支撑。详见模板工程方案。

(3)安全防护脚手架：安全防护脚手架小于 3m 时采用单排脚手架搭设方式，脚手架高度最高不超过 24m。若用于爆破安全防护或用于挡拦沙袋类之用途，及高于 3m 的安全防护脚手架，必须采用双排或多排脚手架搭设方式，则斜向支撑必须使用双层斜向支撑。

(4)承重脚手架：承重脚手架的搭设一律采用双排或多排形式，主要用于砼浇筑的模板支撑、开挖打钻用简易施工平台、锚杆、锚桩、锚索注装、安装钢支撑用施工平台等承重的施工平台。在横向框架内设置斜杆，在高层脚手架之间安装爬梯。承重脚手架顶部铺设竹跳板作为施工平台。

(5)施工用电：本工程现场设配电室，采用 TN－S 三相五线制系统，三级配电两级漏电保护，设备一机、一闸、一箱、一漏。详见施工用电施工组织设计。

(6)外用电梯：本工程坝体Ⅰ区采用两台 SCD200/300J 型施工升降机，其安装(拆除)详见安装(拆除)方案。

(7)塔式起重机：本工程坝全Ⅰ、Ⅱ、Ⅲ区均采用 QTZ125 型液压自升塔式起重机。其安装(拆除)详见安装(拆除)方案。

3. 做好“三宝”、“四口”防护工作

(1)进入施工现场必须带好安全帽；高处作业必须系好安全带；建筑物主体采用密目式安全网全封闭。确保安全设施、防护用品的质量符合规范要求。

(2)楼梯口、电梯井口设用 ϕ16 钢筋制作的定型化、工具化的防护网；预留洞、坑井均设定型化的严密防护；通道搭设防护棚，用材材质符合要求。

(3)坝体楼板、屋面、楼梯等临边设 1.2m 高，用钢筋制作的定型化、工具化的防护栏杆。

4. 作好机电设备管理工作

(1)建立健全机械管理制度，机械操作人员持证上岗，非机械专业人员严禁操作机电设备。

(2)对机电设备做好定期制度，维修工作。

(3)机电设备搭设防雨棚，设专人负责管理，防止发生漏电伤人事故。

(4)机电设备的安装必须经过验收合格后，方可使用。

(5)对高大设备如塔吊、外用电梯等防雷装置定期不定期地进行检查，检测其接地电阻值是否满足规范规定。

(6)使用手持电动工具，必须安装漏电保护器，按规定进行操作。

5. 做好消防保卫工作

(1)现场建立消防保卫领导小组，建立消防管理制度。

(2)现场消防道路要畅通，消防设施齐备，不准挪用。

(3)现场严禁吸烟，易燃易爆有毒有害物品专库存放，设专人管理。

(4)严格执行动用明火审批制度，设可靠的安全防范措施。

6. 其他事宜

Ⅱ. 季节施工(安全)措施要点

季节性施工(安全)措施,主要是体现季节特点的安全措施,主要有下列要点:

1. 雨期安全技术措施

(1)防漏电、防触电措施。

(2)防雷击措施。

(3)防脚手架、龙门架、塔吊倒塌措施。

(4)防基槽、沟、坑边坡坍塌措施。

(5)防雨用品材料计划。

2. 冬期安全技术措施

(1)施工及现场取暖防火灾措施。

(2)防煤气中毒措施。

(3)现场防电气火灾措施。

(4)操作面、通道防滑措施。

(5)保温防冻材料计划。

3. 夏期安全技术措施

主要是防中暑措施、防中暑用品计划。中暑是人在较热的环境下由于身体热量不能及时散发,体温失调而引起的一种疾病,严重时能使人昏迷。用冬瓜 50 克煮汤 3 大碗,一日分 3 次服用,可治中暑;将西红柿切片熬汤当茶饮用,可清热防暑。

4. 冬施防火及防煤气中毒安全措施

随着冬期施工的来临,各项保温防冻、取暖措施已基本落实,为了确保冬施防火及防煤气中毒,特制定本安全措施:

(1)项目成立"冬施防火及房煤气中毒"措施落实监督检查小组

组长:×××(项目经理)

成员:×××　×××　×××

(2)防火措施

1)施工现场:

①使用电气焊必须开具动火证明,并经审批后方能施工,动火证由各作业队的主管工长填写,施焊人签字,消防保卫负责人签字审批。在施焊过程中,项目安全员必须验证防范措施的有效性。凡未开具动火证而施焊的人员每发现一次罚款 100 元,防范措施不落实每发现一次罚款 100 元。

②在操作电焊时,地线必须可靠连接(电气连接),防止打火;施焊结束后电焊机必须拉闸断电,否则每发现一次罚款 50 元。

③在操作面上吸烟每发现一次罚款 50 元,在指定吸烟室吸烟,烟头未采取熄灭措施的罚款 10 元。

④操作面上的碘钨灯应远离易燃物,距离可燃物不能小于 50cm ,未经值班电工许可碘钨灯不允许移动。

⑤草帘等易燃物必须及时清理、收集并妥善保管。

⑥施工现场动明火,必须制定专项防火安全措施,经审批并落实防火用品、用具后,方准

施工。

2)搅拌站：

①冷水加热设施必须设专人负责，停止施工后采取可靠的闭火、盖火措施，烟囱中严禁冒明火。

②设备操作者及其他任何人在搅拌站棚内严禁吸烟，违者罚款100元。

③搅拌站棚内严禁使用高热灯具，灯具距可燃物的距离必须符合安全标准规定。

3)电锯场地：

①严禁吸烟，严禁烟火，违者罚款50元。

②锯末应及时清理，具体分工，由工长安排。

③木材存放地必须采取必要的防火隔离措施，悬挂严禁烟火的标志牌。

4)材料库：

①易燃品、可燃品必须采取可靠的防火离措施，具体事宜由材料负责人安排中，经工长、技术、安全部门验收后，采取经常性的防范措施。

②材料包装等易燃杂物，必须及时清理。

③设置必要的灭火设施，并经常检查其有效性。

④柴油等易燃物、易爆品必须采取有效的防范隔离措施，设专人负责，悬挂严禁烟火的标志牌。

⑤氧气、乙炔瓶设专人管理，距离明火不能少于10m或采取可靠的隔离措施。

5)生活区：

①严禁使用1kW以上的高热灯具照明，严禁使用电炉取暖，特殊部位经审批后使用的必须采取可靠的防火隔离措施。

②严禁使用电褥子，被批准使用的必须有权威部门的认证，无人时必须采取断电措施。

③严禁使用碘钨灯烧水，违者罚款100元。

④各室内煤火设专人管理，采取可靠盖火口措施。

⑤室内煤火严禁敞口取暖，防煤气中毒、防火灾发生。

⑥取暖烟囱距可燃物的距离必须符合安全标准规定。

(3)防煤气中毒措施

1)每个生煤火的房内必须设通风口，小间一个，大间两个。

2)煤火严禁在任何时候敞开火口取暖。

3)应不定期地清除烟囱内的积灰，确保畅通。

4)项目安排专职值班人员，每夜24时、2时、4时各巡视一次，发现问题及时处理。

(4)本措施自下发之日起执行

第四节 安全检查

一、安全检查主要内容

(1)安全检查可分为：社会安全检查、公司级安全检查、分公司级安全检查、项目安全检查。

(2)安全检查的形式：定期安全检查、季节性安全检查、临时性安全检查、专业性安全检查、群众性安全检查。

(3)安全检查的内容:查思想、查制度、查管理、查领导、查违章、查隐患。

(4)各级安全检查必须按文件规定进行,安全检查的结果必须形成文字记录;安全检查的整改必须做到"四定",即定人、定时间、定措施、定复查人。

(5)《建筑施工安全检查标准》(JGJ 59—1999)中检查评分表的作用:

1)"建筑施工安全检查评分表汇总表"的得分作为对一个施工现场安全生产情况的评价依据。

2)"安全管理检查评分表"是对施工单位安全管理工作的评价。

3)"文明施工检查评分表"是对施工现场文明施工的评价。

4)"脚手架检查评分表"是对落地式外脚手架、悬挑式脚手架等六种脚手架的安全评价。

5)"基坑支护安全检查评分表"是对施工现场基坑支护工程的安全评价。

6)"模板工程安全检查评分表"是对施工过程中模板工作的安全评价。

7)"三宝、四口防护检查评分表"是对三宝使用、四口及临边防护情况的评价。

8)"施工用电检查评分表"是对施工现场临时用电情况的评价。

9)"物料提升机检查评分表"是对物料提升机的设计制作、搭设和使用情况的评价。

10)"外用电梯检查评分表"是对施工现场外用电梯的安全状况及使用管理的评价。

11)"塔吊检查评分表"是对塔式起重机使用情况的评价。

12)"起重吊装安全检查评分表"是对施工现场起重吊装作业和起重吊装机械的安全评价。

13)"施工机具检查评分表"是对施工中使用的平刨、圆盘锯等十种施工机具安全状况的评价。

二、安全检查资料编制

Ⅰ. 定期安全检查制度

(1)企业单位对生产中的安全工作,除进行经常检查外,每年还应该定期地进行二至四次群众性的检查,这种检查包括普遍性检查、专业性检查和季节性检查,这几种检查可以结合进行。

1)企业单位安全生产检查由生产管理部门总负责,企业安全管理部门具体实施。

2)定期检查时间:公司每季一次,分公司每月一次,项目每周六均应进行安全检查;班组长、班组兼职安全员班前对施工现场、作业场所、工具设备进行检查,班中验证考核,发现问题立即整改。

3)专业性检查:可突出专业的特点,如施工用电、机械设备等组织的专业性专项检查。

4)季节性检查:可突出季节性的特点,如雨季安全检查,应以防漏电、防触电、防雷击、防坍塌、防倾倒为重点的检查;冬季安全检查应以防火灾、防触电、防煤气中毒为重点的检查。

(2)开展安全生产检查,必须有明确的目的、要求和具体计划,并且必须建立由企业领导负责、有关人员参加的安全生产检查组织,以加强领导,做好这项工作。安全检查的内容:查思想、查制度、查管理、查领导、查违章、查隐患。

(3)安全生产检查应该始终贯彻领导与群众相结合的原则,边检查、边改进,并且及时总结和推广先进经验,抓好典型。

(4)对查出的隐患不能立即整改的,要建立登记、整改、检查、销项制度。要制定整改计划,定人、定措施、定经费、定完成日期。在隐患没有消除前,必须采取可靠的防护措施,如有危及人身安全的紧急险情,应立即停止作业。

Ⅱ. 安全检查记录

表 5-11

施工单位：××市第×水利水电工程局　　　　　　　　　　　　　　　　　　　日期：××年×月×日

建设单位	××水利管理局	工程名称	××水利工程
检查情况记录： 经检查： **(1)总配电箱到搅拌站电缆线路埋地深 0.7m。** **(2)搅拌机配电箱内配置齐全，达到安全要求。** **(3)总配电箱到钢筋加工厂线路埋地深 0.7m。** **(4)钢筋加工厂各配电箱符合要求，安全有效使用。** **(5)食堂配电箱配置齐全，安全有效。** **(6)在现场发现 3 名工人未戴安全帽。**			

接受单位负责人：×××　　　　　　　　　　　　检查人：×××

Ⅲ. 事故隐患整改通知单

表 5-12

工程名称：　　　　　　　　　　　　　　　　　　　　　　　　　　　　编号：

<table>
<tr><td colspan="2">检查日期</td><td colspan="2">××年×月×日(星期×)</td><td colspan="2">检查部位、项目内容</td></tr>
<tr><td colspan="2">检查人员签名</td><td colspan="2"></td><td colspan="2">现场临电、工人佩戴安全帽情况</td></tr>
<tr><td colspan="2">检查发现的违章、事故隐患实况记录</td><td colspan="4">施工现场发现2名工人未戴安全帽</td></tr>
<tr><td rowspan="6">整改通知</td><td rowspan="3">对重大事故隐患列项实行“三定”的整改方案</td><td>整改措施</td><td>完成整改的最后日期</td><td>整改责任人</td><td>复查日期</td></tr>
<tr><td>(1)加强职工安全教育，制定相应的奖罚措施。
(2)要求并检查全体人员进入施工现场必须正确佩戴安全帽。</td><td>××年×月×日
（当日）</td><td></td><td>××年×月×日</td></tr>
<tr><td colspan="4">项目负责人签名：×××　安全员签名：×××　整改负责人签名：×××</td></tr>
<tr><td rowspan="2">整改复查记录</td><td>整改记录</td><td>遗留问题的处理</td><td colspan="2" rowspan="2">整改责任人：×××
复查责任人：×××
安全生产责任人：×××

××年×月×日</td></tr>
<tr><td>已按整改措施落实</td><td>无</td></tr>
</table>

第五节　安全资料归档

安全资料是施工现场安全管理的真实记录，是对企业安全管理检查和评价的重要依据。安全资料的归档和完善有利于企业各项安全生产制度的落实和强化施工全过程、全方位、动态的安全管理，对加强施工现场管理，提高安全生产、文明施工管理水平起到积极的推动作用。有利于总结经验、吸取教训，为更好的贯彻执行“安全第一、预防为主”的安全生产方针，保护职工在生产过程中的安全和健康，预防事故发生提供理论依据。

一、安全资料的主要内容

1. 前期策划安全资料

(1)××项目安全生产、文明施工保证计划。

(2)××项目危险源的辨识和风险性评价。

(3)××项目重大危险源控制措施。

(4)××项目安全生产责任制度。

(5)××项目安全生产检查制度。

(6)××项目安全生产验收制度。

(7)××项目安全生产教育培训制度。

(8)××项目安全生产技术管理制度。

(9)××项目安全生产奖罚制度。

(10)××项目安全生产值班制度。

(11)××项目消防保卫制度。

(12)××项目重要劳动防护用品管理制度。

(13)××项目生产安全报告、统计制度。

2. 安全管理部分资料

(1)总、分包合同和安全协议。

(2)项目部安全生产责任制。

(3)特种作业的管理。

(4)安全教育的记录。

(5)项目劳动防护的管理。

(6)安全检查。

(7)安全目标管理。

(8)班前安全活动。

3. 临时用电安全资料

(1)临时用电施工组织设计及变更资料。

(2)临时用电安全技术交底。

(3)临时用电验收记录。

(4)电气设备测试、调试记录。

(5)接地电阻的摇测记录。

(6)电工值班、维修记录。

(7)临时用电安全检查记录。

(8)临时用电器材合格证。

4. 机械安全资料

(1)机械租赁合同及安全管理协议书。

(2)机械拆装合同书。

(3)机械设备平面不止图。

(4)机械安全技术交底。

(5)塔吊安装、顶升、拆除验收记录。

(6)外用电梯安装验收记录。

(7)机械操作人员的上岗证书。

(8)机械安全检查记录。

5. 安全防护资料

(1)施工组织设计中的安全措施方案。

(2)脚手架的施工方案。

(3)脚手架组装、升、降验收手续。

(4)各类安全防护设施的验收检查记录。

(5)防护安全技术交底。

(6)防护安全检查记录。

(7)防护用品合格证和检测资料。

二、安全资料的管理和保存

1. 安全资料的管理

(1)项目经理部应建立证明安全管理系统运行必要的安全记录,其中包括台账、报表、原始记录等。资料的整理应做到现场实物与记录符合,行为与记录符合,以便更好地反映出安全管理的全貌和全过程。

(2)项目设专职或兼职安全资料员,应及时收集、整理安全资料。安全记录的建立、收集和整理,应按照国家、行业、地方和上级的有关规定,确定安全记录种类、格式。

(3)当规定表格不能满足安全记录需要时,安全保证计划中应制定记录。

(4)确定安全记录的部门或相关人员,实行按岗位职责分工编写,按照规定收集、整理包括分包单位在内的各类安全管理资料的要求,并装订成册。

(5)对安全记录进行标识、编目和立卷,并符合国家、行业、地方或上级有关规定。

2. 安全资料的保存

(1)安全资料按篇及编号分别装订成册,装入档案盒内。

(2)安全资料集中存放于资料柜内,加锁并设专人负责管理,以防丢失损坏。

(3)工程竣工后,安全资料上交公司档案室保管,备查。

第六章　水利水电工程检验批质量验收记录填写范例

第一节　工程质量验收标准

一、工程验收项目

房建工程质量验收项目一般分为单位(子单位)工程、分部(子分部)工程、分项工程和检验批四级。具体规定如下:

1. 单位工程

在房建工程中,一般是将具备独立施工条件并能形成独立使用功能的建筑物及构筑物划归为一个单位工程。对于规模较大的水利水电工程办公楼,可将其能形成独立使用功能的部分划分为一个子单位工程。

2. 分部(项)工程

房建工程分部工程的划分应根据专业性质、建筑部位确定。当分部工程规模较大或较复杂时,可按材料种类、施工特点、施工程序、专业系统及类别等划分为若干个子分部工程。

分项工程则主要是按工程材料、施工工艺、主要工种、设备类别进行划分的,与分部工程相似。

二、检验批的划分

分项工程可由一个或若干检验批组成,检验批可根据施工及质量控制和专业验收需要按楼层、施工段、变形缝等进行划分。

所谓检验批就是"按同一生产条件或按规定的方式汇总起来供检验用的,由一定数量样本组成的检验体"。分项工程划分成检验批进行验收有助于及时纠正施工中出现的质量问题,确保工程质量,也符合施工实际需要。多层及高层建筑工程中主体分部的分项工程可按楼层或施工段来划分检验批,单层建筑工程中的分项工程可按变形缝等划分检验批;地基基础分部工程中的分项工程一般划分为一个检验批,有地下层的基础工程可按不同地下层划分检验批;屋面分部工程中的分项工程不同楼层屋面可划分为不同的检验批;其他分部工程中的分项工程,一般按楼层划分检验批;对于工程量较少的分项工程可统一划为一个检验批。安装工程一般按一个设计系统或设备组别划分为一个检验批。室外工程统一划分为一个检验批。散水、台阶、明沟等含在地面检验批中。

对于地基基础中的土石方、基坑支护子分部工程及混凝土工程中的模板工程,虽不构成建筑工程实体,但它是建筑工程施工不可缺少的重要环节和必要条件,其施工质量如何,不仅关系到能否施工和施工安全,也关系到建筑工程的质量,因此将其列入施工验收内容是应该的。

三、检验批合格规定

(1)主控项目和一般项目的质量经抽样检验合格。

(2)具有完整的施工操作依据、质量检查记录。

检验批是工程验收的最小单位,是分项工程乃至整个建筑工程质量验收的基础。检验批是施工过程中条件相同并有一定数量的材料、构配件或安装项目,由于其质量基本均匀一致,因此可以作为检验的基础单位，并按批验收。

（一）主控项目和一般项目的质量经抽样检查合格

1. 主控项目

(1)主控项目验收内容。

1)建筑材料、构配件及建筑设备的技术性能与进场复验要求。如水泥、钢材的质量；预制楼板、墙板、门窗等构配件的质量；风机等设备的质量等。

2)涉及结构安全、使用功能的检测项目。如混凝土、砂浆的强度；钢结构的焊缝强度；管道的压力试验；风管的系统测定与调整；电气的绝缘、接地测试；电梯的安全保护、试运转结果等。

3)一些重要的允许偏差项目，必须控制在允许偏差限值之内。

(2)主控项目验收要求。

主控项目的条文是必须达到的要求，是保证工程安全和使用功能的重要检验项目，是对安全、卫生、环境保护和公众利益起决定性作用的检验项目，是确定该检验批主要性能的。主控项目中所有子项必须全部符合各专业验收规范规定的质量指标，方能判定该主控项目质量合格。反之，只要其中某一子项甚至某一抽查样本检验后达不到要求，即可判定该检验批质量为不合格，则该检验批拒收。换言之，主控项目中某一子项甚至某一抽查样本的检查结果若为不合格时，即行使对检查批质量的否决权。

2. 一般项目

(1)一般项目验收内容。

一般项目是指除主控项目以外，对检验批质量有影响的检验项目，当其中缺陷(指超过规定质量指标的缺陷)的数量超过规定的比例，或样本的缺陷程度超过规定的限度后，对检验批质量会产生影响。其包括的主要内容有：

1)允许有一定偏差的项目，放在一般项目中，用数据规定的标准，可以有允许偏差范围，并有不到20%的检查点可以超过允许偏差值，但也不能超过允许值的150%。

2)对不能确定偏差值而又允许出现一定缺陷的项目，则以缺陷的数量来区分。

3)其他一些无法定量的而采用定性的项目。如碎拼大理石地面颜色协调，无明显裂缝和坑洼等。

(2)一般项目验收要求。

一般项目也是应该达到检验要求的项目，只不过对少数不影响工程安全和使用功能可以适当放宽一些；有些一般项目虽不像主控项目那样重要，但对工程安全、使用功能的检验项目以及重点的美观都是影响较大的。所以，规定一般项目的合格判定条件：抽查样本的80%及以上(个别项目为90%以上，如混凝土规范中梁、板构件上部纵向受力钢筋保护层厚度等)符合各专业验收规范规定的质量指标，其余样本的缺陷通常不超过规定允许偏差值的1.5倍(个别规范规定为1.2倍，如钢结构验收规范等)。具体应根据各专业验收规范的规定执行。

检验批的合格质量主要取决于对主控项目和一般项目的检验结果。主控项目是对检验批的基本质量起决定性影响的检验项目，因此必须全部符合有关专业工程验收规范的规定。这意味着主控项目不允许有不符合要求的检验结果，即这种项目的检查具有否决权。鉴于主控项目对基本质量的决定性影响，从严要求是必须的。

（二）具有完整的施工操作依据和质量检查记录

检验批合格质量的要求，除主控项目和一般项目的质量经抽样检验符合要求外，其施工操作依据的技术标准尚应符合设计、验收规范的要求。采用企业标准的不能低于国家、行业标准。质量控制资料反映了检验批从原材料到最终验收的各施工工序的操作依据、检查情况以及保证质量所必需的管理制度等。对其完整性的检查,实际是对过程控制的确认,这是检验批合格的前提。

只有上述两项均符合要求,该检验批质量方能判定合格。若其中一项不符合要求,该检验批质量则不得判定为合格。

有关质量检查的内容、数据、评定,由施工单位项目专业质量检查员填写,检验批验收记录及结论由监理单位监理工程师填写完整。

根据《建筑工程施工质量验收统一标准》(GB 50300—2001)的规定填写检验批质量验收记录。

第二节　检验批质量验收记录填写一般规定

一、表的名称及编号

检验批由监理工程师或建设单位项目技术负责人组织项目专业质量检查员等进行验收,表的名称应在制订专用表格时就印好,前边印上分项工程的名称。表的名称下边注上"质量验收规范的编号"。

检验批表的编号按全部施工质量验收规范系列的分部工程、子分部工程统一为9位数的数码编号,写在表的右上角,前6位数字均印在表上,后留三个□,检查验收时填写检验批的顺序号。其编号规则为:

前边两个数字是分部工程的代码,01～09。地基与基础为01,主体结构为02,建筑装饰装修为03,建筑屋面为04,建筑给水排水及采暖为05,建筑电气为06,智能建筑为07,通风与空调为08,电梯为09。

第3、4位数字是子分部工程的代码。

第5、6位数字是分项工程的代码。

其顺序号见《建筑工程施工质量验收统一标准》(GB 50300—2001)附录B,表B.0.1,建筑工程分部(子分部)工程、分项工程划分表。

第7、8位数字是各分项工程检验批验收的顺序号。由于在大体量高层或超高层建筑中,同一个分项工程会有很多检验批的数量,故留了2位数的空位置。

如地基与基础分部工程,无支护土方子分部工程,土方开挖分项工程,其检验批表的编号为010101□□,第一个检验批编号为:010101[0][1]。

还需说明的是,有些子分部工程中有些项目可能在两个分部工程中出现,这就要在同一个表上编2个分部工程及相应子分部工程的编号;如砖砌体分项工程在地基与基础和主体结构中都有,砖砌体分项工程检验批的表编号为:010701□□、020301□□。

有些分项工程可能在几个子分部工程中出现,这就应在同一个检验批表上编几个子分部工程及子分部工程的编号。如建筑电气的接地装置安装,在室外电气、变配电室、备用和不间断电源安装及防雷接地安装等子分部工程中都有。

其编号为:060109□□
060206□□
060608□□
060701□□

4行编号中的第5、6位数字的分别是第一行09,是室外电气子分部工程的第9个分项工程,第二行的06是变配电室子分部工程的第6个分项工程,其余类推。

另外,有些规范的分项工程,在验收时也将其划分为几个不同的检验批来验收。如混凝土结构子分部工程的混凝土分项工程，分为原材料、配合比设计、混凝土施工 3 个检验批来验收。又如建筑装饰装修分部工程建筑地面子分部工程中的基层分项工程，其中有几种不同的检验批。故在其表名下加标罗马数字（Ⅰ）、（Ⅱ）、（Ⅲ）……

二、表头部分的填写

（1）检验批表编号的填写，在 3 个方框内填写检验批序号。如为第 11 个检验批则填为□1□1。

（2）单位（子单位）工程名称，按合同文件上的单位工程名称填写，子单位工程标出该部分的位置。分部（子分部）工程名称，按验收规范划定的分部（子分部）名称填写。验收部位是指一个分项工程中的验收的那个检验批的抽样范围，要标注清楚，如二层①～⑮轴线砖砌体。

施工单位、分包单位、填写施工单位的全称，与合同上公章名称相一致。项目经理填写合同中指定的项目负责人。在装饰、安装分部工程施工中，有分包单位时，也应填写分包单位全称，分包单位的项目经理也应是合同中指定的项目负责人。这些人员由填表人填写不要本人签字，只是标明他是项目负责人。

（3）施工执行标准名称及编号。由于验收规范只列出验收的质量指标，其工艺只提出一个原则要求，具体的操作工艺就靠企业标准了。只有按照不低于国家质量验收规范的企业标准来操作，才能保证国家验收规范的实施。如果没有具体的操作工艺，保证工程质量就是一句空话。企业必须制订企业标准（操作工艺、工艺标准、工法等），来进行培训工人，技术交底，来规范工人班组的操作。为了能成为企业的标准体系的重要组成部分，企业标准应有编制人、批准人、批准时间、执行时间、标准名称及编号。填写表时只要将标准名称及编号填写上，就能在企业的标准系列中查到其详细情况，并要在施工现场有这项标准，工人在执行这项标准。

三、质量验收规范的规定栏

质量验收规范的规定填写具体的质量要求，在制表时就已填写好验收规范中主控项目、一般项目的全部内容。但由于表格的地方小，多数指标不能将全部内容填写下，所以，只将质量指标归纳、简化描述或题目及条文号填写上，作为检查内容提示。以便查对验收规范的原文；对计数检验的项目，将数据直接写出来。这些项目的主要要求用注的形式放在表格的填写说明里。如果是将验收规范的主控、一般项目的内容全摘录在表的背面，这样方便查对验收条文的内容。根据以往的经验，这样做就会引起只看表格，不看验收规范的后果，规范上还有基本规定、一般规定等内容，它们虽然不是主控项目和一般项目的条文，但这些内容也是验收主控项目和一般项目的依据。所以验收规范的质量指标不宜全抄过来，故只将其主要要求及如何判定注明。

四、主控项目、一般项目施工单位检查评定记录

填写方法分以下几种情况，判定验收不验收均按施工质量验收规定进行判定。

（1）对定量项目直接填写检查的数据。

（2）对定性项目，当符合规范规定时，采用打“√”的方法标注；当不符合规范规定时，采用打“×”的方法标注。

（3）有混凝土、砂浆强度等级的检验批，按规定制取试件后，可填写试件编号，待试件试验报告出来后，对检验批进行判定，并在分项工程验收时进一步进行强度评定及验收。

（4）对既有定性又有定量的项目，各个子项目质量均符合规范规定时，采用打“√”来标注；否则采用打“×”来标注。无此项内容的打“/”来标注。

（5）对一般项目合格点有要求的项目，应是其中带有数据的定量项目；定性项目必须基本达到。定量项目其中每个项目都必须有 80％以上（混凝土保护层为 90％）检测点的实测数值达到规范规定。其余 20％按各专业施工质量验收规范规定，不能大于 150％，钢结构为 120％，就是说有数据的项目，除必须达到规定的数值外，其余可放宽的，最大放宽到150%。

“施工单位检查评定记录”栏的填写，有数据的项目，将实际测量的数值填入格内，超企业标准的数字，而没有超过国家验收规范的用“○”将其圈住；对超过国家验收规范的用“△”圈住。

五、监理（建设）单位验收记录

通常监理人员应进行平行、旁站或巡回的方法进行监理，在施工过程中，对施工质量进行察看和测量，并参加施工单位的重要项目的检测。对新开工程或首件产品进行全面检查，以了解质量水平和控制措施的有效性及执行情况，在整个过程中，随时可以测量等。在检验批验收时，对主控项目、一般项目应逐项进行验收。对符合验收规范规定的项目，填写“合格”或“符合要求”，对不符合验收规范规定的项目，暂不填写，待处理后再验收，但应做标记。

六、施工单位检查评定结果

施工单位自行检查评定合格后，应注明“主控项目全部合格，一般项目满足规范规定要求”。

专业工长（施工员）和施工班、组长栏目由本人签字，以示承担责任。专业质量检查员代表企业逐项检查评定合格，将表填写并写清楚结果，签字后，交监理工程师或建设单位项目专业技术负责人验收。

七、监理（建设）单位验收结论

主控项目、一般项目验收合格，混凝土、砂浆试件强度待试验报告出来后判定，其余项目已全部验收合格。注明“同意验收”。专业监理工程师建设单位的专业技术负责人签字。

第三节　检验批质量验收填写范例

一、地基基础工程验收资料

1. 验收所需文件

(1)地基基础工程分项检验批质量验收所需文件。

1)施工图纸和设计变更记录。

2)原材料半成品质量合格证和进场检验记录。

3)砂浆、混凝土配合比通知。

4)砂浆、混凝土强度试验报告。

5)隐蔽工程验收记录。

6)桩的检测记录。

7)各种检测试验钎探记录。

8)见证取样试验记录。

9)施工记录。

10)其他必须提供的文件或记录。

(2)地下防水工程分项检验批质量验收所需文件。

1)施工图及设计变更记录。

2)材料出厂合格证和进场复验报告。

3)材料代用核定记录。

4)施工方案（施工方法、技术措施、质量保证措施）。

5)中间检查记录。

6)隐蔽工程验收记录。

7)砂浆、混凝土配合比通知。

8)砂浆、混凝土强度试验记录。

9)抗渗试验报告。

10)施工记录。

11)各检验批质量验收记录。

12)其他必要的文件和记录。

2. 地基基础工程各子分部工程与分项工程的关系

地基基础工程各子分部工程与分项工程的关系见表 6-1。

表 6-1　　地基基础工程各子分部工程与分项工程相关表

分项工程 \ 子分部工程			01	02	03	04	05	06	07	08	09	10
			无支护土方	有支护土方	地基及基础处理	桩基	地下防水	混凝土基础	砌体基础	劲钢管混凝土	钢结构	
序号	名称											
1	土方开挖	010101	●									
2	土方回填	010102	●									
3	排桩墙支护(Ⅰ)(Ⅱ)	010201		●								
4	降水与排水	010202		●								
5	地下连续墙(Ⅰ)(Ⅱ)	010203		●								
6	锚杆及土钉墙支护	010204		●								
7	加筋水泥土桩墙支护	010205		●								
8	沉井与沉箱	010206		●								
9	钢或混凝土支撑	010207		●								
10	灰土地基	010301			●							
11	砂和砂石地基	010302			●							
12	土工合成材料地基	010303			●							
13	粉煤灰地基	010304			●							
14	强夯地基	010305			●							
15	振冲地基	010306			●							
16	砂桩地基	010307			●							
17	顶压地基	010308			●							
18	高压喷射注浆地基	010309			●							
19	土和灰土挤密桩复合地基	010310			●							
20	注浆地基	010311			●							
21	水泥粉煤灰碎石桩复合地基	010312			●							
22	夯实水泥土桩复合地基	010313			●							
23	静力压桩工程	010314			●							
24	静力压桩工程	010401				●						
25	预应力管桩工程	010402				●						
26	混凝土预制桩(钢筋骨架)工程(Ⅰ)(Ⅱ)	010403				●						

续表

序号	名称（分项工程 \ 子分部工程）		01 无支护土方	02 有支护土方	03 地基及基础处理	04 桩基	05 地下防水	06 混凝土基础	07 砌体基础	08 劲钢管混凝土	09 钢结构	10
27	钢桩工程(Ⅰ)(Ⅱ)	010404				●						
28	混凝土灌注桩工程(Ⅰ)(Ⅱ)	010405				●						
29	防水混凝土	010501					●					
30	水泥砂浆防水层	010502					●					
31	卷材防水层	010503					●					
32	涂料防水层	010504					●					
33	金属板防水层	010505					●					
34	塑料板防水层	010506					●					
35	细部构造	010507					●					
36	锚喷支护	010505					●					
37	复合式砌筑	010509					●					
38	地下连续墙	010510					●					
39	盾构法隧道	010511					●					
40	渗排水、盲沟排水	010512					●					
41	隧道、坑道排水	010513					●					
42	预注浆、后注浆	010514					●					
43	衬砌裂缝注浆	010515					●					
44												
45												
46												
47												
48												
49												
50												
51												
52												
53												
54												
55												
56												
57												
58												
59												
60												

注：有●号者为该子分部工程所含的分项工程。

3. 填写范例

(1)土方开挖。水利工程土方开挖过程中，应注意检查平面位置、水平槽高、边坡坡度、压实度、排水、降低地下水位系统，并随时观测周围环境变化。施工完成后即可进行验槽，并填写验收记录。

表 6-2　　土方开挖工程检验批质量验收记录表

编号：×××

<table>
<tr><td colspan="3">工程名称</td><td colspan="2">××工程</td><td colspan="2">分项工程名称</td><td>地基开挖</td><td>验收部位</td><td>岩基 0+10～0+20</td></tr>
<tr><td colspan="3">施工单位</td><td colspan="2">××市第×工程局</td><td colspan="2">专业工长</td><td>×××</td><td>项目经理</td><td>×××</td></tr>
<tr><td colspan="3">施工执行标准名称及编号</td><td colspan="7">《水工建筑物地下开挖工程施工技术规范》(DL/T 5099—2011)
《水电水利工程爆破施工技术规范》(DL/T 5135—2001)</td></tr>
<tr><td colspan="3">分包单位</td><td colspan="2">××建筑公司</td><td colspan="2">分包项目经理</td><td>×××</td><td>施工班组长</td><td>×××</td></tr>
<tr><td colspan="8">施工质量验收规范的规定</td><td rowspan="4">施工单位检查评定记录</td><td rowspan="4">监理（建设）单位验收记录</td></tr>
<tr><td colspan="3" rowspan="3">项　目</td><td colspan="5">允许偏差或允许值(mm)</td></tr>
<tr><td rowspan="2">基坑基槽</td><td colspan="2">挖方场地平整</td><td rowspan="2">管沟</td><td rowspan="2">地(路)面基层</td></tr>
<tr><td>人工</td><td>机械</td></tr>
<tr><td rowspan="3">主控项目</td><td>1</td><td>标高</td><td>−50</td><td>±30</td><td>—</td><td>—</td><td>—</td><td>√</td><td rowspan="3">经检查，标高、长度、宽度、边坡符合规范要求</td></tr>
<tr><td>2</td><td>长度、宽度(由设计中心线向两边量)</td><td>+200
−50</td><td>+300
−100</td><td>—
—</td><td>—</td><td>—</td><td>√</td></tr>
<tr><td>3</td><td>边坡</td><td colspan="5">设计要求</td><td>1∶0.6</td></tr>
<tr><td rowspan="2">一般项目</td><td>1</td><td>表面平整度</td><td>20</td><td>20</td><td>—</td><td>—</td><td>—</td><td>√</td><td rowspan="2">经检查，表面平整度、基底土性符合规范要求</td></tr>
<tr><td>2</td><td>基底土性</td><td colspan="5">设计要求</td><td>土性为××，与勘察报告相符</td></tr>
<tr><td colspan="3">施工单位检查评定结果</td><td colspan="7">经检查，工程主控项目、一般项目均符合《建筑地基基础工程施工质量验收规范》(GB 50202—2002)的规定，评定为合格。

项目专业质量检查员：×××　　　　××年×月×日</td></tr>
<tr><td colspan="3">监理（建设）单位验收结论</td><td colspan="7">同意施工单位评定结果，验收合格。

监理工程师：×××
（建设单位项目专业技术负责人）　　　　××年×月×日</td></tr>
</table>

(2)土方回填。填方土料应按设计要求进行验收。土方回填前清除基底的垃圾、树根等杂物,去除积水、淤泥,验收基底标高,如在松土上填方,应在基底压实后再进行。填筑厚度及压实遍数应根据土质、压实系数及所用机具确定。

表 6-3　　土方回填工程检验批质量验收记录表

编号:×××

<table>
<tr><td colspan="3">工程名称</td><td colspan="2">××工程</td><td colspan="2">分项工程名称</td><td>土方回填</td><td>验收部位</td><td>×××</td></tr>
<tr><td colspan="3">施工单位</td><td colspan="2">×××建筑工程集团公司</td><td colspan="2">专业工长</td><td>×××</td><td>项目经理</td><td>×××</td></tr>
<tr><td colspan="3">施工执行标准名称及编号</td><td colspan="7">《建筑地基基础工程施工工艺标准》(QB×××—2005)</td></tr>
<tr><td colspan="3">分包单位</td><td colspan="2">××建筑公司</td><td colspan="2">分包项目经理</td><td>×××</td><td>施工班组长</td><td>×××</td></tr>
<tr><td colspan="8">施工质量验收规范的规定</td><td rowspan="4">施工单位检查评定记录</td><td rowspan="4">监理(建设)单位验收记录</td></tr>
<tr><td colspan="3" rowspan="3">项　目</td><td colspan="5">允许偏差或允许值(mm)</td></tr>
<tr><td rowspan="2">基坑基槽</td><td colspan="2">场地平整</td><td rowspan="2">管沟</td><td rowspan="2">地(路)面基层</td></tr>
<tr><td>人工</td><td>机械</td></tr>
<tr><td rowspan="2">主控项目</td><td>1</td><td>标高</td><td>—50</td><td>±30</td><td>—</td><td>—</td><td>—</td><td>√</td><td rowspan="2">经检查,标高、分层压实系数符合施工规范要求</td></tr>
<tr><td>2</td><td>分层压实系数</td><td colspan="5">设计要求</td><td>压实系数 1∶0.6</td></tr>
<tr><td rowspan="3">一般项目</td><td>1</td><td>回填土料</td><td colspan="5">设计要求</td><td>压实系数 0.95</td><td rowspan="3">经检查,回填土料、分层厚度及含水率、表面平整度符合规范要求</td></tr>
<tr><td>2</td><td>分层厚度及含水量</td><td colspan="5">设计要求</td><td>√</td></tr>
<tr><td>3</td><td>表面平整度</td><td>20</td><td>20</td><td>—</td><td>—</td><td>—</td><td>15</td></tr>
<tr><td colspan="2">施工单位检查评定结果</td><td colspan="8">经检查,工程主控项目、一般项目均符合《建筑地基基础工程施工质量验收规范》(GB 50202—2002)的规定,评定为合格。
项目专业质量检查员:×××　　××年×月×日</td></tr>
<tr><td colspan="2">监理(建设)单位验收结论</td><td colspan="8">同意施工单位评定结果,验收合格。
监理工程师:×××
(建设单位项目专业技术负责人)　　××年×月×日</td></tr>
</table>

(3)粉煤灰地基。

1)地基承载力由设计提出，每单位工程应不少于 3 点；1000m² 以上工程，每 100m² 抽查 1 点；3000m² 以上工程，每 300m² 抽查 1 点，独立柱每柱 1 点，基槽每 20 延长米 1 点。

2)粉煤灰粒径：0.001～2.00mm；氧化铝及二氧化硅含量≥70%；烧失量≤12%；每层铺筑厚度：±50mm；含水量±2%，与最优含水量比较。

3)压实系数是指施工时实际达到的干重度与最大干重度之比。压实系数的检查宜用环刀取样法，测定其干重度。

表 6-4　　粉煤灰地基工程检验批质量验收记录表

编号：×××

<table>
<tr><td colspan="2">工程名称</td><td>××工程</td><td>分项工程名称</td><td>粉煤灰基础</td><td>验收部位</td><td>×××</td></tr>
<tr><td colspan="2">施工单位</td><td>×××建筑工程集团公司</td><td>专业工长</td><td>×××</td><td>项目经理</td><td>×××</td></tr>
<tr><td colspan="2">施工执行标准名称及编号</td><td colspan="5">《建筑地基基础工程施工工艺标准》(QB×××—2005)</td></tr>
<tr><td colspan="2">分包单位</td><td>××建筑公司</td><td>分包项目经理</td><td>×××</td><td>施工班组长</td><td>×××</td></tr>
<tr><td colspan="4">施工质量验收规范的规定</td><td colspan="2">施工单位检查评定记录</td><td>监理(建设)单位验收记录</td></tr>
<tr><td rowspan="2">主控项目</td><td>1</td><td>压实系数</td><td>设计要求</td><td colspan="2">√</td><td rowspan="2">经检查，地基承载力、配合比、压实系数符合规范要求</td></tr>
<tr><td>2</td><td>地基承载力</td><td>设计要求</td><td colspan="2">√</td></tr>
<tr><td rowspan="5">一般项目</td><td>1</td><td>粉煤灰粒径(mm)</td><td>0.001～2.000</td><td colspan="2">√</td><td rowspan="5">经检查，石灰粒径、土料有机质含量、土颗粒粒径、含水量符合规范要求</td></tr>
<tr><td>2</td><td>氧化铝及二氧化硅含量(%)</td><td>≥70</td><td colspan="2">√</td></tr>
<tr><td>3</td><td>烧失量(%)</td><td>≤12</td><td colspan="2">√</td></tr>
<tr><td>4</td><td>每层铺筑厚度(mm)</td><td>±50</td><td colspan="2">√</td></tr>
<tr><td>5</td><td>含水量(与最优含水量比较)(%)</td><td>±2</td><td colspan="2">√</td></tr>
<tr><td colspan="2">施工单位检查评定结果</td><td colspan="5">经检查，工程主控项目、一般项目均符合《建筑地基基础工程施工质量验收规范》(GB 50202—2002)的规定，评定为合格。

项目专业质量检查员：×××　　　　××年×月×日</td></tr>
<tr><td colspan="2">监理(建设)单位验收结论</td><td colspan="5">同意施工单位评定结果，验收合格。

监理工程师：×××
(建设单位项目专业技术负责人)　　　　××年×月×日</td></tr>
</table>

(4)防水混凝土。

1)防水混凝土的原材料、配合比、坍落度、抗压强度和抗渗力必须符合设计要求。

2)防水混凝土结构表面应坚实、平整,不得有露筋、蜂窝等缺陷;埋设件位置应正确。混凝土外露面积每 $100m^2$ 作为一处抽查每处 $10m^2$,且不少于 3 处。

3)防水混凝土结构表面的裂缝宽度不应大于 0.2mm,并不得贯通。

4)防水混凝土结构厚度不应小于 250mm,其允许偏差为+15mm、−10mm;迎水面钢筋保护层不应小于 50mm,其允许偏差为±10mm。

表 6-5　　防水混凝土检验批质量验收记录表

编号:×××

<table>
<tr><td colspan="3">工程名称</td><td>××工程</td><td colspan="4">分项工程名称</td><td colspan="3">×××</td><td colspan="3">验收部位</td><td>×××</td></tr>
<tr><td colspan="3">施工单位</td><td>×××建筑工程集团公司</td><td colspan="4">专业工长</td><td colspan="3">×××</td><td colspan="3">项目经理</td><td>×××</td></tr>
<tr><td colspan="3">施工执行标准名称及编号</td><td colspan="11">建筑地基基础工程施工工艺标准(QB×××—2005)</td></tr>
<tr><td colspan="3">分包单位</td><td>××建筑公司</td><td colspan="4">分包项目经理</td><td colspan="3">×××</td><td colspan="3">施工班组长</td><td>×××</td></tr>
<tr><td colspan="4">施工质量验收规范的规定</td><td colspan="10">施工单位检查评定记录</td><td>监理(建设)单位验收记录</td></tr>
<tr><td rowspan="3">主控项目</td><td>1</td><td>原材料、配合比及坍落度</td><td>第 4.1.7 条</td><td colspan="10">√</td><td rowspan="3">混凝土原材料、配合比、坍落度、坑压及抗渗试块符合设计要求,符合混凝土结构工程施工验收规范要求</td></tr>
<tr><td>2</td><td>抗压强度、抗渗压力</td><td>第 4.1.8 条</td><td colspan="10">√</td></tr>
<tr><td>3</td><td>细部做法</td><td>第 4.1.9 条</td><td colspan="10">√</td></tr>
<tr><td rowspan="4">一般项目</td><td>1</td><td>表面质量</td><td>第 4.1.10 条</td><td colspan="10">√</td><td rowspan="4">经检查,石灰粒径、土料有机质含量、土颗粒粒径、含水量符合规范要求</td></tr>
<tr><td>2</td><td>裂缝宽度</td><td>≤0.2mm,并不得贯通</td><td colspan="10">√</td></tr>
<tr><td rowspan="2">3</td><td>防水混凝土结构厚度≥250mm</td><td>+15mm,−10mm</td><td>6</td><td>8</td><td>−3</td><td>4</td><td>6</td><td>7</td><td>−5</td><td>9</td><td></td><td></td></tr>
<tr><td>迎水面钢筋保护层 50mm</td><td>±10mm</td><td>6</td><td>9</td><td>−5</td><td>8</td><td>−3</td><td>−4</td><td>6</td><td>7</td><td>3</td><td></td></tr>
<tr><td colspan="3">施工单位检查评定结果</td><td colspan="12">经检查,工程主控项目、一般项目均符合《地下防水工程施工质量验收规范》(GB 50208—2002)及《混凝土结构工程施工质量验收规范》(GB 50204—2002)的规定,评定为合格。

项目专业质量检查员:×××　　××年×月×日</td></tr>
<tr><td colspan="3">监理(建设)单位验收结论</td><td colspan="12">同意施工单位评定结果,验收合格。

监理工程师:×××
(建设单位项目专业技术负责人)　　××年×月×日</td></tr>
</table>

表 6-6　　无支护土方　分部(子分部)工程质量验收记录表

<table>
<tr><td colspan="3">工程名称</td><td colspan="2">××工程</td><td colspan="2">结构类型及层数</td><td colspan="2">×××</td></tr>
<tr><td colspan="2">施工单位</td><td>××建设集团公司</td><td colspan="2">技术部门负责人</td><td>×××</td><td>质量部门负责人</td><td colspan="2">×××</td></tr>
<tr><td colspan="2">分包单位</td><td>××建筑公司</td><td colspan="2">分包单位负责人</td><td>×××</td><td>分包技术负责人</td><td colspan="2">×××</td></tr>
<tr><td colspan="2">序　号</td><td>子分部(分项)工程名称</td><td colspan="2">分项工程
(检验批)数</td><td>施工单位检查评定</td><td colspan="3">验收意见</td></tr>
<tr><td rowspan="7">1</td><td>1</td><td>土方开挖</td><td colspan="2">6</td><td>√</td><td colspan="3" rowspan="7">无支护土方子分部工程各分项工程验收合格</td></tr>
<tr><td>2</td><td>土方回填</td><td colspan="2">6</td><td>√</td></tr>
<tr><td></td><td></td><td colspan="2"></td><td></td></tr>
<tr><td></td><td></td><td colspan="2"></td><td></td></tr>
<tr><td></td><td></td><td colspan="2"></td><td></td></tr>
<tr><td></td><td></td><td colspan="2"></td><td></td></tr>
<tr><td></td><td></td><td colspan="2"></td><td></td></tr>
<tr><td>2</td><td colspan="4">质量控制资料</td><td>√</td><td colspan="3">各分项工程质量控制资料齐全</td></tr>
<tr><td>3</td><td colspan="4">安全和功能检验(检测)报告</td><td>符合要求,合格</td><td colspan="3">同意施工单位评定</td></tr>
<tr><td>4</td><td colspan="4">观感质量验收</td><td>观感质量良好</td><td colspan="3">同意施工单位评定</td></tr>
<tr><td rowspan="5">验收单位</td><td colspan="2">分包单位</td><td>项目经理</td><td colspan="2">×××</td><td colspan="3">××年×月×日</td></tr>
<tr><td colspan="2">施工单位</td><td>项目经理</td><td colspan="2">×××</td><td colspan="3">××年×月×日</td></tr>
<tr><td colspan="2">勘察单位</td><td>项目负责人</td><td colspan="2">×××</td><td colspan="3">××年×月×日</td></tr>
<tr><td colspan="2">设计单位</td><td>项目负责人</td><td colspan="2">×××</td><td colspan="3">××年×月×日</td></tr>
<tr><td colspan="2">监理(建设)单位</td><td colspan="6">各分项工程均符合规范要求,质量控制资料及安全和功能检验(检测)报告齐全,合格,观感质量良好,同意施工单位评定结果,验收合格。

总监理工程师:×××
(建设单位项目专业负责人)　　　　××年×月×日</td></tr>
</table>

注:地基基础、主体结构分部工程质量验收不填写“分包单位”、“分包单位负责人”和“分包技术负责人”。

地基基础、主体结构分部工程验收勘察单位应签认,其他分部工程验收勘察单位可不签认。

表 6-7　　　　地基与基础　分部(~~子分部~~)工程质量验收记录表

<table>
<tr><td colspan="3">工程名称</td><td colspan="2">××工程</td><td>结构类型及层数</td><td colspan="2">×××</td></tr>
<tr><td colspan="2">施工单位</td><td colspan="2">××建设集团公司</td><td>技术部门负责人</td><td>×××</td><td>质量部门负责人</td><td>×××</td></tr>
<tr><td colspan="2">分包单位</td><td colspan="2">××建筑公司</td><td>分包单位负责人</td><td>×××</td><td>分包技术负责人</td><td>×××</td></tr>
<tr><td colspan="2">序　号</td><td>子分部(分项)工程名称</td><td>分项工程
(检验批)数</td><td colspan="2">施工单位检查评定</td><td colspan="2">验收意见</td></tr>
<tr><td rowspan="8">1</td><td>1</td><td>无支护土方</td><td>6</td><td colspan="2">√</td><td colspan="2" rowspan="8">基础分部的各子分部工程验收均符合有关规范规定要求。各种原材料合格证及进场复试报告符合要求。混凝土强度试验报告符合设计要求</td></tr>
<tr><td>2</td><td>地基及基础处理</td><td>2</td><td colspan="2">√</td></tr>
<tr><td>3</td><td>混凝土基础</td><td>10</td><td colspan="2">√</td></tr>
<tr><td>4</td><td>砌体基础</td><td>5</td><td colspan="2">√</td></tr>
<tr><td></td><td></td><td></td><td colspan="2"></td></tr>
<tr><td></td><td></td><td></td><td colspan="2"></td></tr>
<tr><td></td><td></td><td></td><td colspan="2"></td></tr>
<tr><td></td><td></td><td></td><td colspan="2"></td></tr>
<tr><td>2</td><td colspan="2">质量控制资料</td><td colspan="3">√</td><td colspan="2">各子分部工程质量控制资料齐全</td></tr>
<tr><td>3</td><td colspan="2">安全和功能检验(检测)报告</td><td colspan="3">混凝土强度实体检测(墙试验报告编号 2004—02709)等效养护龄期强度达到设计要求的159%。板试验报告编号 2004—03328 等效养护龄期强度达到设计要求的168%。地下室无渗漏现象</td><td colspan="2">同意施工单位评定</td></tr>
<tr><td>4</td><td colspan="2">观感质量验收</td><td colspan="3">混凝土的表面平整度、截面尺寸、标高及洞口尺寸位置均符合设计要求和 GB 50204—2002 的规定</td><td colspan="2">同意施工单位评定</td></tr>
<tr><td rowspan="5">验
收
单
位</td><td colspan="2">分包单位</td><td>项目经理</td><td colspan="2">×××</td><td colspan="2">××年×月×日</td></tr>
<tr><td colspan="2">施工单位</td><td>项目经理</td><td colspan="2">×××</td><td colspan="2">××年×月×日</td></tr>
<tr><td colspan="2">勘察单位</td><td>项目负责人</td><td colspan="2">×××</td><td colspan="2">××年×月×日</td></tr>
<tr><td colspan="2">设计单位</td><td>项目负责人</td><td colspan="2">×××</td><td colspan="2">××年×月×日</td></tr>
<tr><td colspan="2">监理(建设)
单位</td><td colspan="5">各子分部工程均符合施工质量验收规范要求,质量控制资料及安全和功能检验(检测)报告齐全,合格,观感质量良好,同意施工单位评定结果,验收合格。

总监理工程师:×××
(建设单位项目专业负责人)　　　　××年×月×日</td></tr>
</table>

注:地基基础、主体结构分部工程质量验收不填写“分包单位”、“分包单位负责人”和“分包技术负责人”。

地基基础、主体结构分部工程验收勘察单位应签认,其他分部工程验收勘察单位可不签认。

表 6-8 地下防水 分部(子分部)工程质量验收记录表

<table>
<tr><td colspan="2">工程名称</td><td colspan="2">××工程</td><td>结构类型</td><td colspan="2">×××</td></tr>
<tr><td colspan="2">施工单位</td><td>××建设集团公司</td><td>技术部门负责人</td><td>×××</td><td>质量部门负责人</td><td>×××</td></tr>
<tr><td colspan="2">分包单位</td><td>××建筑公司</td><td>分包单位负责人</td><td>×××</td><td>分包技术负责人</td><td>×××</td></tr>
<tr><td colspan="2">序 号</td><td>子分部(分项)工程名称</td><td>分项工程
(检验批)数</td><td>施工单位检查评定</td><td colspan="2">验收意见</td></tr>
<tr><td rowspan="7">1</td><td>1</td><td>防水混凝土</td><td>6</td><td>√</td><td colspan="2" rowspan="7">地下防水子分部工程各分项工程验收合格</td></tr>
<tr><td>2</td><td>水泥砂浆防水层</td><td>6</td><td>√</td></tr>
<tr><td>3</td><td>卷材防水层</td><td>6</td><td>√</td></tr>
<tr><td>4</td><td>细部构造</td><td>6</td><td>√</td></tr>
<tr><td></td><td></td><td></td><td></td></tr>
<tr><td></td><td></td><td></td><td></td></tr>
<tr><td></td><td></td><td></td><td></td></tr>
<tr><td>2</td><td colspan="3">质量控制资料</td><td>√</td><td colspan="2">各分项工程质量控制资料齐全</td></tr>
<tr><td>3</td><td colspan="3">安全和功能检验(检测)报告</td><td>地下防水渗漏检查记录合格</td><td colspan="2">经验收地下未发现渗漏现象</td></tr>
<tr><td>4</td><td colspan="3">观感质量验收</td><td>各分项工程观感质量良好</td><td colspan="2">同意施工单位评定</td></tr>
<tr><td rowspan="5">验收单位</td><td colspan="2">分包单位</td><td colspan="4">项目经理 年 月 日</td></tr>
<tr><td colspan="2">施工单位</td><td colspan="4">项目经理 ××× ××年×月×日</td></tr>
<tr><td colspan="2">勘察单位</td><td colspan="4">项目负责人 年 月 日</td></tr>
<tr><td colspan="2">设计单位</td><td colspan="4">项目负责人 ××× ××年×月×日</td></tr>
<tr><td colspan="2">监理(建设)
单位</td><td colspan="4">各分项工程均符合设计及规范要求,质量控制资料及安全和功能检验(检测)报告齐全,合格,观感质量良好,同意施工单位评定结果,验收合格。

总监理工程师:×××
(建设单位项目专业负责人) ××年×月×日</td></tr>
</table>

注:地基基础、主体结构分部工程质量验收不填写“分包单位”、“分包单位负责人”和“分包技术负责人”。

地基基础、主体结构分部工程验收勘察单位应签认,其他分部工程验收勘察单位可不签认。

二、主体结构验收资料

1. 验收所需文件

(1)混凝土子分部工程验收资料。

1)设计变更文件。

2)原材料出厂合格证和进场复验报告。

3)钢筋接头的试验报告。

4)混凝土工程施工记录。

5)混凝土试件的性能试验报告。

6)装配式结构预构件的合格证和安装验收记录。

7)预应力筋用锚具、连接器的合格证和进场复验报告。

8)预应力筋安装、张拉及灌注记录。

9)隐蔽工程验收记录。

10)各检验批验收记录。

11)混凝土结构实体检验记录。

12)工程的重大质量问题的处理方案和验收记录。

13)其他必要的文件和记录。

(2)砌体子分部工程验收资料。

1)施工执行的技术标准、施工组织设计、施工方案。

2)砌块及原材料的合格证书、产品性能检测报告。

3)混凝土及砂浆配合比通知单。

4)混凝土及砂浆试件抗压中度试验报告。

5)施工质量控制资料。

6)各检验批验收记录表。

7)施工记录。

8)重大技术问题处理或修改设计的技术文件。

9)其他资料。

(3)钢结构工程分项检验批质量验收所需要的资料。

1)原材料、产品质量合格证明文件、中文标志及检验报告(厂家提供)。

2)原材料、产品进场检验规格、尺寸、表面外观质量检查记录;复试报告(根据规范要求)。

3)焊接材料产品说明书、焊接工艺文件及烘焙记录。

4)焊工合格证书及施焊范围。

5)焊缝超声波探伤或射线探伤检测报告、记录。

6)连接节点检查记录。

7)允许偏差检查的主控项目,其偏差值应在规范的范围内,存在不合格的应返工;检查的一般项目,其偏差值应有80%以上的检查点在规范规定的范围内,20%以下的偏差值不应大于1.2倍的偏差限值,否则判为不合格,应返工处理。

8)钢结构工程施工方案。

9)钢结构工程分项工程技术交底。

10)钢结构工程竣工图纸及相关设计文件。

11)施工现场质量管理检查记录。

12)有关安全及功能的检验和见证检测项目检查记录。

13)有关观感质量检验项目检查记录。

14)隐蔽工程验收记录。

15)不合格项的处理及重大质量、技术问题实施方案及验收记录。

16)其他有关文件和记录。

(4)木结构子分部工程验收资料。

1)方木、原木、胶合木合格证明文件及检验报告。

2)方木、原木、胶合木进场材质检验记录。

3)各项木材含水率测定报告。

4)胶缝完整性、胶缝脱胶试验报告。

5)胶缝抗剪强度试验报告。

6)层板接长指接弯曲强度试验报告。

7)圈钉弯曲试验报告。

8)胶合材弯曲试验报告。

9)防护剂最低保持量及透入度测试报告。

10)木结构防火措施检查记录。

11)各检验批验收记录表。

12)木结构施工方案。

13)分项技术交底。

14)其他。

2. 主体结构各子分部工程与分项工程的关系

主体结构工程各子分部工程与分项工程的关系见表6-9。

表 6-9　　地基基础工程各子分部工程与分项工程相关表

分项工程 \ 子分部工程			01 混凝土结构	02 劲钢(管混凝土结构)	03 砌体结构	04 钢结构	05 木结构	06 网架和索膜
序号	名称							
1	模板(安装、预制构件　拆除)(Ⅰ)(Ⅱ)(Ⅲ)	010601,020101						
2	钢筋(加工、连接)(Ⅰ)(Ⅱ)	010602,020102	●					
3	混凝土(原材料及配合比施工)(Ⅰ)Ⅱ()	010603,020103	●					
4	预应力(原材料、制安、放张封锚)(Ⅰ)(Ⅱ)(Ⅲ)	020104	●					
5	现浇结构(结构、基础)(Ⅰ)(Ⅱ)	010604,020105	●					
6	装配式结构(结构、基础)(Ⅰ)(Ⅱ)	020106	●					
7	砖砌体	010701,020301			●			
8	混凝土小型空心砌块砌体	010702,020302			●			

续表

分项工程 序号	名称	子分部工程	01 混凝土结构	02 劲钢(管混凝土结构)	03 砌体结构	04 钢结构	05 木结构	06 网架和索膜
9	石砌体	010704,020303			●			
10	填充墙砌体	020304			●			
11	配筋砖砌体	010703,020305			●			
12	钢结构焊接(Ⅰ)(Ⅱ)	010901,020401			●			
13	坚固件连接	010902,020402			●			
14	钢零部件加工	010903,020403				●		
15	单层钢构件安装	020404				●		
16	多层钢构件安装	020405				●		
17	钢构件组装	020406				●		
18	钢构件预拼装	020407				●		
19	钢网架安装	020408				●		
20	压型金属板安装	020409				●		
21	防腐涂料安装	010905,020410				●		
22	防火涂料涂装	010905,020410				●	●	
23	木屋盖工程(方木和原木)					●	●	
24	胶合木结构						●	
25	轻型木结构(规格材、钉连接)						●	
26	木结构防腐、防虫、防火						●	
27								
28								

3. 填写范例

(1)模板安装(表 6-10)。

1)安装现浇结构的上层模板及其支架时，下层楼板应具有承受上层荷载的承载能力。上下层支架的立柱应对准，并铺设垫板。

2)涂刷模板隔离剂时，不得玷污钢筋和混凝土接茬处。

3)对于跨度不小于 4m 的现浇钢筋混凝土梁、板，其模板应按设计要求起拱。当设计无具体要求时，起拱高度宜为跨度的 1/1000～3/1000。

4)现浇结构模板安装偏差应符合规定。固定在模板上的预埋件、预留孔和预留洞均不得遗漏，且应安装牢固。

表 6-10 **模板安装工程检验批质量验收记录表**

编号：×××

<table>
<tr><td colspan="3">工程名称</td><td colspan="2">××工程</td><td>分项工程名称</td><td colspan="5">混凝土结构</td><td colspan="5">验收部位</td><td>×××</td></tr>
<tr><td colspan="3">施工单位</td><td colspan="2">×××建筑工程集团公司</td><td>专业工长</td><td colspan="5">×××</td><td colspan="5">项目经理</td><td>×××</td></tr>
<tr><td colspan="3">施工执行标准名称及编号</td><td colspan="14">《混凝土结构工程施工工艺标准》(QB×××—2005)</td></tr>
<tr><td colspan="3">分包单位</td><td colspan="2">××建筑公司</td><td>分包项目经理</td><td colspan="5">×××</td><td colspan="5">施工班组长</td><td>×××</td></tr>
<tr><td colspan="6">施工质量验收规范的规定</td><td colspan="10">施工单位检查评定记录</td><td>监理(建设)单位验收记录</td></tr>
<tr><td rowspan="2">主控项目</td><td>1</td><td colspan="3">模板支撑、立柱位置和垫板</td><td>第 4.2.1 条</td><td colspan="10">√</td><td rowspan="2">模板支撑及板面隔离剂涂刷符合设计及规范要求</td></tr>
<tr><td>2</td><td colspan="3">避免隔离剂玷污</td><td>第 4.2.2 条</td><td colspan="10">√</td></tr>
<tr><td rowspan="19">一般项目</td><td>1</td><td colspan="3">模板安装的一般要求</td><td>第 4.2.3 条</td><td colspan="10">√</td><td rowspan="19">模板安装的一般要求，预留孔洞允许偏差及模板安装允许偏差符合《混凝土结构工程施工质量验收规范》的规定</td></tr>
<tr><td>2</td><td colspan="3">用作模板的地坪、胎膜质量</td><td>第 4.2.4 条</td><td colspan="10">√</td></tr>
<tr><td>3</td><td colspan="3">模板起拱高度</td><td>第 4.2.5 条</td><td colspan="10">√</td></tr>
<tr><td rowspan="8">4</td><td rowspan="8">预埋件、预留孔允许偏差</td><td colspan="2">预埋钢板中心线位置(mm)</td><td>3</td><td></td><td></td><td></td><td></td><td></td><td></td><td></td><td></td><td></td><td></td></tr>
<tr><td colspan="2">预埋管、预留孔中心线位置(mm)</td><td>3</td><td>1</td><td>2</td><td>2</td><td>1</td><td>2</td><td>3</td><td>2</td><td>2</td><td>④</td><td>2</td></tr>
<tr><td rowspan="2">插筋</td><td>中心线位置(mm)</td><td>5</td><td>4</td><td>3</td><td>2</td><td>3</td><td>2</td><td>3</td><td>3</td><td>2</td><td>1</td><td></td></tr>
<tr><td>外露长度(mm)</td><td>+10,0</td><td>+5</td><td>+6</td><td>+5</td><td>+4</td><td>+3</td><td>+6</td><td>+7</td><td>+2</td><td>+8</td><td></td></tr>
<tr><td rowspan="2">预埋螺栓</td><td>中心线位置(mm)</td><td>2</td><td></td><td></td><td></td><td></td><td></td><td></td><td></td><td></td><td></td><td></td></tr>
<tr><td>外露长度(mm)</td><td>+10,0</td><td></td><td></td><td></td><td></td><td></td><td></td><td></td><td></td><td></td><td></td></tr>
<tr><td rowspan="2">预留洞</td><td>中心线位置(mm)</td><td>10</td><td>8</td><td>7</td><td>6</td><td>8</td><td>5</td><td>4</td><td>3</td><td></td><td></td><td></td></tr>
<tr><td>尺寸(mm)</td><td>+10,0</td><td>+6</td><td>+4</td><td>+8</td><td>+7</td><td>+6</td><td>+5</td><td>+4</td><td></td><td></td><td></td></tr>
<tr><td rowspan="8">5</td><td rowspan="8">模板安装允许偏差</td><td colspan="2">轴线位置(mm)</td><td>5</td><td>3</td><td>2</td><td>4</td><td>3</td><td>2</td><td>6</td><td>4</td><td>3</td><td></td><td></td></tr>
<tr><td colspan="2">底模上表面标高(mm)</td><td>±5</td><td>+4</td><td>+3</td><td>−2</td><td>+3</td><td>−4</td><td>+4</td><td></td><td></td><td></td><td></td></tr>
<tr><td rowspan="2">截在内部尺寸(mm)</td><td>基础</td><td>±10</td><td></td><td></td><td></td><td></td><td></td><td></td><td></td><td></td><td></td><td></td></tr>
<tr><td>柱、墙、梁</td><td>+4，−5</td><td>+3</td><td>−4</td><td>−2</td><td>+4</td><td>+3</td><td>+2</td><td>−4</td><td>−3</td><td>−2</td><td></td></tr>
<tr><td rowspan="2">层高垂直度(mm)</td><td>不大于 5m</td><td>6</td><td></td><td></td><td></td><td></td><td></td><td></td><td></td><td></td><td></td><td></td></tr>
<tr><td>大于 5m</td><td>8</td><td></td><td></td><td></td><td></td><td></td><td></td><td></td><td></td><td></td><td></td></tr>
<tr><td colspan="2">相邻两板表面高低差(mm)</td><td>2</td><td>1</td><td>1</td><td>2</td><td>1</td><td>2</td><td>1</td><td>3</td><td>2</td><td></td><td></td></tr>
<tr><td colspan="2">表面平整度(mm)</td><td>5</td><td>3</td><td>2</td><td>4</td><td>3</td><td>2</td><td>2</td><td>3</td><td></td><td></td><td></td></tr>
<tr><td colspan="3">施工单位检查评定结果</td><td colspan="14">经检查，工程主控项目、一般项目均符合《混凝土结构工程施工质量验收规范》(GB 50204—2002)的规定，评定为合格。

项目专业质量检查员：××× ××年×月×日</td></tr>
<tr><td colspan="3">监理(建设)单位验收结论</td><td colspan="14">同意施工单位评定结果，验收合格。

监理工程师：×××
(建设单位项目专业技术负责人) ××年×月×日</td></tr>
</table>

(2)预制构件模板(表 6-11)。

1)在涂刷模板隔离剂时,不得玷污钢筋和混凝土接搓处。观察检查。

2)模板的接缝不应漏浆;在浇筑混凝土前,木模板应浇水湿润,模板内无积水。

3)模板与混凝土的接触面应清理干净并涂刷隔离剂,但不得采用影响结构性能或妨碍装饰工程施工的隔离剂。

4)浇筑混凝土前,模板内的杂物应清理干净。

5)对清水混凝土工程装饰混凝土工程,应使用能达到设计效果的模板。

6)用作模板的地坪、胎模等应平整光洁,不得产生影响构件质量的下沉、裂缝、起砂或起鼓。

7)跨度不小于 4m 的现浇钢筋混凝土梁、板,其模板应按设计要求起拱,当设计无具体要求时,起拱高度宜为跨度的 1‰～3‰。

8)固定在模板上的预埋件、预留孔和预留洞均不得遗漏,且应安装牢固,其偏差符合规定。

9)预制构件模板允许偏差。

(3)模板拆除(表 6-12)。

1)底模及支架拆除时,混凝土强度应符合设计要求。侧模拆除时,混凝土强度应保证其表面及棱角不受损伤。

2)拆除的模板和支架宜分散堆放并及时清运。后张法预应力混凝土结构构件侧模应在预应力张拉前拆除,底模拆除时间应符合设计要求。

(4)钢筋加工(表 6-13)。

1)钢筋力学性能和化学成分等专项检验,均应符合现行规范的要求。

2)纵向受力钢筋应符合设计抗震要求。当设计无要求时,对一、二级抗震等级应符合下列要求:①钢筋抗拉强度实测值与屈服强度实测值的比值不小于 1.25。②钢筋屈服强度实测值与强度标准的比值不大于 1.3;检查钢筋复验报告。

3)受力钢筋弯钩和弯折应符合下列规定:

①HPB 235 级钢筋末端应做 180°弯钩,其弯钩弧内直径不小于钢筋直径的 2.5 倍,弯后平直部分不小于钢筋直径的 3 倍。②135°弯钩,HRB335 级、HRB400 级钢筋的弯钩内直径不小于钢筋直径的 4 倍,弯后平直长度符合设计要求。③不大于 90°的弯折时,弯弧内直径不小于钢筋直径的 5 倍。

4)除焊接封闭环式箍筋外,箍筋末端均应做成弯钩,形式符合设计要求。

①弯钩弯折角度:一般结构不小于 90°,有抗震要求结构应力 135°。②弯后平直部分长度:一般结构不小于箍筋直径的 5 倍,有抗震要求的结构,不小于箍筋直径的 10 倍。

5)钢筋应平直、无损伤、表面不得有裂纹、油污、颗粒状或片状老锈。

钢筋加工的形状尺寸应符合设计要求,偏差率应符合规范规定的要求。

(5)钢筋安装(表 6-14)。

1)钢筋接头宜设置在受力较小处。同一纵向受力钢筋不宜设置两个或两个以上的接头,接头末端至钢筋弯起点的距离不少于钢筋直径的 10 倍。

2)设置在同一构件内的受力钢筋接头宜相互错开。同一级内纵向受力钢筋接头的面积百分率应符合设计要求,当设计无要求时,在受拉区不宜大于 50%。

3)接头不宜设置在有抗震设防要求的框架梁端、柱端的箍筋加密区;当无法避开时,对等强度高质量机械连接接头,不应大于 50%。

4)直接承受动力荷载的结构构件中,不宜采用焊接接头;当采用机械连接接头时,不应大于 50%。

5)同一构件中相邻纵向受力钢筋绑扎接头宜相互错开,绑扎接头中钢筋的横向净距不应小于钢筋直径,且不应小于 25mm。

①同一连接区段内有搭接接头的纵向受力钢筋接头面积百分率应符合设计要求,当设计无要求时,对梁类、板类及墙类构件,不宜大于 25%;对柱类构件,不宜大于 50%。②当工程中确有必要增大接头面积百分率时,对梁类构件,不应大于 50%;对其他构件,可根据实际情况放宽。

表 6-11　　预制构件模板工程检验批质量验收记录表

编号：×××

工程名称	××工程	分项工程名称	混凝土结构	验收部位	×××
施工单位	×××建筑工程集团公司	专业工长	×××	项目经理	×××
施工执行标准名称及编号	《混凝土结构工程施工工艺标准》(QB×××—2005)				
分包单位	××建筑公司	分包项目经理	×××	施工班组长	×××

施工质量验收规范的规定						施工单位检查评定记录	监理（建设）单位验收记录
主控项目	1	避免隔离剂玷污			第 4.2.2 条	√	符合要求
一般项目	1	模板安装的一般要求			第 4.2.3 条	√	符合要求
	2	用作模板地坪、胎膜质量			第 4.2.4 条	√	
	3	模板起拱高度			第 4.2.5 条	√	
	4	预埋件、预留孔允许偏差	预埋钢板中心线位置(mm)		3	√	
			预埋管、预留孔中心线位置(mm)		3	√	
			插筋	中心线位置(mm)	5	—	
				外露长度(mm)	＋10，0	—	
			预埋螺栓	中心线位置(mm)	2	—	
				外露长度(mm)	＋10，0	—	
			预留洞	中心线位置(mm)	10	√	
				尺寸(mm)	＋10，0	√	
	5	预制构件模板允许偏差(mm)	长度	板、梁	±5	√	
				薄腹梁、桁梁	±10	—	
				柱	0，−10	—	
				墙板	0，−5	—	
			宽度	板、墙板	0，−5	—	
				梁、薄腹梁、桁架、柱	＋2，−5	—	
			高(厚)度	板	＋2，−3	√	
				墙板	0，−5	—	
				梁、薄腹梁、桁架、柱	＋2，−5	—	
			侧向弯曲	梁、板、柱	1/1000 且≤15	√	
				墙板、薄腹梁、桁架	1/1500 且≤15	—	
			板的表面平整度		3	√	
			相邻两板表面高低差		1	√	
			对角线差	板	7	√	
				墙板	5	—	
			翘曲	板、墙板	1/1500	√	
			设计起拱	薄腹梁、桁架、梁	±3	—	
施工单位检查评定结果	**经检查，工程主控项目、一般项目均符合《混凝土结构工程施工质量验收规范》(GB 50204—2002)的规定，评定为合格。** 项目专业质量检查员：×××　　××年×月×日						
监理（建设）单位验收结论	**同意施工单位评定结果，验收合格。** 监理工程师：××× （建设单位项目专业技术负责人）　　××年×月×日						

表 6-12　　**模板拆除工程检验批质量验收记录表**

编号：×××

<table>
<tr><td>工程名称</td><td colspan="2">××工程</td><td>分项工程名称</td><td>混凝土结构</td><td>验收部位</td><td>×××</td></tr>
<tr><td>施工单位</td><td colspan="2">×××建筑工程集团公司</td><td>专业工长</td><td>×××</td><td>项目经理</td><td>×××</td></tr>
<tr><td>施工执行标准名称及编号</td><td colspan="6">《混凝土结构工程施工工艺标准》(QB×××—2005)</td></tr>
<tr><td>分包单位</td><td colspan="2">××建筑公司</td><td>分包项目经理</td><td>×××</td><td>施工班组长</td><td>×××</td></tr>
<tr><td colspan="4">施工质量验收规范的规定</td><td colspan="2">施工单位检查评定记录</td><td>监理(建设)单位验收记录</td></tr>
<tr><td rowspan="3">主控项目</td><td>1</td><td>底模及其支架拆除时的混凝土强度</td><td>第 4.3.1 条</td><td colspan="2">拆模时混凝土强度已达到设计强度的 90%，有同条件试块强度报告(编号为×××)</td><td rowspan="3">符合要求</td></tr>
<tr><td>2</td><td>后张法预应力构件侧模和底模的拆除时间</td><td>第 4.3.2 条</td><td colspan="2">—</td></tr>
<tr><td>3</td><td>后浇带拆模和支顶</td><td>第 4.3.3 条</td><td colspan="2">—</td></tr>
<tr><td rowspan="2">一般项目</td><td>1</td><td>避免拆模损伤</td><td>第 4.3.4 条</td><td colspan="2">√</td><td rowspan="2">混凝土拆模强度、模板拆除、放、清运符合《混凝土结构工程施工质量验收规范》的规定</td></tr>
<tr><td>2</td><td>模板拆除、堆放和清运</td><td>第 4.3.5 条</td><td colspan="2">√</td></tr>
<tr><td>施工单位检查评定结果</td><td colspan="6">经检查，工程主控项目、一般项目均符合《混凝土结构工程施工质量验收规范》(GB 50204—2002)的规定，评定为合格。

项目专业质量检查员：×××　　　　××年×月×日</td></tr>
<tr><td>监理(建设)单位验收结论</td><td colspan="6">同意施工单位评定结果，验收合格。

监理工程师：×××
(建设单位项目专业技术负责人)　　　　××年×月×日</td></tr>
</table>

表 6-13　　　　　　　　钢筋加工检验批质量验收记录表

编号：×××

<table>
<tr><td colspan="3">工程名称</td><td>××工程</td><td>分项工程名称</td><td colspan="6">混凝土结构</td><td colspan="4">验收部位</td><td>×××</td></tr>
<tr><td colspan="3">施工单位</td><td>×××建筑工程集团公司</td><td>专业工长</td><td colspan="6">×××</td><td colspan="4">项目经理</td><td>×××</td></tr>
<tr><td colspan="3">施工执行标准名称及编号</td><td colspan="13">《混凝土结构工程施工工艺标准》(QB×××—2005)</td></tr>
<tr><td colspan="3">分包单位</td><td>××建筑公司</td><td>分包项目经理</td><td colspan="6">×××</td><td colspan="4">施工班组长</td><td>×××</td></tr>
<tr><td colspan="5">施工质量验收规范的规定</td><td colspan="10">施工单位检查评定记录</td><td>监理(建设)单位验收记录</td></tr>
<tr><td rowspan="5">主控项目</td><td>1</td><td colspan="2">力学性能检验</td><td>第 5.2.1 条</td><td colspan="10">钢筋有质量证明书，复试报告各 1 份，试验编号×××，合格</td><td rowspan="5">钢筋的力学性能，受力钢筋的弯钩和弯折及箍筋弯钩形式均符合设计与《混凝土结构工程施工质量验收规范》的要求</td></tr>
<tr><td>2</td><td colspan="2">抗震用钢筋强度实测值</td><td>第 5.2.2 条</td><td colspan="10">√</td></tr>
<tr><td>3</td><td colspan="2">化学成分等专项检验</td><td>第 5.2.3 条</td><td colspan="10">√</td></tr>
<tr><td>4</td><td colspan="2">受力钢筋的弯钩和弯折</td><td>第 5.3.1 条</td><td colspan="10">√</td></tr>
<tr><td>5</td><td colspan="2">箍筋弯钩形式</td><td>第 5.3.2 条</td><td colspan="10">√</td></tr>
<tr><td rowspan="5">一般项目</td><td>1</td><td colspan="2">外观质量</td><td>第 5.2.4 条</td><td colspan="10">√</td><td rowspan="5">钢筋外观质量，调直及加工的形状、尺寸均符合设计及《混凝土结构工程施工质量验收规范》的规定</td></tr>
<tr><td>2</td><td colspan="2">钢筋调直</td><td>第 5.3.3 条</td><td colspan="10">√</td></tr>
<tr><td rowspan="3">3</td><td rowspan="3">钢筋加工的形状、尺寸</td><td>受力钢筋顺长度方向全长的净尺寸</td><td>±10</td><td>+8</td><td>−6</td><td>+4</td><td>+6</td><td>+4</td><td>+3</td><td>+8</td><td>+6</td><td>−7</td><td>−2</td></tr>
<tr><td>弯直钢筋的弯折位置</td><td>±20</td><td>+15</td><td>−8</td><td>−7</td><td>+10</td><td>−17</td><td>−12</td><td>+13</td><td>−6</td><td></td><td></td></tr>
<tr><td>箍筋内净尺寸</td><td>±5</td><td>+4</td><td>−3</td><td>−4</td><td>−3</td><td>−4</td><td>+3</td><td>+6</td><td>−4</td><td>−3</td><td>+2</td></tr>
<tr><td colspan="5">施工单位检查评定结果</td><td colspan="11">经检查，工程主控项目、一般项目均符合《混凝土结构工程施工质量验收规范》(GB 50204—2002)的规定，评定为合格。

项目专业质量检查员：×××　　　　××年×月×日</td></tr>
<tr><td colspan="5">监理(建设)单位验收结论</td><td colspan="11">同意施工单位评定结果，验收合格。

监理工程师：×××
(建设单位项目专业技术负责人)　　　　××年×月×日</td></tr>
</table>

表 6-14　　**钢筋安装工程检验批质量验收记录表**

编号：×××

工程名称	××工程	分项工程名称	混凝土结构	验收部位	×××
施工单位	×××建筑工程集团公司	专业工长	×××	项目经理	×××
施工执行标准名称及编号	《混凝土结构工程施工工艺标准》(QB×××—2005)				
分包单位	××建筑公司	分包项目经理	×××	施工班组长	×××

项目	序号	施工质量验收规范的规定		施工单位检查评定记录										监理(建设)单位验收记录
主控项目	1	纵向受力钢筋的连接方式	第 5.4.1 条	√										**纵向受力钢筋的连接方式，接头的力学性能、受力钢筋的品种、级别、规格和数量符合设计及规范要求**
主控项目	2	机械连接和焊接接头的力学性能	第 5.4.2 条	√										
主控项目	3	受力钢筋的品种、级别、规格和数量	第 5.5.1 条	√										
一般项目	1	接头位置和数量	第 5.4.3 条	√										
一般项目	2	机械连接、焊接的外观质量	第 5.4.4 条	√										
一般项目	3	机械连接、焊接的接头面积百分率	第 5.4.5 条	√										
一般项目	4	绑扎搭接接头面积百分率和搭接长度	第 5.4.6 条	√										
一般项目	5	搭接长度范围内的箍筋	第 5.4.7 条	√										
一般项目	6 钢筋安装允许偏差	绑扎钢筋网 长、宽(mm)	±10	+6	−5	+7	+4	−2	−3	+4	+5			**接头位置和数量，绑扎搭接接头面积百分率和搭接长度，搭接范围内的箍筋，绑扎钢筋网、绑扎钢筋骨架、受力钢筋间距、排距、保护层厚度、绑扎箍筋、横向箍筋间距及预埋件位置符合设计及规范要求**
		绑扎钢筋网 网眼尺寸(mm)	±20	+8	+6	+10	−7	−16	+6	+9	+11	−6	+10	
		绑扎钢筋骨架 长(mm)	+10	+5	+4	+6	−2	+8	−3	−4	+9	−6		
		绑扎钢筋骨架 宽、高(mm)	±5	+3	+4	−2	−4	−5	+3	+2	−4	−4	+2	
		受力钢筋 间距(mm)	±10	+7	+6	−2	−4	−6	−5	+4	+8	+5		
		受力钢筋 排距(mm)	±5	+2	−4	+3	+2	−4	−3	−2	+3			
		受力钢筋 保护层厚度(mm) 基础	±10											
		受力钢筋 保护层厚度(mm) 柱、梁	±5	+4	+3	+4	+3	+5	+4	+3	−2	+4	+3	
		受力钢筋 保护层厚度(mm) 板、墙、壳	±3	+2	+2	−1	−1	−2	−1	+2	+2	+1	+2	
		绑扎箍筋、横向钢筋间距(mm)	±20	+16	−14	−15	−8	+10	−9	+8	+8	−10		
		钢筋弯起点位置(mm)	20	10	12	8	14	13	16	17	15	14	16	
		预埋件 中心线位置(mm)	5											
		预埋件 水平高差(mm)	+3,0											

施工单位检查评定结果	**经检查，工程主控项目、一般项目均符合《混凝土结构工程施工质量验收规范》(GB 50204—2002)的规定，评定为合格。** 项目专业质量检查员：×××　　××年×月×日
监理(建设)单位验收结论	**同意施工单位评定结果，验收合格。** 监理工程师：××× (建设单位项目专业技术负责人)　　××年×月×日

(6)混凝土原材料及配合比(表 6-15)。

1)配合比设计按规范规定,根据混凝土强度等级、耐久性和工作性进行。有特殊要求的混凝土,其配合比还应符合有关专门规定。

2)混凝土中掺用矿物掺合料质量应符合规定,掺量应通过试验确定。

3)混凝土拌制前,应测定砂、石含水率并根据测试结果调整材料用量,提出配合比。检查含水率测试结果和施工配合比通知单。

表 6-15　　混凝土原材料及配合比设计检验批质量验收记录表

编号:×××

工程名称	××工程		分项工程名称	×××	验收部位	×××
施工单位	×××建筑工程集团公司		专业工长	×××	项目经理	×××
施工执行标准名称及编号	《混凝土结构工程施工工艺标准》(QB×××—2005)					
分包单位	××建筑公司		分包项目经理	×××	施工班组长	×××
施工质量验收规范的规定				施工单位检查评定记录	监理(建设)单位验收记录	
主控项目	1	水泥进场检验	第 7.2.1 条	√	符合要求	
	2	外加剂质量及应用	第 7.2.2 条	√		
	3	混凝土中氯化物、碱的总含量控制	第 7.2.3 条	√		
	4	配合比设计	第 7.3.1 条	√		
一般项目	1	矿物掺合料质量及掺量	第 7.2.4 条	√	符合要求	
	2	粗细骨料的质量	第 7.2.5 条	√		
	3	拌制混凝土用水	第 7.2.6 条	√		
	4	开盘鉴定	第 7.3.2 条	√		
	5	配合比调整	第 7.3.3 条	√		
施工单位检查评定结果	**经检查,工程主控项目、一般项目均符合《混凝土结构工程施工质量验收规范》(GB 50204—2002)的规定,评定为合格。** 项目专业质量检查员:×××　　××年×月×日					
监理(建设)单位验收结论	**同意施工单位评定结果,验收合格。** 监理工程师:××× (建设单位项目专业技术负责人)　　××年×月×日					

(7)混凝土施工(表 6-16)。

1)结构混凝土的强度等级必须符合设计要求;用于检查结构构件混凝土强度的试件应在混凝土浇筑地点随机抽取。

对有抗渗要求的混凝土结构,其混凝土试件应在浇筑地点随机取样。同一工程、同一配合比的混凝土,取样应不少于 1 次。留置组数可根据实际需要确定。

2)混凝土原材料每盘称量偏差:水泥、掺合料:±2%;粗、细骨料:±3%;水、外加剂:±2%。

表 6-16 **混凝土施工检验批质量验收记录表**

编号:×××

<table>
<tr><td colspan="3">工程名称</td><td>××工程</td><td>分项工程名称</td><td>混凝土结构</td><td>验收部位</td><td>×××</td></tr>
<tr><td colspan="3">施工单位</td><td>×××建筑工程集团公司</td><td>专业工长</td><td>×××</td><td>项目经理</td><td>×××</td></tr>
<tr><td colspan="3">施工执行标准名称及编号</td><td colspan="5">《混凝土结构工程施工工艺标准》(QB×××—2005)</td></tr>
<tr><td colspan="3">分包单位</td><td>××建筑公司</td><td>分包项目经理</td><td>×××</td><td>施工班组长</td><td>×××</td></tr>
<tr><td colspan="4">施工质量验收规范的规定</td><td colspan="2">施工单位检查评定记录</td><td colspan="2">监理(建设)单位验收记录</td></tr>
<tr><td rowspan="4">主控项目</td><td>1</td><td>混凝土强度等级及试件的取样和留置</td><td>第 7.4.1 条</td><td colspan="2">混凝土强度等级为 C25,取两组标养试块及 1 组同条件试块,1 组见证试块,强度达到 32.5MPa、33.6MPa</td><td colspan="2" rowspan="4">混凝土强度等级及试件的取样和留置,原材料每盘称量的偏差,初凝时间控制符合设计及规范要求</td></tr>
<tr><td>2</td><td>混凝土抗渗及试件取样和留置</td><td>第 7.4.2 条</td><td colspan="2">—</td></tr>
<tr><td>3</td><td>原材料每盘称量的偏差</td><td>第 7.4.3 条</td><td colspan="2">√</td></tr>
<tr><td>4</td><td>混凝土初凝时间控制</td><td>第 7.4.4 条</td><td colspan="2">√</td></tr>
<tr><td rowspan="3">一般项目</td><td>1</td><td>施工缝的位置及处理</td><td>第 7.4.5 条</td><td colspan="2">√</td><td colspan="2" rowspan="3">施工缝的位置和处理,混凝土养护符合设计及规范要求</td></tr>
<tr><td>2</td><td>后浇带的位置和浇筑</td><td>第 7.4.6 条</td><td colspan="2">/</td></tr>
<tr><td>3</td><td>混凝土养护</td><td>第 7.4.7 条</td><td colspan="2">√</td></tr>
<tr><td colspan="3">施工单位检查评定结果</td><td colspan="5">经检查,工程主控项目、一般项目均符合《混凝土结构工程施工质量验收规范》(GB 50204—2002)的规定,评定为合格。

项目专业质量检查员:××× ××年×月×日</td></tr>
<tr><td colspan="3">监理(建设)单位验收结论</td><td colspan="5">同意施工单位评定结果,验收合格。

监理工程师:×××
(建设单位项目专业技术负责人) ××年×月×日</td></tr>
</table>

表 6-17　　主体结构　分部(子分部)工程质量验收记录表

<table>
<tr><td colspan="2">工程名称</td><td colspan="2">××工程</td><td colspan="2">结构类型</td><td colspan="2">×××</td></tr>
<tr><td colspan="2">施工单位</td><td>××建设集团公司</td><td>技术部门负责人</td><td colspan="2">×××</td><td>质量部门负责人</td><td>×××</td></tr>
<tr><td colspan="2">分包单位</td><td>××建筑公司</td><td>分包单位负责人</td><td colspan="2">×××</td><td>分包技术负责人</td><td>×××</td></tr>
<tr><td colspan="2">序　号</td><td>子分部(分项)工程名称</td><td>分项工程
(检验批)数</td><td colspan="2">施工单位检查评定</td><td colspan="2">验收意见</td></tr>
<tr><td rowspan="5">1</td><td>1</td><td>砌体结构</td><td>14</td><td colspan="2">√</td><td colspan="2" rowspan="5">主体结构各子分部工程验收合格,主体结构各主要构件的截面尺寸、轴线位置及楼层标高符合设计要求</td></tr>
<tr><td>2</td><td>混凝土结构</td><td>63</td><td colspan="2">√</td></tr>
<tr><td></td><td></td><td></td><td colspan="2"></td></tr>
<tr><td></td><td></td><td></td><td colspan="2"></td></tr>
<tr><td></td><td></td><td></td><td colspan="2"></td></tr>
<tr><td>2</td><td colspan="2">质量控制资料</td><td colspan="3">√</td><td colspan="2">各子分部工程质量控制资料齐全</td></tr>
<tr><td>3</td><td colspan="2">安全和功能检验(检测)报告</td><td colspan="3">混凝土强度实体检测(墙试验报告编号 2004—02702 等效养护龄期强度达到设计要求的 116%。板试验报告编号 2004—03328 等效养护龄期强度达到设计要求的 128%),砂浆试件抗压报告值均符合设计要求</td><td colspan="2">同意施工单位评定</td></tr>
<tr><td>4</td><td colspan="2">观感质量验收</td><td colspan="3">观感质量良好</td><td colspan="2">同意施工单位评定</td></tr>
<tr><td rowspan="5">验
收
单
位</td><td colspan="2">分包单位</td><td colspan="3">项目经理</td><td colspan="2">年　月　日</td></tr>
<tr><td colspan="2">施工单位</td><td colspan="3">项目经理　　×××</td><td colspan="2">××年×月×日</td></tr>
<tr><td colspan="2">勘察单位</td><td colspan="3">项目负责人　　×××</td><td colspan="2">××年×月×日</td></tr>
<tr><td colspan="2">设计单位</td><td colspan="3">项目负责人　　×××</td><td colspan="2">××年×月×日</td></tr>
<tr><td colspan="2">监理(建设)
单位</td><td colspan="5">各子分部工程均符合施工质量验收规范要求,质量控制资料及安全和功能检验(检测)报告齐全,合格,观感质量良好,同意施工单位评定结果,验收合格。

总监理工程师　×××
(建设单位项目专业负责人)　　　　××年×月×日</td></tr>
</table>

注:地基基础、主体结构分部工程质量验收不填写“分包单位”、“分包单位负责人”和“分包技术负责人”。

地基基础、主体结构分部工程验收勘察单位应签认,其他分部工程验收勘察单位可不签认。

表 6-18 混凝土结构 分部(子分部)工程质量验收记录表

工程名称		××工程		结构类型	×××	
施工单位		××建设集团公司	技术部门负责人	×××	质量部门负责人	×××
分包单位		××建筑公司	分包单位负责人	×××	分包技术负责人	×××
序号		子分部(分项)工程名称	分项工程(检验批)数	施工单位检查评定	验收意见	
1	1	模板	10	√	混凝土子分部工程的各分项工程验收合格。 主要结构柱、梁断面尺寸、楼层标高、轴线位置符合设计要求	
	2	钢筋	10	√		
	3	混凝土	10	√		
	4	现浇结构	10	√		
2		质量控制资料		√	各分项工程质量控制资料齐全	
3		安全和功能检验(检测)报告	结构实体检验报告 试验报告编号 2004—0115 混凝土强度达到设计要求的 108%		同意施工单位评定	
4		观感质量验收	混凝土结构尺寸符合设计要求;表面无缺陷;观感质量良好		同意施工单位评定	
验收单位	分包单位	项目经理			年 月 日	
	施工单位	项目经理	×××		××年×月×日	
	勘察单位	项目负责人			年 月 日	
	设计单位	项目负责人	×××		××年×月×日	
	监理(建设)单位	各分项工程符合施工质量验收规范要求,质量控制资料及安全和功能检验(检测)报告齐全,合格,观感质量良好,同意施工单位评定结果,验收合格。 总监理工程师 ××× (建设单位项目专业负责人)			××年×月×日	

注:地基基础、主体结构分部工程质量验收不填写“分包单位”、“分包单位负责人”和“分包技术负责人”。

地基基础、主体结构分部工程验收勘察单位应签认,其他分部工程验收勘察单位可不签认。

表 6-19　　砌体结构 分部(子分部)工程质量验收记录表

工程名称	××工程		结构类型	×××	
施工单位	××建设集团公司	技术部门负责人	×××	质量部门负责人	×××
分包单位	××建筑公司	分包单位负责人	×××	分包技术负责人	×××
序　号	子分部(分项)工程名称	分项工程(检验批)数	施工单位检查评定	验收意见	
1	1　**混凝土小型空心砌块砌体**	**7**	√	**砌体结构各分项工程验收合格**	
	2　**填充墙砌体**	**7**	√		
2	质量控制资料	√		**各分项工程质量控制资料齐全**	
3	安全和功能检验(检测)报告	**砂浆试件抗压报告值均符合设计要求**		**同意施工单位评定**	
4	观感质量验收	**砌体灰缝砂浆饱满,与梁底补砌紧密,砌体结构尺寸符合设计要求,观感质量良好**		**同意施工单位评定**	
验收单位	分包单位	项目经理		年　月　日	
	施工单位	项目经理　×××		××年×月×日	
	勘察单位	项目负责人		年　月　日	
	设计单位	项目负责人　×××		××年×月×日	
	监理(建设)单位	**各分项工程均符合施工质量验收规范要求,质量控制资料及安全和功能检验(检测)报告齐全,合格,观感质量良好,同意施工单位评定结果,验收合格。** 总监理工程师　××× (建设单位项目专业负责人)		××年×月×日	

注:地基基础、主体结构分部工程质量验收不填写"分包单位"、"分包单位负责人"和"分包技术负责人"。

地基基础、主体结构分部工程验收勘察单位应签认,其他分部工程验收勘察单位可不签认。

三、屋面工程验收资料

1. 验收所需文件

(1)工程图及设计变更文件。

(2)原材料出厂合格证、质量检验报告和进场复验报告。

(3)施工方案及技术交底记录。

(4)隐蔽工程验收记录。

(5)施工检验记录。

(6)淋水或蓄水检验记录。

(7)各检验批验收记录。

(8)其他必要的文件和记录。

2. 屋面工程各子分部工程与分项工程的关系

屋面工程各子分部工程与分项工程的关系见表 6-20。

表 6-20　屋面工程各子分部工程与分项工程相关表

分项工程 \ 子分部工程			01	02	03	04	05	06	07	08	09	10
			卷材防水屋面	涂膜防水屋面	刚性防水屋面	瓦屋面	隔热屋面					
序号	名称											
1	保温层	040101,040201	●	●								
2	找平层	040102,040202	●	●								
3	卷材防水层	040103	●									
4	涂膜防水层	040203		●								
5	细石混凝土防水层	040301			●							
6	密封材料嵌缝	040302			●							
7	平瓦屋面	040401				●						
8	油毡瓦屋面	040402				●						
9	金属板材屋面	040403				●						
10	细部构造	040104,040204,040203,040404	●	●	●	●						
11	架空屋面	040501					●					
12	蓄水屋面	040502					●					
13	种植屋面	040503					●					
14												
15												
16												
17												
18												
19												

续表

子分部工程 / 分项工程		01	02	03	04	05	06	07	08	09	10
		卷材防水屋面	涂膜防水屋面	刚性防水屋面	瓦屋面	隔热屋面					
序号	名称										
20											
21											
22											
23											
24											
25											
26											
27											
28											
29											
30											

3. 填写范例

(1)找平层。

1)找平层的材料质量及配合比,必须符合设计要求。

2)屋面(含天沟、檐沟)找平层的排水坡度,必须符合设计要求。

3)基层与突出屋面结构的交接处和基层的转角处,均应做成圆弧形,且整齐平顺。

4)水泥砂浆、细石混凝土找平层应平整、压光,不得有酥松、起砂、起皮现象;沥青砂浆找平层不得有拌和不匀、蜂窝现象。

5)找平层分格缝的位置和间距应符合设计要求。

6)找平层表面平整度的允许偏差为5mm。

(2)防水层。

1)细石混凝土的原材料及配合比必须符合设计要求,尚应符合《屋面工程施工质量验收规范》(GB 50207—2002)第6.1.2条和第6.1.3条规定。

检查出厂合格证、质量检验报告、计量措施和现场抽样复验报告。

2)细石混凝土防水层不得有渗漏或积水现象。

3)细石混凝土防水层在天沟、檐沟、檐口、水落口、泛水、变形缝和伸出屋面管道的防水构造,必须符合设计要求,同时应符合《屋面工程施工质量验收规范》(GB 50207—2002)第9章细部构造的有关规定。

4)细石混凝土防水层应表面平整、压实抹光,不得有裂缝、起壳、起皮、起砂等缺陷。

5)细石混凝土防水层的厚度和钢筋位置应符合设计要求。

6)细石混凝土分格缝的位置和间距应符合设计要求。

7)细石混凝土防水层表面平整度的允许偏差为5mm。

表 6-21

屋面找平层检验批质量验收记录表
GB 50207—2002

040102□□
040202□□

<table>
<tr><td colspan="4">单位(子单位)工程名称</td><td colspan="13">××工程</td></tr>
<tr><td colspan="4">分部(子分部)工程名称</td><td colspan="5">卷材防水屋面</td><td colspan="7">验收部位</td><td>屋面①～⑫/Ⓐ～Ⓕ轴</td></tr>
<tr><td colspan="3">施工单位</td><td colspan="6">××建筑工程公司</td><td colspan="7">项目经理</td><td>×××</td></tr>
<tr><td colspan="3">分包单位</td><td colspan="6"></td><td colspan="7">分包项目经理</td><td></td></tr>
<tr><td colspan="4">施工执行标准名称及编号</td><td colspan="13">《屋面工程施工质量验收规范》(GB 50207—2002)</td></tr>
<tr><td colspan="4">施工质量验收规范的规定</td><td colspan="12">施工单位检查评定记录</td><td>监理(建设)单位验收记录</td></tr>
<tr><td rowspan="2">主控项目</td><td>1</td><td>材料质量及配合比</td><td>设计要求</td><td colspan="12"></td><td rowspan="2">符合设计及施工质量验收规范要求，同意验收</td></tr>
<tr><td>2</td><td>排水坡度</td><td>设计要求</td><td colspan="12">√</td></tr>
<tr><td rowspan="4">一般项目</td><td>1</td><td>交接处和转角处细部处理</td><td>第 4.1.9 条</td><td colspan="12">√</td><td rowspan="4">符合设计及施工质量验收规范要求，同意验收</td></tr>
<tr><td>2</td><td>表面质量</td><td>第 4.1.10 条</td><td colspan="12">√</td></tr>
<tr><td>3</td><td>分格缝位置和间距</td><td>第 4.1.11 条</td><td colspan="12">√</td></tr>
<tr><td>4</td><td>表面平整度允许偏差</td><td>5mm</td><td></td><td>2</td><td>5</td><td>3</td><td>5</td><td>2</td><td>1</td><td>4</td><td>5</td><td>5</td><td>3</td><td></td></tr>
<tr><td colspan="3" rowspan="2">施工单位检查评定结果</td><td colspan="2">专业工长(施工员)</td><td colspan="5">×××</td><td colspan="6">施工班组长</td><td>×××</td></tr>
<tr><td colspan="14">主控项目，一般项目全部合格，符合设计及施工质量验收规范要求。

项目专业质量检查员：×××　　　　××年×月×日</td></tr>
<tr><td colspan="3">监理(建设)单位验收结论</td><td colspan="14">同意验收。

专业监理工程师：×××
(建设单位项目专业技术负责人)：　　　　××年×月×日</td></tr>
</table>

表 6-22　　细石混凝土防水层检验批质量验收记录表
GB 50207—2002

040301□□

单位(子单位)工程名称			××工程										
分部(子分部)工程名称			卷材防水屋面	验收部位									屋面①～⑩/Ⓐ～Ⓔ轴
施工单位			××建筑工程公司	项目经理									×××
分包单位				分包项目经理									
施工执行标准名称及编号			《屋面工程施工质量验收规范》(GB 50207—2002)										
施工质量验收规范的规定				施工单位检查评定记录									监理(建设)单位验收记录
主控项目	1	材料质量及配合比	第 6.1.7 条	√									符合施工质量验收规范,同意验收
	2	细石混凝土防水层不得渗漏或积水	第 6.1.8 条	√									
	3	细部防水构造	第 6.1.9 条	√									
一般项目	1	防水层厚度和钢筋位置	第 6.1.10 条	√									符合施工质量验收规范,同意验收
	2	分格缝位置和间距	第 6.1.12 条	√									
	3	表面平整度允许偏差	5mm	4	5	2	2	1	4	3	5	1	2
施工单位检查评定结果			专业工长(施工员)	×××				施工班组长					×××
			主控项目,一般项目全部合格,符合设计及施工质量验收规范要求。 项目专业质量检查员:×××　　　　××年×月×日										
监理(建设)单位验收结论			同意验收。 专业监理工程师:××× (建设单位项目专业技术负责人):　　　　××年×月×日										

四、建筑给水、排水与采暖质量验收资料

1. 验收所需文件

(1)施工图及设计变更记录。

(2)主要材料、成品、半成品、配件、器具和设备出厂合格证及进场检(试)验报告。

(3)隐蔽工程检查验收记录。

(4)中间试验记录。

(5)设备试运转记录。

(6)安全、卫生和使用功能检验和检测记录。

(7)各检验批质量验收记录。

(8)其他必须提供的文件或记录。

2. 建筑给水、排水与采暖工程子分部工程与分项工程的关系

建筑给水、排水与采暖工程各子分部工程与分项工程的关系见表 6-23。

表 6-23　　建筑给水、排水与采暖工程各子分部工程与分项工程相关表

分项工程 \ 子分部工程			01	02	03	04	05	06	07	08	09	10
			室内给水系统	室内排水系统	室内热水供应系统	卫生器具安装	室内采暖管网	室外给水管网	室外排水管网	室外供热管网	建筑中水系统及游泳池系统	供热锅炉及辅助设备安装
序号	名称											
1	室内给水管道及配件安装	050101		●								
2	室内消火栓安装	050102		●								
3	给水设备安装	050103		●								
4	室内排水管道及配件安装	050201		●								
5	雨水管道及配件安装	050202		●								
6	室内热水管道及配件安装	050301			●							
7	热水供应系统辅助设备安装	050302			●							
8	卫生器具及给水配件安装	050401,050402				●						
9	卫生器具排水管道安装	050403				●						
10	室内采暖管道及配件安装	050501					●					
11	室内采暖辅助设备及散热器、金属辐射板安装	050502,050503					●					
12	低温热水地板辐射采暖系统安装	050504					●					
13	室外给水管道安装	050601						●				
14	室外消防水泵结合器、消火栓安装	050602						●				
15	管沟井室	050603						●				
16	室外排水管沟及井池	050701							●			
17	室外排水管沟及井池	050702							●			
18	室外供热管网安装	050801								●		
19	建筑中水系统及游泳系统安装	050901,050902								●		

续表

序号	子分部工程 / 分项工程 名称	01 室内给水系统	02 室内排水系统	03 室内热水供应系统	04 卫生器具安装	05 室内采暖管网	06 室外给水管网	07 室外排水管网	08 室外供热管网	09 建筑中水系统及游泳池系统	10 供热锅炉及辅助设备安装
20	锅炉安装 051001									●	
21	锅炉辅助设备安装(Ⅰ) 051002								●		
22	锅炉辅助设备工艺管道安装(Ⅱ) 051002								●		
23	锅炉安全附件安装 051003								●		
24	换热站安装 051004								●		
25											
26											

3. 填写范例

(1)室内给水管道的水压试验必须符合设计要求。当设计未注明时，各种材质的给水管道系统试验压力均为工作压力的1.5倍，但不得小于0.6MPa。

金属及复合管给水管道系统在试验压力下观测10min，压力降不应大于0.02MPa，然后降到工作压力进行检查，应不渗不漏；塑料管给水系统应在试验压力下稳压1h，压力降不得超过0.05MPa，然后在工作压力的1.15倍状态下稳压2h，压力降不得超过0.03MPa，同时检查各连接处不得渗漏。

(2)给水系统交付使用前必须进行通水试验并做记录。观察和开启阀门、水嘴等放水检查。

(3)生活给水系统管道在交付使用前必须冲洗和消毒，并经有关部门取样检验，符合国家《生活饮用水标准》方法使用。

(4)室内直埋给水管道(塑料管道和复合管道除外)应做防腐处理。埋地管道防腐层材质和结构应符合设计要求。

(5)给水引入管与排水出管的水平净距不得小于1m。室内给水与排水管道平行敷设时，两管间的最小水平持距不得小于0.5m，交叉铺设时，垂直净距不得小于0.15m。给水管应铺在排水管上面，若给水管必须铺在排水管的下面时，给水管应加套管，其长度不得小于排水管管径的3倍。

(6)管道及管件焊接的焊缝表面质量应符合下列要求：

1)焊缝外形尺寸应符合图纸和工艺文件的规定，焊缝高度不得低于母材表面，焊缝与母材应圆滑过渡。

2)焊缝及热影响区表面应无裂纹、未熔合、未焊透、夹渣、弧坑和气孔等缺陷。

(7)给水平管道应有2‰～5‰的坡度，坡向泄水装置。

(8)管道的支、吊架安装应平整牢固，其间距应符合《建筑给水排水及采暖工程施工质量验收规范》(GB 50242—2002)第3.3.8条、第3.3.9条。

(9)水表应安装在便于检修、不受曝晒、污染和冻结的地方。安装螺翼式水表，表前与阀门应有不小于8倍水表接口直径的直线管段。表外壳距墙表面净距为10～30mm；水表进水口中心墙高按设计要求，允许偏差为±10mm。

(10)给水管道和阀门安装的允许偏差。

表 6-24　　**给水设备安装工程检验批质量验收记录表**

GB 50242—2002

050103□□

<table>
<tr><td colspan="7">单位(子单位)工程名称</td><td colspan="11">××工程</td></tr>
<tr><td colspan="7">分部(子分部)工程名称</td><td colspan="5">室内给水系统</td><td colspan="5">验收部位</td><td>首层</td></tr>
<tr><td colspan="3">施工单位</td><td colspan="9">××建筑工程公司</td><td colspan="5">项目经理</td><td>×××</td></tr>
<tr><td colspan="3">分包单位</td><td colspan="9"></td><td colspan="5">分包项目经理</td><td></td></tr>
<tr><td colspan="7">施工执行标准名称及编号</td><td colspan="11">《建筑给水排水及采暖工程施工质量验收规范》(GB 50242—2002)</td></tr>
<tr><td colspan="7">施工质量验收规范的规定</td><td colspan="10">施工单位检查评定记录</td><td>监理(建设)单位验收记录</td></tr>
<tr><td rowspan="3">主控项目</td><td>1</td><td colspan="4">水泵基础</td><td>设计要求</td><td colspan="10">√</td><td rowspan="3">符合设计及施工质量验收规范要求，同意验收</td></tr>
<tr><td>2</td><td colspan="4">水泵试运转的轴承温升</td><td>设计要求</td><td colspan="10">√</td></tr>
<tr><td>3</td><td colspan="4">敞口水箱满水试验和密闭水箱(罐)水压试验</td><td>第 4.4.3 条</td><td colspan="10">√</td></tr>
<tr><td rowspan="13">一般项目</td><td>1</td><td colspan="4">水箱支架或底座安装</td><td>第 4.4.4 条</td><td colspan="10">√</td><td rowspan="13">符合设计及施工质量验收规范要求，同意验收</td></tr>
<tr><td>2</td><td colspan="4">水箱溢流管和泄放管安装</td><td>第 4.4.5 条</td><td colspan="10">√</td></tr>
<tr><td>3</td><td colspan="4">立式水泵减振装置</td><td>第 4.4.6 条</td><td colspan="10">√</td></tr>
<tr><td rowspan="7">4</td><td rowspan="7">安装允许偏差</td><td rowspan="3">静置设备</td><td colspan="2">坐标</td><td>15mm</td><td>6</td><td>5</td><td>6</td><td>8</td><td>7</td><td>4</td><td>2</td><td>8</td><td>3</td><td>10</td></tr>
<tr><td colspan="2">标高</td><td>±5mm</td><td>+2</td><td>−3</td><td>−4</td><td>+1</td><td>+5</td><td>−2</td><td>+1</td><td>−2</td><td>+4</td><td>+3</td></tr>
<tr><td colspan="2">垂直度(每 1m)</td><td>5mm</td><td>3</td><td>2</td><td>5</td><td>1</td><td>4</td><td>3</td><td>2</td><td>5</td><td>2</td><td>1</td></tr>
<tr><td rowspan="4">离心式水泵</td><td colspan="2">立式垂直度(每 1m)</td><td>0.1mm</td><td></td><td></td><td></td><td></td><td></td><td></td><td></td><td></td><td></td><td></td></tr>
<tr><td colspan="2">卧式水平度(每 1m)</td><td>0.1mm</td><td>0.1</td><td>0</td><td>0</td><td>0.1</td><td>0</td><td>0.1</td><td>0.1</td><td>0</td><td>0</td><td>0</td></tr>
<tr><td rowspan="2">联轴器同心度</td><td>轴向倾斜(每 1m)</td><td>0.8mm</td><td></td><td></td><td></td><td></td><td></td><td></td><td></td><td></td><td></td><td></td></tr>
<tr><td>径向移位</td><td>0.1mm</td><td></td><td></td><td></td><td></td><td></td><td></td><td></td><td></td><td></td><td></td></tr>
<tr><td rowspan="3">5</td><td rowspan="3">保温层允许偏差</td><td colspan="2">允许偏差</td><td>厚度 δ</td><td>$+0.1\delta$
-0.05δ</td><td>+2</td><td>+1</td><td>−3</td><td>+2</td><td>−2</td><td>−1</td><td>+3</td><td>−2</td><td>+2</td><td>−1</td></tr>
<tr><td colspan="2" rowspan="2">表面平整度(mm)</td><td>卷材</td><td>5</td><td>2</td><td>1</td><td>2</td><td>3</td><td>2</td><td>3</td><td>1</td><td>1</td><td>2</td><td>3</td></tr>
<tr><td>涂料</td><td>10</td><td></td><td></td><td></td><td></td><td></td><td></td><td></td><td></td><td></td><td></td></tr>
<tr><td colspan="3" rowspan="2">施工单位检查评定结果</td><td colspan="4">专业工长(施工员)</td><td colspan="4">×××</td><td colspan="6">施工班组长</td><td>×××</td></tr>
<tr><td colspan="15">主控项目，一般项目全部合格，符合设计及施工质量验收规范要求。
项目专业质量检查员：×××　　××年×月×日</td></tr>
<tr><td colspan="3">监理(建设)单位验收结论</td><td colspan="15">同意验收。
专业监理工程师：×××
(建设单位项目专业技术负责人)：　　××年×月×日</td></tr>
</table>

五、通风与空调工程质量验收资料

1. 验收所需文件

(1)图纸及设计变更记录。

(2)主要材料、设备、成品、半成品和仪表的出厂合格证明及进场检(试)验报告。

(3)隐蔽工程检查验收记录。

(4)工程设备、风管系统、管道系统安装及验收记录。

(5)管道试验记录。

(6)设备单机试运转记录。

(7)系统无生产负荷联合试转与调试记录。

(8)各检验批质量验收记录。

(9)其他必须提供的文件或记录。

2. 通风与空调工程各子分部工程与分项工程的关系

通风与空调工程各子分 部工程与分项工程的关系见表 6-25。

表 6-25　　通风与空调分部工程各子分部工程与分项工程相关表

子分部工程 / 分项工程			01	02	03	04	05	06	07	08	09
			送排风系统	防排烟系统	除尘系统	空调系统	净化空调系统	制冷设备系统	空调水系统		
序号	名称										
1	风管与配件制作	080101,080201,080301,080401,080501	●	●	●	●	●				
2	风管部件与消防器制作	080105,080405,080505	●			●	●				
3	风管系统安装	080103,080203,080303,080403,080503	●	●	●	●	●				
4	通风机安装	080107,080207,080307,080407,080507	●	●	●	●	●				
5	通风与空调设备安装	080304,080404,080504			●	●	●				
6	空调制冷系统安装	080601						●			
7	空调水系统安装	080701							●		
8	系统调试	801,0802,0803,0804,0805,0806,0807	●	●	●	●	●	●	●		
9											
10											
11											
12											

注:有●号者为该子分部工程所含的分项工程

3. 填写范例

(1)风管系统安装。

1)主控项目:

①风管穿越封闭防火、防爆墙或楼板应预埋管或防护套管,钢板厚≥1.6mm,间隙用不燃且

对人体无害材料封堵。尺量和观察检查、点燃试验。

②输送易燃易爆气体或处于易燃易爆环境风管应有良好接地，通过生活区或辅助车间时必须严密，且不得设置接口。

③固定接索严禁拉在避雷针(网)上。观察和尺量或手板检查。

④输入空气温度高于 80℃的风管，应按设计要求采取防护措施。观察检查。

⑤风管部件及操作机构应能保证正常使用功能，并便于操作；斜插板风阀的阀板必须为向上拉启；水平安装时，阀板还应顺气流方向插入；止回风阀、自动排气活门安装方向应正确。尺量和观察检查，动作试验。

⑥手动密封阀阀门上墙志的箭头方向必须与受冲击波方向一致。观察检查。

⑦风管系统安装完毕后，应进行严密性检验，漏风量应符合设计与《通风与空调工程施工质量验收规范》(GB 50243—2002)第 4.2.5 条规定。风管系统严密性检验，应符合《通风与空调工程施工质量验收规范》(GB 50243—2002)第 6.2.8 条规定。严密性测试。

2)一般项目：

①风管安装前应清理干净。安装位置、标高、走向应符合设计要求。并符合《通风与空调工程施工质量验收规范》(GB 50243—2002)第 6.3.1 条规定。尺量和观察检查。

②管连接处，应完整无缺损、表面应平整，无明显扭曲；并符合《通风与空调工程施工质量验收规范》(GB 50243—2002)第 6.3.2 条规定。尺量和观察检查。

③风管连接应平直、不扭曲。垂直、水平或倾斜安装要求，并符合《通风与空调工程施工质量验收规范》(GB 50243—2002)第 6.3.3 条规定。

④风管支、吊架符合《通风与空调工程施工质量验收规范》(GB 50243—2002)第 6.3.4 条规定。尺量和观察检查。

⑤铝板、不锈钢板风管与碳素钢支架接触处，应有隔绝或防腐绝缘措施。观察检查。

⑥非金属风管连接法是端面应平行、弯屈，螺栓两侧加镀锌垫圈。硬聚氯乙烯风管直段长度＞20m，按设计要求增伸缩节，干管不得承受支管重量，并符合《通风与空调工程施工质量验收规范》(GB 50243—2002)第 6.3.5 条规定。尺量和观察检查。

⑦复合材料风管连接处接缝应牢固，无孔洞和开裂，插接连接接口应匹配、无松动，端口缝隙≤5mm。法兰连接应有防冷桥。并符合《通风与空调工程施工质量验收规范》(GB 50243—2002)第 6.3.6 条规定。尺量和观察检查。

⑧风阀位置便于操作和检修，操作装置应灵活、可靠，阀板关闭应严密。防火阀直径(边长)≤630mm 时宜独立设支、吊架。排烟阀(口)及手控装置位置符合设计要求；预埋套管不得有死弯及瘪陷。除虫系统吸入管段调节阀宜在垂直管段。并符合《通风与空调工程施工质量验收规范》(GB 50243—2002)第 6.3.8 条规定。尺量和观察检查。

⑨风口与风管连接应严密、牢固，与装饰面紧贴；表面平整、不变形，调节灵活、可靠。条形风口接缝处应衔接自然，无明显缝隙。同一室内相同风口安装高度应一致，排列应整齐。明装无吊顶风口，安装位置和标高偏差≤10mm。风口水平安装，水平度偏差≤3/1000。风口垂直度安装，垂直度偏差≤2/1000。尺量和观察检查。

⑩变风量末端装置应设单独支、吊架，与风管连接前宜作动作试验。并符合《通风与空调工程施工质量验收规范》(GB 50243—2002)第 6.3.6 条规定。观察检查和检查试验记录。

表 6-26

风管系统安装检验批质量验收记录表

(空调)GB 50243—2002

(Ⅱ)

080403□□

<table>
<tr><td colspan="3">单位(子单位)工程名称</td><td colspan="4">××工程</td></tr>
<tr><td colspan="3">分部(子分部)工程名称</td><td colspan="2">空调系统</td><td>验收部位</td><td>四层</td></tr>
<tr><td colspan="2">施工单位</td><td colspan="3">××建筑工程公司</td><td>项目经理</td><td>×××</td></tr>
<tr><td colspan="2">分包单位</td><td colspan="3">××空调安装工程公司</td><td>分包项目经理</td><td>×××</td></tr>
<tr><td colspan="3">施工执行标准名称及编号</td><td colspan="4">《通风与空调工程施工质量验收规范》(GB 50243—2002)</td></tr>
<tr><td colspan="4">施工质量验收规范的规定</td><td colspan="2">施工单位检查评定记录</td><td>监理(建设)单位验收记录</td></tr>
<tr><td rowspan="8">主控项目</td><td>1</td><td>风管穿越防火、防爆墙(楼板)</td><td>第 6.2.1 条</td><td colspan="2">√</td><td rowspan="8">符合设计及施工质量验收规范要求,同意验收</td></tr>
<tr><td>2</td><td>风管内严禁其他管线穿越</td><td>第 6.2.2-1 条</td><td colspan="2">√</td></tr>
<tr><td>3</td><td>易燃、易爆环境风管</td><td>第 6.2.2-2 条</td><td colspan="2">√</td></tr>
<tr><td>4</td><td>室外立管的固定拉索</td><td>第 6.2.2-3 条</td><td colspan="2">√</td></tr>
<tr><td>5</td><td>高于 80℃风管系统</td><td>第 6.2.3 条</td><td colspan="2">√</td></tr>
<tr><td>6</td><td>风管部件安装</td><td>第 6.2.4 条</td><td colspan="2">√</td></tr>
<tr><td>7</td><td>手动密闭阀安装</td><td>第 6.2.9 条</td><td colspan="2">√</td></tr>
<tr><td>8</td><td>风管严密性检验</td><td>第 6.2.8 条</td><td colspan="2">√</td></tr>
<tr><td rowspan="10">一般项目</td><td>1</td><td>风管系统安装</td><td>第 6.3.1 条</td><td colspan="2"></td><td rowspan="10">符合设计及施工质量验收规范要求,同意验收</td></tr>
<tr><td>2</td><td>无法兰风管系统安装</td><td>第 6.3.2 条</td><td colspan="2"></td></tr>
<tr><td>3</td><td>风管连接的水平、垂直质量</td><td>第 6.3.3 条</td><td colspan="2">√</td></tr>
<tr><td>4</td><td>风管支、吊架安装</td><td>第 6.3.4 条</td><td colspan="2">√</td></tr>
<tr><td>5</td><td>铝板、不锈钢板风管安装</td><td>第 6.3.1-8 条</td><td colspan="2">√</td></tr>
<tr><td>6</td><td>非金属风管安装</td><td>第 6.3.5 条</td><td colspan="2"></td></tr>
<tr><td>7</td><td>复合材料风管安装</td><td>第 6.3.6 条</td><td colspan="2"></td></tr>
<tr><td>8</td><td>风阀安装</td><td>第 6.3.8 条</td><td colspan="2">√</td></tr>
<tr><td>9</td><td>风口安装</td><td>第 6.3.11 条</td><td colspan="2">√</td></tr>
<tr><td>10</td><td>变风量末端装置安装</td><td>第 7.3.20 条</td><td colspan="2">√</td></tr>
<tr><td colspan="2" rowspan="2">施工单位检查评定结果</td><td colspan="2">专业工长(施工员)</td><td>×××</td><td>施工班组长</td><td>×××</td></tr>
<tr><td colspan="5">主控项目,一般项目全部合格,符合设计及施工质量验收规范要求。

项目专业质量检查员:×××　　　　××年×月×日</td></tr>
<tr><td colspan="2">监理(建设)单位验收结论</td><td colspan="5">同意验收。

专业监理工程师:×××
(建设单位项目专业技术负责人):　　　　××年×月×日</td></tr>
</table>

(2)通风机安装。

1)主控项目：

①各子项均对图纸检查和观察检查。

②通风机型、规格应符合设计要求，出口方向应正确。叶轮旋转应平稳，停转后不应每次停留在同一位置上。固定通风机的地脚螺栓应拧紧，并有防松动措施。

③通风机传动装置外露部位以及直通大气的进、出口，必须装设防护罩(网)或采取其他安全措施。

2)一般项目：

①各子项均检查施工记录，观察和尺量检查。

②通风机叶轮转子与机壳的组装位置应正确；叶轮进风口插入风机机壳进风口或密封圈的深度，应符合设备技术文件的规定，或为叶轮外径值的1/100。

③现场组装的轴流风机叶片安装角度应一致，达到在同一平面内运转，叶轮与筒体之间的间隙应均匀，水平度允许偏差为1/1000。

④安装隔振器的地面应平整，各组隔振器随荷载的压缩量应均匀，高度误差应小于2mm。

⑤安装风机的隔振钢支、吊架，其结构形式和外形尺寸应符合设计或设备技术文件的规定；焊接应牢固，焊缝应饱满、均匀。

(3)给水设备安装。

1)水泵就位前的基础混凝土强度、坐标、标高、尺寸和螺栓孔位置必须符合设计规定。对照图纸用仪器和尺量检查。

2)水泵试运转的轴承温升必须符合设备说明书的规定。

3)敞口水箱的满水试验和密闭水箱(罐)的水压试验必须符合设计与本规范的规定。满水试验静置24h观察，不渗不漏；水压试验在试验压力下10mm压力不降，不渗不漏。全数检查。

4)水箱支架或底座安装、其尺寸及位置应符合设计规定，埋设平整牢固。对照图纸，全数尺量检查。

5)水箱溢流管和泄放管应设置在排水地点附近但不得与排水管直接连接。全数观察检查。

6)立式水泵的减振装置不应采用弹簧减振器。全数观察检查。

7)室内给水设备安装的允许偏差。经纬仪、拉线和尺量检查。

8)管道及设备保温层的厚度和平整度的允许偏差。用钢针刺入用2m靠尺和楔形塞尺检查。

表 6-27　　室内给水管道及配件安装工程检验批质量验收记录表

GB 50242—2002

050101□□

单位(子单位)工程名称	××工程		
分部(子分部)工程名称	室内给水系统	验收部位	首层
施工单位	××建筑工程公司	项目经理	×××
分包单位		分包项目经理	
施工执行标准名称及编号	《建筑给水排水及采暖工程施工质量验收规范》(GB 50242—2002)		

类别	序号	施工质量验收规范的规定				施工单位检查评定记录										监理(建设)单位验收记录
主控项目	1	给水管道水压试验			设计要求	水压试验记录1份										符合设计及施工质量验收规范要求，同意验收
	2	给水系统通水试验			第4.2.2条	通水试验记录1份										
	3	生活给水系统管冲洗和消毒			第4.2.3条	√										
	4	直埋金属给水管道防腐			第4.2.4条	√										
一般项目	1	给排水管铺设的平行、垂直净距			第4.2.5条	√										符合设计及施工质量验收规范要求，同意验收
	2	金属给水管道及管件焊接			第4.2.6条	√										
	3	给水水平管道坡度坡向			第4.2.7条	√										
	4	管道支、吊架			第4.2.9条	√										
	5	水表安装			第4.2.10条	√										
	6	水平管道纵、横方向弯曲允许偏差	钢管	每1m	1mm	0	0	1	0	0	1	1	1	0	1	
				全长25m以上	≯25mm											
			塑料管复合管	每1m	1.5mm											
				全长25m以上	≯25mm											
			铸铁管	每1m	2mm											
				全长25m以上	≯25mm											
		立管垂直度允许偏差	钢管	每1m	3mm	1	3	2	1	3	1	2	1	2	3	
				5m以上	≯8mm											
			塑料管复合管	每1m	2mm											
				5m以上	≯8mm											
			铸铁管	每1m	3mm											
				5m以上	≯10mm											
		排管段和成排阀门	在同一平面上的间距		3mm	3	2	2	2	1	1	3	1	3	2	

施工单位检查评定结果	专业工长(施工员)	×××	施工班组长	×××
	主控项目，一般项目全部合格，符合设计及施工质量验收规范要求。 项目专业质量检查员：×××　　××年×月×日			
监理(建设)单位验收结论	**同意验收。** 专业监理工程师：××× (建设单位项目专业技术负责人)：　　××年×月×日			

表 6-28

通风机安装检验批质量验收记录表
GB 50243—2002

080107□□
080207□□
080306□□
080407□□
080507□□

单位(子单位)工程名称	××工程		
分部(子分部)工程名称	空调系统	验收部位	首层设备间
施工单位	××建筑工程公司	项目经理	×××
分包单位	××空调安装工程公司	分包项目经理	×××
施工执行标准名称及编号	《通风与空调工程质量验收规范》(GB 50243—2002)		

施工质量验收规范的规定					施工单位检查评定记录						监理(建设)单位验收记录
主控项目	1	通风机安装		第7.2.1条	√						符合设计及施工质量验收规范要求，同意验收
	2	通风机安全措施		第7.2.2条	√						
一般项目	1	叶轮与机壳安装		第7.3.1-1条	√						符合设计及施工质量验收规范要求，同意验收
	2	轴流风机叶片安装		第7.3.1-2条	√						
	3	隔振器地面		第7.3.1-3条	√						
	4	隔振器支吊架		第7.3.1-4条	√						
	5	通风机安装允许偏差(mm)			√						
		中心线的平面位移		10	8	6	5	10	7	7	
		标高		±10	+5	−7	+8	−9	−6	+5	
		皮带轮轮宽中心平面偏移		1	0	1	0	0	1	1	
		传动轴水平度	纵向	0.2/1000	0	0.2/1000	0.1/1000	0.1/1000	0.2/1000	0	
			横向	0.1/1000	0.2/1000	0.2/1000	0.1/1000	0	0		
		联轴器	两轴芯径向位移	0.05	0.02	0.01	0.05	0.01	0.02	0.01	
			两轴线倾斜	0.2/1000	0.2/1000	0.1/1000	0	0.1/1000	0.1/1000	0.2/1000	

施工单位检查评定结果	专业工长(施工员)	×××	施工班组长	×××
	主控项目，一般项目全部合格，符合设计及施工质量验收规范要求。 项目专业质量检查员：×××　　××年×月×日			
监理(建设)单位验收结论	**同意验收。** 专业监理工程师：××× (建设单位项目专业技术负责人)：　　××年×月×日			

六、电梯工程质量验收资料

1. 验收所需文件

(1)安装工艺及企业标准。

(2)设备进场验收记录。

(3)与建筑结构交接验收记录。

(4)隐蔽工程验收记录。

(5)安全保护验收记录。

(6)限速器安全联动试验记录。

(7)屋门及轿门试验记录。

(8)空载、超载125%试运行记录。

2. 电梯安装工程各子分部工程与分项工程的关系

电梯安装工程各子分部工程与分项工程的关系见表6-29。

表6-29　　电梯安装工程各子分部工程与分项工程相关表

子分部工程 / 分项工程			01	02	03
			电力驱动的曳引式或强制式电梯安装子分部	液压电梯安装子分部	自动扶梯、自动人行道安装(子分部)
序号	名称				
1	设备进场验收	090101,090201	●	●	
2	土建交接检验	090102,090202	●	●	
3	驱动主机安装	090103	●		
4	导轨安装	090104,090204	●	●	
5	门系统安装	090105,090205	●	●	
6	轿厢、对重安装	090106,090206	●	●	
7	安全部件安装	090107,090207	●	●	
8	悬挂装置、随行电缆、补偿器安装	090108	●		
9	电气装置安装	090109,090209	●	●	
10	电梯整机安装	090110	●		
11	液压系统安装	090203		●	
12	悬挂装置、随行电缆	090208		●	
13	液压电梯整机安装	090210		●	
14	自动扶梯、人行道设备进场	090301			●
15	土建交接检验	090302			●
16	自动扶梯、人行道整机安装	090303			●

3. 填写范例

(1)电梯设备进场验收。

1)主控项目：

随机文件必须包括下列资料：符合《电梯工程施工质量验收规范》(GB 50310—2002)第4.1.1条，第5.1.1条规定。

①土建布置图；

②产品出厂合格证；

③门锁装置、限速器(如果有)、安全钳(如果有)及缓冲器(如果有)的型式试验合格证书复印件。

2)一般项目：

①随机文件还应包括下列资料：符合《电梯工程施工质量验收规范》(GB 50310—2002)第4.1.2条，第5.1.2条规定。

a. 装箱单；

b. 安装、使用维护说明书；

c. 动力电路和安全电路的电气原理图；

d. 液压系统原理图。

②设备零部件应与装箱单内容相符。符合《电梯工程施工质量验收规范》(GB 50310—2002)第4.1.3条，第5.1.3条规定。

③设备外观不应存在明显的损坏。符合《电梯工程施工质量验收规范》(GB 50310—2002)第4.1.4条，第5.1.4条规定。

按清单目录清点、观察检查。并做好记录。

(2)电梯安装前土建交接验收。

1)主控项目：

①机房(如果有)内部、井道土建(钢架)结构及布置必须符合电梯土建布置图的要求。第4.2.1条。

②主电源开关必须符合《电梯工程施工质量验收规范》(GB 50310—2002)第4.2.2条规定。

a. 主电源开关应能够切断电梯正常使用情况下最大电流；

b. 对有机房电梯该开关应能从机房入口处方便地接近；

c. 对无机房电梯该开关应设置在井道外工作人员方便接近的地方，且应具有必要的安全防护。

③井道必须符合下列规定：

a. 当底坑底面下有人员能到达的空间存在，且对重(或平衡重)上未设有安全钳装置时，对重缓冲器必须能安装在平衡重运行区域的下边，必须一直延伸到坚固地面上的实心桩墩上；

b. 电梯安装之前，所有层门预留孔必须设有高度不小于1.2m的安全保护围封，并应保证有足够的温度；

c. 当相邻两层门地坎间的距离大于11m时，其间必须设置井道安全门，井道安全门严禁向井道内开启，且必须装有安全门处于关闭时电梯才能运行的电气安全装置。当相邻轿厢间有相互救援用轿厢安全门时，可不执行本款。

2)一般项目：

①机房(如果有)还应符合《电梯工程施工质量验收规范》(GB 50310—2002)第4.2.4条规定。

②井道还应符合《电梯工程施工质量验收规范》(GB 50310—2002)第4.2.5条规定。

③验收后形成记录，该土建返修的限期返修，土建、安装、监理三个签字，作为中间交接验收。

表 6-30 **电梯安装工程设备进场质量验收记录表**

GB 50310—2002

090101□□
090201□□

<table>
<tr><td colspan="4">单位(子单位)工程名称</td><td colspan="4">××工程</td></tr>
<tr><td colspan="4">分部(子分部)工程名称</td><td colspan="2">电梯安装</td><td>验收部位</td><td>电梯井道、机房</td></tr>
<tr><td colspan="3">施工单位</td><td colspan="3">××建筑工程公司</td><td>项目经理</td><td>×××</td></tr>
<tr><td colspan="3">分包单位</td><td colspan="3">××电梯安装公司</td><td>分包项目经理</td><td>×××</td></tr>
<tr><td colspan="4">施工执行标准名称及编号</td><td colspan="4">电梯工程施工质量验收规范(GB 50310—2002)</td></tr>
<tr><td colspan="5">施工质量验收规范的规定</td><td colspan="2">施工单位检查评定记录</td><td>监理(建设)单位验收记录</td></tr>
<tr><td rowspan="3">主控项目</td><td rowspan="3">1</td><td rowspan="3">随机文件必须包括</td><td>土建布置图</td><td rowspan="3">第 4.1.1 条
第 5.1.1 条</td><td colspan="2">√</td><td rowspan="3">符合设计及施工质量验收规范要求，同意验收</td></tr>
<tr><td>产品出厂合格证</td><td colspan="2">√</td></tr>
<tr><td>门锁装置、退速器、安全钳及缓冲器的型式试验证书复印件</td><td colspan="2">√</td></tr>
<tr><td rowspan="6">一般项目</td><td rowspan="4">1</td><td rowspan="4">随机文件还应包括</td><td>装箱单</td><td rowspan="4">第 4.1.2 条
第 5.1.2 条</td><td colspan="2">√</td><td rowspan="6">符合设计及施工质量验收规范要求，同意验收</td></tr>
<tr><td>安装、使用维护说明书</td><td colspan="2">√</td></tr>
<tr><td>动力和安全电路的电气原理图</td><td colspan="2">√</td></tr>
<tr><td>液压系统原理图</td><td colspan="2">√</td></tr>
<tr><td>2</td><td colspan="2">设备零部件与装箱单</td><td>内容相符</td><td colspan="2">√</td></tr>
<tr><td>3</td><td colspan="2">设备外观</td><td>无明显损坏</td><td colspan="2">√</td></tr>
<tr><td colspan="2" rowspan="2">施工单位检查评定结果</td><td colspan="2">专业工长(施工员)</td><td>×××</td><td colspan="2">施工班组长</td><td>×××</td></tr>
<tr><td colspan="6">主控项目，一般项目全部合格，符合设计及施工质量验收规范要求。

项目专业质量检查员：××× ××年×月×日</td></tr>
<tr><td colspan="2">监理(建设)单位验收结论</td><td colspan="6">同意验收。

专业监理工程师：×××
(建设单位项目专业技术负责人)： ××年×月×日</td></tr>
</table>

表 6-31　　**电梯安装土建交接质量验收记录表**

GB 50310—2002

090102□□

090202□□

<table>
<tr><td colspan="3">单位(子单位)工程名称</td><td colspan="4">××工程</td></tr>
<tr><td colspan="3">分部(子分部)工程名称</td><td colspan="2">电梯安装</td><td>验收部位</td><td>电梯井道、机房</td></tr>
<tr><td colspan="3">施工单位</td><td colspan="2">××建筑工程公司</td><td>项目经理</td><td>×××</td></tr>
<tr><td colspan="3">分包单位</td><td colspan="2">××电梯安装公司</td><td>分包项目经理</td><td>×××</td></tr>
<tr><td colspan="3">施工执行标准名称及编号</td><td colspan="4">《电梯工程施工质量验收规范》(GB 50310—2002)</td></tr>
<tr><td colspan="4">施工质量验收规范的规定</td><td colspan="2">施工单位检查评定记录</td><td>监理(建设)单位验收记录</td></tr>
<tr><td rowspan="3">主控项目</td><td>1</td><td>机房内部、井道土建(钢架)结构布置</td><td>必须符合电梯梯土建布置图要求</td><td colspan="2">√</td><td rowspan="3">符合设计及施工质量验收规范要求，同意验收</td></tr>
<tr><td>2</td><td>主电源开关</td><td>第 4.2.2 条</td><td colspan="2">√</td></tr>
<tr><td>3</td><td>井道</td><td>第 4.2.4 条</td><td colspan="2">√</td></tr>
<tr><td rowspan="2">一般项目</td><td>1</td><td>机房还应符合的规定</td><td>第 4.2.4 条</td><td colspan="2">√</td><td rowspan="2">符合设计及施工质量验收规范要求，同意验收</td></tr>
<tr><td>2</td><td>井道还应符合的规定</td><td>第 4.2.5 条</td><td colspan="2">√</td></tr>
<tr><td rowspan="2" colspan="2">施工单位检查评定结果</td><td colspan="2">专业工长(施工员)</td><td>×××</td><td>施工班组长</td><td>×××</td></tr>
<tr><td colspan="5">主控项目，一般项目全部合格，符合设计及施工质量验收规范要求。

项目专业质量检查员：×××　　　　　××年×月×日</td></tr>
<tr><td colspan="2">监理(建设)单位验收结论</td><td colspan="5">同意验收。

专业监理工程师：×××
(建设单位项目专业技术负责人)：　　　　　××年×月×日</td></tr>
</table>

七、建筑电气工程验收资料

1. 验收所需文件

(1)施工图及设计变更记录。
(2)主要设备、器具、材料合格证及进场复验报告。
(3)隐蔽工程验收记录。
(4)电气设备交接试验记录。
(5)接地电阻、绝缘电阻测试记录。
(6)空载试运行和负荷试运行记录。
(7)调试记录。
(8)建筑照明通电试运行记录。
(9)各检验批验收记录。
(10)其他必要的文件和记录。

2. 建筑电气安装工程分部(子分部)工程与分项工程的关系

建筑电气安装工程分部(子分部)工程与分项工程的关系见表 6-32。

表 6-32　　建筑电气安装工程分部(子分部)工程与分项工程相关表

分项工程 \ 子分部工程		01	02	03	04	05	06	07
		室外电气安装工程	变配电室安装工程	供电干线安装工程	电气功力安装工程	电气照明安装工程	备用和不间断电源安装工程	防雷及接地装置安装工程
序号	名称							
1	架空线路及杆上电气设备安装 060101	●						
2	变压器、箱式弯电所安装 060102,060201	●	●					
3	成套配电柜、控制柜(屏、台)和动力、照明配电箱(盘)安装(Ⅰ)060103,060202060601(Ⅱ)060401,(Ⅲ)060501	●	●		●	●	●	
4	低压电动机、电加热器及电动执行机构检查按线 060402				●			
5	柴油发电机组安装 060602						●	
6	不间断电源安装 060603						●	
7	低压电气动力设备试验和试运行 060403				●			
8	裸母线、封闭母线、插接式母线安装 060203,060301,060604		●	●				
9	电缆桥架安装和桥架内电缆敷设 060302,060404			●	●			
10	电缆沟内和电缆竖井内电缆敷设 060204,060303		●	●				
11	电线导管、电缆导管和线槽敷设(Ⅰ)060304,060405060502,060605(Ⅱ)060104	●		●	●	●	●	

续表

子分部工程 / 分项工程		01	02	03	04	05	06	07
		室外电气安装工程	变配电室安装工程	供电干线安装工程	电气动力安装工程	电气照明安装工程	备用和不间断电源安装工程	防雷及接地装置安装工程
序号	名称							
12	电线、电缆穿管和线槽敷线 060105,060305,060406,060503,060606	●		●	●	●	●	
13	槽板配线 060504					●		
14	钢索配线 060505					●		
15	电缆头制作、接线和线路绝缘测试 060106,06020,060306,060407,060506,060607	●	●	●	●	●	●	
16	普通灯具安装 060507					●		
17	专用灯具安装 060508					●		
18	建筑物景观照明灯、航空障碍标志灯和庭院灯安装 060107,060509	●				●		
19	开关、插座、风扇安装 060408,060510				●	●		
20	建筑物照明通电试运行 060108,060511	●						
21	接地装置安装 060109.060206.060606.060701	●	●				●	●
22	避雷引下线和变配电室接地干线敷设(Ⅰ)060702,(Ⅱ)060207		●					●
23	接闪器安装 060704							●
24	建筑物等电位联结 060703							●

3. 填写范例

(1)架空线路及杆上电气设备安装。

1)主控项目：

①变压器中性点应与接地装置引出干线直接连接、接地装置的接地电阻值必须符合设计要求。

②杆上变压器和高压绝缘子、高压隔离开关、跌落式熔断器、避雷器等必须按《建筑电气工程施工质量验收规范》(GB 50303—2002)第3.1.8条的规定交接试验合格。

③杆上低压配电箱的电气装置和馈电线路交接试验应符合下列规定：

a. 每路配电开关及保护装置的规格、型号，应符合设计要求；

b. 相间和相对地间的绝缘电阻值应大于0.5MΩ；

c. 电气装置的交流工频耐压试验电压1kV，当绝缘电阻值大于10MΩ时，可采用2500V兆欧表摇测替代，试验持续时间1min，无击穿闪络现象。

2)一般项目：

①拉线的绝缘子及金具应齐全，位置正确，承力拉线应与线路中心线方向一致，转角拉线应与线路分角线方向一致。拉线应收紧。收紧程序与杆上导线数量规格及弧垂值相适配。

②电杆组应正直，直线杆横向位移不应大于50mm，杆梢偏移不应大于梢径的1/2，转角杆紧线后不向内角倾斜，向外角倾斜不应大于一个梢径。

③直线杆单横担应装于受电侧，终端杆、转角杆的单横担装于拉线侧。横担的上下歪斜和左

右扭斜,从横担端部测量不应大于 20mm。横担等镀锌制品应热浸镀锌。

④导线无断股、扭绞和死弯,与绝缘子固定可靠,金具规格应与导线规格适配。

⑤线路跳线、过引线、接户线的线间和线对地间的安全距离,电压等级为 6～10kV 的,应大于 300mm,电压等级为 1kV 及以下的,应大于 150mm。用绝缘导线架设的线路,绝缘破口处应修补完整。

⑥杆上电气设备安装应符合下列规定:

a. 固定电气设备的支架、紧固件为热浸镀锌制品,坚固件及防松零件齐全;

b. 变压器油位正常、附件齐全、无渗油现象,外壳涂层完整;

c. 跌落式熔断安装的相间距离不小于 500mm;熔管试操动能自然打开旋下;

d. 杆上隔离开关分、合操动灵活,操动机构机械销定可靠,分合时三相同期性好,分闸后,刀片与静触头间空气间隙距离不小于 200mm;地面操作杆的接地(PE)可靠,且有标识;

e. 杆上避雷排列整齐,相间距离不小于 350mm,电源侧引线铜线截面积不小于 $16mm^2$、铜线截面积不小于 $25mm^2$,接地侧引线铜线截面积不小于 $25mm^2$,铝线截面积不小于 $35mm^2$。与接地装置引出线连接可靠。

(2)变压器、箱式变电所安装。

1)主控项目:

①变压器安装应位置正确,附件齐全,油浸变压器油位正常,无渗油现象。

②接地装置引出的接地干线与变压器的低压侧中性点直接连接;接地干线箱式变电所的 N 母线和 PE 母线直接连接;变压器箱体、干式变压器的支架或外壳应接地(PE)。所有连接应可靠,紧固件及防松零件齐全。

③变压器必须按《建筑电气工程施工质量验收规范》(GB 50303—2002)第 3.1.8 条的规定交接试验合格。

④箱式变电所及落地式配电箱的基础应高于室外的地坪,周围排水通畅。用地脚螺栓固定的螺帽齐全,拧紧牢固;自由安放的应垫平放正。金属箱式变电所及落地式配电箱,箱体应接地(PE)或接零(PEN)可靠,且有标识。

⑤箱式变电所的交接试验,必须符合下列规定:

a. 由高压成套开关柜、低压成套开关柜和变压器三个独立单元组合成的箱式变电所高压电气设备部位,按《建筑电气工程施工质量验收规范》(GB 50303—2002)第 3.1.8 条的规定交接试验合格;

b. 高压开关、熔断器等与变压器组合在同一个密闭油箱内的箱式变电所,交接试验按产品提供的技术文件要求执行;

c. 低压成套配电柜交接试验符合《建筑电气工程施工质量验收规范》(GB 50303—2002) 4.1.5 条的规定。

2)一般项目:

②有载调压开关的传动部位润滑应良好,动作灵活,点动给定位置与开关实际位置一致,自动调节符合产品的技术文件要求。

②绝缘件应无裂纹、缺损和瓷件瓷釉损坏等缺陷,外表清洁,测温仪表指标准确。

③装有滚轮的变压器就位后,应将滚轮用能拆缺的制动部件固定。

④变压器应按产品技术文件要求进行检查器身,当满足下列条件之一时,可不检查器身。

a. 制造厂规定不检查器身者;

b. 就地生产仅作短途运输的变压器,且在运输过程中有效监督,无紧急制动、剧烈振动、冲撞或严重颠簸等异常情况者。

⑤箱式变电所内外涂层完整、无损伤,有通风口的风口防护网完好。

⑥箱式变电所的高低压柜内部接线完整、低压每个输出回路标记清晰,回路名称准确。

⑦装有气体断电器的变压器顶盖,沿气体断电器的气流方向有 1.0%～1.5%的升高坡度。

表 6-33　　**架空线路及杆上电气设备安装检验批质量验收记录表**

GB 50303—2002

060101□□

<table>
<tr><td colspan="3">单位(子单位)工程名称</td><td colspan="9">××工程</td></tr>
<tr><td colspan="3">分部(子分部)工程名称</td><td colspan="5">室外电气安装</td><td colspan="3">验收部位</td><td>150# 线路</td></tr>
<tr><td colspan="3">施工单位</td><td colspan="5">××建筑工程公司</td><td colspan="3">项目经理</td><td>×××</td></tr>
<tr><td colspan="3">分包单位</td><td colspan="5"></td><td colspan="3">分包项目经理</td><td></td></tr>
<tr><td colspan="3">施工执行标准名称及编号</td><td colspan="9">《建筑电气工程施工质量验收规范》(GB 50303—2002)</td></tr>
<tr><td colspan="4">施工质量验收规范的规定</td><td colspan="7">施工单位检查评定记录</td><td>监理(建设)单位验收记录</td></tr>
<tr><td rowspan="6">主控项目</td><td>1</td><td>变压器中性点的接地及接地电阻值测试</td><td>第 4.1.3 条</td><td colspan="7">√</td><td rowspan="6">符合设计及施工质量验收规范要求，同意验收</td></tr>
<tr><td>2</td><td>杆上高压电气设备的交接试验</td><td>第 4.1.4 条</td><td colspan="7">√</td></tr>
<tr><td>3</td><td>杆上低压配电装置和馈电线路的交接试验</td><td>第 4.1.5 条</td><td colspan="7">√</td></tr>
<tr><td>4</td><td>电杆坑、拉线坑深度允许偏差(m)</td><td>+100，−50</td><td>+50</td><td>+70</td><td>−20</td><td>+30</td><td>+20</td><td>−30</td><td>+30</td></tr>
<tr><td>5</td><td>架空导线的弧垂值允许偏差</td><td>±5%</td><td>+2%</td><td>+5%</td><td>+3%</td><td>−5%</td><td>−4%</td><td>+3%</td><td>+1%</td></tr>
<tr><td>6</td><td>水平排列的同档导线间的弧垂值允许偏差(mm)</td><td>±50</td><td>+50</td><td>−30</td><td>+20</td><td>+30</td><td>−40</td><td>−10</td><td>−50</td></tr>
<tr><td rowspan="6">一般项目</td><td>1</td><td>拉线及其绝缘子、金具安装</td><td>第 4.2.1 条</td><td colspan="7">√</td><td rowspan="6">符合设计及施工质量验收规范要求，同意验收</td></tr>
<tr><td>2</td><td>电杆组立</td><td>第 4.2.2 条</td><td colspan="7">√</td></tr>
<tr><td>3</td><td>横担安装及横担的镀锌处理</td><td>第 4.2.3 条</td><td colspan="7">√</td></tr>
<tr><td>4</td><td>导线架设</td><td>第 4.2.4 条</td><td colspan="7">√</td></tr>
<tr><td>5</td><td>线路安全距离</td><td>第 4.2.5 条</td><td colspan="7">√</td></tr>
<tr><td>6</td><td>杆上电气设备安装</td><td>第 4.2.6 条</td><td colspan="7">√</td></tr>
<tr><td colspan="3" rowspan="2">施工单位检查评定结果</td><td colspan="2">专业工长(施工员)</td><td colspan="3">×××</td><td colspan="3">施工班组长</td><td>×××</td></tr>
<tr><td colspan="9">主控项目，一般项目全部合格，符合设计及施工质量验收规范要求。

项目专业质量检查员：×××　　　　××年×月×日</td></tr>
<tr><td colspan="3">监理(建设)单位验收结论</td><td colspan="9">同意验收。

专业监理工程师：×××
(建设单位项目专业技术负责人)：　　　　××年×月×日</td></tr>
</table>

表 6-34　　变压器、箱式变电所安装检验批质量验收记录表

GB 50303—2002

060102□□

060202□□

<table>
<tr><td colspan="3">单位(子单位)工程名称</td><td colspan="5">××工程</td></tr>
<tr><td colspan="3">分部(子分部)工程名称</td><td colspan="2">室外电器安装</td><td colspan="2">验收部位</td><td>105#线路</td></tr>
<tr><td colspan="2">施工单位</td><td colspan="3">××建筑工程公司</td><td colspan="2">项目经理</td><td>×××</td></tr>
<tr><td colspan="2">分包单位</td><td colspan="3"></td><td colspan="2">分包项目经理</td><td></td></tr>
<tr><td colspan="3">施工执行标准名称及编号</td><td colspan="5">《建筑电气工程施工质量验收规范》(GB 50303—2002)</td></tr>
<tr><td colspan="4">施工质量验收规范的规定</td><td colspan="3">施工单位检查评定记录</td><td>监理(建设)单位验收记录</td></tr>
<tr><td rowspan="5">主控项目</td><td>1</td><td>变压器安装及外观检查</td><td>第 5.1.1 条</td><td colspan="3">√</td><td rowspan="5">符合设计及施工质量验收规范要求，同意验收</td></tr>
<tr><td>2</td><td>变压器中性点、箱式变电所 N 和 PE 母线的接地连接及支架或框架接地</td><td>第 5.1.2 条</td><td colspan="3">√</td></tr>
<tr><td>3</td><td>变压器的接接试验</td><td>第 5.1.3 条</td><td colspan="3">√</td></tr>
<tr><td>4</td><td>箱式变电所及落地配电箱的固定、箱体的接地或接零</td><td>第 5.1.4 条</td><td colspan="3">√</td></tr>
<tr><td>5</td><td>箱式变电所的交接试验</td><td>第 5.1.5 条</td><td colspan="3">√</td></tr>
<tr><td rowspan="7">一般项目</td><td>1</td><td>有载调压开关检查</td><td>第 5.2.1 条</td><td colspan="3">√</td><td rowspan="7">符合设计及施工质量验收规范要求，同意验收</td></tr>
<tr><td>2</td><td>绝缘件和测温仪表检查</td><td>第 5.2.2 条</td><td colspan="3">√</td></tr>
<tr><td>3</td><td>装有软件的变压器固定</td><td>第 5.2.3 条</td><td colspan="3">√</td></tr>
<tr><td>4</td><td>变压器的器身检查</td><td>第 5.2.4 条</td><td colspan="3">√</td></tr>
<tr><td>5</td><td>箱式变电所内外涂层和通风口检查</td><td>第 5.2.5 条</td><td colspan="3">√</td></tr>
<tr><td>6</td><td>箱式变电所柜内接线和线路标记</td><td>第 5.2.6 条</td><td colspan="3">√</td></tr>
<tr><td>7</td><td>装有气体断电器的变压器的坡度</td><td>第 5.2.6 条</td><td colspan="3">√</td></tr>
<tr><td colspan="3" rowspan="2">施工单位检查评定结果</td><td colspan="2">专业工长(施工员)</td><td>×××</td><td>施工班组长</td><td>×××</td></tr>
<tr><td colspan="5">主控项目，一般项目全部合格，符合设计及施工质量验收规范要求。
项目专业质量检查员：×××　　××年×月×日</td></tr>
<tr><td colspan="3">监理(建设)单位验收结论</td><td colspan="5">同意验收。
专业监理工程师：×××
(建设单位项目专业技术负责人)：　　××年×月×日</td></tr>
</table>

(3)地下电缆敷设。

1)主控项目：

①金属电缆支架、电缆导管必须接地(PE)或接零(PEN)可靠。

②电缆敷设严禁有绞拧、销装压扁、护层断裂和表面严重划伤等缺陷。

2)一般项目：

①电缆支架安装应符合下列规定：

a. 当设计无要求时，电缆支架最上层至竖井顶部或楼板的距离不小于150～200mm；电缆支架最下层至沟底或地面的距离不小于50～100mm；

b. 当设计无要求时，电缆支架层间最小允许距离符合表13.2.1的规定；

c. 支架与预埋件焊接固定时，焊缝饱满；用膨胀螺栓固定时，选用螺栓适配，螺栓紧固，防松零件齐全。

②电缆的支架上敷设，转变处的最小允许弯曲半径应符合《建筑电气工程施工质量验收规范》(GB 50303—2002)表12.2.1-2的规定。

③电缆敷设固定应符合下列规定：

a. 垂直敷设或大于45°倾斜敷设的电缆在每个支架上固定；

b. 交流单芯电缆或分相后的每相电缆固定用的夹具和支架，不形成闭合铁磁回路；

c. 电缆排列整齐，少交叉；当设计无要求时，电缆支持点间距，不大于《建筑电气工程施工质量验收规范》(GB 50303—2002)表13.2.3的规定；

d. 当设计无要求时，电缆与管道的最小净距，符合《建筑电气工程施工质量验收规范》(GB 50303—2002)表12.2.1-2的规定，且敷设在易燃易爆气体管道的热力管道的下方；

e. 敷设电缆的电缆沟和竖井，按设计要求位置，有防火隔堵措施。

④电缆的首端、末端和分支处应投标志牌。

(4)配电柜配电箱安装。

1)主控项目：

①柜、屏、台、箱、盘的金属框架及基础型铜必须接地(PE)或接零(PEN)可靠；装有电器的可开启门，门和框架和接地端子间应用裸编织铜线连接，且有标识。

②低压成套配电柜、控制柜(屏、台)和动力、照明配电箱(盘)应有可靠的电击保护。柜(屏、台、箱、盘)内保护导体应有裸露的连接外部保护导体的端子，当设计无要求时，柜(屏、台、箱、盘)内保护导体最小截面积 S_p 不应小于《建筑电气工程施工质量验收规范》(GB 50303—2002)表6.1.2的规定。

③手车、抽出式成套配电柜推拉应灵活，无卡阻碰撞现象。动触头与静触头的中心线应一致，且触头接触紧密，投入时，接地触头先于主触头接触；退出时，接地触头后于主触头脱开。

④低压成套配电柜交接试验，必须符合《建筑电气工程施工质量验收规范》(GB 50303—2002)第4.1.5条的规定。

⑤柜、屏、台、箱、盘间线路的线间和线对地间绝缘电阻值，馈电线路必须大于0.5MΩ；二次回路必须大于1MΩ。

⑥柜、屏、台、箱、盘间二次回路交流工频耐压试验，当绝缘电阻值大于10MΩ时，做1000V交流工频耐压试验，时间1min，应无闪络击穿现象。

⑦直流屏试验，应将屏内电子器件从线路上退出，检测主回路线间和线对地间绝缘电阻值应大于0.5MΩ，直流屏所附蓄电池组的充、放电应符合产品技术文件要求；整流器的控制调整和输

出特性试验应符合产品技术文件要求。

2）一般项目：

①柜、屏、台、箱、盘相互间或与基础型钢应用镀锌螺栓连接，且防松零件齐全。

②柜、屏、台、箱、盘安装垂直度允许偏差为1.5‰，相互间接缝不应大于2mm，成列盘面偏差不应大于5mm。

③柜、屏、台、箱、盘内检查试验应符合下列规范：a. 控制开关及保护装置的规格、型号符合设计要求；b. 闭锁装置动作准确、可靠；c. 主开关的辅助开关切换动作与主开关动作一致；d. 柜、屏、台、箱、盘上的标识器标明被控制设备编号及名称，或操作位置，接线端子有编号，且清晰、工整、不易脱色；e. 回路中的电子元件不应参加交流工频耐压试验；48V及以下回路可不作交流工频耐压试验。

④低压电器组合应符合下列规定：a. 发热元件安装在散热良好的位置；b. 熔断器的熔体规格、自动开关的速写值符合设计要求；c. 切换压板接触良好，相邻压板间有安全距离，切换时，不触及相邻的压板；d. 信号回路的信号灯、按钮、光字牌、电铃、电笛、事故电钟等动作和信号显示准确；e. 外壳需接地(PE)或接零(PEN)的，连接可靠；f. 端子排安装牢固，端子有序号、强电、弱电端子隔离布置，端子规格与芯线截面积大小适配。

⑤柜、屏、台、箱、盘间配线：电流回路应采用额定电压不低于750V、芯线截面积不小于2.5mm^{2}的铜芯绝缘电线或电缆；除电子元件回路或类似回路外，其他回路的电线应采用额定电压不低于750V，芯线截面不小于1.5mm^{2}的铜芯绝缘电线或电缆。

二次回路连线应成束绑扎，不同电压等级、交流、直流线路及计算机控制线路应分别绑扎，且有标识；固定后不应妨碍手车开关或抽出式部件的拉出或推入。

⑥连接柜、屏、台、箱、盘面板上的电器及控制台、板等可动部位的电线应符合下列规定：a. 采用多股铜芯软电线，敷设长度留有适当裕量；b. 线束有外套塑料管等加强绝缘保护层；c. 与电器连接时，端部绞紧，且有不开口的终端子或搪锡，不松散、断股；d. 可转动部位的两端用卡子固定。

(5)避雷引线。

1）主控项目：

①暗敷在建筑物抹灰层内的引下线应有卡钉分段固定；明敷的引下线应平直、无急弯，与支架焊接处，油漆防腐，且无遗漏。

②当利用金属构件、金属管道做接地线时，应在构件或管道与接地干线间焊接金属跨接线。

2）一般项目：

①钢制接地线的焊接连接应符合《建筑电气工程施工质量验收规范》(GB 50303—2002)第24.2.1条的规定，材料采用及最小允许规格、尺寸符合《建筑电气工程施工质量验收规范》(GB 50303—2002)第24.2.2条的规定。

②明敷接地引下线及室内接地干线的支持件间距应均匀，水平直线部位0.5～1.5m；垂直直线部位1.5～3m；弯曲部位0.3～0.5m。

③接地线在穿越墙壁、楼板和地坪处应加套钢管或其他坚固的保护套管，钢套管应与接地线做电气连通。

④设计要求接地的幕墙金属框架和建筑物的金属门窗，应就近与接地干线连接可靠，连接处不同金属间应有防电化腐蚀措施。

表 6-35　　电缆沟内和电缆竖井内电缆敷设检验批质量验收记录表

GB 50303—2002

060204□□
060303□□

<table>
<tr><td colspan="3">单位(子单位)工程名称</td><td colspan="4">××工程</td></tr>
<tr><td colspan="3">分部(子分部)工程名称</td><td colspan="2">变配电室安装</td><td>验收部位</td><td></td></tr>
<tr><td colspan="3">施工单位</td><td colspan="2">××建筑工程公司</td><td>项目经理</td><td>×××</td></tr>
<tr><td colspan="3">分包单位</td><td colspan="2"></td><td>分包项目经理</td><td></td></tr>
<tr><td colspan="3">施工执行标准名称及编号</td><td colspan="4">《建设电气工程施工质量验收规范》(GB 50303—2002)</td></tr>
<tr><td colspan="4">施工质量验收规范的规定</td><td colspan="2">施工单位检查评定记录</td><td>监理(建设)单位验收记录</td></tr>
<tr><td rowspan="2">主控项目</td><td>1</td><td>金属电缆支架、电线导管的接地或接零</td><td>第 13.1.1 条</td><td colspan="2">√</td><td rowspan="2">符合设计及施工质量验收规范要求，同意验收</td></tr>
<tr><td>2</td><td>电缆敷设检查</td><td>第 13.1.2 条</td><td colspan="2">√</td></tr>
<tr><td rowspan="4">一般项目</td><td>1</td><td>电缆支架安装</td><td>第 13.2.1 条</td><td colspan="2">√</td><td rowspan="4">符合设计及施工质量验收规范要求，同意验收</td></tr>
<tr><td>2</td><td>电缆的弯曲半径</td><td>第 13.2.2 条</td><td colspan="2">√</td></tr>
<tr><td>3</td><td>电缆的敷设固定和防火措施</td><td>第 13.2.3 条</td><td colspan="2">√</td></tr>
<tr><td>4</td><td>电缆的首端、末端和分支处的标志牌</td><td>第 13.2.4 条</td><td colspan="2">√</td></tr>
<tr><td colspan="3" rowspan="2">施工单位检查评定结果</td><td>专业工长(施工员)</td><td>×××</td><td>施工班组长</td><td>×××</td></tr>
<tr><td colspan="4">主控项目，一般项目全部合格，符合设计及施工质量验收规范要求。
项目专业质量检查员：×××　　××年×月×日</td></tr>
<tr><td colspan="3">监理(建设)单位验收结论</td><td colspan="4">同意验收。
专业监理工程师：×××
(建设单位项目专业技术负责人)：　　××年×月×日</td></tr>
</table>

表 6-36　　成套配电柜、控制柜(屏、台)和动力、照明配电箱(盘)安装检验批质量验收记录表 GB 50303—2002

(Ⅱ)低压成套柜(屏、台)

060401□□

<table>
<tr><td colspan="4">单位(子单位)工程名称</td><td colspan="12">××工程</td></tr>
<tr><td colspan="4">分部(子分部)工程名称</td><td colspan="6">变配电室安装</td><td colspan="3">验收部位</td><td colspan="3"></td></tr>
<tr><td colspan="2">施工单位</td><td colspan="8">××建筑工程公司</td><td colspan="3">项目经理</td><td colspan="3">×××</td></tr>
<tr><td colspan="2">分包单位</td><td colspan="8"></td><td colspan="3">分包项目经理</td><td colspan="3"></td></tr>
<tr><td colspan="4">施工执行标准名称及编号</td><td colspan="12">《建筑电气工程施工质量验收规范》(GB 50303—2002)</td></tr>
<tr><td colspan="5">施工质量验收规范的规定</td><td colspan="10">施工单位检查评定记录</td><td>监理(建设)单位验收记录</td></tr>
<tr><td rowspan="7">主控项目</td><td>1</td><td colspan="2">金属框架接地或接零</td><td>第 6.1.1 条</td><td colspan="10">√</td><td rowspan="7">符合设计及施工质量验收规范要求，同意验收</td></tr>
<tr><td>2</td><td colspan="2">电击保护和保护导体的截面积</td><td>第 6.1.2 条</td><td colspan="10">√</td></tr>
<tr><td>3</td><td colspan="2">抽查式柜的推拉和动、静触头检查</td><td>第 6.1.3 条</td><td colspan="10">√</td></tr>
<tr><td>4</td><td colspan="2">成套配电柜的交接试验</td><td>第 6.1.5 条</td><td colspan="10">√</td></tr>
<tr><td>5</td><td colspan="2">柜(屏、盘、台等)间线路绝缘电阻值测试</td><td>第 6.1.6 条</td><td colspan="10">√</td></tr>
<tr><td>6</td><td colspan="2">柜(屏、盘、台等)间二次回路耐压试验</td><td>第 6.1.7 条</td><td colspan="10">√</td></tr>
<tr><td>7</td><td colspan="2">直流屏试验</td><td>第 6.1.8 条</td><td colspan="10">√</td></tr>
<tr><td rowspan="10">一般项目</td><td>1</td><td colspan="2">柜(屏、盘、台等)间或与基础型钢的连接</td><td>第 6.2.2 条</td><td colspan="10">√</td><td rowspan="10">符合设计及施工质量验收规范要求，同意验收</td></tr>
<tr><td>2</td><td colspan="2">柜(屏、盘、台等)间接缝、成列安装盘偏差</td><td>第 6.2.3 条</td><td colspan="10">√</td></tr>
<tr><td>3</td><td colspan="2">柜(屏、盘、台等)内部检查试验</td><td>第 6.2.4 条</td><td colspan="10">√</td></tr>
<tr><td>4</td><td colspan="2">低压电器组合</td><td>第 6.2.5 条</td><td colspan="10">√</td></tr>
<tr><td>5</td><td colspan="2">柜(屏、盘、台等)间配线</td><td>第 6.2.6 条</td><td colspan="10">√</td></tr>
<tr><td>6</td><td colspan="2">柜(台)与其面板间可动位的配线</td><td>第 6.2.7 条</td><td colspan="10">√</td></tr>
<tr><td rowspan="3">7</td><td rowspan="3">型钢安装允许偏差</td><td>不直度(mm/n)</td><td>≤1</td><td>1</td><td>0</td><td>0</td><td>1</td><td>0</td><td>0</td><td>1</td><td>1</td><td>1</td><td>0</td></tr>
<tr><td>水平度(mm/全长)</td><td>≤5</td><td>2</td><td>3</td><td>5</td><td>4</td><td>1</td><td>3</td><td>2</td><td>4</td><td>4</td><td>5</td></tr>
<tr><td>不平行度(mm/全长)</td><td>≤5</td><td>3</td><td>2</td><td>5</td><td>1</td><td>1</td><td>4</td><td>5</td><td>2</td><td>2</td><td>1</td></tr>
<tr><td>8</td><td colspan="2">垂直度允许偏差</td><td>≤1.5‰</td><td>1‰</td><td>0.5‰</td><td>1.5‰</td><td>1‰</td><td>1‰</td><td>0.5‰</td><td>1.5‰</td><td>1.5‰</td><td>1‰</td><td>0.5‰</td></tr>
<tr><td colspan="3" rowspan="2">施工单位检查评定结果</td><td colspan="4">专业工长(施工员)</td><td colspan="3">×××</td><td colspan="4">施工班组长</td><td colspan="2">×××</td></tr>
<tr><td colspan="13">主控项目，一般项目全部合格，符合设计及施工质量验收规范要求。
项目专业质量检查员：×××　　××年×月×日</td></tr>
<tr><td colspan="3">监理(建设)单位验收结论</td><td colspan="13">同意验收。
专业监理工程师：×××
(建设单位项目专业技术负责人)：　　××年×月×日</td></tr>
</table>

表 6-37　　避雷引下线和变配电室接地干线敷设检验批质量验收记录表

GB 50303—2002

(Ⅰ)防雷引下线

060702□□

<table>
<tr><td colspan="3">单位(子单位)工程名称</td><td colspan="4">××工程</td></tr>
<tr><td colspan="3">分部(子分部)工程名称</td><td colspan="2">防雷及接地</td><td>验收部位</td><td>避雷针</td></tr>
<tr><td colspan="3">施工单位</td><td colspan="2">××建筑工程公司</td><td>项目经理</td><td>×××</td></tr>
<tr><td colspan="3">分包单位</td><td colspan="2"></td><td>分包项目经理</td><td></td></tr>
<tr><td colspan="3">施工执行标准名称及编号</td><td colspan="4">《建筑电气工程施工质量验收规范》(GB 50303—2002)</td></tr>
<tr><td colspan="4">施工质量验收规范的规定</td><td colspan="2">施工单位检查评定记录</td><td>监理(建设)单位验收记录</td></tr>
<tr><td rowspan="2">主控项目</td><td>1</td><td>引下线的敷设、明敷引下线焊接处的防腐</td><td>第 25.1.1 条</td><td colspan="2">√</td><td rowspan="2">符合设计及施工质量验收规范要求,同意验收</td></tr>
<tr><td>2</td><td>利用金属构件、金属管道作接地线时与接地干线的连接</td><td>第 25.1.3 条</td><td colspan="2">√</td></tr>
<tr><td rowspan="4">一般项目</td><td>1</td><td>钢制接地线的连接和材料规格、尺寸</td><td>第 25.2.1 条</td><td colspan="2">√</td><td rowspan="4">符合设计及施工质量验收规范要求,同意验收</td></tr>
<tr><td>2</td><td>明敷接地引下线持件的设置</td><td>第 25.2.2 条</td><td colspan="2">√</td></tr>
<tr><td>3</td><td>接地线穿越墙壁、楼板和地坪处的保护</td><td>第 25.2.3 条</td><td colspan="2">√</td></tr>
<tr><td>4</td><td>幕墙金属框架和建筑物金属门窗与接地干线的连接</td><td>第 25.2.7 条</td><td colspan="2">√</td></tr>
<tr><td colspan="2" rowspan="2">施工单位检查评定结果</td><td colspan="2">专业工长(施工员)</td><td>×××</td><td>施工班组长</td><td>×××</td></tr>
<tr><td colspan="5">主控项目,一般项目全部合格,符合设计及施工质量验收规范要求。

项目专业质量检查员:×××　　××年×月×日</td></tr>
<tr><td colspan="2">监理(建设)单位验收结论</td><td colspan="5">同意验收。

监理工程师:×××
(建设单位项目专业技术负责人):　　××年×月×日</td></tr>
</table>

第七章 单元工程质量评定表

第一节 基本概述

一、单元工程划分原则

水利水电工程按《水利水电基本建设工程单元工程质量评定标准》的规定划分单元工程。《水利水电基本建设工程单元工程质量评定标准》未涉及的单元工程可依据设计结构、施工部署或质量考核要求确定单元工程。建筑工程以层、块、段为单元工程，安装工程以工种、工序等为单元工程。

渠道工程中的明渠（暗渠）开挖、填筑单元工程按渠道变形缝或结构划分。单元工程不宜大大100m。渠道建筑物视其工程规模大小划分单元工程，大型渠道建筑物按《水利水电基本建设工程单元工程质量评定标准》划分单元工程；中型渠道建筑物按设计的组成部分划分，以每一个组成部分为一个单元工程；小型建筑物，以一座或几座建筑物为一个单元工程。

堤防工程按施工方法与施工进度划分单元工程，土堤按填筑层、段划分，每单元工程填筑量以1000～2000m^3为宜，堤防中的大、中型建筑物按《水利水电基本建设工程单元工程质量评定标准》划分单元工程，小型建筑物以一座或几座建筑物为一个单元工程。

二、单元工程与分项工程的划分

（1）分项工程一般按主要工种划分，可以由几个工序相同的单元工程组成。如：土方工程、混凝土工程是分项工程，在国标中一般不再向下分，而在水利部颁发的标准中，考虑到水利工程的实际情况，像土坝、砌石、混凝土坝等，如作为分项工程，则工程量和投资都可能很大，也可能一个单位工程仅有这一个分项工程，按国标进行质量检验评定显然不合理。为了解决这个问题，部颁标准规定，质量评定项目划分时可以继续向下分成层、块、段、区等。为便于与国标分项工程区别，我们把质量评定项目划分时的最小层、块、段、区等叫做单元工程。

（2）分项工程这个名词概念，过去在水利工程验收规范、规程中也经常提到，一般是和设计规定基本一致的，而且多用于安装工程。执行单元工程质量检验评定标准以来，分项工程一般不作为水利工程日常质量考核的基本单位。在质量评定项目规划中，根据水利工程的具体情况，分项工程有时划为分部工程，有时又划为单元工程。因此，分项工程就不作为水利工程质量评定项目划分规划中的名词出现，而出现名词单元工程。单元工程有时由多个分项工程组成，如一个钢筋混凝土单元就包括有模板制安、钢筋绑扎和焊接、混凝土拌制和浇筑等多个分项工程；有时由一个分项工程组成，即单元工程可能是一个施工工序，也可能是由若干工序组成。

（3）国标中的分项工程完成后不一定形成工程实物量，或者仅形成未就位安装的零部件及结构件，如模板分项工程、钢筋焊接绑扎分项工程、钢结构件焊接制作分项工程等。单元工程则是一个工种或几个工种施工完成的最小综合体，是形成工程实物量或安装就位的工程。

三、单元工程质量评定表的构成

单元工程质量检验评定表的内容主要由5个部分组成：

（1）表名。一般是以单元工程的工种、工序或层块结构等的综合体来确定。

(2)表头。主要说明该表所属哪个单位工程、哪个分部工程、工作量大小和施工单位名称。

(3)表体。表体主要包括检查检验评定的检查项目、一般项目及允许偏差项目。表体中列有检验评定的子项目、质量标准或要求检查检验内容以及质量情况等。

(4)检查检验结果。把表体中的检查项目、一般项目、允许偏差项目的质量评等定级情况分别进行汇总和统计计算,并提出检查检验结果。

(5)评定意见及等级核定。

四、单元工程质量检验评定表说明

(1)单位工程名称栏。填写总承包企业施工的质量评定项目结构中的单位工程名称,即该单元工程所在的单位工程名称。

(2)分部工程名称栏。填写质量评定项目中的单位工程包含的分部工程名称,即该单元工程所在的分部工程名称。

(3)施工企业栏。填写该单元工程总承包企业的名称或分包企业名称。

(4)单元工作量栏。填写质量评定项目中本分部工程内的该单元工程工作量,工作量的单位可以是“m^3”,也可以是“万元”。

(5)检查项目栏。检查项目栏中的质量情况或等级,填写的主要依据是日常施工记录、设计要求和施工规程规范中规定或要求的常规控制质量标准内容。在施工过程中,对其进行必要的检查、检验或测试,进行统计分析,评定后填写在此栏内。这是施工企业质量检查检验机构的日常工作,是不可推卸的职责和责任,必须认真做好这项工作。

(6)检查结果栏。将检查项目栏的综合性统计分析结果总计后,算出合格率、优良率。

(7)施工单位意见。填写施工企业内基层队和施工企业的终检意见。

(8)监理单位核定等级。监理单位检验施工企业终检意见真实与否的结果,监理单位有否决权。施工企业自检的评定不填在此栏。

(9)质量情况及实测值栏。根据检查、检验、测试等情况填写质量评语或现场实测数据及分析结果,实测值数量根据具体情况确定。

五、评定项目及标准

水利水电工程质量等级分为“合格”和“优良”两个等级。不合格单元工程的质量不予评定等级,所在的分部工程、单位工程不予评定分级。

单元工程项目是由主要检项目和一般检查项目两部分组分。

主要检查项目是保证水利工程安全或使用功能的重要检验项目。无论质量等级评为合格或优良,均必须全部满足规定的质量标准。规范条文中用“必须”或“严禁”等词表达的都列入了主要检查项目。另外,一些有材料的质量、性能、使用安全的项目也列入了检查项目。对于优良单元工程,主要检查项目应全部符合质量标准,且应有一定数量的重要子项目达到“优良”的标准。

一般检查项目是保证水利工程安全或使用性能的其他检验项目。一般在规范条文中使用“应”或“宜”等词表达,其检验子项目至少应基本符合规定的质量标准。主要检查项目的质量情况或等级分为“合格”及“优良”两级。在质的定性上用“基本符合”与“符合”来区别,并以此作为单元工程质量分等定级的条件之一。在量上用单位强度的保证率或离差系数的不同要求,以及用符合质量标准点数占总测点的百分率来区别。一般来说,符合质量标准的检测点(处或件)数占总检测数70%及以上的,该子项目为“合格”;在90%及以上的,该子项目为优良。在各个子项目质量均达到合格等级标准的基础上,若有50%及以上的主要子项目达到优良,该单元工程的一般项目评为“优良”。

1. 建筑工程质量评定表

建筑工程质量评定表分类见表 7-1。

表 7-1　　建筑工程质量评定表的分类

分类	主　表	附　表
基础工程	岩石边坡开挖单元工程质量评定表	
	岩石地基开挖单元工程质量评定表	
	岩石洞室开挖单元工程质量评定表	
	软基和岸坡开挖单元工程质量评定表	
	混凝土单元工程质量评定表	基础面或混凝土施工缝处理工序质量评定表
		混凝土模板工序质量评定表
		混凝土钢筋工序质量评定表
		混凝土止水、伸缩缝和排水管安装工序质量评定表
		混凝土浇筑工序质量评定表
	混凝土预制构件安装单元工程质量评定表	
	混凝土坝坝体接缝灌浆单元工程质量评定表	
	岩石地基帷幕灌浆单元工程质量评定表	
	水工隧洞回填灌浆单元工程质量评定表	
	高压喷射灌浆单元工程质量评定表	
	基础排水单元工程质量评定表	
	锚喷支护单元工程质量评定表	锚喷支护锚杆、钢筋网工序质量评定表
		锚喷支护喷射混凝土质量工序评定表
	混凝土防渗墙单元工程质量评定表	
	振冲地基加固单元工程质量评定表	
	造孔灌注桩基础单元工程质量评定表	
	河道疏浚单元工程质量评定表	
	砂料质量评定表	
	粗骨料质量评定表	
	混凝土拌和质量评定表	混凝土拌和物质量评定表
		混凝土试块质量评定表
	混凝土预制构件制作质量评定表	
坝体工程	土石坝坝基及岸坡处理单元工程质量评定表	坝基及岸坡清理工序质量评定表
		防渗体岩基及岸坡开挖工序质量评定表
		坝基及岸坡地质构造处理工序质量评定表
		坝基及岸坡渗水处理工序质量评定表
	土质防渗体填筑单元工程质量评定表	土石坝土质防渗体结合面处理工序质量评定表
		土石坝土质防渗体卸料及铺填工序质量评定表
		土石坝土质防渗体压实工序质量评定表
		土石坝土质防渗体接缝处理工序质量评定表

续表

分类	主　表	附　表
坝体工程	土石坝混凝土面板单元工程质量评定表	土石坝混凝土面板基面清理工序质量评定表
		土石坝混凝土面板滑模制作及安装、滑模轨道安装工序质量评定表
		土石坝混凝土面板止水片(带)制作及安装工序质量评定表
		土石坝混凝土面板浇筑工序质量评定表
	沥青混凝土心墙单元工程质量评定表	基础面处理与沥青混凝土结合层面处理工序质量评定表
		沥青混凝土心墙模板工序质量评定表
		沥青混凝土制备工序质量评定表
		心墙沥青混凝土的摊铺与碾压工序质量评定表
	沥青混凝土面板整平层(含排水层)单元工程质量评定表	
	沥青混凝土面板防渗层单元工程质量评定表	
	沥青混凝土面板封闭层单元工程质量评定表	
	沥青混凝土面板与刚性建筑物连接单元工程质量评定表	
	砂砾坝体填筑单元工程质量评定表	
	堆石坝体填筑单元工程质量评定表	
	反滤工程单元工程质量评定表	
	垫层工程单元工程质量评定表	
	护坡工程单元工程质量评定表	
	排水工程单元工程质量评定表	
	浆砌石体基岩连接工程单元工程质量评定表	
	水泥砂浆浆砌石体单元工程质量评定表	水泥砂浆砌石体浆砌石体层面处理工序质量评定表
		水泥砂浆砌石体砌筑工序质量评定表
	混凝土砌石体单元工程质量评定表	
	浆砌石坝混凝土面板单元工程质量评定表	面板与浆砌石接触面处理工序质量评定表
		混凝土施工缝处理工序质量评定表
		模板工序质量评定表
		浆砌石坝面板混凝土浇筑工序质量评定表
	浆砌石坝混凝土心墙单元工程质量评定表	
	浆砌石坝水泥砂浆勾缝单元工程质量评定表	
	浆砌石溢洪道溢流面单元工程质量评定表	浆砌石溢洪道溢流面砌筑工序质量评定表
	浆砌石墩(墙)单元工程质量评定表	浆砌石墩(墙)砌筑工序质量评定表
	石料质量评定表	
	水泥砂浆质量评定表	
	混凝土预制块质量评定表	

续表

<table>
<tr><th>分类</th><th>主　表</th><th>附　表</th></tr>
<tr><td rowspan="3">坝体工程</td><td>砂料质量评定表</td><td></td></tr>
<tr><td>粗骨料质量评定表</td><td></td></tr>
<tr><td>混凝土拌和质量评定表</td><td></td></tr>
<tr><td rowspan="13">堤防工程</td><td>堤防工程外观质量评定表</td><td>堤防单位工程外部尺寸质量检测评定表</td></tr>
<tr><td>堤基清理单元工程质量评定表</td><td></td></tr>
<tr><td>土料碾压筑堤单元工程质量评定表</td><td></td></tr>
<tr><td>土料吹填筑堤单元工程质量评定表</td><td></td></tr>
<tr><td>土料吹填压渗平台单元工程质量评定表</td><td></td></tr>
<tr><td>黏土防渗体填筑单元工程质量评定表</td><td></td></tr>
<tr><td>砂质土堤堤坡堤顶填筑单元工程质量评定表</td><td></td></tr>
<tr><td>护坡垫层单元工程质量评定表</td><td></td></tr>
<tr><td>毛石粗排护坡单元工程质量评定表</td><td></td></tr>
<tr><td>干砌石护坡单元工程质量评定表</td><td></td></tr>
<tr><td>浆砌石护坡单元工程质量评定表</td><td></td></tr>
<tr><td>混凝土预制块护坡单元工程质量评定表</td><td></td></tr>
<tr><td>堤脚防护(水下抛石)单元工程质量评定表</td><td></td></tr>
</table>

在主要检查项目符合质量标准的前提下，一般检查项目基本符合质量标准，检测总点数中有70%及其以上符合质量标准，即评为合格，一般检查项目符合质量标准，检测总点数中90%及其以上符合质量标准，即评为优良。

部分表评定有差别单独说明。

2. 金属结构及启闭机械安装质量评定表

金属结构及启闭机械安装质量评定表分类见表7-2。

表7-2　金属结构及启闭机械安装质量评定表分类

<table>
<tr><th colspan="2">分类</th><th>主　表</th><th>附　表</th></tr>
<tr><td rowspan="9">压力钢管部分</td><td rowspan="3">制作</td><td>压力钢管制作单元工程质量评定表</td><td></td></tr>
<tr><td>压力钢管伸缩节制造单元工程质量评定表</td><td></td></tr>
<tr><td>压力钢管岔管制造单元工程质量评定表</td><td></td></tr>
<tr><td rowspan="4">埋管安装</td><td rowspan="4">压力钢管埋管安装单元工程质量评定表</td><td>压力钢管埋管管口中心、里程、圆度、纵缝、环缝对口错位质量评定表</td></tr>
<tr><td>焊缝外观质量评定表</td></tr>
<tr><td>一二类焊缝内部质量、表面清除及局部凹坑焊补质量评定表</td></tr>
<tr><td>压力钢管埋管内壁防腐蚀表面处理、涂料涂装、灌浆孔堵焊质量评定表</td></tr>
<tr><td rowspan="2">明管安装</td><td rowspan="2">压力钢管明管安装单元工程质量评定表</td><td>压力钢管 明管安装工程管口中心、里程、支座中心等质量评定表</td></tr>
<tr><td>压力钢管明管防腐蚀表面处理、涂料涂装质量评定表</td></tr>
</table>

续表

分类		主　表	附　表
闸门部分	平面闸门	平面闸门埋件安装单元工程质量评定表	平面闸门底槛、门楣安装质量评定表
			平面闸门主轨、侧轨安装质量评定表
			平面闸门侧止水安装质量评定表
			平面闸门胸墙、护角安装质量评定表
			平面闸门工作范围内各埋件距离评定表
		平面闸门门体安装单元工程质量评定表	平面闸门门体止水橡胶、反向滑块安装质量评定表
	弧形闸门	弧形闸门埋件安装单元工程质量评定表	弧形闸门底槛、门楣安装质量评定表
			弧形闸门侧止水底板、侧轮导板安装质量评定表
			弧形闸门工作范围内各埋件距离质量评定表
			弧形闸门铰座钢梁、铰座基础螺栓中心及锥形铰座基础环安装质量评定表
		弧形闸门门体安装单元工程质量评定表	弧形闸门门体铰座安装质量评定表
			弧形闸门门体铰轴、支臂安装质量评定表
			弧形闸门门体支臂两端连接板和抗剪板及止水安装质量评定表
	人形闸门	人字闸门埋件安装质量评定表	字闸门埋件底枢轴线安装质量评定表
			人字闸门埋件顶枢装置及枕座安装质量评定表
		人字闸门门体安装质量评定表	人字闸门门体顶、底枢轴线安装质量评定表
			人字闸门门体止水橡胶安装质量评定表
栏污栅	栏污栅	活动式拦污栅安装单元工程质量评定表	活动式拦污栅埋件安装质量评定表
			活动式拦污栅孔口部位各埋件距离安装质量评定
			活动式拦污栅栅体安装质量评定表
启闭机部分		启闭机机械轨道安装单元工程质量评定表	
	桥式	桥式启闭机（或起重机）安装单元工程质量评定表	制动器安装质量评定表
			联轴器安装质量评定表
			弹性圆柱锁联轴器两轴的同轴度、联轴器间的端面间隙质量评定表
			桥架和大车行走机构安装质量评定表
			小车行走机构安装质量评定表
			桥(门)式启闭机(起重机)试运转质量评定表
	门式	门式启闭机安装单元工程质量评定表	门式启闭机门腿安装单元工程质量评定表
	卷扬式	固定卷扬式启闭机安装单元工程质量评定表	固定卷扬式起闭机中心、高程和水平安装质量评定表
			固定卷扬式起闭机试运转质量评定表
	螺杆式	螺杆式启闭机安装单元工程质量评定表	螺杆式启闭机中心、高程、水平和螺杆铅垂度评定表
			螺杆式启闭机试运转质量评定表

续表

<table>
<tr><th colspan="2">分类</th><th>主　　表</th><th>附　　表</th></tr>
<tr><td rowspan="4">启闭机部分</td><td rowspan="4">油压式</td><td rowspan="4">油压式启闭机安装单元工程质量评定表</td><td>油压式启闭机机架安装及活塞杆铅垂度安装质量评定表</td></tr>
<tr><td>油压式启闭机机架钢梁与推力支座安装质量评定表</td></tr>
<tr><td>油压式启闭机油桶、贮油箱、管道安装质量评定表</td></tr>
<tr><td>油压式启闭机启闭试验及液压试验评定表</td></tr>
</table>

合格:主要项目全部符合标准,一般项目检查的实测点有90%及以上符合标准,其余基本符合标准。

优良:在合格的基础上,优良项目占全部项目50%及其以上,且主要项目全部优良。

3. 机电设备安装质量评定表

机电设备安装质量评定表分类见表7-3。

表7-3　　机电设备安装质量评定表分类

<table>
<tr><th colspan="2">分类</th><th>项目主表</th><th>项目分表</th></tr>
<tr><td rowspan="19">水轮机</td><td rowspan="10">立式反击式</td><td>立式反击式水轮机吸出管里衬安装单元工程质量评定表</td><td></td></tr>
<tr><td>立式反击式水轮机基础环、座环安装单元工程质量评定表</td><td></td></tr>
<tr><td>立式反击式水轮机蜗壳安装单元工程质量评定表</td><td></td></tr>
<tr><td>立式反击式水轮机机坑里衬及接力器基础安装单元工程质量评定表</td><td></td></tr>
<tr><td>立式反击式水轮机转轮装配单元工程质量评定表</td><td></td></tr>
<tr><td>立式反击式水轮机导水机构安装单元工程质量评定表</td><td></td></tr>
<tr><td>立式反击式水轮机接力器安装单元工程质量评定表</td><td></td></tr>
<tr><td>立式反击式水轮机转动部件安装单元工程质量评定表</td><td></td></tr>
<tr><td>立式反击式水轮机水导轴承及主轴密封安装单元工程质量评定表</td><td></td></tr>
<tr><td>立式反击式水轮机附件安装单元工程质量评定表</td><td></td></tr>
<tr><td rowspan="5">灯泡贯流式</td><td>灯泡贯流式水轮机机尾水管安装单元工程质量评定表</td><td></td></tr>
<tr><td>灯泡贯流式水轮机座环安装单元工程质量评定表</td><td></td></tr>
<tr><td>灯泡贯流式水轮机导水机构安装单元工程质量评定表</td><td></td></tr>
<tr><td>灯泡贯流式水轮机轴承安装单元工程质量评定表</td><td></td></tr>
<tr><td>灯泡贯流式水轮机主轴及转轮安装单元工程质量评定表</td><td></td></tr>
<tr><td rowspan="4">冲击式</td><td>冲击式水轮机机壳安装单元工程质量评定表</td><td></td></tr>
<tr><td>冲击式水轮机喷嘴及接力器安装单元工程质量评定表</td><td></td></tr>
<tr><td>冲击式水轮机转轮安装单元工程质量评定表</td><td></td></tr>
<tr><td>冲击式水轮机控制机构安装单元工程质量评定表</td><td></td></tr>
</table>

续表

<table>
<tr><th colspan="2">分类</th><th>项目主表</th><th>项目分表</th></tr>
<tr><td rowspan="7">水轮发电机</td><td>立式</td><td>立式水轮发电机安装单元工程质量评定表</td><td></td></tr>
<tr><td rowspan="2">卧式</td><td>卧式水轮发电机轴瓦及轴承安装单元工程质量评定表</td><td></td></tr>
<tr><td>卧式水轮发电机转子及定子安装单元工程评定表</td><td></td></tr>
<tr><td rowspan="2">灯泡式</td><td>灯泡式水轮发电机主要部位组装单元工程质量评定表</td><td></td></tr>
<tr><td>灯泡式水轮发电机总体安装单元工程质量评定表</td><td></td></tr>
<tr><td rowspan="2">通用</td><td>水轮发电机励磁机及永磁机安装单元工程质量评定表</td><td></td></tr>
<tr><td>水轮发电机电气部分检查和试验单元工程质量评定表</td><td></td></tr>
<tr><td rowspan="11">附件</td><td rowspan="11">附件</td><td>油压装置安装单元工程质量评定表</td><td></td></tr>
<tr><td>调速器安装及调试单元工程质量评定表</td><td></td></tr>
<tr><td>调速系统整体调试及模拟试验单元工程质量评定表</td><td></td></tr>
<tr><td>蝴蝶阀安装单元工程质量评定表</td><td></td></tr>
<tr><td>球阀安装单元工程质量评定表</td><td></td></tr>
<tr><td>伸缩节安装单元工程质量评定表</td><td></td></tr>
<tr><td>附件及操作机构安装单元工程质量评定表</td><td></td></tr>
<tr><td rowspan="4">机组管路安装单元工程质量评定表</td><td>机组管路管件制作质量评定表</td></tr>
<tr><td>机组管路管道安装质量评定表</td></tr>
<tr><td>管道焊接质量评定表</td></tr>
<tr><td>管道试验评定表</td></tr>
<tr><td rowspan="10">水力机械辅助设备</td><td rowspan="10">水力机械辅助设备</td><td>空气压缩机安装单元工程质量评定表</td><td></td></tr>
<tr><td>深井水泵安装单元工程质量评定表</td><td></td></tr>
<tr><td>离心水泵安装单元工程质量评定表</td><td></td></tr>
<tr><td>齿轮油泵安装单元工程质量评定表</td><td></td></tr>
<tr><td>螺杆油泵安装单元工程质量评定表</td><td></td></tr>
<tr><td>水力测量仪器安装单元工程质量评定表</td><td></td></tr>
<tr><td>箱、罐及其他容器安装单元工程质量评定表</td><td></td></tr>
<tr><td>轴流式通风机安装单元工程质量评定表</td><td></td></tr>
<tr><td>离心式通风机安装单元工程质量评定表</td><td></td></tr>
<tr><td>水力机械系统管路安装单元工程质量评定表</td><td></td></tr>
<tr><td rowspan="3">运转试验</td><td rowspan="3">运转试验</td><td>机组充水实验单元工程质量评定表</td><td></td></tr>
<tr><td>机组空载试验单元工程质量评定表</td><td></td></tr>
<tr><td>机组并列及负荷试验单元工程质量评定表</td><td></td></tr>
</table>

合格：主要检查项目全部符合要求，一般检查项目实测点有90％及其以上符合要求，其余虽有微小出入，但不影响使用。

优良：检查项目全部符合要求，并有50％及其以上检查项目达到优良标准(其中主要项目必须达到优良标准)。

4. 电气工程质量评定表

电气工程质量评定表分类见表 7-4。

表 7-4　　电气工程质量评定表分类

发电电气设备	20kV 及以下油断路器安装单元工程质量评定表
	户内式隔离开关安装单元工程质量评定表
	3～20kV 负荷开关或高压熔断器安装单元工程质量评定表
	20kV 及以下互感器安装单元工程质量评定表
	20kV 及以下干式电抗器安装单元工程质量评定表
	避雷器安装单元工程质量评定表
	固定式手车式高压开关柜安装单元工程质量评定表
	油浸式厂用变压器安装单元工程质量评定表
	低压配电盘及低压电器安装单元工程质量评定表
	35kV 及以下电缆线路安装单元工程质量评定表
	硬母线装置安装单元工程质量评定表
	电气接地装置单元工程质量评定表
	保护网安装单元工程质量评定表
	控制保护装置安装单元工程质量评定表
	铅蓄电池安装单元工程质量评定表
	起重机电气设备安装单元工程质量评定表
	电气照明装置安装单元工程质量评定表
升压变电电气设备	主变压器安装单元工程质量评定表
	油断路器安装单元工程质量评定表
	空气断路器安装单元工程质量评定表
	六氟化硫断路器安装单元工程质量评定表
	六氟化硫组合电器安装单元工程质量评定表
	隔离开关安装单元工程质量评定表
	油浸式互感器安装单元工程质量评定表
	户外式避雷器安装单元工程质量评定表
	软母线装置单元工程质量评定表
	自容式充油电缆线路安装单元工程质量评定表
	厂区馈电线路安装单元工程质量评定表

合格：主要检查项目全部符合质量标准，一般检查项目基本符合质量标准。

优良：主要检查项目和一般检查项目必须全部符合质量标准。

5. 操作试验

试运行交接检验项目的“合格”、“优良”，对不同设备有不同要求，有要求的就要填写、详见各表填表说明和相关的规范。

第二节 水工建筑单元工程质量评定表

一、基础建筑工程单元工程

1. 岩基开挖

表 7-5 **岩石边坡开挖单元工程质量评定表**

<table>
<tr><td colspan="3">单位工程名称</td><td colspan="2">混凝土大坝</td><td>单元工程量</td><td colspan="2">1204m³,436m²</td></tr>
<tr><td colspan="3">分部工程名称</td><td colspan="2">溢流坝段</td><td>施工单位</td><td colspan="2">××市第×工程局</td></tr>
<tr><td colspan="3">单元工程名称、部位</td><td colspan="2">3#溢流坝段边坡开挖</td><td>检验日期</td><td colspan="2">××年×月×日</td></tr>
<tr><td>项次</td><td colspan="2">检查项目</td><td colspan="2">质量标准</td><td colspan="3">检验记录</td></tr>
<tr><td>1</td><td colspan="2">△保护层开挖</td><td colspan="2">浅孔、密孔、少药量、火炮爆破</td><td colspan="3">符合规定</td></tr>
<tr><td>2</td><td colspan="2">△平均坡度</td><td colspan="2">小于或等于设计坡度</td><td colspan="3">抽查 7 个断面,坡度为 1∶0.53～1∶0.62</td></tr>
<tr><td>3</td><td colspan="2">开挖坡面</td><td colspan="2">稳定、无松岩块</td><td colspan="3">边坡坡面稳定,无松动岩块</td></tr>
<tr><td>项次</td><td colspan="2">检测项目</td><td>设计值</td><td>允许偏差(cm)</td><td>实测值</td><td>合格数(点)</td><td>合格率(%)</td></tr>
<tr><td>1</td><td colspan="2">坡脚标高</td><td>−12m</td><td>+20
−10</td><td>−11.97,−11.95,−12.17,−12.03
−12.08,−11.95,−12.19,−12.21
−12.07,−12.02,−11.96,−12.05</td><td>11</td><td>91.6</td></tr>
<tr><td>2</td><td rowspan="2">坡面局部超欠挖</td><td>斜长小于等于 15m</td><td></td><td>+30
−20</td><td>—</td><td></td><td></td></tr>
<tr><td>3</td><td>斜长大于 15m</td><td></td><td>+50
−30</td><td>+39,+25,+35,+27,+12,+8
+7,+13,+12,+2,−16,−23
−21,−32,−26,−13,−14</td><td>17</td><td>94.4</td></tr>
<tr><td colspan="2">检测结果</td><td colspan="6">共检测 30 点,其中合格 28 点,合格率 93.3%。</td></tr>
<tr><td colspan="6">评定意见</td><td colspan="2" rowspan="2">优良</td></tr>
<tr><td colspan="6">主要检查项目全部符合质量标准。一般检查项目符合质量标准。检测项目实测点合格率 94.3%</td></tr>
<tr><td colspan="2">施工单位</td><td colspan="3">×××
××年×月×日</td><td>建设(监理)单位</td><td colspan="2">×××
××年×月×日</td></tr>
</table>

注:1. 加"△"表示主要检查(检测)项目,工序名称前加"△"者为主要工序,下同。

2. "+"为超挖,"−"为欠挖。

2. 岩石地基开挖

表 7-6　　岩石地基开挖单元工程质量评定表

单元工程名称	**混凝土大坝**	单元工程量	**5870m³,521.6m²**
分部工程名称	**溢流坝坝段**	施工单位	××市第×工程局
单元工程名称、部位	**3# 坝段,0+327.6~352.3 地基开挖**	检验日期	××年×月×日

项次	检查项目	质量标准	检验记录
1	△保护层开挖	浅孔、密孔、少药量、火炮爆破	**符合标准**
2	△建基面	无松动岩块,无爆破影响裂隙	**建基面无松动岩块,无爆破影响裂隙**
3	△断层及裂隙	按规定挖槽。槽深为宽度的 1~1.5 倍。规模较大时,按设计要求处理	**按槽深:宽度=1:2 开挖断层及裂隙密集带,并按规定进行处理,符合要求**
4	△多组切割的不稳定岩体	按设计要求处理	—
5	岩溶洞穴	按设计要求处理	—
6	软弱夹层	厚度大于 5cm 者,挖至新鲜岩层或设计规定的深度	—
7	夹泥裂隙	挖 1~1.5 倍断层宽度,清除夹泥,或按设计要求处理	按 1.2 倍宽度开挖,夹泥已全部清除干净

项次	检测项目			设计值	允许偏差(cm)	实测值	合格数(点)	合格率(%)
1	无结构要求或无配筋	坑(槽)长宽	<5m		+20　−10	—		
2			5~10m		+30　−20	—		
3			10~15m		+40　−30	—		
4			>15m		+50　−30	—		
5		坑(槽)底部标高			+20　−10	—		
6		垂直或斜面平整度			20	—		
7	有结构要求或有配筋	坑(槽)长宽	<5m		+10　−0	—		
8			5~10m		+20　−0	—		
9			10~15m		+30　−0	—		
10			>15m	26m	+40　−0	**26.2,−26.31,26.17,26.26,26.07,26.15,26.42 26.13,26.16,26.27,26.30,26.34,26.37**	**12**	**92.3**
11		坑(槽)底部标高		−10m	+20　−10	**−10.12,−10.14,−10.16,−10.10,−10.04,−10.07 −10.16,−10.06,−10.09,−10.17,−9.96,−10.12**	**11**	**91.7**
12		垂直或斜面平整度			15	**8、7、9、−12、14、13、12、10、7、5**	**10**	**100.0**

检测结果	共检测　**35**　点,其中合格　**33**　点,合格率　**94.3**　%

评定意见	
主要检查项目全部符合质量标准。一般检查项目符合质量标准。检测项目实测点合格率 94.3%	**优良**

施工单位	××× ××年×月×日	建设(监理)单位	××× ××年×月×日

注:"+"为超挖,"−"为欠挖。

3. 岩石洞室开挖

表 7-7　　岩石洞室开挖单元工程质量评定表

<table>
<tr><td colspan="3">单元工程名称</td><td colspan="2">引水隧洞工程</td><td colspan="2">单元工程量</td><td>270m^3</td></tr>
<tr><td colspan="3">分部工程名称</td><td colspan="2">隧洞开挖与衬砌</td><td colspan="2">施工单位</td><td>××市第×工程局</td></tr>
<tr><td colspan="3">单元工程名称、部位</td><td colspan="2">0＋25～0＋45 段开挖</td><td colspan="2">检验日期</td><td>××年×月×日</td></tr>
<tr><td>项次</td><td colspan="2">检查项目</td><td colspan="2">质量标准</td><td colspan="3">检验记录</td></tr>
<tr><td>1</td><td colspan="2">△开挖岩面</td><td colspan="2">无松动岩块、小块悬挂体</td><td colspan="3">开挖洞壁无松动岩块，无悬挂体</td></tr>
<tr><td>2</td><td colspan="2">△地质弱面处理</td><td colspan="2">符合设计要求</td><td colspan="3">—</td></tr>
<tr><td>3</td><td colspan="2">△洞室轴线</td><td colspan="2">符合规范要求</td><td colspan="3">符合《水工建筑物地下开挖工程施工技术规范》(DL/T 5099—2011)规定</td></tr>
<tr><td>项次</td><td colspan="2">检测项目</td><td>设计值</td><td>允许偏差（cm）</td><td>实测值</td><td>合格数（点）</td><td>合格率（%）</td></tr>
<tr><td>1</td><td rowspan="4">无结构要求或无配筋</td><td>底部标高</td><td>＋7.65m</td><td>＋20，－10</td><td>＋7.69，＋7.73，＋7.54，＋7.56，7.72
＋7.43，＋7.53，＋7.60</td><td>7</td><td>86.3</td></tr>
<tr><td>2</td><td>径向</td><td>R＝230cm</td><td>＋20，－10</td><td>227，232，234，231，226
228，234，243，252，236，239</td><td>10</td><td>90.9</td></tr>
<tr><td>3</td><td>侧墙</td><td>h＝450cm</td><td>＋20，－10</td><td>462，468，463，448，442
439，446，453，451，458</td><td>9</td><td>90.0</td></tr>
<tr><td>4</td><td>开挖面平整度</td><td></td><td>15</td><td>12，14，16，12，14，13，10，11
9，8，10，11，13</td><td>12</td><td>92.3</td></tr>
<tr><td>5</td><td rowspan="4">有结构要求或有配筋</td><td>底部标高</td><td></td><td>＋20，－0</td><td>—</td><td></td><td></td></tr>
<tr><td>6</td><td>径向</td><td></td><td>＋20，－0</td><td>—</td><td></td><td></td></tr>
<tr><td>7</td><td>侧墙</td><td></td><td>＋20，－0</td><td>—</td><td></td><td></td></tr>
<tr><td>8</td><td>开挖面平整度</td><td></td><td>10</td><td>—</td><td></td><td></td></tr>
<tr><td colspan="2">检测结果</td><td colspan="6">共检测 42 点，其中合格 38 点，合格率 90.5 %</td></tr>
<tr><td colspan="6">评定意见</td><td colspan="2" rowspan="2">优良</td></tr>
<tr><td colspan="6">主要检查项目全部符合质量标准，检测项目实测 42 点合格率 90.5 %</td></tr>
<tr><td colspan="2">施工单位</td><td colspan="3">×××
××年×月×日</td><td>建设(监理)单位</td><td colspan="2">×××
××年×月×日</td></tr>
</table>

注：“＋”为超挖，“－”为欠挖。

4. 软基和岸坡开挖

表 7-8　　软基和岸坡开挖单元工程质量评定表

单元工程名称	××发电厂房工程	单元工程量	**2786m³,364m²**
分部工程名称	**软基开挖**	施工单位	**××市第×工程局**
单元工程名称、部位	**0－120～0－120 段地基开挖**	检验日期	**××年×月×日**

项次	检查项目	质量标准	检验记录
1	地基清理和处理	无树根、草皮、乱石、坟墓,水井泉眼已处理,地质符合设计	**无坟墓,树根、草皮、乱石已全部清理,预留保护层已挖除,地质符合设计要求**
2	△取样检验	符合设计要求 r≥1.55g/cm³	**r=1.57g/cm²**
3	岸坡清理和处理	无树根、草皮、乱石。有害裂隙及洞穴已处理	**树根、草皮、乱石已全部清除,有害裂隙已处理,预留保护层已清除**
4	岩石岸坡清理坡度	符合设计要求	—
5	△黏土、湿陷性黄土清理坡度	符合设计要求	—
6	截水槽地基处理	泉眼、渗水已处理,岩石冲洗洁净,无积水	—
7	△截水槽(墙)基岩面坡度	符合设计要求	—

项次	检测项目			设计值	允许偏差(cm)	实测值	合格数(点)	合格率(%)
1	无结构要求,无配筋	坑(槽)长或宽	5m 以内		+20,−10	—		
2			5～10m		+30,−20	—		
3			10～15m	14m	+40,−30	**14.21,14.16,14.19,14.26,14.33,14.27 14.25,14.26,14.31,14.25,14.28,14.23**	**10**	**83.3**
4			15m 以上		+50,−30	—		
5		坑(槽)底部标高		−3.0m	+20,−10	**−2.97,−3.03,−3.02,−3.24,−3.15 −3.11,−3.23,−3.16,−2.96,−3.08**	**8**	**80.00**
6		垂直或斜面平整度			20	**16,18,13,14,11,19,23,4**	**7**	**87.5**
1	有结构要求有配筋预留埋件	基坑(槽)长或宽	5m 以内		20,0	—		
2			5～10m		+30,0	—		
3			10～15m		+40,0	—		
4			15m 以上		+40,0	—		
5		坑(槽)底部标高			+20,0	—		
6		垂直或斜面平整度			15	—		

检测结果	共检测 **30** 点,其中合格 **25** 点,合格率 **83.3** %

评定意见	单元工程质量等级
主要检查项目全部符合质量标准。一般检查项目 基本符合 质量标准。检测项目实测点合格率 83.3 %	**优良**

施工单位	××× ××年×月×日	建设(监理)单位	××× ××年×月×日

注:"+"为超挖,"−"为欠挖。

5. 河道疏浚

表 7-9　　河道疏浚单元工程质量评定表

单元工程名称			××河道疏浚工程		单元工程量	河段长 80m,土石沙 3600m^3	
分部工程名称			第Ⅲ段		施工单位	××市第×工程局	
单元工程名称、部位			3+160～3+240		检验日期	××年×月×日	
检测项目					实测值	合格数（点）	合格率（%）
横断面部位			设计标准	允许误差			
河底			宽度 70m	±50cm	69.4,69.8,70.2,70.4,70.3,70.1	5	83.3
河底			高程 5.0m	$^{+40}_{-20}$cm	4.91,4.81,5.01,5.12,4.91,5.01 5.32,5.23,5.12,5.07	9	90.0
内堤距			146 m	±80cm	145.6,146.2,146.4,146.3,146.2	5	100.0
左岸部分	河坡		M=3.2		—		
左岸部分	河滩		高程 6.5m	±20cm	6.47,6.45,6.32,6.27,6.31,6.35	5	83.3
左岸部分	河滩		宽度 18m	±30cm	17.78,18.23,18.25,18.01,17.80,17.93	6	100.0
左岸部分	标准堤	内坡	M=2.3		—		
左岸部分	标准堤	外坡	M=2		—		
左岸部分	标准堤	顶高程	12m	+5cm	12.03,12.04,12.03,12.03,12.02,12.01	6	100.0
左岸部分	标准堤	顶宽度	5m	±10cm	5.07,5.03,4.95,4.98,4.93,5.08	6	100.0
左岸部分	标准堤	干密度	1.57t/m^3		1.58,1.59,1.58,1.57,1.59,1.58	6	100.0
左岸部分	弃土	顶高程	m		—		
左岸部分	弃土	外坡	M=3.3		—		
左岸部分	弃土	宽度	m		—		
右岸部分	河坡		M=3.3		—		
右岸部分	河滩		高程 6.3m	±20cm	6.42,6.31,6.27,6.18,6.52,6.39	5	83.3
右岸部分	河滩		宽度 20m	±30cm	20.21,20.27,20.15,20.12,20.07,20.09	6	100.0
右岸部分	标准堤	内坡	M=2.4		—		
右岸部分	标准堤	外坡	M=2.1		—		
右岸部分	标准堤	顶高程	12m	+5cm	12.03,12.02,12.04,12.05,12.03,12.02	6	100.0
右岸部分	标准堤	顶宽度	6m	±10cm	6.08,6.03,6.00,5.94,5.89,5.97	5	83.3
右岸部分	标准堤	干密度	1.57t/m^3		1.59,1.58,1.58,1.57,1.58,1.59	6	100.0
右岸部分	弃土	顶高程	m		—		
右岸部分	弃土	外坡	M=		—		
右岸部分	弃土	宽度	m		—		
检测结果	共检测 81 点,其中合格 76 点,合格率 93.8 %						
评定意见						单元工程质量等级	
实测点合格率为 93.8%						合格	
施工单位	××× ××年×月×日				建设(监理)单位	××× ××年×月×日	

注:在单元工程范围内,检测合格点占总检测点数 90%及其以上的,即评为合格;检测合格点占总检测点数的 95%及其上的,可评为优良。

6. 基础面处理

表 7-10　　基础面或混凝土施工缝处理工序质量评定表

单元工程名称	**混凝土大坝**	单元工程量	
分部工程名称	**溢流坝段**	施工单位	**××市第×工程局**
单元工程名称、部位	**3# 坝段,▽2.5～▽4.5m**	检验日期	××年×月×日

项次	检查项目	质量标准	检验记录
1	基础岩面		
(1)	△建基面	无松动岩块	**建基面无松动岩块**
(2)	△地表水和地下水	妥善引排或封堵	**地表水已妥善引排,地下水已降排并封堵**
(3)	岩面清洗	清洗洁净,无积水,无积渣杂物	**基础岩面已清洗洁净,面积水,无积渣和杂物**
2	混凝土施工缝		
(1)	△表面处理	无乳皮、成毛面	—
(2)	混凝土表面清洗	清洗洁净,无只水,无积渣杂物	—
3	软基面		
(1)	△建基面	预留保护层已挖除,地质符合设计要求	**建基面预留保护层已挖除,地质符合设计要求**
(2)	垫层铺填	符合设计要求	**垫层铺填符合设计要求**
(3)	基础面清理	无乱石、杂物,坑洞分层回填夯实	**基础面已清理干净,无乱石,杂物。坑洞已分层回填夯实**

评定意见	工序质量等级
主要检查项目作部符合质量标准,一般检查项目符合质量标准	**优良**

施工单位	××× ××年×月×日	建设(监理)单位	××× ××年×月×日

7. 基础排水

表 7-11 **基础排水单元工程评定表**

<table>
<tr><td colspan="3">单元工程名称</td><td colspan="2">混凝土大坝</td><td colspan="5">单元工程量</td><td colspan="5">排水孔总长160m</td></tr>
<tr><td colspan="3">分部工程名称</td><td colspan="2">坝基防渗与防水</td><td colspan="5">施工单位</td><td colspan="5">××市第×工程局</td></tr>
<tr><td colspan="3">单元工程名称、部位</td><td colspan="2">3# 坝段基础排水</td><td colspan="5">检验日期</td><td colspan="5">××年×月×日</td></tr>
<tr><td rowspan="2">项次</td><td colspan="3" rowspan="2">检查项目</td><td rowspan="2">质量标准</td><td colspan="10">各孔检测结果</td></tr>
<tr><td>1</td><td>2</td><td>3</td><td>4</td><td>5</td><td>6</td><td>7</td><td>8</td><td>9</td><td>10</td></tr>
<tr><td>1</td><td rowspan="4">垂直排水孔</td><td colspan="2">孔口平面位置偏差</td><td>不大于10cm</td><td>√</td><td>√</td><td>√</td><td>√</td><td>0</td><td>√</td><td>√</td><td>√</td><td>√</td><td>0</td></tr>
<tr><td rowspan="2">2</td><td rowspan="2">倾斜度</td><td>深孔</td><td></td><td colspan="10">—</td></tr>
<tr><td>浅孔</td><td>不大于2%</td><td>√</td><td>√</td><td>√</td><td>0</td><td>√</td><td>√</td><td>√</td><td>√</td><td>0</td><td>√</td></tr>
<tr><td>3</td><td colspan="2">△孔深偏差</td><td>±2%(孔深12m，允许偏差±0.4m)</td><td>√</td><td>√</td><td>√</td><td>√</td><td>√</td><td>√</td><td>√</td><td>√</td><td>√</td><td>√</td></tr>
<tr><td>4</td><td rowspan="2">水平孔(槽)</td><td colspan="2">平面位置偏差</td><td>不大于10cm</td><td colspan="10">—</td></tr>
<tr><td>5</td><td colspan="2">倾斜度</td><td>不大于2%</td><td colspan="10">—</td></tr>
<tr><td>6△</td><td colspan="3">管(槽板)接头，管(槽板)与岩石接触</td><td>密合不漏浆，管(槽)内干净</td><td>√</td><td>√</td><td>√</td><td>√</td><td>√</td><td>√</td><td>√</td><td>√</td><td>√</td><td>√</td></tr>
<tr><td colspan="5">各孔质量评定</td><td>√</td><td>√</td><td>√</td><td>0</td><td>0</td><td>√</td><td>√</td><td>√</td><td>0</td><td>0</td></tr>
<tr><td colspan="15">本单元共有 **10** 孔，其中优良 **6** 孔，优良率 **60** %</td></tr>
<tr><td colspan="10">评定意见</td><td colspan="5">单元工程质量等级</td></tr>
<tr><td colspan="10">**单元内各排水孔(槽)质量全部达合格标准，其中优良排水孔(槽)为 60 %**</td><td colspan="5">**合格**</td></tr>
<tr><td colspan="2">施工单位</td><td colspan="4">×××
××年×月×日</td><td colspan="3">建设(监理)单位</td><td colspan="6">×××
××年×月×日</td></tr>
</table>

8. 振冲地基加固

表 7-12　　振冲地基加固单元工程质量评定表

单元工程名称	土石坝	单元工程量	钻孔总长 300m，孔数 28 个，抽检孔 9 个
分部工程名称	基础开挖及处理	施工单位	××市第×工程局
单元工程名称、部位	基础振冲加固区 3#	检验日期	××年×月×日

项次	检查项目		质量标准	各抽检振冲孔检测结果									
				1	2	3	4	5	6	7	8	9	10
1	钻孔	孔位允许偏差	成孔中心与设计定位中心偏差小于 10cm	√	√	√	√	√	√	√	√	√	
			顶中心与定位中心偏差小于 20cm	√	√	√	√	0	√	√	√	√	
2△		孔深	不得小于设计孔深	√	√	√	√	√	√	√	√	√	
3		孔径	符合设计要求	√	√	√	√	√	√	√	√	√	
4△	填料	振密电流	符合设计要求	√	√	√	√	√	√	√	√	√	
5		填料质量(包括数量)	粒径小于 5cm，含泥量小于 10%，填料数量符合设计要求	√	√	√	√	√	√	√	√	√	
6		填料水压	符合设计要求	√	√	√	√	√	√	√	√	√	
7		提升高度	提升孔高小于等于 0.5m	√	√	√	√	√	√	√	√	√	
8△		振冲记录	齐全、准确、清晰	√	√	√	√	√	√	√	√	√	
各振冲孔质量评定				√	√	√	√	0	√	√	√	√	
本单元共有 9 孔，其中优良 8 孔，优良率 88.9 %													

振冲桩或复合地基的贯入击数和载荷试验	**说明情况和测试成果** **采用标贯试验：设计 0～5m，6 击；5～8m，8 击；8～11m，11 击；11～14m，13 击；14～16m；16～18m，17 击；18～20m，19 击。** **检测全部符合要求**

评定意见	单元工程质量等级
本单元工程各抽检孔质量均达合格标准，其中优良孔占 88.9 %	**优良**

施工单位	××× ××年×月×日	建设(监理)单位	××× ××年×月×日

注：1. 本表适用于 30kW 振动器振冲加固地基。

2. 若用 75kW 振动器，项次 4 振密电流值应加大；项次 5 填料粒径标准，可加大，要求小于 10cm。

9. 造孔灌注桩基础

表 7-13　　造孔灌注桩基础单元工程质量评定表

单元工程名称	抽水站	单元工程量	桩长 160m,混凝土 $136m^3$
分部工程名称	进水口段排桩	施工单位	××市第×工程局
单元工程名称、部位	$80^{\#}$～$760^{\#}$	检验日期	××年×月×日

项次	检查项目		质量标准	各抽检振冲孔检测结果									
				1	2	3	4	5	6	7	8	9	10
1	钻孔	孔位偏差	单桩、各形桩基沿垂直轴线方向和群桩基础边桩的偏差小于 1/6 桩设计直径,其他部位桩的偏差小于 1/4 桩径	√	√	√	√	√	√	√	√	√	√
2	钻孔	孔径偏差	+10cm　－5cm	√	√	√	√	√	√	√	√	√	√
3	钻孔	△孔斜率	<1%	√	√	√	√	√	√	√	√	√	√
4	钻孔	△孔深	不得小于设计孔深(12m)	√	√	√	√	√	√	√	√	√	√
5	清孔	△孔底淤积厚度	端承桩小于等于 10cm;摩擦桩小于等于 30cm	√	√	√	√	√	√	√	√	√	√
6	清孔	孔内浆液密度	循环 1.15～1.25g/cm^3,原孔造浆 1.1g/cm^3 左右	√	√	√	√	√	√	√	√	√	√
7	混凝土浇筑	导管埋深	埋深大于 1m,小于等于 6m	√	√	√	√	√	√	√	√	√	√
8	混凝土浇筑	钢筋笼安放	符合设计要求	√	√	0	√	√	√	√	√	√	√
9	混凝土浇筑	△混凝土上升速度	≥2m/h 或符合设计要求	√	√	√	√	√	√	√	√	√	√
10	混凝土浇筑	混凝土坍落度	18～22cm	√	√	√	√	√	√	√	√	√	√
11	混凝土浇筑	混凝土扩散度	34～38cm	√	√	√	√	√	√	√	√	√	√
12	混凝土浇筑	浇筑最终高度	符合设计要求	√	√	√	√	√	√	√	√	√	√
13	混凝土浇筑	△施工记录、图表	齐全、准确、清晰	√	√	√	√	√	√	√	√	√	√
各振冲孔质量评定				√	√	0	√	√	√	√	√	√	√
本单元共有 10 孔,其中优良 9 孔,优良率 90.0 %													

混凝土质量指标和桩的载荷测试	**说明情况和测试成果** **混凝土设计标号 C25,混凝土强度为 27.1～32.6MPa,强度保证率 96.3%,Cr＝0.126**

评定意见	单元工程质量等级
单元工程内,各灌注桩全部达合格标准,其中优良桩有 90.0 %,混凝土抗压强度保证率为 96.3 %	**优良**

施工单位	××× ××年×月×日	建设(监理)单位	××× ××年×月×日

10. 混凝土防渗墙

表 7-14　　　　混凝土防渗墙单元工程质量评定表

<table>
<tr><td colspan="3">单元工程名称</td><td>土石坝</td><td>单元工程量</td><td colspan="2">混凝土 70m³</td></tr>
<tr><td colspan="3">分部工程名称</td><td>土石地基防渗</td><td>施工单位</td><td colspan="2">××市第×工程局</td></tr>
<tr><td colspan="3">单元工程名称、部位</td><td>第×槽孔</td><td>检验日期</td><td colspan="2">××年×月×日</td></tr>
<tr><td>项次</td><td colspan="2">检查项目</td><td colspan="2">质量标准</td><td colspan="2">检验记录</td></tr>
<tr><td>1</td><td rowspan="4">槽孔</td><td>槽孔中心偏差</td><td colspan="2">≤3cm</td><td colspan="2">实测 6 孔，偏差超标 0 孔，最大±1.8cm</td></tr>
<tr><td>2</td><td>△槽孔中心偏差</td><td colspan="2">不得小于设计孔深(18m)</td><td colspan="2">实测孔深 18.3～18.7m</td></tr>
<tr><td>3</td><td>△孔斜率</td><td colspan="2">≤0.4%</td><td colspan="2">实测 6 孔，偏差超标 0 孔，最大 0.16%</td></tr>
<tr><td>4</td><td>槽孔宽</td><td colspan="2">满足设计要求(包括接头搭接厚度)(78cm)</td><td colspan="2">实测 6 孔，偏差超标 0 孔，最小宽度 80cm</td></tr>
<tr><td>5</td><td rowspan="5">清孔</td><td>△接头刷洗</td><td colspan="2">刷子、钻头不带泥屑，孔底淤积不再增加</td><td colspan="2">—</td></tr>
<tr><td>6</td><td>△孔底淤积</td><td colspan="2">≤10cm</td><td colspan="2">实测 6 孔，偏差超标 0 孔，最大 4.6cm</td></tr>
<tr><td>7</td><td>孔内浆液密度</td><td colspan="2">≤1.3g/cm³</td><td colspan="2">实测 6 孔，偏差超标 0 孔，最大 1.29g/cm³</td></tr>
<tr><td>8</td><td>浆液粘度</td><td colspan="2">≤30s</td><td colspan="2">实测 6 次，超标 0 次，最大 27s</td></tr>
<tr><td>9</td><td>浆液含砂量</td><td colspan="2">≤10%</td><td colspan="2">实测 6 次，超标 1 次，最大 8%</td></tr>
<tr><td>10</td><td rowspan="8">混凝土浇筑</td><td>钢筋笼安放</td><td colspan="2">符合设计要求</td><td colspan="2">钢筋笼刚度，安放位置及保护层均符合设计要求</td></tr>
<tr><td>11</td><td>导管间距与埋深</td><td colspan="2">两导管距离<3.5m；导管距孔端，一期槽孔为 1.0～1.5m；二期槽孔为 0.5～1.0m；埋深小于 6m，但大于 1.0m</td><td colspan="2">导管距孔端：实测 4 次，超标 0 次，最大 1.2m；导管间距：实测 4 次，超标 0 次，最大间距 3.2m；导管埋深：实测 6 次，超标 0 次，最小埋深 1.6m</td></tr>
<tr><td>12</td><td>△混凝土上升速度</td><td colspan="2">≥2m/h，或符合设计要求</td><td colspan="2">混凝土平均上升速度 2.1m/h</td></tr>
<tr><td>13</td><td>混凝土坍落度</td><td colspan="2">18～22cm</td><td colspan="2">实测 8 次，超标 0 次，最小 19cm，最大 21cm</td></tr>
<tr><td>14</td><td>混凝土扩散度</td><td colspan="2">34～40cm</td><td colspan="2">实测 8 次，超标 0 次，最小 36m，最大 39cm</td></tr>
<tr><td>15</td><td>浇筑最终高度</td><td colspan="2">符合设计要求(顶面 50cm)</td><td colspan="2">混凝土浇筑最终高度高于设计顶面 50cm</td></tr>
<tr><td>16</td><td rowspan="2">△施工记录、图纸</td><td colspan="2" rowspan="2">齐全、准确、清晰</td><td colspan="2" rowspan="2">齐全、准确、清晰</td></tr>
<tr><td>17</td></tr>
<tr><td>说明</td><td colspan="6">1. 混凝土设计指标，包括抗压强度、抗渗标号、弹性模量：f_a=14.5MPa，W_6，E_h=2.85×10_4MPa，符合设计要求。
2. 混凝土设计原材料、配合比等是否符合设计要求。
3. 若在此单元(槽内)钻孔取芯，混凝土质量应符合设计要求</td></tr>
<tr><td colspan="6">评定意见</td><td>单元工程质量等级</td></tr>
<tr><td colspan="6">主要检测项目全部符合质量标准。一般检查项目符合质量标准，一般检测项目实测总点数中有 98.3 %符合质量标准</td><td>优良</td></tr>
<tr><td colspan="2">施工单位</td><td colspan="2">×××
××年×月×日</td><td>建设(监理)单位</td><td colspan="2">×××
××年×月×日</td></tr>
</table>

注：未填写检验具体内容的不得评定质量等级。

11. 锚杆与钢筋网

表 7-15　　锚喷支护锚杆、钢筋网工序质量评定表

单位工程名称	**引水隧洞**	单元工程量	**612m²,锚杆 268 根,总长 508m**
分部工程名称	**隧洞开挖与衬砌**	施工单位	**××市第×工程局**
单元工程名称、部位	**0＋80～0＋120 锚喷支护**	检验日期	**××年×月×日**

项次	检查项目	质量标准	检验记录
1	△锚杆材质和砂浆标号	符合设计要求(ϕ20 锚杆,100# 砂浆)	**水泥用 42.5(R)硅酸盐水泥,锚杆用 ϕ20,砂浆强度等级符合设计,材质试验指标符合要求**
2	△锚孔清理	无岩粉、积水	**锚孔清理干净,无岩粉、积水**
3	△砂浆锚杆抗拔力	符合设计和规范要求(≥19t)	**锚杆抽检 6 根,抗拔力为 21.3t,19.8t,20.3t,20.6t,22.1t**
4	△预应力锚杆张拉力	符合设计和规范要求	—
5	钢筋材质、规格、尺寸	符合设计要求,纵 ϕ8,环 ϕ10,纵横间距 250cm	**钢筋网材质、规格、尺寸均符合设计要求**

项次	检测项目	设计值	质量标准 允许偏差(cm)	实测值	合格数(点)	合格率(%)
1	孔位偏差	145cm	小于 10	**实测 30 点,实测值 146～153cm**	**30**	**100.0**
2	孔轴方向		垂直岩壁或符合设计要求	**实测 30 孔,孔轴方向均符合设计要求**	**30**	**100.0**
3	孔深偏差	280cm	±5	**实测 30 孔,实测值 278～286cm**	**28**	**93.3**
4	钢筋间距	纵横 25cm	±2	**实测 30 点,实测值 23.6～26.8cm**	**30**	**100.0**
5	钢筋网与基岩面距离	4cm	±1	**实测 30 点,实测值 3.2～5.3cm**	**27**	**90.0**
6	钢筋绑扎		牢固	**检查 30 个绑扎点,其中合格 27 个,基本合格 3 个**	**27**	**90.0**
检测结果	共检测 **180** 点,其中合格 **172** 点,合格率 **95.6** %					

评定意见	工序质量等级
主要检测项目全部符合质量标准。一般检查项目符合质量标准。检测项目实测点合格率 95.6 %	**优良**

施工单位	××× ××年×月×日	建设(监理)单位	××× ××年×月×日

12. 锚喷支护喷射混凝土

表 7-16　　锚喷支护喷射混凝土质量工序评定表

单位工程名称	引水隧洞	单元工程量	612m², 混凝土 63.7m³
分部工程名称	隧洞开挖与衬砌	施工单位	××市第×工程局
单元工程名称、部位	0＋80～0＋120 锚喷支护	检验日期	××年×月×日

项次	检查项目		质量标准		检验记录
			优良	合格	
1	△抗压强度保证率		85%及其以上		抗压强度保证率 86.7%～92.3%
2	△喷混凝土性能		符合设计要求 设计： f_c＝20MPa(抗压) f_t＝1.5MPa(抗拉) W_8＝0.8MPa(抗渗)		各试验一组： f_c＝23.5, 21.0MPa f_t＝1.55, 1.58MPa W_8＝1.03, 0.98MPa
3	喷混凝土厚度不得小于设计厚度	水工隧洞	80%及其以上	70%及其以上	设计厚度 12cm, 检查二个断面共 16 点, 厚度为 10.3～12.7cm, 合格点 13 点, 合格率 81.3%
		非过水隧洞	70%及其以上	60%及其以上	—
4	△喷层均匀性(现场取样)		无夹层、无砂	个别处有夹层、包砂	喷层均匀, 无夹层、包砂。现场取样 5 个。优良
5	喷层表面整体性		无裂缝	个别处有微细裂缝	喷层表面整体性良好, 无裂缝。优良
6	△喷层密实情况		无渗水滴水	个别点渗水	喷层密实, 表面无渗水滴水现象。优良
7	喷层养护		养护、保温好	养护、保温一般	喷层养护、保温良好。优良

评定意见	工序质量等级
主要检查项目全部符合优良质量标准。一般检查项目符合优良标准	优良

施工单位	××× ××年×月×日	建设(监理)单位	××× ××年×月×日

13. 混凝土砂料

表 7-17 砂料质量评定表

单位工程名称	混凝土大坝	产地	××砂场
分部工程名称	溢流坝段	生产单位	××市第×工程局
数量	**8000m³**	检验日期	××年×月×日至×月×日

项次	检查项目	质量标准	检验记录
1	天然砂中含泥量	小于3%，其中黏土含量小于1%	**含泥量：抽检12组，实测值1.7%～3.0%，全部合格；黏土量：抽检12组，实测值0.3%～1.0%，全部合格**
2	△天然砂中泥团含量	不允许	**抽检12组，未发现泥团**
3	△人工砂中的石粉含量	6%～12%(指颗粒小于0.15mm)	—
4	坚固性	<10%	**抽检12组，实测值3.5%～7.8%，全部合格**
5	△云母含量	<2%	**抽检12组，实测值0.6%～1.8%，全部合格**
6	密度	>2.5t/m³	**抽检12组，实测值2.56～2.68t/m³，全部合格**
7	轻物质含量	<1%	**抽检12组，实测值0.3%～0.7%，全部合格**
8	硫化物及硫酸盐含量，按重量折算成 SO_3	<1%	**抽检12组，实测值0.2%～0.74%，全部合格**
9	△有机质含量	浅于标准色	**抽检12组，有机质含量均浅于标准色**

评定意见	质量等级
主要检查项目全部符合质量标准。其他检查项目100%检查点符合质量标准	**优良**

施工单位	××× ××年×月×日	建设(监理)单位	××× ××年×月×日

14. 粗骨料

表 7-18　　　　粗骨料质量评定表

单位工程名称		混凝土大坝	产地	××石料场
分部工程名称		溢流坝段	生产单位	××市第×工程局
数量		$8000m^3$	检验日期	××年×月×日至×月×日
项次	检查项目	质量标准	检验记录	
1	超径	原孔筛检验小于5% 超粒径检验0	抽检12组,原孔筛筛余量为1.2%~3.6%	
2	粒径	原孔筛检验小于10% 超粒径检验小于2%	抽检12组,原孔筛检验逊径为3.7~5.4%	
3	含泥量	D_{20}、D_{40}粒径级小于1% D_{80}、D_{150}(或D_{120})粒径级小于0.5%	抽检12组,含泥量为0.2%~0.5%,符合质量要求	
4	△泥团	不允许	抽检12组,未发现有泥团	
5	△软弱颗粒含量	<5%	抽检12组,软弱颗粒含量为0.6%~3.2%	
6	硫酸盐及硫化物含量按重量折算成SO_3	0.50%	抽检12组,硫酸盐及硫化物含量0.08~0.25%	
7	△有机质含量	浅于标准色	抽检12组,有机质含量均浅于标准色	
8	密度	$>2.55t/m^3$	抽检12组,密度为$2.58 \sim 2.76t/m^3$	
9	吸水率	D_{20}、D_{40}<2.5% D_{80}、D_{150}<1.5%	各抽检12组,D_{20}、D_{40}吸水率为1.8%~2.3%;D_{80}、D_{150}吸水率为0.8%~1.3%	
10	△针片状颗粒含量	<15%;有试验论证,可以放宽至25%	抽检12组,针片状颗粒含量为7.5%~12.7%	
评定意见				质量等级
主要检查项目全部符合质量标准。其他检查项目合格率100%				优良
施工单位	××× ××年×月×日		建设(监理)单位	××× ××年×月×日

15. 混凝土拌和物

表 7-19 **混凝土拌和物质量评定表**

<table>
<tr><td colspan="2">单位工程名称</td><td colspan="2">混凝土大坝</td><td>分部工程量</td><td>2400m³,C25</td></tr>
<tr><td colspan="2">分部工程名称</td><td colspan="2">溢流坝段</td><td>施工单位</td><td>××市第×工程局</td></tr>
<tr><td colspan="2">分部工程部位</td><td colspan="2">2+200～2+300</td><td>检验日期</td><td>××年×月×日至×月×日</td></tr>
<tr><td rowspan="2">项次</td><td rowspan="2">项　目</td><td colspan="2">质量标准</td><td colspan="2" rowspan="2">检验记录</td></tr>
<tr><td>优良</td><td>合格</td></tr>
<tr><td>1</td><td>△原材料称量偏差符合要求的频率</td><td>≥90%</td><td>≥70%</td><td colspan="2">施工配料单位各材料称量:水 180kg,水泥 330kg,砂 600kg,碎石 120kg。共检查 20 组,称量为:水 178～182kg,合格率 98.2%;水泥 330～334kg,合格率 95%;砂 599～612kg,合格率 93.6%,碎石 1200～1218kg,合格率 96.2%</td></tr>
<tr><td>2</td><td>砂子含水量小于 6%的频率</td><td>≥90%</td><td>≥70%</td><td colspan="2">检查 20 组,砂子含水量为 2.7～4.6%,合格率 100%</td></tr>
<tr><td>3</td><td>△拌和时间符合规定的频率</td><td>100%</td><td>100%</td><td colspan="2">拌和时间规定为 90～120s,抽检 20 组,拌和时间为 93～114s,合格率 100%</td></tr>
<tr><td>4</td><td>混凝土坍落度符合要求的频率</td><td>≥80%</td><td>≥70%</td><td colspan="2">混凝土坍落度设计为 5～8cm,抽检 20 组,坍落度为 5.5～8.4cm,合格 18 组,合格率 90%</td></tr>
<tr><td>5</td><td>△混凝土水灰比符合设计要求的频率</td><td>≥90%</td><td>≥80%</td><td colspan="2">混凝土水灰比设计为 0.57,抽检 20 组,水灰比为 0.55～0.58,合格 17 组,合格率 85%</td></tr>
<tr><td>6</td><td>混凝土出机口温度符合设计要求的频率</td><td>≥80%
(高 1～2℃)</td><td>≥70%
(高 2～3℃)</td><td colspan="2">设计机口混凝土温度为 28℃,抽检 20 组,T=26℃～30℃,合格 18 组,合格率 90%</td></tr>
<tr><td colspan="5">评定意见</td><td>质量等级</td></tr>
<tr><td colspan="5">共检查 6 项××组,主要检查项目 3 项××组,两项符合优良标准,一项符合合格标,一般检查项目符合优良标准。</td><td>合格</td></tr>
<tr><td>施工单位</td><td colspan="2">×××
××年×月×日</td><td>建设(监理)单位</td><td colspan="2">×××
××年×月×日</td></tr>
</table>

16. 混凝土试块

表 7-20 混凝土试块质量评定表

<table>
<tr><td colspan="3">单位工程名称</td><td colspan="2">溢洪道</td><td>分部工程量</td><td>2600m³,C24,20组</td></tr>
<tr><td colspan="3">分部工程名称</td><td colspan="2">消能防冲段</td><td>施工单位</td><td>××市第×工程局</td></tr>
<tr><td colspan="3">分部工程部位</td><td colspan="2">2+200～2+300</td><td>检验日期</td><td>××年×月×日至×月×日</td></tr>
<tr><td rowspan="2">项次</td><td colspan="2" rowspan="2">项　目</td><td colspan="2">质量标准</td><td colspan="2" rowspan="2">检验记录</td></tr>
<tr><td>优良</td><td>合格</td></tr>
<tr><td>1</td><td colspan="2">任何一组试块抗压强度最低不得低于设计强度等级</td><td>90%</td><td>85%</td><td colspan="2">抽检 20 组,试块抗压强度为 27.2～38.9MPa</td></tr>
<tr><td>2</td><td colspan="2">△无筋(或少筋)混凝土强度保证率</td><td>85%</td><td>80%</td><td colspan="2">—</td></tr>
<tr><td>3</td><td colspan="2">△无筋(或少筋)混凝土强度保证率</td><td>95%</td><td>90%</td><td colspan="2">抽检 20 组试块,统计得 P=96.8%</td></tr>
<tr><td>4</td><td colspan="2">混凝土抗拉、抗渗、抗冻</td><td>不低于设计强度等级</td><td>不低于设计强度等级</td><td colspan="2">设计抗冻强度等级 F100,检验 6 组,均达到设计强度等级</td></tr>
<tr><td rowspan="2">5</td><td rowspan="2">混凝土强度的离差系数</td><td><200</td><td><0.18</td><td><0.22</td><td colspan="2">—</td></tr>
<tr><td>≥200 号</td><td><0.14</td><td><0.18</td><td colspan="2">抽检 20 组试块,统计 C_0=0.120</td></tr>
<tr><td colspan="6">评定意见</td><td>质量等级</td></tr>
<tr><td colspan="6">全部检查项目符合合格标准,其中主要检查项目符合优良标准</td><td>优良</td></tr>
<tr><td>施工单位</td><td colspan="3">×××
××年×月×日</td><td>建设(监理)单位</td><td colspan="2">×××
××年×月×日</td></tr>
</table>

17. 钢筋混凝土工程

表 7-21　　混凝土钢筋工序质量评定表

单位工程名称	混凝土大坝	单元工程量	混凝 826m³，钢筋 13.67t
分部工程名称	溢流坝段	施工单位	××市第×工程局
单元工程名称、部位	3# 坝段，▽2.5～▽4.5m	检验日期	××年×月×日

项次	检查项目	质量标准	检验记录
1	△钢筋的数量、规格尺寸、安装位置	符合设计图纸（图号水工 06B）	钢筋 ϕ20@200 纵横布置在面层，数量、规格、长度和安装位置均符合设计图纸
2	焊缝表面和焊缝中	不允许有裂缝	钢筋接头采用电弧焊，纵横钢筋采用点焊，焊缝无裂缝，焊缝表面平整，无焊瘤
3	△脱焊点和漏焊点	无	无漏焊点和脱焊点

项次	检测项目				设计值	允许偏差（mm）	实测值	合格数（点）	合格率（%）
1	点焊及电弧焊	帮条对焊接头中心的纵向偏移差				0.5d	—		
2	点焊及电弧焊	接头处钢筋轴线的曲折				4°	3.8，2.5，4.1，3.7，2.3，2.7，3.6，3.8，3.4，3.6	9	90
3	点焊及电弧焊	△焊缝	长度（d=20）		180	−0.5d（−10）	176，182，187，175，179，178，186，192，183，172	10	100
			高度		6	−0.05d（−1）	6.2，6.4，5.7，5.6，5.4，5.2，6.9，6.3，6.5，6.8	10	100
			宽度		15	0.1d（−2）	15.3，15.4，14.8，13.7，13.6，15.8，15.5，14.6，14.3，13.8	10	100
			咬边深度			0.05d 不大于 1	0.7，0.6，0.8，1.0，0.7，0.9，0.8，0.7，1.0，0.8	10	100
			表面气孔夹渣	在 2d 长度上		不多于 2 个	1，0，1，1，0，2，0，1，1，1	10	100
				气孔、夹渣直径		不大于 3	2，1，1，2，3，1，2，4，1，1	9	90
4	△绑扎	缺扣、松扣				≤20% 且不集中	—		
		弯钩朝向正确				符合设计图纸	—		
		搭接长度				−0.05 设计值	—		

续表

项次	检测项目			设计值	允许偏差（mm）	实测值	合格数（点）	合格率（%）
5	对焊及熔槽焊	△焊接接根部未焊透深度	ϕ25～40mm 钢筋		0.15d	—		
			ϕ40～70mm 钢筋		0.10d	—		
		接头处钢筋中心线的位移			0.1d 不大于 2	—		
		焊缝表面（长为 2d）和焊缝截面上蜂窝、气孔、非金属杂质			不大于 1.5d，3 个	—		
6	钢筋长度方向的偏差（净保护层 46mm）			16300 30500	±1/2 净保护层	**16321，16307，1648，1631，1621，30508，30517，30530，30523，30598**	**8**	**80**
7	同一排受力钢筋间距的局部偏差	柱及梁			±0.5d	—		
		板、墙		间距 230	±0.1 间距（±2.3）	**246，247，251，263，242，227，235，238，249，256**	**8**	**80**
8	同一排中分布钢筋间距的偏差				±0.1 间距	—		
9	双排钢筋，其排与排间距的局部偏差				±0.1 间距	—		
10	梁与柱中钢箍间距的偏差				±0.1 箍筋间距	—		
11	保护层厚度的局部偏差			60	±1/4 净保护层厚（±15）	**72，68，63，67，53，67，48，43，49，58**	**9**	**90**

检测结果	共检测 **100** 点，其中合格 **94** 点，合格率 **94** %

评定意见	工序质量等级
主要检测项目全部符合质量标准。一般检查项目符合质量标准。检测项目实测点合格率 94 %	**优良**

施工单位	××× ××年×月×日	建设（监理）单位	××× ××年×月×日

18. 模板施工

表 7-22 **混凝土模板工序质量评定表**

<table>
<tr><td colspan="2">单位工程名称</td><td colspan="4">混凝土大坝</td><td>单元工程量</td><td colspan="3">混凝土 $826m^3$，模板面积 $163.4m^2$</td></tr>
<tr><td colspan="2">分部工程名称</td><td colspan="4">溢流坝段</td><td>施工单位</td><td colspan="3">××市第×工程局</td></tr>
<tr><td colspan="2">单元工程名称、部位</td><td colspan="4">3# 坝段，▽2.5～▽4.5m</td><td>检验日期</td><td colspan="3">××年×月×日</td></tr>
<tr><td>项次</td><td>检查项目</td><td colspan="4">质量标准</td><td colspan="4">检验记录</td></tr>
<tr><td>1</td><td>△稳定性、刚度和强度</td><td colspan="4">支撑牢固，稳定，刚度和强度符合设计要求</td><td colspan="4">采用钢模板、钢支撑和方木。支撑牢固，稳定性、刚度、强度均满足设计要求</td></tr>
<tr><td>2</td><td>模板表面</td><td colspan="4">光洁、无污物、接缝严密</td><td colspan="4">模板表面光洁，没有污物，接缝严密</td></tr>
<tr><td rowspan="3">项次</td><td rowspan="3">检测项目</td><td rowspan="3">设计值</td><td colspan="3">允许偏差(mm)</td><td rowspan="3" colspan="2">实测值</td><td rowspan="3">合格数(点)</td><td rowspan="3">合格率(%)</td></tr>
<tr><td colspan="2">外露表面</td><td rowspan="2">隐蔽内面</td></tr>
<tr><td>钢模</td><td>木模</td></tr>
<tr><td>1</td><td>模板平整度：相邻两板面高差</td><td></td><td>2</td><td>3</td><td>5</td><td colspan="2">2.3，1.8，1.7，1.4，1.6，1.8，0.9，0.7，1.5，1.7</td><td>7</td><td>70.0</td></tr>
<tr><td>2</td><td>局部不平(用 2m 直尺检查)</td><td></td><td>2</td><td>5</td><td>10</td><td colspan="2">1.5，2.1，1.7，1.8，1.4，1.2，1.7，2.3，0.6，1.7</td><td>7</td><td>70.0</td></tr>
<tr><td>3</td><td>板面缝隙</td><td></td><td>1</td><td>2</td><td>2</td><td colspan="2">0.8，0.4，0.3，0.7，0.6，0.6，0.9，1.1，0.8，0.5</td><td>9</td><td>90.0</td></tr>
<tr><td>4</td><td>结构物边线与设计边线</td><td>8.65m×14.3m</td><td colspan="2">10</td><td>15</td><td colspan="2">8.153，8.648，8.639，8.652，8.657，14.309，14.307，14.312，14.306，14.308</td><td>8</td><td>80.0</td></tr>
<tr><td>5</td><td>结构物水平断面内部尺寸</td><td></td><td colspan="3">±20</td><td colspan="2">—</td><td></td><td></td></tr>
<tr><td>6</td><td>承重模板标高</td><td>2.6</td><td colspan="3">±5</td><td colspan="2">2.603，2.594，2602，2.599，2.598</td><td>4</td><td>80.00</td></tr>
<tr><td>7</td><td>预留孔、洞尺寸及位置</td><td></td><td colspan="3">±10</td><td colspan="2">—</td><td></td><td></td></tr>
<tr><td>检测结果</td><td colspan="9">共检测 45 点，其中合格 35 点，合格率 77.8 %</td></tr>
<tr><td colspan="8">评定意见</td><td colspan="2">工序质量等级</td></tr>
<tr><td colspan="8">主要检测项目全部符合质量标准。一般检查项目基本符合质量标准。检测项目实测点合格率 77.8 %</td><td colspan="2">合格</td></tr>
<tr><td>施工单位</td><td colspan="5">×××
××年×月×日</td><td>建设(监理)单位</td><td colspan="3">×××
××年×月×日</td></tr>
</table>

19. 混凝土施工

表 7-23　基础面或混凝土施工缝处理工序质量评定表

单位工程名称	混凝土大坝	单元工程量	混凝土 826m^3,施工缝 274m^2
分部工程名称	溢流坝段	施工单位	××市第×工程局
单元工程名称、部位	3# 坝段,▽2.5～▽4.5m	检验日期	××年×月×日

项次	检查项目	质量标准	检验记录
1	基础岩面		
(1)	△建基面	无松动岩块	—
(2)	△地表水和地下水	妥善引排或封堵	—
(3)	岩面清洗	清洗洁净、无积水,无积渣杂物	—
2	混凝土施工缝		
(1)	△表面处理	无乳皮、成毛面	表面无乳皮,施工缝表面全部凿成毛面
(2)	混凝土表面清洗	清洗洁净,无积水,无积渣杂物	混凝土表面已清洗干净,积水已排除,无积渣杂物
3	软基面		
(1)	△建基面	预留保护层已挖除,地质符合设计要求	—
(2)	垫层铺填	符合设计要求	—
(3)	基础面清理	无乱石、杂物,坑洞分层回填夯实	—

评定意见	工序质量等级
主要检查项目全部符合质量标准,一般检查项目符合质量标准	优良

施工单位	××× ××年×月×日	建设(监理)单位	××× ××年×月×日

20. 止水、伸缩缝和排水管安装

表 7-24 **混凝土止水、伸缩缝和排水管安装工序质量评定表**

单位工程名称			混凝土大坝	单元工程量		**混凝土 $826m^3$,止水铜片长 6.3m**		
分部工程名称			溢流坝段	施工单位		××市第×工程局		
单元工程名称、部位			**3[#] 坝段,▽2.5～▽4.5m**	检验日期		××年×月×日		
项次	检查项目			质量标准		检验记录		
1	伸缩缝制作安装	涂敷沥青料		混凝土表面洁净干燥,涂刷均匀平整,与混凝土粘接紧密,无气泡及隆起现象		—		
2	伸缩缝制作安装	粘贴沥青油毛毡		伸缩缝表面清洁干燥,蜂窝麻面已处理并填平,外露施工铁件割除,铺设厚度均匀平整,搭接紧密		**伸缩缝表面清洁干燥,符合质量标准。油毛毡铺设均匀平整,搭接紧密,面贴三油二毡**		
3	伸缩缝制作安装	铺设预制油毡板		混凝土表面清洁,蜂窝麻面处理并填平,外露施工铁件割除,铺设厚度均匀平整、牢固,相邻块安装紧密平整无缝		—		
4	伸缩缝制作安装	△沥干井、柱安装		电热元件及绝缘材料置放准确牢固,不短路,沥青填塞密实,安装位置准确、稳固,上下层衔接好		—		
项次	检测项目			设计值(mm)	允许偏差(mm)	实测值	合格数(点)	合格率(%)
1	金属、塑料、橡胶止水	金属止水片的几何尺寸	宽	380	±5	**382,386,378,374,385,382,383**	**6**	**75.0**
2	金属、塑料、橡胶止水	金属止水片的几何尺寸	高(牛鼻子)	38	±2	**39,37,35,39,37,41,40,38,39,37**	**8**	**80.0**
3	金属、塑料、橡胶止水	金属止水片的几何尺寸	长	1460	±20	**1467,1462,1473,1472,1481,1478**	**5**	**83.3**
4	金属、塑料、橡胶止水	△金属止水片搭接长度		20	不小于 20 双面氧焊	**23,26,24,27,23,22,23,25,23,21**	**10**	**100.0**
5	金属、塑料、橡胶止水	安装偏差	大体积混凝土		±30	—		
	金属、塑料、橡胶止水	安装偏差	细部结构		20	**18,16,14,19,17,15,16,17,17,19**	**10**	**100.0**
	金属、塑料、橡胶止水	△插入基岩部分			符合设计要求	—		
6	坝体排水管安装	拔管排水管	平面位置		≤100	—		
7	坝体排水管安装	拔管排水管	倾斜度		≤4%	—		
8	坝体排水管安装	多孔性排水管	平面位置		≤100	—		
9	坝体排水管安装	多孔性排水管	倾斜度		≤4%	—		
10	坝体排水管安装	△排水管通畅性			通畅	—		
检测结果	共检测 **44** 点,其中合格 **39** 点,合格率 **88.6** %							
评定意见							工序质量等级	
主要检测项目全部符合质量标准。一般检查项目符合质量标准。检测项目实测点合格率 88.6 %							合格	
施工单位	××× ××年×月×日			建设(监理)单位		××× ××年×月×日		

21. 混凝土预制构件制作

表 7-25　　　　混凝土预制构件制作质量评定表

单位工程名称	**混凝土大坝**	单元工程量	**混凝土 12.40m³**
分部工程名称	**溢流坝段**	施工单位	**××市第×工程局**
单元工程名称部位	**5# 坝段交通桥预制梁**	检验日期	**××年×月×日至×月×日**

项次	检测项目			设计值	允许偏差（mm）	实测值	合格数（点）	合格率（%）
1	模板安装		相邻两板面高差		2	**1.8,1.9,2.0,1.6,1.7,1.6,2.1,1.8,1.9**	**8**	**80.0**
2	模板安装		局部不平（2m 直尺检查）		3	**1.7,1.9,2.3,2.4,2.0,2.9,3.2,2.7,2.8,2.9**	**9**	**90.0**
3	模板安装		板面缝隙		1	**0.3,0.6,0.9,0.8,0.8,1.2,0.9,0.7,0.6,0.9**	**9**	**90.0**
4	模板安装		预留孔、洞位置		10	—		
5	模板安装		梁、桁架拱度	32	+5，−2	**31,34,32,32,36,33,35,37,36,34**	**10**	**100.0**
1	钢筋焊接与安装		帮条对焊接接头中心的纵向偏移	ϕ28	0.5d（14mm）	**8,7,9,12,10,8,9,7,6,10**	**10**	**100.0**
2	钢筋焊接与安装		两根钢筋的轴向曲折		4°	**3.5°,3.8°,3.9°,3.7°,3.6°,3.5°,3.4°,3.8°**	**8**	**100.0**
3	钢筋焊接与安装	焊缝	高度（ϕ28）	8	−0.05d（14）	**7.6,8.2,8.6,8.0,7.7,7.2,6.8,6.9**	**8**	**100.0**
	钢筋焊接与安装	焊缝	长度（ϕ28）	150	−0.5d（14）	**135,139,147,146,152,157,148,143**	**7**	**87.5**
	钢筋焊接与安装	焊缝	宽度（ϕ28）	23	−0.1d（−2.8）	**21.4，21.7，20.1，22.3，22.4，22.7，23.5,24.0**	**7**	**87.5**
	钢筋焊接与安装	焊缝	咬边深度		−0.05d，且<1	**0.3,0.8,0.7,0.9,0.5,0.4,0.7,0.8**	**8**	**100.0**
	钢筋焊接与安装	焊缝	表面气孔夹渣：在 2d 长度上气孔夹渣直径		不多于 2 个 <3	**2,2,1,0,2,1,3,2,1,0**	**9**	**90.0**
4	钢筋焊接与安装		同一排受力钢筋间距的局部偏差：柱及梁板及墙	ϕ28 96	±0.5d ±0.1 间距	**95,97,98,94,96,98,97,97**	**8**	**100.0**
5	钢筋焊接与安装		同一排分布钢筋间距的偏差	120	±0.1 间距	**116,118,118,123,124,122,123,122**	**8**	**100.0**
6	钢筋焊接与安装		双排钢筋的排间距局部偏差	50	±0.1 排距	**52,50,48,49,49,53,52,52**	**8**	**100.0**
7	钢筋焊接与安装		箍筋间距偏差	200	±0.1 箍筋距	**203,206,205,204,200,205,198,198**	**8**	**100.0**
8	钢筋焊接与安装		保护层厚度	35	±1/4 净保护层厚	**36,37,34,36,37,38,34,35**	**8**	**100.0**
9	钢筋焊接与安装		钢筋起重点位移		20	**3,2,5,4,3,2,7,6**	**8**	**100.0**
10	钢筋焊接与安装		钢筋骨架：高度 长度	1150 16000	±5 ±10	**1152,1153,1154,1153,1152** **16007,16002,16003,1597,1594**	**10**	**100.0**

续表

<table>
<tr><th>项次</th><th colspan="2">检测项目</th><th>设计值</th><th>允许偏差(mm)</th><th colspan="2">实测值</th><th>合格数(点)</th><th>合格率(%)</th></tr>
<tr><td rowspan="3">11</td><td rowspan="3">外形尺寸</td><td>埋入建筑物内部的,预制廊道、井筒、小构件等</td><td></td><td>±10(长、宽)</td><td colspan="2">—</td><td></td><td></td></tr>
<tr><td>埋入建筑物内部的电梯井、垂线井、风道、预制模板</td><td></td><td>±5(长、宽)</td><td colspan="2">—</td><td></td><td></td></tr>
<tr><td>板、梁柱等装配式构件</td><td>1200×15800</td><td>±3(长、宽)</td><td colspan="2">1202,1202,1201,1198,1196
15802,15804,15801,15799,15801</td><td>8</td><td>80.00</td></tr>
<tr><td rowspan="3">12</td><td rowspan="3">中心线偏差</td><td>埋入建筑物内部的预制廊道、井筒、小构件等</td><td></td><td>±10</td><td colspan="2">—</td><td></td><td></td></tr>
<tr><td>埋入建筑物内部的电梯井、垂线井、风道、预制模板</td><td></td><td>±5</td><td colspan="2">—</td><td></td><td></td></tr>
<tr><td>板、梁、柱等装配式构件</td><td></td><td>±3</td><td colspan="2">−1,+2,+1,+1,+2,−3,−2,+2</td><td>8</td><td>100.0</td></tr>
<tr><td rowspan="3">13</td><td rowspan="3">顶、底部平整度</td><td>埋入建筑物内部的预制廊道、井筒、小构件等</td><td></td><td>±10</td><td colspan="2">—</td><td></td><td></td></tr>
<tr><td>埋入建筑物内部的电梯井、垂线井、风道、预制模板</td><td></td><td>±5</td><td colspan="2">—</td><td></td><td></td></tr>
<tr><td>构、梁、柱等装配式构件</td><td></td><td>±5</td><td colspan="2">+3,+4,+2,+1,−2,−1,0,+3</td><td>8</td><td>100.0</td></tr>
<tr><td>14</td><td colspan="2">预埋件纵、横中心线位移</td><td></td><td>±3</td><td colspan="2">—</td><td></td><td></td></tr>
<tr><td>15</td><td colspan="2">起吊环、钩中心线位移</td><td></td><td>±10</td><td colspan="2">+6,+7,−3,−2,+4,−5</td><td>6</td><td>100.0</td></tr>
<tr><td colspan="2">检测结果</td><td colspan="7">共检测 40 点,其中合格 38 点,合格率 95 %</td></tr>
<tr><td colspan="6">评定意见</td><td colspan="3">工序质量等级</td></tr>
<tr><td colspan="6">模板合格率90%;钢筋焊接与安装合格率97.5%;构件尺寸合格率93.8%</td><td colspan="3">合格</td></tr>
<tr><td colspan="2">施工单位</td><td colspan="3">×××
××年×月×日</td><td>建设(监理)单位</td><td colspan="3">×××
××年×月×日</td></tr>
</table>

二、碾压式土石坝工程

1. 坝基及岸坡清理

表 7-26　　坝基及岸坡清理工序质量评定表

单位工程名称	××左坝段	单元工程量	石方开挖 300m³,清理 150m²
分部工程名称	左坝肩接头	施工单位	××市第×工程局
单元工程名称、部位	基础 1-1	检验日期	××年×月×日

项次	检查项目	质量标准	检验记录
1	坝基及岸坡清理	树木、草皮、树根、乱石、坟墓以及各种建筑物全部清除。水井、泉眼、地道、洞穴等已按设计要求处理	树木、草皮、树根、乱石等均已按设计要求清除干净,地道和洞穴已按设计要求处理
2	地基及岸坡的清除及处理	粉土、细砂、淤泥、腐殖土、泥炭全部清除;对风化岩石、坡积物、残积物、滑坡体等已按设计要求处理	细砂、淤泥、腐殖土已全部清除干净;强风化岩石已按设计要求用风镐清除到微风化层
3	地质探孔、竖井、平洞、试坑的处理	符合设计要求	按图检查地质探孔情况,探孔已处理。竖井、平洞及试坑已按设计要求处理,且验收合格

项次	允许偏差项目	设计值(m)	允许偏差(cm) 人工施工	允许偏差(cm) 机工施工	实测值	合格数(点)	合格率(%)
1	长、宽	长 25 宽 18	0～+50	0～+100	长: 25.3, 25.4, 25.2, 25.6, 25.3, 25.0, 25.2, 25.7, 25.0, 25.1, 25.3, 25.4, 25.0, 25.4, 25.2, 25.2, 25.2, 25.4, 25.3, 25.4 宽: 18.2, 18.3, 18.0, 18.2, 18.5, 18.3, 18.2, 18.3, 18.2, 18.2, 18.0, 18.2, 18.4, 18.3, 17.9, 18.3, 18.4, 18.2, 18.2, 18.3	37	92.5%
2	清理边坡	1∶2	不陡于设计边坡		1∶2.1,1∶2.3,1∶2.2,1∶2.1,1∶2.3,1∶2.4,1∶2.0,1∶2.1,1∶2.3,1∶2.3,1∶2.2,1∶2.1,1∶2.2,1∶2.4,1∶2.3,1∶2.1,1∶2.3,1∶2.4,1∶2.0,1∶2.1	20	100%

评定意见	工序质量等级
检查项目质量全部符合质量标准,允许偏差项目每项合格率 95%	优良

施工单位	××× ××年×月×日	建设(监理)单位	××× ××年×月×日

2. 防渗体岩基及岸坡开挖

表 7-27　　防渗体岩基及岸坡开挖工序质量评定表

单位工程名称	××左坝段	单元工程量	石方开挖 300m³
分部工程名称	左坝肩接头	施工单位	××市第×工程局
单元工程名称、部位	基础 1-1	检验日期	××年×月×日

项次	检查项目	质量标准	检验记录
1	岩基及岸坡开挖	符合设计要求(预裂爆破法)	采用预爆破法,自上而下逐层开挖,并用经纬仪控制开挖尺寸及开挖高程。保护层厚度控制在 1.7～2.3m 以内
2	基础面处理	无松动岩块、悬挂体、陡坎、尖角等,且无爆破影响裂缝	无松动岩块、悬挂体,陡坎和尖角,无爆破影响裂缝
3	保护层开挖	严格按设计或规范要求控制炮孔深度和装药量;底部保护层厚度大于 1.5m	保护层采用密孔、浅孔,少药量火花爆破,炮孔装药量和炮孔深度符合设计和规范要求。底部保护层厚度控制在 1.8m

项次	一般项目	质量标准		检验记录	质量等级	
		合格	优良		合格	优良
1	坝基开挖岩面	开挖面平顺,局部出现反坡及不平顺岩面,已用混凝土填平补齐	开挖平整,无反坡及陡于设计要求的坡度	坝基开挖岩面基本平顺,局部出现反坡。反坡已用混凝土填平补齐	√	
2	基坑开挖边坡	边坡稳定,无反坡,无松动岩石	边坡稳定,无反坡,无松动岩石,且坡面平整	基坑边坡稳定,无反坡,无松动岩石,而且坡面平整		√

项次	允许偏差项目		设计值(m)	允许偏差(cm)	实测值(cm)	合格数(点)	合格率(%)
1	标高		50	−10～30	4993.6, 5012.7, 5027.8, 5021.6, 5012.6, 5000.3, 5021.9, 5012.8, 5015.6, 5023.4, 5025.4,5023.6,5031.5,5008.7	13	92.8%
2	坡面局部超欠挖,坡面斜长 15m 以内			−20～30	—		
2	坡面斜长 15m 以上		16	−30～+50	1595,1635,1621,1631,1627,1631,1628,1623,1616,1612,1619,1634,1642,1644,1612	15	100%
3	长、宽边线范围		长 6,宽 8	0～+50	长:635,624,631,629,628,612,608,642,643,653,647,631,627,615,617	15	100%
3	长、宽边线范围		长 6,宽 8	0～+50	宽:824,834,827,845,843,846,851,839,842,827,816,811,813,825,824	28	93.3%

评定意见	工序质量等级
检查项目全部符合质量标准,一般项目质量合格允许偏差项目各项合格率 92.8%～100.0%	优良

施工单位	××× ××年×月×日	建设(监理)单位	××× ××年×月×日

注:"+"为超挖,"−"为欠挖。

3. 坝基及岸坡地质构造处理

表 7-28　　坝基及岸坡地质构造处理工序质量评定表

<table>
<tr><td colspan="2">单位工程名称</td><td colspan="2">××左坝段</td><td>单元工程量</td><td colspan="3">石方开挖 300m³，混凝土 53m³</td></tr>
<tr><td colspan="2">分部工程名称</td><td colspan="2">左坝肩接头</td><td>施工单位</td><td colspan="3">××市第×工程局</td></tr>
<tr><td colspan="2">单元工程名称、部位</td><td colspan="2">基础 1-1</td><td>检验日期</td><td colspan="3">××年×月×日</td></tr>
<tr><td>项次</td><td>检查项目</td><td colspan="2">质量标准</td><td colspan="4">检验记录</td></tr>
<tr><td>1</td><td>坝基、岸坡地质构造处理</td><td colspan="2">岩石节理、裂隙、断层或构造破碎带已按设计要求处理</td><td colspan="4">坝基岩石较完整，呈块状结构，表层层面裂隙较为发育，局部层面张开 1～4mm，充填有少量岩屑及泥。按设计要求，用水将层面内岩屑和泥冲洗干净，并清除松动岩块；沿层面补打锚杆，增大底板完整性</td></tr>
<tr><td>2</td><td>地质构造处理的灌浆工程</td><td colspan="2">符合设计要求和《水工建筑物水泥灌浆施工技术规范》(SL 62—94)规定</td><td colspan="4">符合设计要求和《水工建筑物水泥灌浆施工技术规范》(SL 62—94)的规定</td></tr>
<tr><td rowspan="2">项次</td><td rowspan="2">一般项目</td><td colspan="2">质量标准</td><td colspan="2" rowspan="2">检验记录</td><td colspan="2">质量等级</td></tr>
<tr><td>合格</td><td>优良</td><td>合格</td><td>优良</td></tr>
<tr><td>1</td><td>岩石裂隙与节理处理</td><td>处理方法符合设计，节理、裂缝内的充填物冲洗干净，回填水泥浆、水泥砂浆、混凝土饱满密实</td><td>达到合格标准，且无干缩裂缝，裂隙周边无松动岩体，外观平整、周边整洁</td><td colspan="2">岩石裂缝进行撬挖处理，节理裂隙内充填物已冲洗干净，回填高强度水泥砂浆。裂缝周边整洁，无松动岩体。节理、裂隙的处理均符合设计要求</td><td></td><td>√</td></tr>
<tr><td>2</td><td>断层或破碎带的处理</td><td>开挖宽度、深度符合设计、边坡稳定、回填混凝土密实，无深层裂隙、蜂窝麻面面积不大于 0.5%，蜂窝进行处理</td><td>开挖宽度、深度符合设计、边坡稳定、回填混凝土密实，无深层裂隙、蜂窝麻面，无反坡、无浮石、基面清理干净、表面平整</td><td colspan="2">基础开挖宽度、深度均符合设计；边坡稳定，回填混凝土密实，无深层裂缝，蜂窝麻面面积小于 0.5%，回填的混凝土未见有裂缝</td><td>√</td><td></td></tr>
<tr><td colspan="6">评定意见</td><td colspan="2">工序质量等级</td></tr>
<tr><td colspan="6">检查项目全部符合质量标准，一般项目全部合格，其中优良率 50 %</td><td colspan="2">优良</td></tr>
<tr><td>施工单位</td><td colspan="3">×××
××年×月×日</td><td>建设(监理)单位</td><td colspan="3">×××
××年×月×日</td></tr>
</table>

注：合格：检查项目符合相应的质量评定标准；一般项目符合相应的合格质量标准。

优良：检查项目符合相应的质量评定标准；一般项目符合相应的合格质量标准，其中必须有一项目符合优良质量标准。

4. 结合面处理

表 7-29　　土石坝土质防渗体结合面处理工序质量评定表

<table>
<tr><td colspan="2">单位工程名称</td><td colspan="2">××土石坝</td><td colspan="2">单元工程量</td><td colspan="3">土方填筑 412m^3，结全，合面处理 324m^2</td></tr>
<tr><td colspan="2">分部工程名称</td><td colspan="2">防渗心墙</td><td colspan="2">施工单位</td><td colspan="3">××市第×工程局</td></tr>
<tr><td colspan="2">单元工程名称、部位</td><td colspan="2">心-2</td><td colspan="2">检验日期</td><td colspan="3">××年×月×日</td></tr>
<tr><td>项次</td><td>检查项目</td><td colspan="2">质量标准</td><td colspan="5">检验记录</td></tr>
<tr><td>1</td><td>防渗体填筑前</td><td colspan="2">基础处理已验收合格</td><td colspan="5">查阅基础处理施工记录，基础处理符合设计要求，已验收合格</td></tr>
<tr><td>2</td><td>防渗铺盖、均质坝地基</td><td colspan="2">按规定、设计要求处理</td><td colspan="5">符合设计要求</td></tr>
<tr><td>3</td><td>上下层铺土间结合层面</td><td colspan="2">禁止撒入砂砾、杂物以及车辆在层面上重复辗压</td><td colspan="5">结合层面无砂砾、杂物、层上无车辆在上重复碾压迹象</td></tr>
<tr><td rowspan="2">项次</td><td rowspan="2">一般项目</td><td colspan="2">质量标准</td><td colspan="3" rowspan="2">检验记录</td><td colspan="2">质量等级</td></tr>
<tr><td>合格</td><td>优良</td><td>合格</td><td>优良</td></tr>
<tr><td>1</td><td>与土质防渗体接合的岩面以及混凝土面处理</td><td>岩石、混凝土表面的浮渣、污物、泥土、乳皮、粉尘、油毡等清除干净；渗水排干。接触岩面，混凝土面上保持湿润，涂刷泥浆或黏土水泥砂浆，回填及时，无风干现象</td><td>岩石、混凝土表面清理干净，回填面湿润，无局部积水。浆液均匀稠度一致，涂刷均匀，无空白，回填及时，无风干现象</td><td colspan="3">岩石、混凝土表面已清理干净，回填面湿润，无局部积水。在接触岩面、混凝土面上的浆液均匀稠度一致，涂刷均匀，无遗漏的空白。回填及时，无风干现象</td><td></td><td>√</td></tr>
<tr><td>2</td><td>上下层铺土间结合层面处理</td><td>表面松土、砂砾及其他杂物清除干净，保持湿润，根据需要刨毛、且深度、密度符合要求</td><td>表面松土、砂砾及其他杂物彻底清除，湿润均匀，无积水，无空白，刨毛深度、密度符合设计，无团块，无空白</td><td colspan="3">表面松土、砂砾及其他杂物已清除干净，层面保持湿润。根据需要，刨毛深度、密度符合要求</td><td>√</td><td></td></tr>
<tr><td colspan="6">评定意见</td><td colspan="3">工序质量等级</td></tr>
<tr><td colspan="6">检查项目符合质量标准，一般项目全部合格，其中上下层铺土之间的结合层面处理合格</td><td colspan="3">优良</td></tr>
<tr><td colspan="2">施工单位</td><td colspan="2">×××
××年×月×日</td><td colspan="2">建设（监理）单位</td><td colspan="3">×××
××年×月×日</td></tr>
</table>

注：合格：检查项目符合相应的质量评定标准；一般项目符合相应的合格质量标准。

优良：检查项目符合相应的质量评定标准；一般项目符合相应的质量评定合格标准，其中必须有一项符合优良质量标准。

5. 防渗体卸料及铺填

表 7-30　　土石坝土质防渗体卸料及铺填工序质量评定表

<table>
<tr><td colspan="2">单位工程名称</td><td colspan="2">××土石坝</td><td colspan="2">单元工程量</td><td colspan="3">土方填筑 412m^3</td></tr>
<tr><td colspan="2">分部工程名称</td><td colspan="2">防渗心墙</td><td colspan="2">施工单位</td><td colspan="3">××市第×工程局</td></tr>
<tr><td colspan="2">单元工程名称、部位</td><td colspan="2">心-2</td><td colspan="2">检验日期</td><td colspan="3">××年×月×日</td></tr>
<tr><td>项次</td><td>检查项目</td><td colspan="2">质量标准</td><td colspan="5">检验记录</td></tr>
<tr><td>1</td><td>上坝土料</td><td colspan="2">粘粒含量、含水量、土块直径、砾质黏土的粗砾含量、粗粒最大粒径，符合设计和《碾压式土石坝施工规范》(DL/T 5129—2001)；严禁冻土上坝</td><td colspan="5">上坝土料粘粒含量 20%～30%，最优含水率、土块直径、砾质黏土的粗粒含量，粗粒最大粒径符合设计和《碾压式土石坝施工规范》(DL/T 5129—2001)</td></tr>
<tr><td>2</td><td>卸料</td><td colspan="2">按设计和规范要求卸料，及时平料，均衡上升，施工面平整、层次清楚；上下层分段位置错开；铺料表面保持湿润</td><td colspan="5">卸料后平料及时，层面上升均衡，施工面基本平整、层次基本清楚。上下层分段位置错开，铺料表面保持湿润</td></tr>
<tr><td>3</td><td>均质坝铺土</td><td colspan="2">上下游坝坡留足余量，防渗铺盖在坝体内部分与心墙或斜墙同时铺筑，防渗体在坝内无纵缝</td><td colspan="5">上下游坝坡留足余量，防渗铺盖在坝体内部分与心墙同时铺筑，防渗体在坝内未出现纵缝</td></tr>
<tr><td rowspan="2">项次</td><td rowspan="2">一般项目</td><td colspan="2">质量标准</td><td colspan="3" rowspan="2">检验记录</td><td colspan="2">质量等级</td></tr>
<tr><td>合格</td><td>优良</td><td>合格</td><td>优良</td></tr>
<tr><td>1</td><td>土料铺料</td><td>摊铺后的土料厚度均匀，表面基本平整，无土块(或粗粒)集中</td><td>摊铺后的土料，厚度均匀，表面平整，无粗粒集中，边线整齐</td><td colspan="3">摊铺后的土料厚度均匀，表面平整，无粗粒集中现象，边线齐整</td><td></td><td>√</td></tr>
<tr><td>项次</td><td>允许偏差项目</td><td>允许偏差(cm)</td><td colspan="4">实测值(cm)</td><td>合格数(点)</td><td>合格率(%)</td></tr>
<tr><td>1</td><td>铺土厚度(平整后，压实前)</td><td>－5.0</td><td colspan="4">设计铺土厚度 35cm。其实测 25 点，实测值 34～36.5cm，合格 23 点</td><td>23</td><td>92.0</td></tr>
<tr><td>2</td><td>铺填边线</td><td>人工施工：－5～＋10
机械施工：－5～＋30</td><td colspan="4">共实测 56 点，实测值－4～13 点，合格 52 点</td><td>52</td><td>92.8</td></tr>
<tr><td colspan="6">评定意见</td><td colspan="3">工序质量等级</td></tr>
<tr><td colspan="6">检查项目符合质量标准；一般项目质量优良；允许偏差项目合格率为 92.0%、92.8%</td><td colspan="3">优良</td></tr>
<tr><td>施工单位</td><td colspan="3">×××
××年×月×日</td><td>建设(监理)单位</td><td colspan="4">×××
××年×月×日</td></tr>
</table>

6. 土质防渗体压实

表 7-31　　　　土石坝土质防渗体压实工序质量评定表

<table>
<tr><td colspan="2">单位工程名称</td><td>××土石坝</td><td>单元工程量</td><td colspan="3">土方填筑 412m^3</td></tr>
<tr><td colspan="2">分部工程名称</td><td>防渗心墙</td><td>施工单位</td><td colspan="3">××市第×工程局</td></tr>
<tr><td colspan="2">单元工程名称、部位</td><td>心-2</td><td>检验日期</td><td colspan="3">××年×月×日</td></tr>
<tr><td>项次</td><td>检查项目</td><td colspan="2">质量标准</td><td colspan="3">检验记录</td></tr>
<tr><td>1</td><td>土质防渗体开工前进行碾压试验</td><td colspan="2">土料的含水量高于或低于施工含水量的上、下限值时，应进行含水量调整的工艺试验，施工碾压必须严格控制压实参数和操作规程</td><td colspan="3">开工前进行了碾压试验，得出：当凸块振动碾碾压 6 通时，含水率最优。控制压实干密度 1.69～1.65b/cm^3</td></tr>
<tr><td>2</td><td>基槽填土</td><td colspan="2">从低洼处开始，保持填土面始终高出地下水水面；靠近岸坡、结构物边角处的填土用小型或轻型机具压实，当填土具有足够的长、宽、厚度时，可使用大型压实机具</td><td colspan="3">填土从低洼外开始，填土面始终高于地下水水面。靠近岸坡、结构物边角处填土后，用小型机具压实；其他部位用大型压实机具压实</td></tr>
<tr><td rowspan="2">项次</td><td rowspan="2">一般项目</td><td colspan="2">质量标准</td><td rowspan="2">检验记录</td><td colspan="2">质量等级</td></tr>
<tr><td>合格</td><td>优良</td><td>合格</td><td>优良</td></tr>
<tr><td>1</td><td>防渗体碾压后的干密度（干容重）</td><td>合格率大于等于 90%，不合格样不得集中，最小值不低于设计干密度的 0.98 倍</td><td>合格率大于等于 95%，不合格样不得集中，最小值不低于设计干密度的 0.98 倍</td><td>设计干密度为 1.65g/cm^3，实测 30 次，实测值 1.63～1.67g/cm^3，合格 29 次，合格率 96.6%，最小值与设计值之比 0.987</td><td></td><td>√</td></tr>
<tr><td>2</td><td>土料碾压</td><td>无漏压，表面平整，个别弹簧起皮、脱空和剪力破坏部分已妥善处理</td><td>无漏压，表面平整，无弹簧起皮、脱空和剪力破坏现象</td><td>土料碾压符合设计要求，无漏压，表面平整，无弹簧，起皮、脱空和剪破坏现象</td><td></td><td>√</td></tr>
<tr><td colspan="5">评定意见</td><td colspan="2">工序质量等级</td></tr>
<tr><td colspan="5">检查项目符合质量标准；一般项目质量优良，其中项次 1 符合　优良　标准</td><td colspan="2">合格</td></tr>
<tr><td>施工单位</td><td colspan="2">×××
××年×月×日</td><td>建设（监理）单位</td><td colspan="3">×××
××年×月×日</td></tr>
</table>

注：合格：检查项目符合相应的质量评定标准；一般项目符合相应的合格质量标准。

优良：检查项目符合相应的质量评定标准；一般项目中的项次 1 必须符合优良质量标准；另一项符合优良或合格质量标准。

7. 土质防渗体接缝处理

表 7-32 **土石坝土质防渗体接缝处理工序质量评定表**

<table>
<tr><td colspan="2">单位工程名称</td><td colspan="2">××土石坝</td><td>单元工程量</td><td colspan="2">土方填筑 412m^3，接缝 28m^2</td></tr>
<tr><td colspan="2">分部工程名称</td><td colspan="2">防渗心墙</td><td>施工单位</td><td colspan="2">××市第×工程局</td></tr>
<tr><td colspan="2">单元工程名称、部位</td><td colspan="2">心-1</td><td>检验日期</td><td colspan="2">××年×月×日</td></tr>
<tr><td>项次</td><td>检查项目</td><td colspan="2">质量标准</td><td colspan="3">检验记录</td></tr>
<tr><td>1</td><td>接缝处理</td><td colspan="2">斜墙和窄心墙内不得留有纵向接缝，所有接缝接合坡面不陡于 1：3，高差不超过 15m，与岸坡接合坡度应符合设计要求。均质土坝纵向接缝应采用不同高度的斜坡和平台相间形式，坡度与平台宽度满足稳定要求，平台间高差不大于 15m</td><td colspan="3">黏土心墙内无纵向接缝；所有接缝接合坡面均不陡于 1：3，高差均小于 15m。与岸坡接合坡度符合设计要求</td></tr>
<tr><td>2</td><td>防渗体内纵横接缝的坡面处理</td><td colspan="2">严格进行削坡、湿润、刨毛，保证接合质量</td><td colspan="3">防渗体内横向接缝削坡、润湿、刨毛均符合设计要求；接合部位质量合格</td></tr>
<tr><td rowspan="2">项次</td><td rowspan="2">一般项目</td><td colspan="2">质量标准</td><td rowspan="2">检验记录</td><td colspan="2">质量等级</td></tr>
<tr><td>合格</td><td>优良</td><td>合格</td><td>优良</td></tr>
<tr><td>1</td><td>坡面接合</td><td>填土含水量在允许范围内，铺土均匀，表面平整，无团块集中，无风干，碾压层平整密实，无明显拉裂和起皮现象，压实合格率大于等于 90%</td><td>填土含水量在允许范围内的上限，铺土均匀，表面平整，无团块，无风干，碾压层平整密实，无拉裂和起皮现象，压实合格率大于等于 95%</td><td>填土含水量允许范围：18.2%～19.3%，设计干密度为 1.65g/cm^3，填土含水量实测 20 组，实测值为 18.4～19.3%，铺土均匀，表面平整，无团块集中，无风干等现象。碾压层平整密实，无明显拉裂、起皮现象。干密度实测取样 30 组，实测值 1.63～1.65g/cm^3，合格 28 组，合格率 93.3%</td><td>√</td><td></td></tr>
<tr><td colspan="5">评定意见</td><td colspan="2">工序质量等级</td></tr>
<tr><td colspan="5">检查项目符合质量标准，一般项目符合合格质量标准</td><td colspan="2">合格</td></tr>
<tr><td>施工单位</td><td colspan="2">×××
××年×月×日</td><td>建设(监理)单位</td><td colspan="3">×××
××年×月×日</td></tr>
</table>

8. 面板基面清理

表 7-33　　　土石坝混凝土面板基面清理工序质量评定表

单位工程名称	××左坝段	单元工程量	混凝土 178m^3，基面清理 32m^2
分部工程名称	混凝土防渗面板	施工单位	××市第×工程局
单元工程名称、部位	坝面板Ⅲ	检验日期	××年×月×日

项次	检查项目	质量标准	检验记录
1	趾板基础、垫层防护层	验收合格后，可进行基面清理	对照施工图纸，查阅施工记录，已按设计要求施工。经验收，趾板基础合格，可进行基面清理

项次	一般项目	质量标准		检验记录	质量等级	
		合格	优良		合格	优良
1	趾板基础清理	仓面无松动岩石、无浮渣、无杂物、无积水，岩面洁净	仓面无松动岩石、无浮渣、无杂物、无积水、岩体无爆破裂缝，岩面平整无陡坎，清洗干净	仓面无松动岩石，无浮渣、杂物和积水。岩体无爆破裂缝，岩面平整，无陡坎，岩面已清洗干净，符合设计要求		√
2	垫层防护层清理	检验合格，表面较平整，浮渣、杂物清除干净，表面湿润	检验合格，表面较平整、稳定，浮渣、杂物清除干净，表面湿润、均匀	—		

评定意见			工序质量等级
检查项目符合质量标准，一般项目符合优良质量标准，趾板基础清理达到优良标准			优良
施工单位	××× ××年×月×日	建设（监理）单位	××× ××年×月×日

注：在检查项目符合质量标准的前提下，当一般项目符合合格质量标准时，则评为合格；如一般项目趾板基础清理质量合格或优良，垫层防护层清理质量优良，则为优良。

9. 面板模板

表 7-34 **土石坝混凝土面板滑模制作及安装、滑模轨道**

<table>
<tr><td colspan="2">单位工程名称</td><td colspan="2">××左坝段</td><td>单元工程量</td><td colspan="2">混凝土 $178m^3$,模板 $13.2m^2$</td></tr>
<tr><td colspan="2">分部工程名称</td><td colspan="2">混凝土防渗面板</td><td>施工单位</td><td colspan="2">××市第×工程局</td></tr>
<tr><td colspan="2">单元工程名称、部位</td><td colspan="2">坝面板Ⅲ</td><td>检验日期</td><td colspan="2">××年×月×日</td></tr>
<tr><td>项次</td><td>检查项目</td><td colspan="3">质量标准</td><td colspan="2">检验记录</td></tr>
<tr><td>1</td><td>滑模结构及牵引系统,模板及支架</td><td colspan="3">牢固可靠,有安全装置,有足够的稳定性、刚度和强度</td><td colspan="2">现场检查滑模结构及牵引系统,滑模安装牢固可靠,有安全装置,稳定性、刚度和强度均满足设计要求</td></tr>
<tr><td rowspan="2">项次</td><td rowspan="2">一般项目</td><td colspan="2">质量标准</td><td rowspan="2">检验记录</td><td colspan="2">质量等级</td></tr>
<tr><td>合格</td><td>优良</td><td>合格</td><td>优良</td></tr>
<tr><td>1</td><td>滑模的质量</td><td>表面清理比较干净,无附着物</td><td>表面清理比较干净,无任何附着物,表面光滑</td><td>滑模表面已清理干净,无任何附着物,且滑模表面光滑,符合设计要求</td><td></td><td>√</td></tr>
<tr><td>项次</td><td>允许偏差项目</td><td>设计值(m)</td><td>允许偏差(mm)</td><td>实测值</td><td>合格数(点)</td><td>合格率(%)</td></tr>
<tr><td>1</td><td>外形尺寸</td><td>高 1.5
宽 8</td><td>±10</td><td>高:1504,1506,1496,1498,1507
宽:8006,8003,8005,7994,8007</td><td>10</td><td>100.0</td></tr>
<tr><td>2</td><td>对角线长度</td><td>8.139</td><td>±6</td><td>8141,8142</td><td>2</td><td>100.0</td></tr>
<tr><td>3</td><td>扭曲</td><td></td><td>4</td><td>3,2,3,2,1,2,4,5,3,2,2,4</td><td>11</td><td>91.7</td></tr>
<tr><td>4</td><td>表面局部不平度</td><td></td><td>3/m</td><td>2,1,2,1,1,1,1,4,3,1,2,2</td><td>11</td><td>91.7</td></tr>
<tr><td>5</td><td>滚轮或滑道间距</td><td>7.30</td><td>±10</td><td>7308,7307,7298,7296,7304,7305,7312,7303</td><td>7</td><td>87.5</td></tr>
<tr><td>6</td><td>轨道安装高程</td><td></td><td>±5</td><td>实测 25 点,实测值偏差−3～+7</td><td>22</td><td>88.9</td></tr>
<tr><td>7</td><td>轨道安装中心线</td><td>±10</td><td></td><td>实测 25 点,实测值偏差−4～+12</td><td>23</td><td>92.0</td></tr>
<tr><td>8</td><td>接头处轨面错位</td><td></td><td>2</td><td>1,0,1,2,1,2,0,1,2,0</td><td>10</td><td>100.0</td></tr>
<tr><td colspan="5">评定意见</td><td colspan="2">工序质量等级</td></tr>
<tr><td colspan="5">检查项目符合质量标准;一般项目符合优良质量标准;允许偏差项目各项合格率 87.5%～100.0%</td><td colspan="2">合格</td></tr>
<tr><td>施工单位</td><td colspan="2">×××
××年×月×日</td><td>建设(监理)单位</td><td colspan="3">×××
××年×月×日</td></tr>
</table>

10. 面板止水

表 7-35　　土石英钟坝混凝土面板止水片(带)制作及安装工序质量评定表

单位工程名称	××左坝段	单元工程量	混凝土 178m³,止水 61m
分部工程名称	滚地主渗面板	施工单位	××市第×工程局
单元工程名称、部位	坝面板Ⅲ	检验日期	××年×月×日

项次	检查项目	质量标准	检验记录
1	止水、伸缩缝的结构形式、原材料	符合设计,未经鉴定的新材料不得用于主体工程	止水的类型、规格、尺寸均符合设计要求;止水有产品材质说明书、出厂检验合格证等,为合格产品
2	止水片(带)架设	位置准确、牢固可靠,无损坏	止水片架设位置准确,牢固可靠,无损坏

项次	一般项目	质量标准		检验记录	质量等级	
		合格	优良		合格	优良
1	止水片(带)安装	位置准确、平直,表面洁净,金属止水片与塑胶垫片连接较好,填充沥青饱满	位置准确、平直,表面边角整齐洁净,金属止水片与塑胶垫片连接紧密,填充沥青饱满密实	止水片安装位置准确、平直、表面边角整齐洁净。填充沥青饱满密实	√	
2	焊接及粘接长度	焊接及粘接符合设计,焊接或粘接紧密无空洞、无脱离	焊接或粘接长度符合设计,接缝焊接或粘接紧密表面光滑、无裂纹、无空洞、无脱离、外形美观	采用硫化热粘合连接,粘接长度符合设计要求,粘接紧密,无空洞,无脱离;有细微裂纹,但不影响使用	√	
3	伸缩缝处理(包括混凝土面处理及表面嵌缝)	混凝土表面平整,无蜂窝麻面、起皮、起砂;稀料涂刷均匀结合紧密;填料工艺符合设计	混凝土表面必须平整,无蜂窝麻面、起皮、起砂;稀料涂刷均匀;嵌涂缝材料工艺合理,断面符合要求	混凝土表面平整,无蜂窝、麻面、起皮、起砂现象。表面洁净、干燥,稀料涂刷均匀且结合紧密,嵌涂缝材料符合设计要求,断面符合要求		√

项次	允许偏差项目	设计值	允许偏差(mm)		实测值	合格数(点)	合格率(%)
			金属止水	塑料止水			
1	宽度	30cm	±5	±5	30.1,30.4,30.2,29.8,29.7,30.3,30.0,29.9,29.7,30.3	10	100
2	凸体及翼缘弯起高度		±2		—		
3	桥部圆孔直径	10mm		±2	11, 9.6, 10.2, 10.4, 11.3, 10.4, 9.7, 9.3, 10.0,10.2	10	100
4	搭接长度	20cm	0～+20	0～+50	20.3, 20.2, 20.7, 20.3, 20.3, 20.2, 20.3, 20.3,20.2	9	90.0
5	中心线安装偏差	15cm	±5	±5	15.3,15.2,14.8,14.9,15.4,15.3,15.2,15.4,14.6,15.6,14.8,14.7,15.3,15.2,15.0	14	93.3
6	两翼缘倾斜		±5	±10	实测 30 点,实测偏差−3～+11	26	86.7

评定意见	工序质量等级
检查项目符合质量标准,一般项目达到优良标准;允许偏差项目各项合格率 86.7%～100%	合格

施工单位	××× ××年×月×日	建设(监理)单位	××× ××年×月×日

11. 混凝土在板浇筑

表 7-36　　土石坝混凝土面板浇筑工序质量评定表

单位工程名称	××左坝段	单元工程量	混凝土 178m³
分部工程名称	混凝土防渗面板	施工单位	××市第×工程局
单元工程名称、部位	坝面板Ⅲ	检验日期	××年×月×日

项次	检查项目	质量标准	检验记录
1	混凝土配合比及施工质量	满足设计抗压、抗渗、抗冻、抗腐蚀要求（C_{25}、W_8、F_{150}）	
2	特殊要求	采用滑模，混凝土连续浇筑，不允许仓面混凝土有初凝现象，否则按冷缝处理	
3	混凝土表面	无蜂窝、孔洞及露筋	混凝土表面无蜂窝、麻面、孔洞及露筋现象
4	面板裂缝	无贯穿性裂缝	混凝土面板无贯穿性裂缝

项次	一般项目	质量标准		检验记录	质量等级	
		合格	优良		合格	优良
1	坍落度	混凝土稠度基本均匀，坍落度偏离设计中值不大于 2cm	混凝土稠度均匀，坍落度偏离设计中值不大于 1cm	混凝土稠度均匀。坍落度设计 5～7cm，共测 14 次，实测值 4.6～6.7cm	√	
2	入仓混凝土（每层铺厚不大于 30cm）	铺料及时均匀，层厚符合规定，仓面平整，无明显骨料集中现象	铺料及时均匀，层厚符合规定，仓面平整，钢筋上无凝固水泥浆等附着物，无骨料集中现象	入仓混凝土及时铺摊，均匀，层厚符合规定。仓面平整，钢筋上无凝固水泥浆等附着物，无骨料集中现象		√
3	混凝土振捣	振捣基本均匀、密实	振捣均匀、密实，侧模、止水附近的混凝土捣实仔细	混凝土振捣基本均匀、密实	√	
4	混凝土脱模后	脱模混凝土基本不出现鼓胀、拉裂现象，局部不平整及时抹平	表面无鼓胀、拉裂现象，表面抹面及时、均匀、外观光滑平整	脱模后，混凝土表面无鼓胀，拉裂现象，表面抹面及时、均匀，混凝土表面外观光滑平整		√
5	混凝土养护	养护及时，在 90d 内保持面板表面湿润	对新脱模的混凝土进行有效保护，连续养护至水库蓄水时为止，养护期限面板表面保持湿润	养护及时，在 90d 内保持混凝土面板表面湿润	√	
6	表面裂缝	受压区有少量小于 0.3mm 发状缝；受拉区有少量小于 0.2mm 发状裂缝	无	表面无裂缝		√

项次	允许偏差项目	设计值（mm）	允许偏差（cm）	实测值（cm）	合格数（点）	合格率（%）
1	面板厚度	300	－50～＋100	320,353,367,289,296,321,384,402,406,382,358	9	81.8
2	表面平整度		30	18,24,26,23,31,29,28,24,27,22,24	10	90.9

评定意见	工序质量等级
检查项目符合质量标准；一般项目全部全格，其中项目全部合格，其中优良率 50%；允许偏差项目中每项有 81.8%、90.9%的测点在允许偏差质量标准范围内	合格

施工单位	××× ××年×月×日	建设（监理）单位	××× ××年×月×日

12. 沥青混凝土结合面处理

表 7-37　　基础面处理与沥青混凝土结合层面处理

工序质量评定表

<table>
<tr><td colspan="2">单位工程名称</td><td colspan="2">××大坝</td><td>单元工程量</td><td colspan="2">沥青混凝土 188m³，基础面处理 108m²</td></tr>
<tr><td colspan="2">分部工程名称</td><td colspan="2">沥青混凝土心墙</td><td>施工单位</td><td colspan="2">××市第×工程局</td></tr>
<tr><td colspan="2">单元工程名称、部位</td><td colspan="2">心墙 4#、▽112.4～▽136.7</td><td>检验日期</td><td colspan="2">××年×月×日</td></tr>
<tr><td>项次</td><td>检查项目</td><td colspan="2">质量标准</td><td colspan="3">检验记录</td></tr>
<tr><td>1</td><td>心墙与基础结合面</td><td colspan="2">清扫干净，均匀喷涂一层稀释沥青（或乳化沥青），混凝土表面烘干燥</td><td colspan="3">结合面已清扫干净，乳化沥青喷涂均匀，混凝土表面干燥</td></tr>
<tr><td>2</td><td>上下层施工间歇时间</td><td colspan="2">不超过 48h</td><td colspan="3">上下层施工间歇时间未超过 48h</td></tr>
<tr><td rowspan="2">项次</td><td rowspan="2">一般项目</td><td colspan="2">质量标准</td><td rowspan="2">检验记录</td><td colspan="2">质量等级</td></tr>
<tr><td>合格</td><td>优良</td><td>合格</td><td>优良</td></tr>
<tr><td>1</td><td>稀释沥青、乳化沥青、沥青胶、橡胶沥青的配料、涂抹厚度、贴服牢固程度</td><td>配料比例正确，稀释沥青（乳化沥青）涂抹均匀、无空白；沥青胶（或橡胶沥青胶）涂抹厚度基本符合设计要求，无鼓包、无流淌，贴服牢固</td><td>配料比例准确，稀释沥青（乳化沥青）涂抹均匀、无空白、无团块、色泽一致；沥青胶（或橡胶沥青胶）涂抹厚度符合设计要求，无鼓包、无流淌，表面平整光顺</td><td>乳化沥青配料比例准确，涂抹均匀，无空白，无团块，色泽一致</td><td></td><td>√</td></tr>
<tr><td>2</td><td>层面处理</td><td>层面清理干净，无杂物，无水珠，层面下 1cm 处温度不低于 70℃</td><td>层面清理干净，无杂物，无水珠，且平整光顺，返油均匀，层面下 1cm 处温度不低于 70℃，各点温差不大于 20℃</td><td>层面已清理干净，无杂物、水珠，并且光顺平整，返油均匀。层面下实测温度为 73～89℃，各点温差均小于 20℃</td><td></td><td>√</td></tr>
<tr><td colspan="5">评定意见</td><td colspan="2">工序质量等级</td></tr>
<tr><td colspan="5">检查项目符合质量标准；一般项目符合合格质量标准，其中层面处理优良</td><td colspan="2">优良</td></tr>
<tr><td>施工单位</td><td colspan="2">×××
××年×月×日</td><td>建设（监理）单位</td><td colspan="3">×××
××年×月×日</td></tr>
</table>

注：在检查项目符合质量标准的前提下，当一般项目符合合格质量标准时，则评为合格：当一般项目符合合格质量标准，且有是一项优良时，则评为优良。

13. 沥青混凝土心墙模板

表 7-38　　沥青混凝土心墙模板工序质量评定表

<table>
<tr><td colspan="2">单位工程名称</td><td colspan="3">××大坝</td><td colspan="2">单元工程量</td><td colspan="2">沥青混凝土 188m³，模板 284m²</td></tr>
<tr><td colspan="2">分部工程名称</td><td colspan="3">沥青混凝土心墙</td><td colspan="2">施工单位</td><td colspan="2">××市第×工程局</td></tr>
<tr><td colspan="2">单元工程名称、部位</td><td colspan="3">心墙 4#，▽112.4～▽136.7</td><td colspan="2">检验日期</td><td colspan="2">××年×月×日</td></tr>
<tr><td>项次</td><td>检查项目</td><td colspan="3">质量标准</td><td colspan="4">检验记录</td></tr>
<tr><td>1</td><td>模板架设</td><td colspan="3">牢固，不变形，拼接严密</td><td colspan="4">采用钢模板。模板架设牢固，不变形，拼接严密</td></tr>
<tr><td rowspan="2">项次</td><td rowspan="2">一般项目</td><td colspan="3">质量标准</td><td colspan="2" rowspan="2">检验记录</td><td colspan="2">质量等级</td></tr>
<tr><td colspan="2">合格</td><td>优良</td><td>合格</td><td>优良</td></tr>
<tr><td>1</td><td>滑模缝隙、平直度、表面处理</td><td colspan="2">搭接缝隙不大于3mm，平直度差值不大于2cm，板面沥青混凝土残渣清除，涂抹脱模剂</td><td>搭接缝隙不大于1mm，平直度差值不大于1cm，板面沥青混凝土残渣清除干净，涂抹脱模剂均匀，无空白</td><td colspan="2">模板搭接缝隙 1～3mm，平直度 2～3mm。板面沥青混凝土残渣已清除干净，已涂脱模剂</td><td>√</td><td></td></tr>
<tr><td>项次</td><td>允许偏差项目</td><td>设计值</td><td>允许偏差（mm）</td><td colspan="3">实测值（mm）</td><td>合格数（点）</td><td>合格率（%）</td></tr>
<tr><td>1</td><td>模板中心线与心墙轴线（立模后）</td><td>50cm</td><td>±10</td><td colspan="3">50.5，50.8，50.3，50.4，50.0，50.2，50.1，49.8，49.6，50.3</td><td>10</td><td>100</td></tr>
<tr><td>2</td><td>内侧间距</td><td>1.8m</td><td>±20</td><td colspan="3">1808，1803，1813，1821，1810，1804，1807，1802，1800，1805</td><td>9</td><td>90</td></tr>
<tr><td colspan="6">评定意见</td><td colspan="3">工序质量等级</td></tr>
<tr><td colspan="6">检查项目符合质量标准；一般项目符合合格标准；允许偏差项目合格率分别为100%、90%</td><td colspan="3">优良</td></tr>
<tr><td>施工单位</td><td colspan="3">×××
××年×月×日</td><td colspan="2">建设（监理）单位</td><td colspan="3">×××
××年×月×日</td></tr>
</table>

14. 沥青混凝土制备

表 7-39　　沥青混凝土制备工序质量评定表

单位工程名称	××大坝	单元工程量	沥青混凝土 188m³
分部工程名称	沥青混凝土心墙	施工单位	××市第×工程局
单元工程名称、部位	忙墙 4#，▽112.4～▽136.7	检验日期	

项次	检查项目	质量标准	检验记录
1	沥青、骨料、填料、掺料	符合规范、设计要求和有关规定	(1)沥青采用道路石油沥青 60 甲，其质量符合相关规范的规定； (2)骨料采用卵石加工的碎石； (3)填料采用石类光粉； (4)掺料采用消石灰，上述材料均符合质量要求
2	配合比（施工）、投料顺序、拌和时间	配合比设计、拌和符合规范要求	沥青混凝土的配合比符合工地实验室提供的数据资料。采用强制式拌和机拌和，其拌和时间、称量偏差及投料顺序均符合《土石坝碾压式沥青混凝土防渗墙施工规范》(DL/T 5363—2006)规范的规定
3	机口出料	色泽均匀，稀稠一致，无花白料、无黄烟及其他异常现象	机口出料色泽均匀，稀稠一致，无花白料、黄烟及其他异常现象

项次	允许偏差项目		设计值	允许偏差	实测值	合格数（点）	合格率（%）
1	原材料加热	沥青加热	160℃	±10℃	162，154，166，162，168，153，152，164，172，153，152，164	11	91.6
		矿料加热	170℃	±10℃	174，178，183，163，167，169，175，176，175，182，172，168	10	83.3
		填料掺料加热	80℃	±20℃	84，82，76，89，87，88，92，94，98，93，102，97	11	91.6
2	配料	粗骨料	810kg	±2.0%	814，823，824，816，818，827，803，808，815，813	9	90.0
		细骨料	990kg	±2.0%	998.2，996.4，993.2，1003.5，1007.9，1010.2，1007.5，1003.4，990.7，983.7	9	90.01
		填料（掺料）	200kg	±1%	199.8，199.6，201.3，201.7，200.4，201.6，202.4，198.7，198.6，199.4	9	90.0
		沥青	160kg	±0.5%	160.3，160.7，159.3，159.7，160.3，160.5，161.2，161.6，160.7，160.3	8	80.0
3	出机温度，沥青混合料拌和后的出机温度		180～165℃	上限不大于185℃下限满足现场碾压	167，169，172，174，178，181，174，172，181，173，174，173，174，173，166，168，170，173，174，176，177，178，182，176，175，178	21	87.5

评定意见	工序质量等级
检查项目符合质量标准；允许偏差项目各项合格率分别为 80.0%～91.6%	合格

施工单位	××× ××年×月×日	建设（监理）单位	××× ××年×月×日

15. 沥青混凝土摊铺与碾压

表 7-40　　心墙沥青混凝土的摊铺与碾压工序质量评定表

<table>
<tr><td colspan="2">单位工程名称</td><td colspan="2">××大坝</td><td colspan="2">单元工程量</td><td colspan="3">沥青混凝土 188m³</td></tr>
<tr><td colspan="2">分部工程名称</td><td colspan="2">沥青混凝土心墙</td><td colspan="2">施工单位</td><td colspan="3">××市第×工程局</td></tr>
<tr><td colspan="2">单元工程名称、部位</td><td colspan="2">心墙 4#，▽112.4～▽136.7</td><td colspan="2">检验日期</td><td colspan="3">××年×月×日</td></tr>
<tr><td>项次</td><td>检查项目</td><td colspan="3">质量标准</td><td colspan="4">检验记录</td></tr>
<tr><td>1</td><td>虚铺厚度及碾压遍数</td><td colspan="3">符合设计要求和规范的规定</td><td colspan="4">利用保温罐将混凝土运输入仓，人工铺摊整平厚度为 27～30cm，振动碾振压密实，碾压遍数达到设计要求</td></tr>
<tr><td rowspan="2">项次</td><td rowspan="2">一般项目</td><td colspan="3">质量标准</td><td colspan="2" rowspan="2">检验记录</td><td colspan="2">质量等级</td></tr>
<tr><td colspan="2">合格</td><td>优良</td><td>合格</td><td>优良</td></tr>
<tr><td>1</td><td>碾压后沥青混凝土</td><td colspan="2">表面平整，心墙宽度符合设计（无缺损）表面返油，无异常现象</td><td>表面平整，心墙边线平直，宽度符合设计，表面返油，色泽均匀光亮，无异常现象</td><td colspan="2">表面平整，心墙边线平直，宽度符合设计要求。碾压后，沥青混凝土表面返油，色泽均匀光亮，无异常现象</td><td></td><td>√</td></tr>
<tr><td>项次</td><td>允许偏差项目</td><td>设计值（cm）</td><td>允许偏差（cm）</td><td colspan="3">实测值</td><td>合格数（点）</td><td>合格率（%）</td></tr>
<tr><td>1</td><td>心墙厚度</td><td>28</td><td>不大于 10% 的心墙厚度</td><td colspan="3">27，28，26，27，27，28，29，30，29，29，28，27，26，26，27，29，30，31，29，28，27，27，28，31，27</td><td>23</td><td>92</td></tr>
<tr><td colspan="6">评定意见</td><td colspan="3">工序质量等级</td></tr>
<tr><td colspan="6">检查项目符合质量标准；一般项目符合优良标准；允许偏差项目合格率 92%</td><td colspan="3">优良</td></tr>
<tr><td>施工单位</td><td colspan="3">×××
××年×月×日</td><td colspan="2">建设（监理）单位</td><td colspan="3">×××
××年×月×日</td></tr>
</table>

16. 沥青混凝土面板整平层

表 7-41 沥青混凝土面板整平层(含排水层)单元工程质量评定表

单位工程名称	××大坝	单元工程量	320m²
分部工程名称	沥青混凝土防渗面板	施工单位	××市第×工程局
单元工程名称、部位	A4,0+008～0+012	评定日期	××年×月×日

项次	检查项目	质量标准	检验记录
1	沥青、矿料、乳化沥青	符合规范、设计规定	(1)沥青采用道路石油沥青 60 甲,其质量符合相关规范要求; (2)矿料采用灰岩碎石及砂; (3)浮化沥青,上述材料质量均符合规范要求
2	原材料配合比、铺筑工艺	符合《土石坝碾压式沥青混凝土防渗堵施工规范》(DL/T 5363—2006)和设计规定	原材料配合比由试验确定,铺料工艺符合规范和设计规定
3	铺筑时	垫层(含防渗底层)已质检合格。喷涂的乳化沥青或稀释沥青已干燥	铺筑时,垫层已质检合格,喷涂和乳化沥青已干燥,符合质量标准

项次	一般项目	质量标准		检验记录	质量等级	
		合格	优良		合格	优良
1	沥青混凝土的防渗系数设计 W8	合格率大于等于80%	合格率大于等于85%	机口取样3组,试验抗渗标准号>W8,合格率100%		√
2	沥青混凝土的孔隙率	合格率大于等于80%	合格率大于等于85%	现场实测 16 次,合格率87.5%		√

项次	允许偏差项目		设计值	允许偏差(cm)	实测值(单位与设计值相同)	合格数(点)	合格率(%)
1	沥青用量		180kg	±0.5%	180.3，180.2，179.4，179.8，180，180.7，181.6，179.0，179.4，180.3	8	80.0
	粒径 0.074mm 以上各级骨料		1000kg	±2.0%	1015，1019，1021，1007，1003，998，984，983，1003，1007	9	90.0
	粒径 0.074mm 以下填料		1000kg	±1.0%	1007，993，984，992，1000，1003，1007，1011，1004，1005	8	80.0
2	机口与摊铺碾压温度按现场试验确定一般控制范围	机口 160℃		±25℃	163，173，183，176，173，178，157，143，132，148，149，167	11	91.6
		初碾 110℃		>0℃	111，112，110，109，113，114，112，114，113，112，110，110，112	12	92.3
		终碾 80℃		>0℃	81，81，84，82，83，81，84，79，78，83，80，82，84，83，83	13	86.7
3	铺筑层压实厚度,按设计厚度计		6cm	(−15～0)%	5.4，5.7，5.8，5.9，5.4，6.0，5.8，6.2，6.0，5.8，5.9，5.7	11	91.6
4	铺筑层面平整度,在 2m 范围起伏差			不大于 10mm	7.8，5，4，9，10，12，8。7.7，9，6，5，7，8	14	93.3

评定意见	工序质量等级
检查项目全部符合质量标准;一般项目全部符合优良标准;允许偏差项目各项实测点合格率 80.0%～93.3%	合格

施工单位	××× ××年×月×日	建设(监理)单位	××× ××年×月×日

17. 沥青混凝土面板防渗层

表 7-42　　　　沥青混凝土面板防渗层单元工程质量评定表

<table>
<tr><td colspan="2">单位工程名称</td><td colspan="2">××大坝</td><td>单元工程量</td><td colspan="2">320m^2</td></tr>
<tr><td colspan="2">分部工程名称</td><td colspan="2">沥青混凝土防渗面板</td><td>施工单位</td><td colspan="2">××市第×工程局</td></tr>
<tr><td colspan="2">单元工程名称、部位</td><td colspan="2">B3,0+008～0+012</td><td>评定日期</td><td colspan="2">××年×月×日</td></tr>
<tr><td>项次</td><td>检查项目</td><td colspan="2">质量标准</td><td colspan="3">检验记录</td></tr>
<tr><td>1</td><td>沥青、矿料、掺料及乳化沥青</td><td colspan="2">符合规范和设计要求</td><td colspan="3">(1)采用道路石油沥青60甲,质量符合相关规范要求;
(2)矿料采用碎石和砂;
(3)掺料采用消石灰;
(4)乳化沥青,其质量均符合规定</td></tr>
<tr><td>2</td><td>原材料配合比出机口沥青混合料及温度</td><td colspan="2">符合规范和设计规定</td><td colspan="3">原材料配合比经试验确定,符合要求;混合料出口温度符合设计规定</td></tr>
<tr><td>3</td><td>防渗层层间处理</td><td colspan="2">符合规范规定</td><td colspan="3">防渗层层间处理符合施工规范</td></tr>
<tr><td>4</td><td>铺筑层间的坡向或水平接缝</td><td colspan="2">相互错开,无上下通缝</td><td colspan="3">层间接缝相互错开,上下无通缝</td></tr>
<tr><td>5</td><td>沥青混凝土防渗层表面</td><td colspan="2">无裂缝、流淌与鼓包</td><td colspan="3">防渗层表面无裂缝、流淌与鼓包</td></tr>
<tr><td rowspan="2">项次</td><td rowspan="2">一般项目</td><td colspan="2">质量标准</td><td rowspan="2">检验记录</td><td colspan="2">质量等级</td></tr>
<tr><td>合格</td><td>优良</td><td>合格</td><td>优良</td></tr>
<tr><td>1</td><td>沥青混凝土的防渗系数 k≤10^{-7}cm/s</td><td>合格率大于等于90%</td><td>合格率大于等于95%</td><td>机口取样3组,经试验,共渗透系数 k 为 1.18×～1.21×10^{-8} cm/s</td><td></td><td>√</td></tr>
<tr><td>2</td><td>沥青混凝土的孔隙率</td><td>合格率大于等于90%</td><td>合格率大于等于95%</td><td>机口取样3组,孔隙率符合设计要求</td><td>√</td><td></td></tr>
</table>

续表

项次	允许偏差项目		设计值	允许偏差	实测值（单位与设计值相同）	合格数（点）	合格率（%）
1	沥青用量		200kg	±0.5%	**200,198,201,200,199,200,201,199,199,200**	**9**	**90.0**
1	粒径0.074mm以上各级骨料		900kg	±2.0%	**915,903,907,916,878,884,896,902,907,898**	**9**	**90.0**
1	粒径0.074mm以下填料		1100kg	±1.0%	**1103,1109,1101,1088,1092,1098,1096,1098,1104,1112**	**8**	**80.0**
2	机口与摊铺碾压温度按现场试验确定一般控制范围℃	机口	160℃	±25℃	**142,156,174,186,178,172,164,163,168,162**	**9**	**90.0**
2	机口与摊铺碾压温度按现场试验确定一般控制范围℃	初碾	120℃	>0℃	**123,124,121,120,119,127,129,130,126,125**	**9**	**90.0**
2	机口与摊铺碾压温度按现场试验确定一般控制范围℃	终碾	80℃	>0℃	**83,84,80,79.8,80.6,82,84,87,78.9,80.5**	**8**	**80.0**
3	铺筑层的施工接缝错距	上下层水平接缝错距1m	1m	0～20cm	**1.2,1.1,1.0,1.1,1.3,1.1,1.2,1.1,1.2,1.1**	**9**	**90.0**
3	铺筑层的施工接缝错距	上下层条幅坡向接缝错距(以1/n条幅宽计)	1.3m	0～20cm	**1.36,1.34,1.42,1.46,1.28,1.43,1.52,1.47,1.38,1.34**	**8**	**80.0**
4	铺筑层压实厚度，按设计厚度计		20cm	(−10～0)%	**18,19,17,18,19,20,20,18,19,19,18,19,18,20,18**	**14**	**93.3**
5	铺筑层面平整度在2m范围起伏差			不大于10mm	**8,9,7,6,9,10,11,7,6,4,8,6,5,10,8**	**14**	**93.3**

评定意见	工序质量等级
检查项目全部符合质量标准；一般项目全部符合合格标准，其中有50.0%项达到优良标准；允许偏差项目各项实测点合格率为80.0%～93.3%	**合格**

施工单位	××× ××年×月×日	建设(监理)单位	××× ××年×月×日

注：合格：一般项目符合合格质量标准，允许偏差项目每项有大于等于90%的测点在允许偏差范围内；

优良：一般项目必须符合合格质量标准，且有大于等于50%的项目符合优良质量标准，允许偏差项目有大于等于90%的测点在允许偏差范围内。

18. 沥青混凝土面板封闭层

表 7-43　　　　沥青混凝土面板封闭层单元工程质量评定表

<table>
<tr><td colspan="3">单位工程名称</td><td colspan="3">××大坝</td><td colspan="2">单元工程量</td><td colspan="2">240m²</td></tr>
<tr><td colspan="3">分部工程名称</td><td colspan="3">沥青混凝土防渗面板</td><td colspan="2">施工单位</td><td colspan="2">××市第×工程局</td></tr>
<tr><td colspan="3">单元工程名称、部位</td><td colspan="3">C4,0+009~0+012</td><td colspan="2">评定日期</td><td colspan="2">××年×月×日</td></tr>
<tr><td>项次</td><td colspan="2">检查项目</td><td colspan="3">质量标准</td><td colspan="4">检验记录</td></tr>
<tr><td>1</td><td colspan="2">原材料配合比，施工工艺</td><td colspan="3">符合规范和设计要求</td><td colspan="4">采用道路石油沥青 60 甲，其质量符合规范要求，所用沥青胶，现场配制，其配合比经试验确定，其配制工艺符合施工规范和设计要求</td></tr>
<tr><td>2</td><td colspan="2">封闭层铺抹</td><td colspan="3">在防渗层质检合格后，表面洁净、干燥</td><td colspan="4">防渗层已质检合格，且表面洁净干燥。封闭层铺抹均匀、平整，符合设计要求</td></tr>
<tr><td>3</td><td colspan="2">封闭层</td><td colspan="3">无鼓泡、脱层、流淌</td><td colspan="4">封闭层无鼓泡、脱层及流淌现象</td></tr>
<tr><td rowspan="2">项次</td><td colspan="2" rowspan="2">一般项目</td><td colspan="3">质量标准</td><td colspan="2" rowspan="2">检验记录</td><td colspan="2">质量等级</td></tr>
<tr><td colspan="2">合格</td><td>优良</td><td>合格</td><td>优良</td></tr>
<tr><td>1</td><td colspan="2">沥青胶软化点</td><td colspan="2">合格率大于等于80%，最低软化点不低于 85℃</td><td>合格率大于等于85%，最低软化点不低于 85℃</td><td colspan="2">取试样 6 个，实测软化点为 87℃ ~92℃</td><td></td><td>√</td></tr>
<tr><td>2</td><td colspan="2">沥青胶的铺抹</td><td colspan="2">合格率大于等于80%</td><td>合格率大于等于85%</td><td colspan="2">沥青胶铺抹均匀，铺抹量抽查 8 次，分别为 3.1,2.9,3.0,3.1,2.9,2.8kg/m²</td><td></td><td>√</td></tr>
<tr><td>项次</td><td colspan="2">允许偏差项目</td><td>设计值</td><td>允许偏差</td><td colspan="3">实测值（℃）</td><td>合格数（点）</td><td>合格率（%）</td></tr>
<tr><td rowspan="2">1</td><td rowspan="2">沥青胶的施工温度</td><td>搅拌出料温度</td><td>190℃</td><td>±10℃</td><td colspan="3">188,186,190,192,193,196,195,193,189,191</td><td>10</td><td>100</td></tr>
<tr><td>铺抹温度</td><td>170℃</td><td>≥0℃</td><td colspan="3">173,172,176,178,174,173,170,173,174,178</td><td>10</td><td>100</td></tr>
<tr><td colspan="7">评定意见</td><td colspan="3">工序质量等级</td></tr>
<tr><td colspan="7">检查项目全部符合质量标准；一般项目全部符合合格标准，其中有 100%项达到优良标准；允许偏差项目实测点合格率为 100%</td><td colspan="3">优良</td></tr>
<tr><td colspan="2">施工单位</td><td colspan="3">×××
××年×月×日</td><td>建设(监理)单位</td><td colspan="4">×××
××年×月×日</td></tr>
</table>

19. 沥青混凝土面板与刚性建筑物连接

表 7-44　　沥青混凝土面板与刚性建筑物连接单元工程质量评定表

单位工程名称	**××大坝**	单元工程量	**230m²**
分部工程名称	**防渗面板**	施工单位	**××市第×工程局**
单元工程名称、部位	**D1面板与坝基截心墙第一施工段**	评定日期	**××年×月×日**

项次	检查项目	质量标准	检验记录
1	沥青砂浆(或细粒沥青混凝土)、橡胶沥青胶(或沥青胶)、玻璃丝布等原材料配合比、配制工艺	必须经过试验,性能必须满足规范与设计要求	**沥青砂浆现场配制,配合比经检验确定,性能满足设计要求;其他材料从厂家购买,质量合格**
2	刚性建筑物连接面的处理,楔形体的浇筑,滑动层与加强层的敷设	符合规范与设计的要求,并进行现场铺设试验。施工中,接头部位无熔化、流淌及滑移现象	**现场铺筑试验,连接面处理,楔形体浇筑均符合规范与设计要求。接头部位无熔化、流淌及滑移现象**
3	敷设刚性建筑物表面的橡胶沥青滑动层;铺筑沥青混凝土防渗层	待喷涂的乳化沥青完全干燥后进行;待滑动层与楔形体冷凝、质量合格后进行	**喷涂的乳化沥青已完全干燥,滑动层与楔形体已冷凝且质量验收合格。滑动层、防透层的铺筑均符合规范和设计要求**

项次	允许偏差项目		设计值	允许偏差	实测值(单位与设计值相同)	合格数(点)	合格率(%)
1	沥青砂浆楔形体浇筑温度		160℃	±10℃	**154,163,162,160,157,158,159,162,164,167**	**10**	**100**
2	橡胶沥青胶滑动层拌制温度		190℃	±5℃	**187,193,196,193,192,189,186,190,192,184**	**8**	**80.0**
3	玻璃丝布加强层	上下层接缝的错距以布幅宽计	1m($\frac{1}{3}$条幅宽度)	0～10(cm)	**1.03,1.06,1.08,1.09,1.12,1.07,1.06,1.05**	**9**	**90.0**
		搭接宽度	10cm	0～5(cm)	**12,14,13,12,13,15,16,14,13,12**	**9**	**90.0**

评定意见	工序质量等级
检查项目全部符合质量标准;允许偏差项目各项实测点合格率为80%～100%	**合格**

施工单位	××× ××年×月×日	建设(监理)单位	××× ××年×月×日

20. 砂砾坝体填筑

表 7-45　　砂砾坝体填筑单元工程质量评定表

单位工程名称	××大坝	单元工程量	砂砾料填筑 3240m³
分部工程名称、部位	砂砾石坝体第二分部	施工单位	××市第×工程局
单元工程名称、部位	3# 单元，▽306.4～▽308.6	评定日期	××年×月×日

项次	检查项目	质量标准	检验记录
1	颗粒级配、砾石含量、含泥量	符合《施工规范》和设计要求	砂砾颗粒级配、砾石含量、含泥量均符合《施工规范》和设计要求
2	坝体每层填筑时	前一填筑层已验收合格	砂砾坝体每填筑一层均进行验收，且验收合格
3	铺料、碾压	均匀不得超厚；无漏压、欠压和出现弹簧土	铺料均匀，不存在超高超厚现象；碾压合格，无漏压、欠压现象，无弹簧土
4	纵横向接合部位；与岸坡接合处的填料	符合规范和设计要求；无分离、架空现象，对边角加强压实	接合部位填料符合设计要求；砂砾料未出现分离、架空现象，对边角处已加强压实
5	设计断面边缘压实质量；填筑时每层上下游边线	按规定留足余量	断面边缘压实质量合格。填筑过程中，每层上下游边线均已按规定留足余量

项次	一般项目	质量标准		检验记录	质量等级	
		合格	优良		合格	优良
1	压实控制指标干密度（干容重）	干密度合格率≥90%，不合格干密度不得低于设计值的0.98，不合格试样不得集中	干密度合格率≥95%，不合格干密度不得低于设计值的0.98，不合格试样不得集中	设计干密度 2.140/cm³，实测干密度 14 组，其值为 2.13～2.26g/cm³，其中 13 组合格，合格率 92.9%，不合格试样未集中	√	

项次	允许偏差项目		设计值	允许偏差（cm）	实测值（cm）	合格数（点）	合格率（%）
1	铺料厚度		650cm	0～10	68，76，73，70，69，65，66，68，64，69，72，70，67，68，67	13	86.7
2	断面尺寸	上、下游设计边坡超填值	上游：1.2m 下游：1m	±20	上：126，133，136，108，107，145，128，129，130，132，117，114 下：89，90，103，107，103，112，114，116，123，108，109，105	22	91.7
		坝轴线与相邻填料接合面尺寸	5.0m	±30	527，516，503，504，509，507，518，513，532，523，506，509，504，534，515，572，509，512，527，524	18	90.0

评定意见	工序质量等级
检查项目全部符合质量标准；一般项目达到合格质量标准；允许偏差项目各项实测点合格率均大于70%	合格

施工单位	××× ××年×月×日	建设（监理）单位	××× ××年×月×日

21. 堆石坝体填筑

表 7-46　　**堆石坝体填筑单元工程质量评定表**

单位工程名称	**××水库**	单元工程量	**堆石填筑 $280m^3$**
分部工程名称	**堆石料填筑**	施工单位	**××市第×工程局**
单元工程名称、部位	**大坝主堆区,▽324.5～▽326.7**	评定日期	**××年×月×日**

项次	检查项目	质量标准	检验记录
1	填坝材料	必须符合《施工规范》和设计要求	**填坝材料符合《施工规范》和设计要求**
2	坝体每层填筑	在前一填筑层(含坝基岸坡处理)验收合格后进行	**堆石坝体每填筑一层均进行验收,且验收合格**
3	堆石填筑	按选定的碾压参数进行施工;铺筑厚度不得超厚、超径;含泥量、洒水量符合规范和设计要求	**堆石铺筑厚度均匀,不超厚,无超径,含泥量和洒水量均符合规范和设计要求。碾压按设计碾压参数进行**
4	填筑材料的纵横向接合部位	符合《混凝土面石板施工规范》(SL 49—1994)和设计要求;与岸坡接合处的料物不得分离、架空,对边角加强压实	**按设计要求施工。岸坡接合部分料物无分离、架空现象,边角已用小型机具加强压实**

项次	一般项目	质量标准		检验记录	质量等级	
		合格	优良		合格	优良
1	坝体填筑层铺料厚度	每一层应有大于等于 90% 测点达到规定的压实厚度	每一层须有大于等于 95% 测点达到规定的压实厚度	**填筑层设计厚度 100cm,允许偏差 −10～0cm,现场实测 25 点,实测值 94～100cm,合格率 100%**		√
2	坝体压实后的厚度	每一填筑层有大于等于 90% 测点达到规定的压实厚度	每一填筑层应有大于等于 95% 测点达到规定的压实厚度	**坝体压实厚度 78cm,允许偏差 −5～0cm,现场实测 25 点,实测值 74～80cm,合格点 24,合格率 96.0%**		√

续表

<table>
<tr><td rowspan="2">项次</td><td rowspan="2" colspan="2">一般项目</td><td colspan="3">质量标准</td><td rowspan="2">检验记录</td><td colspan="2">质量等级</td></tr>
<tr><td colspan="2">合格</td><td>优良</td><td>合格</td><td>优良</td></tr>
<tr><td>3</td><td colspan="2">堆石填筑层面的外观</td><td colspan="2">层面基本平整，分区能基本均衡上升，大粒径料无较大面积集中现象</td><td>层面平整，分区能均衡上升，大粒径粒无集中现象</td><td>堆石填筑层面基本平整，分区基本均衡上升。大粒径料无大面积集中现象，严重部位已处理</td><td>√</td><td></td></tr>
<tr><td>4</td><td colspan="2">分层压实的干密度合格率</td><td colspan="2">检测点的合格率大于等于90%，不合格值不得小于设计干密度的0.98</td><td>检测点的合格率大于等于95%，不合格值不得小于设计干密度的0.98</td><td>设计干密度 2.36g/cm³，共测 16 点，实测值 2.36～2.42g/cm³，合格率 100%</td><td></td><td>√</td></tr>
<tr><td>项次</td><td colspan="2">允许偏差项目</td><td>设计值（m）</td><td>允许偏差（cm）</td><td colspan="2">实测值（cm）</td><td>合格数（点）</td><td>合格率（%）</td></tr>
<tr><td rowspan="4">断面尺寸</td><td rowspan="2">下游坡填筑边线距坝轴线距离</td><td>有护坡要求</td><td></td><td>±20</td><td colspan="2">—</td><td></td><td></td></tr>
<tr><td>无护坡要求</td><td>204.32</td><td>±30</td><td colspan="2">20457，20407，20436，20427，20458，20463，20438，20435，20425，20415，20417，20442，20453，20450，20436</td><td>14</td><td>93.3</td></tr>
<tr><td colspan="2">过渡层与主堆石区分界线距坝轴线距离</td><td>32.15</td><td>±30</td><td colspan="2">3232，3205，3212，3183，3196，3188，3207，3197，3245，3210，3207，3217，3208，3211，3209，3243</td><td>15</td><td>93.8</td></tr>
<tr><td colspan="2">垫层与过渡层分界线距坝轴线距离</td><td>1203</td><td>−10～0</td><td colspan="2">1198，1197M1200，1201，1203，1202，1192，1194，1196，1201，1202，1202，1198，1199，1195，1198，1202，1203</td><td>17</td><td>94.4</td></tr>
<tr><td colspan="7">评定意见</td><td colspan="2">工序质量等级</td></tr>
<tr><td colspan="7">检查项目全部符合质量标准；一般项目全部符合合格标准，其中75%的项目符合优良标准，压实干密度质量优良；允许偏差项目各项实测点合格率为93.3%～94.4%</td><td colspan="2">优良</td></tr>
<tr><td>施工单位</td><td colspan="3">×××
××年×月×日</td><td>建设(监理)单位</td><td colspan="4">×××
××年×月×日</td></tr>
</table>

22. 基岩连接

表 7-47　　浆砌石体基岩连接工程单元工程质量评定表

单位工程名称	××大坝	单元工程量	49.8m^3
分部工程名称	溢流坝段	施工单位	××市第×工程局
单元工程名称、部位	单元 4#,0+60～0+80	评定日期	××年×月×日

项次	检查项目	质量标准	检验记录
1	坝基及基岩面清理	尖角、松动岩块和杂物已清除,泥垢,油污清洗干净,地下水、地表积水已排除或封堵	坝基岩面夹角已撬除,松动岩块和杂物已全部清除,泥垢、油垢已清洗干净。地下水、地表水已排除,而且封堵良好
2	垫层混凝土	抗压强度未达到 2.5MPa 前,不得在其面层是进行上层砌石的准备工作	在面层上开始进行上层砌石准备工作时,垫层混凝土抗压强度已达到 2.5MPa

项次	一般项目	质量标准		检验记录	质量等级	
		合格	优良		合格	优良
1	铺浆	铺浆厚度不大于 5cm 铺浆较均匀,基本无空白区	铺浆厚度 3～4cm,铺浆均匀,无空白区	铺浆厚度小于 5cm,铺浆基本均匀,大体上没有空白区	√	
2	混凝土垫层浇筑	基本符合规定要求	符合规定要求	垫层混凝土浇筑均符合设计规定要求		√
3	坝体与岸坡连接部位的垫层混凝土施工	基本符合规定的要求与程序	符合规定的要求与程序	坝体与岸坡连接部位,垫层混凝土施工均符合规定的要求和程序		√

评定意见	工序质量等级
检查项目全部符合质量标准;一般项目全部符合合格标准,其中 66.7%项达到优良标准	优良

施工单位	××× ××年×月×日	建设(监理)单位	××× ××年×月×日

注:合格:检查项目符合相应质量评定标准;一般项目基本符合质量标准。

优良:检查项目符合相应质量标准;一般项目必须有大于等于 50%项目达优良质量标准,余项目须合格(或优良)。

23. 水泥砂浆砌石体

(1)层面处理。

表 7-48　　水泥砂浆砌石体浆砌石体层面处理工序质量评定表

单位工程名称	**××大坝**	单元工程量	**砌石 $90.6m^3$,层面处理 $30m^2$**
分部工程名称	**大坝坝顶**	施工单位	**××市第×工程局**
单元工程名称、部位	**单元 2#,0+10~0+20**	检验日期	**××年×月×日**

项次	检查项目	质量标准	检验记录
1	前一层砌体表面	符合设计与《浆砌石坝施工技术规定》(SD 120—1984)要求,无松动石块	**前一层砌体表面施工质量符合设计要求。砌筑前,经检查,砌体表面合格,无松动石块**

项次	一般项目	质量标准		检验记录	质量等级	
		合格	优良		合格	优良
1	前一层砌体表面	浮渣基本清除干净,无积水和积渣	浮渣全部清除干净,无积水和积渣	**前一层砌体表面的浮渣,已全部清除干净;砌体表面无积水和积渣**		√
2	局部光测的砂浆表面	凿毛面大于等于80%	凿毛面大于等于95%	**砌筑前,对砌体表面局部光滑处进行了凿毛处理。凿毛处理面积达 98.7%**		√

评定意见			工序质量等级
检查项目符合设计规定质量标准,一般项目全部符合质量标准,基中 2 项优良			**优良**
施工单位	××× ××年×月×日	建设(监理)单位	××× ××年×月×日

注:合格:检查项目符合质量标准;一般项目合格。

优良:检查项目符合质量标准;一般项目均优良,或 1 项合格,1 项优良。

(2)砌筑工序。

表 7-49　　水泥砂浆砌石体砌筑工序质量评定表

单位工程名称	××大坝	单元工程量	砌石 90.6m^3
分部工程名称	大坝坝顶	施工单位	××市第×工程局
单元工程名称、部位	单元 2#,2+10~0+20	检验日期	××年×月×日

项次	检查项目	质量标准	检验记录
1	水泥砂浆的强度等级、配合比	符合设计要求和规范规定	水泥砂浆的强度等级、配合比均符合设计要求和规范规定
2	石料规格	符合规范要求;砌筑时石块表面清洁湿润	石料规格符合规范要求。砌筑时,石块表面清洁干净湿润
3	铺浆	均匀,无裸露石块	水泥砂浆铺筑均匀,基本无裸露石块
4	砌缝灌浆	饱满密实,无架空	砌缝灌浆饱满密实,无架空现象
5	砌石体的密度、空隙率、吸水率	符合设计规定	砌石体的密度、空隙率和吸水率均符合设计规定

项次	一般项目			质量标准 合格	质量标准 优良	检验记录	质量等级 合格	质量等级 优良
1	砂浆沉入度			总检测次数中大于等于 70%符合质量要求	总检测次数中大于等于 90%符合质量要求	砂浆设计沉入度 6.5~8.0cm,现场实测 15 次,实测值 6.8~8.2cm,合格 13 次,合格率 86.7%	√	
2	砌缝宽度	平缝	粗料石:15~20mm	总检测点数中大于等于 70%符合质量要求	总检测点数中大于等于 90%符合质量要求	平缝:检查 20 处,实测值 12,14,13,12,11,14,16,12,14,15,13,9,10,8,13,14,13,14,12,14 竖缝:检查 20 处,实测值 17,18,23,20,16,17,17,18,19,19,15,18,19,20,22,19,18,16,14,17 实测合格率 85%	√	
		平缝	预制块:20~25mm					
		平缝	块石:20~25mm					
		竖缝	粗料石:20~30mm					
		竖缝	预制块:15~20mm					
		竖缝	块石:20~40mm					

项次	允许偏差项目			设计值	允许偏差(cm)	实测值(cm)	合格数(点)	合格率(%)
1	轮廓线	平面		1.0m	±4	102,103,102,99,97,96,97,105,102,103,95,98	10	78.9
2	轮廓线	高程	重力坝	1583m	±3	158302, 158301, 158296, 158303, 158298, 1583299,158304	5	
3	轮廓线	高程	拱坝、支墩坝		±2	—		

评定意见	工序质量等级
检查项目符合质量标准;一般项目全部符合合格标准,其中 0 项达优良标准;允许偏差实测点合格率为 78.9%	合格

施工单位	××× ××年×月×日	建设(监理)单位	××× ××年×月×日

24. 混凝土砌石体

表 7-50 混凝土砌石体单元工程质量评定表

<table>
<tr><td colspan="2">单位工程名称</td><td colspan="2">××大坝</td><td>单元工程量</td><td colspan="3">砌石 347m³</td></tr>
<tr><td colspan="2">分部工程名称</td><td colspan="2">溢流坝段</td><td>施工单位</td><td colspan="3">××市第×工程局</td></tr>
<tr><td colspan="2">单元工程名称、部位</td><td colspan="2">6 坝段高程,1326.40m 以下</td><td>评定日期</td><td colspan="3">××年×月×日</td></tr>
<tr><td>项次</td><td>检查项目</td><td colspan="2">质量标准</td><td colspan="4">检验记录</td></tr>
<tr><td>1</td><td>石料</td><td colspan="2">石料表面泥垢、青苔、油质等已冲洗干净,软弱边、尖角已敲除,保持湿润状态</td><td colspan="4">石料保持湿润状态。上坝前,石料表面泥垢、青苔、油质等均已冲洗干净;软弱边、尖然已敲除</td></tr>
<tr><td>2</td><td>混凝土强度等级、配合比</td><td colspan="2">符合设计要求</td><td colspan="4">混凝土标号及配合比均符合设计要求</td></tr>
<tr><td>3</td><td>砌石体密度、空隙率</td><td colspan="2">符合设计规定</td><td colspan="4">砌石体密度、空隙率符合设计规定:密度 2.63g/cm³,孔隙率 6.38%</td></tr>
<tr><td>4</td><td>混凝土砌石体密实性、压水试验</td><td colspan="2">符合设计要求</td><td colspan="4">混凝土砌石体密实性,压水试验均符合设计要求</td></tr>
<tr><td>5</td><td>砌石体砌筑</td><td colspan="2">采用铺浆法</td><td colspan="4">砌石体采用铺浆法施工,先铺浆,再砌后并加以振捣</td></tr>
<tr><td rowspan="2">项次</td><td rowspan="2">一般项目</td><td colspan="2">质量标准</td><td colspan="2" rowspan="2">检验记录</td><td colspan="2">质量等级</td></tr>
<tr><td>合格</td><td>优良</td><td>合格</td><td>优良</td></tr>
<tr><td>1</td><td>混凝土砌体施工缝处理</td><td>基本无乳皮、残碴杂物、积水,砌筑面冲洗干净,局部光滑的混凝土面已凿毛</td><td>无乳皮、残碴杂物、积水,砌筑面已冲洗干净,局部光滑的混凝土面凿毛</td><td colspan="2">砌筑面已用高压水枪冲洗干净。施工缝内无乳皮、残碴杂物,无积水,符合设计要求,局部光滑的混凝土面已凿毛</td><td></td><td>√</td></tr>
<tr><td>2</td><td>砌石体腹石摆放</td><td>粗料石筑砌,宜一丁一顺,或一丁多顺,毛石筑砌,石块之间基本无线或面接触</td><td>完全符合质量要求</td><td colspan="2">采用粗料石砌筑,一丁一顺,局部采用一丁多顺,石块间无线、面接触,符合施工要求</td><td></td><td>√</td></tr>
</table>

续表

<table>
<tr><td rowspan="2">项次</td><td rowspan="2" colspan="3">一般项目</td><td colspan="3">质量标准</td><td rowspan="2">检验记录</td><td colspan="2">质量等级</td></tr>
<tr><td>合格</td><td colspan="2">优良</td><td>合格</td><td>优良</td></tr>
<tr><td>3</td><td colspan="3">竖缝混凝土浇灌和捣插</td><td>一次填入高度不超过 40cm，分层振捣，无漏振、混凝土表面无孔洞</td><td colspan="2">一次填入高度不超过 40cm，填灌均匀，分层振捣无漏振，混凝土表面无孔洞，砌体密实</td><td>竖缝混凝土一次填入高度小于 40cm，分层振捣，无漏振，混凝土表面无孔洞</td><td>√</td><td></td></tr>
<tr><td>4</td><td colspan="3">砌体冬、夏季和雨天砌筑</td><td>基本符合《浆砌石坝施工技术规定》质量要求</td><td colspan="2">完全符合《浆砌石坝施工技术规定》质量要求</td><td>雨季砌筑施工符合规定要求</td><td></td><td>√</td></tr>
<tr><td>项次</td><td colspan="3">允许偏差项目</td><td>设计值（m）</td><td>允许偏差（cm）</td><td colspan="2">实测值（m）</td><td>合格数（点）</td><td>合格率（%）</td></tr>
<tr><td rowspan="3">1</td><td rowspan="3">结构尺寸位置</td><td colspan="2">平面</td><td>20</td><td>±4</td><td colspan="2">20.03，20.02，19.96，19.98，19.95，20.02，20.03，20.04，19.93，19.97，20.03，20.00，20.04，20.03，20.01</td><td rowspan="3">18</td><td rowspan="3">81.8</td></tr>
<tr><td rowspan="2">高程</td><td>重力坝</td><td>1326.40</td><td>±3</td><td colspan="2">1326.42，1326.37，1326.35，1326.38，1326.44，1326.39，1326.41</td></tr>
<tr><td>拱坝、支墩坝</td><td></td><td>±2</td><td colspan="2">—</td></tr>
<tr><td colspan="8">评定意见</td><td colspan="2">工序质量等级</td></tr>
<tr><td colspan="8">检查项目符合质量标准；一般项目全部符合合格标准，其中有 75.0% 项达到优良标准，项次 3 质量合格；允许偏差项目实测点合格率为 81.8%</td><td colspan="2">合格</td></tr>
<tr><td colspan="2">施工单位</td><td colspan="4">×××
××年×月×日</td><td>建设（监理）单位</td><td colspan="3">×××
××年×月×日</td></tr>
</table>

注：合格：检查项目符合质量评定标准；一般项目和允许偏差项目均符合相应合格质量标准。

优良：检查项目符合质量评定标准；一般项目全部符合相应合格质量标准，其中必须有大于等于 50% 的项目符合优良质量标准，同时一般项目项次 3 与允许偏差项目必须优良。

25. 接触面处理

表 7-51　　面板与浆砌石接触面处理、工序质量评定表

<table>
<tr><td colspan="2">单位工程名称</td><td colspan="2">××大坝</td><td colspan="2">单元工程量</td><td colspan="3">混凝土量 526m³，接触面处理 468m²</td></tr>
<tr><td colspan="2">分部工程名称</td><td colspan="2">非溢流坝段第 3 分部工程</td><td colspan="2">施工单位</td><td colspan="3">××市第×工程局</td></tr>
<tr><td colspan="2">单元工程名称、部位</td><td colspan="2">30# 单元，0+60～+0+90
▽120.0～▽445.0</td><td colspan="2">检验日期</td><td colspan="3">××年×月×日</td></tr>
<tr><td>项次</td><td>检查项目</td><td colspan="2">质量标准</td><td colspan="5">检验记录</td></tr>
<tr><td>1</td><td>面板与砌体接触表面</td><td colspan="2">松动石块已清除干净；局部突出石块已凿平</td><td colspan="5">接触处松动石块、杂物已清除干净，局部突出石块已用钻子凿平，接触表面平顺，符合设计要求</td></tr>
<tr><td rowspan="2">项次</td><td rowspan="2">一般项目</td><td colspan="2">质量标准</td><td colspan="3" rowspan="2">检验记录</td><td colspan="2">质量等级</td></tr>
<tr><td>合格</td><td>优良</td><td>合格</td><td>优良</td></tr>
<tr><td>1</td><td>面板与砌体接触表面</td><td>浮渣、泥污基本冲洗干净，保持湿润</td><td>浮渣、泥污冲洗干净，保持湿润</td><td colspan="3">面板与砌体接触表面的浮渣、泥污已用高压水枪冲洗干净，并洒水保持湿润</td><td></td><td>√</td></tr>
<tr><td colspan="6">评定意见</td><td colspan="3">工序质量等级</td></tr>
<tr><td colspan="6">检查项目符合质量标准，一般项目符合优良标准</td><td colspan="3">优良</td></tr>
<tr><td>施工单位</td><td colspan="2">×××
××年×月×日</td><td>建设（监理）单位</td><td colspan="5">×××
××年×月×日</td></tr>
</table>

质量等级评定：检查项目必须符合质量标准，一般项目合格则评为合格；一般项目优良则评为优良。

26. 混凝土施工缝处理

表 7-52　　　混凝土施工缝处理工序质量评定表

单位工程名称	××大坝	单元工程量	混凝土量 526m^3，施工缝处理 278m^2
分部工程名称	非溢流坝段，第3分部工程	施工单位	××市第×工程局
单元工程名称、部位	30# 单元，0+60～0+90 ▽420.0～▽445.0	检验日期	××年×月×日

项次	一般项目	质量标准		检验记录	质量等级	
		合格	优良		合格	优良
1	施工缝表面处理	乳皮清除，基本凿毛，冲洗无积水，无积渣、杂物	乳皮清除干净，全部凿毛，冲洗干净，无积水，无积渣、杂物	施工缝表面乳皮已清除干净，并全部凿毛。用高压水枪冲洗干净，经检查，无积水，无积渣、杂物，符合设计要求		√
2	老混凝土面上铺水泥砂浆	厚度2～3cm，基本无空白区出露	厚度2～3cm，无空白区出露，铺浆均匀	若混凝土面上铺设水泥砂浆，厚度为2～3cm，铺浆均匀，无空白区		√

评定意见	工序质量等级
一般项目全部符合合格标准，其中有2项达优良标准	优良

施工单位	××× ××年×月×日	建设（监理）单位	××× ××年×月×日

质量等级评定：一般项目两项均合格则评为合格；两项均优良，或1项优良1项合格则评为优良。

27. 模板架设

表 7-53　　模板工序质量评定表

单位工程名称	××大坝	单元工程量	混凝土量526m^3,模板352m^2
分部工程名称	非溢流坝段,第3分项工程	施工单位	××市第×工程局
单元工程名称、部位	30#单元,0+60～0+90,▽420.0～▽445.0	检验日期	××年×月×日

项次	一般项目	质量标准		检验记录	质量等级	
		合格	优良		合格	优良
1	模板表面	基本光洁,无污物,板上无空洞,接缝基本严密	光洁,无污物,板上无空洞,接缝严密	采用钢模板,模板表面光洁,无污物,板上无空洞,接缝严密		√

项次	允许偏差项目	允许偏差(mm)			实测值(mm)	合格数(点)	合格率(%)
		混凝土外表面(迎水面)		混凝土内表面(浇筑块侧面)			
		钢模	木模				
1	相邻板面高差	2	3		1.2,1.4,0.8,1.5,2.2,1.4,2.1,2.0,1.8,1.4 1.9,1.8,1.7,1.7,1.4,1.3,0.9,1.3,1.0,1.7 2.0,1.7,2.3,2.2,1.8,1.7,1.8,1.7,1.7,1.8	26	86.7
2	局部不平	2	5	10	0.8,0.6,1.2,1.3,1.8,2.1,1.9,1.7,1.8,1.5 1.8,1.4,1.3,1.8,2.2,1.7,1.6,1.4,1.6,1.8 1.2,1.8,1.4,1.5,1.8,1.9,2.3,1.7,1.8,1.4	27	90.0
3	板面缝隙	1	2	2	0.8,0.7,0.4,0.3,1.1,0.5,0.9,0.7,0.3,0.2 0.7,0.8,0.6,0.6,0.6,0.4,0.7,0.9,0.8,0.3 0.5,1.2,1.3,1.2,0.9,0.7,0.8,1.1,0.9,0.7	25	83.3
4	轮廓边线与设计边线偏差	10	10	15	7,8,6,4,8,6,8 3,9,6,8,11,7,7 8,11,7,6,4,8,9	19	90.5

评定意见	工序质量等级
检查项目全部符合质量标准;一般项目符合优良标准;允许偏差项目实测点合格率87.4%	优良

施工单位	××× ××年×月×日	建设(监理)单位	××× ××年×月×日

注:质量等级评定:检查项目及其他项目均合格,则评为合格;检查项目符合质量标准;一般项目、允许偏差项目有1项优良,余项合格,则评为优良。

28. 面板混凝土浇筑

表 7-54　　浆砌石坝面板混凝土浇筑工序质量评定表

单位工程名称	××大坝	单元工程量	混凝土量 $526m^3$
分部工程名称	非溢流坝段，第 3 分部工程	施工单位	××市第×工程局
单元工程名称、部位	$30^{\#}$ 单元，0＋60～0＋90 ▽420.0～▽445.0	检验日期	××年×月×日

项次	检查项目	质量标准	检验记录
1	原材料、标号、相应的配合比	符合设计规定，无不合格混凝土入仓	所用原材料，混凝土及强度及配合比均符合设计要求。入仓混凝土均合格
2	混凝土浇筑	振捣密实、无蜂窝、洞穴，麻面不超过总面积的 0.5%	混凝土浇筑符合要求；振捣密实，无蜂窝、洞穴，麻面面积约占总面积 0.35%
3	浇筑后的混凝土	无深层及贯穿裂缝，表面无露筋	折模后检查，混凝土深层及贯穿裂缝，表面无露筋现象

项次	一般项目	质量标准		检验记录	质量等级	
		合格	优良		合格	优良
1	混凝土坍落度	符合《浆砌石坝施工技术》要求，总检测次数中有大于等于 70%符合质量要求	符合《浆砌石坝施工技术》要求，总检测次数中有大于等于 90%符合质量要求	设计坍落度 5～7cm，实测值 5～8cm，有 14 次符合质量标准，合格率为 93.3%		√
2	混凝土入仓	摊铺基本均匀，每层摊铺厚度不超过 50cm，分层清楚，基本无骨料集中现象	摊铺均匀，每层摊铺厚度不超过 50cm，分层清楚，无骨料集中现象	入仓混凝土摊铺均匀，每层摊铺厚度 4cm，未出现超厚超薄现象，分层清楚，无骨料集中现象		√
3	泌水	基本无外部水流入，泌水排除及时	无外部水流入，泌水排除及时	泌水排除及时，无外部水流入		√
4	养护	及时，基本保持湿润至规范规定的养护期	及时，保持湿润至规范规定的养期	养护及时，基本保持湿润至规范规定的养护期	√	

项次	允许偏差项目	设计值	允许偏差（mm）	实测值	合格数（点）	合格率（%）
1	外表面（迎水面）的平整度		±20	12，18，16，14，12，19，21，17，16，17，12，14，18，22，17，18，14，13，12，16	18	90.0

评定意见	工序质量等级
检查项目全部符合质量标准；一般项目合格，其中混凝土坍落度优良，允许偏差项目实测点合格率为 90.0%	优良

施工单位	××× ××年×月×日	建设（监理）单位	××× ××年×月×日

29. 水泥砂浆勾缝

表 7-55　　浆砌石坝水泥砂浆勾缝质量评定表

<table>
<tr><td colspan="2">单位工程名称</td><td colspan="2">××大坝</td><td>单元工程量</td><td colspan="3">M7.5 水泥砂浆,60m²</td></tr>
<tr><td colspan="2">分部工程名称</td><td colspan="2">大坝联接段</td><td>施工单位</td><td colspan="3">××市第×工程局</td></tr>
<tr><td colspan="2">单元工程名称、部位</td><td colspan="2">2#单,1+015～1+020,▽402.0～▽404.0</td><td>评定日期</td><td colspan="3">××年×月×日</td></tr>
<tr><td>项次</td><td>检查项目</td><td colspan="2">质量标准</td><td colspan="4">检验记录</td></tr>
<tr><td>1</td><td>勾缝砂浆</td><td colspan="2">单独拌制,砂浆质量符合规定</td><td colspan="4">勾缝砂浆单独拌制,离差系数 C_v=0.21,砂浆强度、配合比、拌和时间均符合设计要求和规定</td></tr>
<tr><td>2</td><td>砂浆用原材料</td><td colspan="2">符合规范规定,砂料宜用细砂,水泥宜用普通硅酸盐水泥</td><td colspan="4">水泥采用普通硅酸盐水泥,经检验质量合格;砂料宜采用细砂,经检验各项指标均符合标准规定</td></tr>
<tr><td>3</td><td>缝槽处理</td><td colspan="2">清洗干净,无残留灰渣和积水,保持缝面湿润</td><td colspan="4">缝槽已清洁干净,内无残留灰渣和积水,缝面始终保持湿润</td></tr>
<tr><td rowspan="2">项次</td><td rowspan="2">一般项目</td><td colspan="2">质量标准</td><td colspan="2" rowspan="2">检验记录</td><td colspan="2">质量等级</td></tr>
<tr><td>合格</td><td>优良</td><td>合格</td><td>优良</td></tr>
<tr><td>1</td><td>清缝深度(水平缝)
竖缝深度</td><td>不小于 40mm
不小于 50mm
总检测数中有大于等于 70%符合质量要求</td><td>不小于 40mm
不小于 50mm
总检测数中有大于等于 90%符合质量要求</td><td colspan="2">清缝:检测 20 点,实测值在 46～68mm,全部合格,合格率为 100%
竖缝:检测 20 点,实测值 48～76mm,其中 19 点合格,合和率为 95%</td><td></td><td>√</td></tr>
<tr><td>2</td><td>砂浆勾缝密实度</td><td>分次填充、压实,密实度符合要求。检测总点数中有大于等于 70%测点符合</td><td>分次填充、压实,密实度符合要求。检测总点数中有大于等于 90%测点符合质量要求</td><td colspan="2">勾缝砂浆应分次填充和压实,密实度应符合要求。检测总点数 20,其中有 2 处不密实,合格率为 90%</td><td></td><td>√</td></tr>
<tr><td>3</td><td>缝面养护</td><td>基本及时养护,基本保持 21d 湿润</td><td>及时养护,保持 21d 湿润</td><td colspan="2">缝面养护基本及时,基本上能够保持缝面在 21d 内湿润</td><td>√</td><td></td></tr>
<tr><td colspan="5">评定意见</td><td colspan="3">工序质量等级</td></tr>
<tr><td colspan="5">检查项目全部符合质量标准;一般项目中砂浆勾缝密实度质量优良,其他项目有 2 项为优良,1 项为合格</td><td colspan="3">优良</td></tr>
<tr><td>施工单位</td><td colspan="3">×××
××年×月×日</td><td>建设(监理)单位</td><td colspan="3">×××
××年×月×日</td></tr>
</table>

注:如检查项目符合相应质量标准,而其他项目均合格,则评为合格。如检查项目符合质量标准,一般项目中除勾缝密实度优良外,其他项目中有一项为优良,其他项为合格或优良时,则评为优良。

30. 溢流道溢流面砌筑

表 7-56 **浆砌石溢洪道溢流面砌筑质量评定表**

单位工程名称	**××溢洪道工程**	单元工程量	**浆砌在 80.2m^3**
分部工程名称	**溢流堰，第 1 分部工程**	施工单位	**××市第×工程局**
单元工程名称、部位	**3# 单元，0+060～090，▽1548.5～▽1556.3**	检验日期	**××年×月×日**

项次	检查项目	质量标准	检验记录
1	石料	强度符合设计，长度大于等于600mm，高大于250mm，长厚比小于等于3，棱角分明，表面平整，同一面最大高差10mm，外露面平面高差小于等于2mm	**石料强度符合设计要求。石料长度600～680mm，高250～268mm，长厚比2.7～2.9。石料棱角分明，表面平整，同一面最大高差为7～10.8mm，外露面平面高差1.8～2mm**
2	砂浆强度配合比	符合设计要求与规范规定	**砂浆强度、配合比均符合设计要求与规范规定**
3	铺浆	均匀、无裸露石块	**铺浆均匀，无裸露石块**
4	砌缝灌浆	密实、饱满，无架空现象	**砌缝灌浆密实、饱满，无架空现象**
5	砌体密实度，孔隙率	符合设计规定	**砌体密实度，孔隙率均符合设计规定**

项次	一般项目	质量标准		检验记录	质量等级	
		合格	优良		合格	优良
1	砂浆沉入度（设计10mm）	70%及其以上测点符合设计要求	90%及其以上测点符合设计要求	**检测15点，实测值在8～11mm，13点符合设计要求，合格率86.7%**	√	
2	砌缝宽度	基本符合要求	符合要求	**检测20点，实测值15～20mm，19点符合设计要求，合格率95%**		√
3	砌体组砌形式	上下错缝，全部丁砌，或一丁一顺。相邻砌面高差小于等于5mm	上下错缝，全部丁砌，或一丁一顺。相邻砌面高差小于等于3mm	**砌体组砌，上下错缝，全部采用一丁一顺的形式，相邻砌面高差小于3mm，符合质量标准**		√

项次	允许偏差项目		设计值（m）	允许偏差（cm）	实测值（cm）	合格数（点）	合格率（%）
1	平面尺寸	溢流堰顶	19.8	±1	**1980，1981，1979，1979，1978，1980，1981，1980，1981**	**9**	**90.0**
2		轮廓尺寸		±2	—		
3	高程	堰顶	1562.3	±1	**156230，156229，156231，156232，156233，156229，156230，156230**	**6**	**75.0**
4		其他部位		±2	—		
5	表面平整度			2	**1，2，2，1，1，3，2，1，1，2**	**9**	**90.0**

评定意见	工序质量等级
检查项目全部符合质量标准；一般项目符合合格标准；允许偏差项目实测点合格率为85.7%	**合格**

施工单位	××× ××年×月×日	建设（监理）单位	××× ××年×月×日

31. 浆砌石墩

表 7-57　　浆砌石墩(墙)砌筑工序质量评定表

单位工程名称	××拦河闸	单元工程量	浆砌石 $235m^3$
分部工程名称	消能防冲段 3 号墙	施工单位	××市第×工程局
单元工程名称、部位	3# 单元,0+10～0+20,▽1472.0～▽1482.0	检验日期	××年×月×日

项次	检查项目	质量标准	检验记录
1	砂浆或混凝土强度等级,配合比	符合设计及规范要求	砂浆强度等级、配合比均符合设计要求
2	石料质量、规格	符合设计要求和施工规范规定	石料质量、规格均符合设计要求和规范规定
3	浆砌石墩(墙)的临时间断处	间断处的高低差不大于 1m 并留有平缓阶石	临时间断处高低差在 0.6～1.0m,施工中留有平缓阶台

项次	一般项目	质量标准		检验记录	质量等级	
		合格	优良		合格	优良
1	浆砌石墩(墙)的砌筑次序	基本符合:先砌筑角石,再砌筑镶面石,最后砌筑填腹石,镶面石的厚度不小于 30cm	全部符合:先砌筑角石,再砌筑镶面石,最后砌筑填腹石;镶面石的厚度不小于 30cm	石墩砌筑基本符合要求,先砌筑角石,再砌筑镶面石,最后砌筑填腹石。镶面石的厚穬均大于 30cm	√	
2	浆砌石墩(墙)的组砌形式	组砌形式基本符合:内外搭砌,上下错缝,丁砌石分布均匀,面积不小于墩(墙)砌体全部面积的 1/5,长度大于 60cm	组砌形式全部符合:内外搭砌,上下错缝,丁砌石分布均匀,面积不小于墩(墙)砌体全部面积的 1/5,长度不大于 60cm	石墩组砌全部符合规定,内外搭砌,上下错缝,丁砌分布均匀,面积大于墩砌体全部面积的 1/5,长度大于 60cm		√

项次	允许偏差项目		设计值(m)	允许偏差(cm)	实测值(cm)	合格数(点)	合格率(%)
1	轴线位置		1.3	1	130,131,130,131,132,130,130.6,130.7,131,130.2,130.8	11	91.7
2	顶面标高		57.4	±1.5	5740.8,5738.9,5737,5741.3,57404.4,5739.5,5739.0,5740.9	7	87.5
3	厚度	设闸门部位	1.6	±1	159,160,160.8,160.3,159.4,158.6,160.3,161,161.3,160.8	8	80%
		无闸门部位		±2	—		

评定意见	工序质量等级
检查项目全部符合质量标准;一般项目全部符合合格标准,其中一般项目 2 为优良;允许偏差项目各项实测点合格率为 80.0%～91.7%	合格

施工单位	××× ××年×月×日	建设(监理)单位	××× ××年×月×日

三、堤防工程

1. 堤基清理

表 7-58　　**堤基清理单元工程质量评定表**

<table>
<tr><td colspan="2">单位工程名称</td><td>××堤防工程</td><td colspan="2">单元工程量</td><td colspan="3">堤脚 780m²，堤坡 462m²</td></tr>
<tr><td colspan="2">分部工程名称</td><td>堤基处理</td><td colspan="2">检验日期</td><td colspan="3">××年×月×日</td></tr>
<tr><td colspan="2">单元工程名称、部位</td><td>2# 单元，56K＋150～56K＋200</td><td colspan="2">评定日期</td><td colspan="3">××年×月×日</td></tr>
<tr><td colspan="2">项次</td><td>项目名称</td><td>质量标准</td><td colspan="3">检验结果</td><td>评定</td></tr>
<tr><td rowspan="3">检查项目</td><td>1</td><td>基面清理</td><td>堤基表层没有不合格土，杂物全部清除</td><td colspan="3">堤基表面耕值层已推平；堤坡植被物已清除干净并已开挖成阶梯状</td><td>达到标准</td></tr>
<tr><td>2</td><td>一般堤基处理</td><td>堤基上的塘洞穴已按要求处理</td><td colspan="3">堤基上的坑塘洞穴均已填平</td><td>达到标准</td></tr>
<tr><td>3</td><td>堤基平整压实</td><td>表面无显著凹凸，无松土，无弹簧土</td><td colspan="3">堤基表面平整，无松土，无弹簧土，且已碾压</td><td>达到标准</td></tr>
<tr><td rowspan="4">检测项目</td><td rowspan="2">1</td><td rowspan="2">堤基清理范围</td><td rowspan="2">堤基清理边界超过设计基面边线 0.3m</td><td>总测点数</td><td>合格点数</td><td>合格率</td><td rowspan="2">优良</td></tr>
<tr><td>20</td><td>19</td><td>95%</td></tr>
<tr><td rowspan="2">2</td><td rowspan="2">堤基表面压实</td><td rowspan="2">设计干密度不小于 1.56t/m³</td><td>总测点数</td><td>合格点数</td><td>合格率</td><td rowspan="2">优良</td></tr>
<tr><td>20</td><td>18</td><td>90%</td></tr>
</table>

<table>
<tr><td colspan="2">施工单位自评意见</td><td>质量等级</td><td>监理单位复核意见</td><td>核定质量等级</td></tr>
<tr><td colspan="2">检查项目达到质量标准，检测项目合格率 95%，压实合格率 90%</td><td>优良</td><td>经复核，同意施工单位自评结果</td><td>优良</td></tr>
<tr><td>施工单位名称</td><td colspan="2">××市第×工程局</td><td rowspan="2">监理单位名称</td><td rowspan="2">××监理公司</td></tr>
<tr><td>测量员</td><td>初检负责人</td><td>终检负责人</td></tr>
<tr><td>×××
××年×月×日</td><td>×××
年×月×日</td><td>×××
×年×月×日</td><td>核定人</td><td>×××
××年×月×日</td></tr>
</table>

2. 土料碾压筑堤

(1)新填筑堤压实干密度合格下限：1、2 级土堤，85%（黏性土）、90%（少黏性土）；3 级土堤，80%（黏性土）、85%（少黏性土）。

(2)老堤加高、加厚压实干密度合格下限：1、2 级土堤，85%；3 级堤，80%。

表 7-59　　土料碾压筑堤单元工程质量评定表

单位工程名称	××河堤防工程	单元工程量	1200m^3
分部工程名称	堤身填筑	检验日期	××年×月×日
单元工程名称、部位	2# 单元，56K+150～56K+260，▽72.3～▽72.6m	评定日期	××年×月×日

项次		项目名称	质量标准	检验结果			评定
检查项目	1	△上堤土料土质、含水率	无不合格土，含水率适中	上堤土料符合质量要求，没有不合格土，含 水率适中			达到标准
	2	土块粒径	根据压实机具，土块限制在 10cm 以内	无坚硬土块，粒径 7～9cm			达到标准
	3	作业段划分、搭接	机械作业不小于 100m，人工作业不小于 50m，搭接无界沟	机械作业，作业段长 100～110m，搭接处平整，无界沟，水平上升			达到标准
	4	碾压作业程序	碾压机械行走平行于堤轴线，碾迹及搭接碾压符合要求	碾压机械平行堤轴行走，碾迹和搭接长度符合要求			达到标准
检测项目	1	铺料厚度	允许偏差：0～－5cm（设计铺料厚度 25cm）	总测点数	合格点数	合格率	优良
				60	56	93.3%	
	2	铺料边线	允许偏差：人工＋10～＋20cm，机械＋10～＋30cm	总测点数	合格点数	合格率	优良
				30	28	93.3%	
	3	△压实指标	设计干密度不小于 1.56t/m^3	总测点数	合格点数	合格率	优良
				30	27	90.0%	

施工单位自评意见		质量等级	监理单位复核意见	核定质量等级
检查项目达到质量标准；铺料厚度和铺料边线合格率为 93.3%，压实指标合格率 90.0%		优良	经复核，同意施工单位自评结果	优良
施工单位名称	××市第×工程局		监理单位名称	××监理公司
测量员	初检负责人	终检负责人		
××× ××年×月×日	××× 年×月×日	××× ×年×月×日	核定人	××× ××年×月×日

3. 土料吹填筑堤

表 7-60　　土料吹填筑堤单元工程质量评定表

<table>
<tr><td colspan="3">单位工程名称</td><td>××河堤防工程</td><td colspan="2">单元工程量</td><td colspan="2">1200m^3</td></tr>
<tr><td colspan="3">分部工程名称</td><td>堤身填筑</td><td colspan="2">检验日期</td><td colspan="2">××年×月×日</td></tr>
<tr><td colspan="3">单元工程名称、部位</td><td>$2^{\#}$单元,56K+150～56K+260</td><td colspan="2">评定日期</td><td colspan="2">××年×月×日</td></tr>
<tr><td colspan="2">项次</td><td>项目名称</td><td>质量标准</td><td colspan="3">检验结果</td><td>评定</td></tr>
<tr><td rowspan="3">检查项目</td><td>1</td><td>吹填土质</td><td>符合设计要求</td><td colspan="3">吹填土质符合设计要求</td><td>达到标准</td></tr>
<tr><td>2</td><td>吹填区围堰</td><td>符合设计要求,无严重溃堤塌方事故</td><td colspan="3">围堰质量符合设计要求,无溃堤、塌方事故</td><td>达到标准</td></tr>
<tr><td>3</td><td>泥砂颗粒分布</td><td>吹填区沿程沉积泥砂颗粒级配无显著差异</td><td colspan="3">吹填区土质均匀,泥砂颗粒级配无显著差异</td><td>达到标准</td></tr>
<tr><td rowspan="8">检测项目</td><td rowspan="2">1</td><td rowspan="2">吹填高程</td><td rowspan="2">允许偏差:0～+0.3m</td><td>总测点数</td><td>合格点数</td><td>合格率</td><td rowspan="2">优良</td></tr>
<tr><td>20</td><td>19</td><td>95%</td></tr>
<tr><td rowspan="2">2</td><td rowspan="2">吹填区宽度</td><td rowspan="2">区宽小于 50m 允许偏差±0.5m,区宽大于 50m 允许偏差±1.0m</td><td>总测点数</td><td>合格点数</td><td>合格率</td><td rowspan="2">合格</td></tr>
<tr><td>10</td><td>8</td><td>80%</td></tr>
<tr><td rowspan="2">3</td><td rowspan="2">吹填平整度</td><td rowspan="2">细粒土 0.5～1.2m
粗粒土 0.8～1.6m</td><td>总测点数</td><td>合格点数</td><td>合格率</td><td rowspan="2">优良</td></tr>
<tr><td>20</td><td>20</td><td>100%</td></tr>
<tr><td rowspan="2">4</td><td rowspan="2">吹填干密度</td><td rowspan="2">设计干密度不小于 1.56t/m^3</td><td>总测点数</td><td>合格点数</td><td>合格率</td><td rowspan="2">优良</td></tr>
<tr><td>30</td><td>28</td><td>93.3%</td></tr>
<tr><td colspan="3">施工单位自评意见</td><td>质量等级</td><td colspan="2">监理单位复核意见</td><td colspan="2">核定质量等级</td></tr>
<tr><td colspan="3">检查项目达到质量标准;吹填高程、吹填区宽度、平整度合格率 94.0%,吹填干密度合格率 93.3%</td><td>优良</td><td colspan="2">经复核,同意施工单位自评结果</td><td colspan="2">优良</td></tr>
<tr><td colspan="2">施工单位名称</td><td colspan="2">××市第×工程局</td><td colspan="2" rowspan="2">监理单位名称</td><td colspan="2" rowspan="2">××监理公司</td></tr>
<tr><td colspan="2">测量员</td><td>初检负责人</td><td>终检负责人</td></tr>
<tr><td colspan="2">×××
××年×月×日</td><td>×××
××年×月×日</td><td>×××
××年×月×日</td><td colspan="2">核定人</td><td colspan="2">×××
××年×月×日</td></tr>
</table>

4. 土料吹填压渗平台

表 7-61　　土料吹填压渗平台质量评定表

<table>
<tr><td colspan="2">单位工程名称</td><td colspan="2">××河堤防工程</td><td colspan="2">单元工程量</td><td colspan="2">1200m³</td></tr>
<tr><td colspan="2">分部工程名称</td><td colspan="2">压渗平台</td><td colspan="2">检验日期</td><td colspan="2">××年×月×日</td></tr>
<tr><td colspan="2">单元工程名称、部位</td><td colspan="2">2#单元,56K+150～56K+260</td><td colspan="2">评定日期</td><td colspan="2">××年×月×日</td></tr>
<tr><td colspan="2">项次</td><td>项目名称</td><td>质量标准</td><td colspan="3">检验结果</td><td>评定</td></tr>
<tr><td rowspan="3">检查项目</td><td>1</td><td>吹填土质</td><td>符合设计要求</td><td colspan="3">吹填土质符合设计要求</td><td>达到标准</td></tr>
<tr><td>2</td><td>吹填区围堰</td><td>符合设计要求,无严重溃堤塌方事故</td><td colspan="3">围堰质量符合设计要求,无溃堤、塌方事故</td><td>达到标准</td></tr>
<tr><td>3</td><td>泥砂颗粒分布</td><td>吹填区沿程沉积泥砂颗粒级配无显著差异</td><td colspan="3">吹填区土质均匀,泥砂颗粒级配无显著差异</td><td>达到标准</td></tr>
<tr><td rowspan="6">检测项目</td><td rowspan="2">1</td><td rowspan="2">吹填高程</td><td rowspan="2">允许偏差:0～+0.3m</td><td>总测点数</td><td>合格点数</td><td>合格率</td><td rowspan="2">优良</td></tr>
<tr><td>15</td><td>14</td><td>93.3%</td></tr>
<tr><td rowspan="2">2</td><td rowspan="2">吹填区宽度</td><td rowspan="2">区宽小于 50m 允许偏差±0.5m,区宽大于 50m 允许偏差±1.0m</td><td>总测点数</td><td>合格点数</td><td>合格率</td><td rowspan="2">优良</td></tr>
<tr><td>12</td><td>11</td><td>91.7%</td></tr>
<tr><td rowspan="2">3</td><td rowspan="2">吹填平整度</td><td rowspan="2">细粒土 0.5～1.2m
粗粒土 0.8～1.6m</td><td>总测点数</td><td>合格点数</td><td>合格率</td><td rowspan="2">优良</td></tr>
<tr><td>15</td><td>15</td><td>100%</td></tr>
<tr><td colspan="3">施工单位自评意见</td><td>质量等级</td><td colspan="3">监理单位复核意见</td><td>核定质量等级</td></tr>
<tr><td colspan="3">检查项目达到质量标准,检测项目合格率 95.2%</td><td>优良</td><td colspan="3">经复核,同意施工单位自评结果</td><td>优良</td></tr>
<tr><td colspan="2">施工单位名称</td><td colspan="2">××市第×工程局</td><td colspan="2" rowspan="2">监理单位名称</td><td colspan="2" rowspan="2">××监理公司</td></tr>
<tr><td colspan="2">测量员</td><td>初检负责人</td><td>终检负责人</td></tr>
<tr><td colspan="2">×××
××年×月×日</td><td>×××
××年×月×日</td><td>×××
××年×月×日</td><td colspan="2">核定人</td><td colspan="2">×××
××年×月×日</td></tr>
</table>

5. 黏土防渗体填筑

表 7-62　　黏土防渗体填筑单元工程质量评定表

单位工程名称	××河堤防工程	单元工程量	1200m^3
分部工程名称	堤身防护	检验日期	××年×月×日
单元工程名称、部位	6# 单元,××河段	评定日期	××年×月×日

项次		项目名称	质量标准	检验结果			评定
检查项目	1	△上堤土料土质、含水率	无不合格土,含水率适中	上堤土料土质符合质量要求,含水主经适中			达到标准
	2	土块粒径	根据压实机具,土块限制在 10cm 以内	大块土料已敲碎,防渗体土料块径均在 10cm 以内			达到标准
	3	作业段划分、搭接	机械作业不小于 100m,人工作业不小于 50m,搭接无界沟	人工作业长度 55m,搭接平整,无明显界沟			达到标准
	4	碾压作业程序	碾压机械行走平行于堤轴线,碾迹及搭接碾压符合要求	碾压机械平行堤轴,碾迹及搭接均符合施工要求			达到标准
检测项目	1	铺料厚度	允许偏差:0～－5cm	总测点数	合格点数	合格率	优良
				30	29	96.7%	
	2	铺料边线	允许偏差:0～10cm	总测点数	合格点数	合格率	优良
				30	28	93.3%	
	3	△压实指标	设计干密度不小于 1.56t/m^3	总测点数	合格点数	合格率	优良
				30	29	96.7%	

施工单位自评意见	质量等级	监理单位复核意见	核定质量等级
检查项目达到质量标准;铺料厚度、铺料边线合格率 95%,压实指标合格率 96.7%	优良	经复核,同意施工单位自评结果	优良

施工单位名称	××市第×工程局		监理单位名称	××监理公司
测量员	初检负责人	终检负责人		
××× ××年×月×日	××× 年×月×日	××× ×年×月×日	核定人	××× ××年×月×日

6. 砂质土堤堤坡堤顶填筑

表 7-63　　砂质土堤堤坡堤顶填筑单元工程质量评定表

<table>
<tr><td colspan="3">单位工程名称</td><td>××河堤防工程</td><td colspan="2">单元工程量</td><td colspan="2">1200m^3</td></tr>
<tr><td colspan="3">分部工程名称</td><td>吹填体包淤</td><td colspan="2">检验日期</td><td colspan="2">××年×月×日</td></tr>
<tr><td colspan="3">单元工程名称、部位</td><td>3#单位,5K+150～56+260</td><td colspan="2">评定日期</td><td colspan="2">××年×月×日</td></tr>
<tr><td colspan="2">项次</td><td>项目名称</td><td>质量标准</td><td colspan="3">检验结果</td><td>评定</td></tr>
<tr><td rowspan="4">检查项目</td><td>1</td><td>△上堤土料土质、含水率</td><td>无不合格土,含水率适中</td><td colspan="3">土料符合质量要求,无不合格土,含水率适中</td><td>达到标准</td></tr>
<tr><td>2</td><td>土块粒径</td><td>根据压实机具,土块限制在 10cm 以内</td><td colspan="3">无大体积土块,土块粒径$<$100m</td><td>达到标准</td></tr>
<tr><td>3</td><td>作业段划分、搭接</td><td>机械作业不小于 100m,人工作业不小于 50m,搭接无界沟</td><td colspan="3">采用机械作业,作业段长 110m,搭接平整,无明显界沟</td><td>达到标准</td></tr>
<tr><td>4</td><td>碾压作业程序</td><td>碾压机械行走平行于堤轴线,碾迹及搭接碾压符合要求</td><td colspan="3">碾压作业符合施工规范要求</td><td>达到标准</td></tr>
<tr><td rowspan="6">检测项目</td><td rowspan="2">1</td><td rowspan="2">铺料厚度</td><td rowspan="2">允许偏差:0～−5cm</td><td>总测点数</td><td>合格点数</td><td>合格率</td><td rowspan="2">优良</td></tr>
<tr><td>20</td><td>19</td><td>95%</td></tr>
<tr><td rowspan="2">2</td><td rowspan="2">砂质土堤堤坡堤顶宽度或厚度</td><td rowspan="2">人工、机构运土碾压筑堤允许偏差:−3cm;吹填筑堤允许偏差−5cm</td><td>总测点数</td><td>合格点数</td><td>合格率</td><td rowspan="2">优良</td></tr>
<tr><td>20</td><td>20</td><td>100%</td></tr>
<tr><td rowspan="2">3</td><td rowspan="2">△压实指标</td><td rowspan="2">设计干密度不小于 24t/m^3</td><td>总测点数</td><td>合格点数</td><td>合格率</td><td rowspan="2">合格</td></tr>
<tr><td>20</td><td>17</td><td>85%</td></tr>
<tr><td colspan="3">施工单位自评意见</td><td>质量等级</td><td colspan="2">监理单位复核意见</td><td colspan="2">核定质量等级</td></tr>
<tr><td colspan="3">检查项目达到质量标准;铺料厚度、堤顶宽度合格率 97.5%,压实指标合格率 85%</td><td>合格</td><td colspan="2">经复核,同意施工单位自评结果</td><td colspan="2">合格</td></tr>
<tr><td colspan="2">施工单位名称</td><td colspan="2">××市第×工程局</td><td colspan="2" rowspan="2">监理单位名称</td><td colspan="2" rowspan="2">××监理公司</td></tr>
<tr><td colspan="2">测量员</td><td>初检负责人</td><td>终检负责人</td></tr>
<tr><td colspan="2">×××
××年×月×日</td><td>×××
年×月×日</td><td>×××
×年×月×日</td><td colspan="2">核定人</td><td colspan="2">×××
××年×月×日</td></tr>
</table>

7. 护坡垫层

表 7-64　　**护坡垫层单元工程质量评定表**

<table>
<tr><td colspan="3">单位工程名称</td><td>××河堤防工程</td><td>单元工程量</td><td colspan="3">2800m³</td><td></td></tr>
<tr><td colspan="3">分部工程名称</td><td>丁坝护坡</td><td>检验日期</td><td colspan="3">××年×月×日</td><td></td></tr>
<tr><td colspan="3">单元工程名称、部位</td><td>2#单元，3～4坝垫层</td><td>评定日期</td><td colspan="3">××年×月×日</td><td></td></tr>
<tr><td colspan="2">项次</td><td>项目名称</td><td colspan="2">质量标准</td><td colspan="3">检验结果</td><td>评定</td></tr>
<tr><td rowspan="3">检查项目</td><td>1</td><td>基面</td><td colspan="2">按《堤防工程施工规范》(SL 260—1998)验收合格</td><td colspan="3">基面坚实，平整，无杂物</td><td>达到标准</td></tr>
<tr><td>2</td><td>垫层材料</td><td colspan="2">符合设计要求</td><td colspan="3">砂与石粒径的级配符合设计要求</td><td>达到标准</td></tr>
<tr><td>3</td><td>垫层施工方法和程序</td><td colspan="2">符合《堤防工程施工规范》(SL 260—1998)要求</td><td colspan="3">符合施工规范的要求</td><td>达到标准</td></tr>
<tr><td rowspan="2">检测项目</td><td rowspan="2">1</td><td rowspan="2">垫层厚度</td><td colspan="2" rowspan="2">偏小值不大于设计厚度的15%(设计垫层厚度24cm)</td><td>总测点数</td><td>合格点数</td><td>合格率</td><td rowspan="2">优良</td></tr>
<tr><td>76</td><td>72</td><td>94.7%</td></tr>
</table>

<table>
<tr><td colspan="2">施工单位自评意见</td><td>质量等级</td><td>监理单位复核意见</td><td>核定质量等级</td></tr>
<tr><td colspan="2">检查项目达到质量标准，检测项目合格率94.7%</td><td>优良</td><td>经复核，同意施工单位自评结果</td><td>优良</td></tr>
<tr><td>施工单位名称</td><td colspan="2">××市第×工程局</td><td rowspan="2">监理单位名称</td><td rowspan="2">××监理公司</td></tr>
<tr><td>测量员</td><td>初检负责人</td><td>终检负责人</td></tr>
<tr><td>×××
××年×月×日</td><td>×××
年×月×日</td><td>×××
×年×月×日</td><td>核定人</td><td>×××
××年×月×日</td></tr>
</table>

8. 护坡施工

表 7-65　　毛石粗排护坡单元工程质量评定表

单位工程名称	**××河堤防工程**	单元工程量	**260m^3**
分部工程名称	**丁坝护坡**	检验日期	××年×月×日
单元工程名称、部位	**2# 单元,3～4 坝石护坡**	评定日期	××年×月×日

项次		项目名称	质量标准	检验结果			评定
检查项目	1	石料	质地坚硬无风化,单块质量大于等于25kg,最小边长大于等于15cm	**进场石料符合要求,质地坚硬无风化,抗压强度 50.0MPa,软化系数 0.8。单块质量及尺寸符合要求**			**达到标准**
	2	石料排砌	禁用小石、片石,不得有通缝	**石料排砌整齐,无小石或片石,结合平稳,无通缝**			**达到标准**
	3	缝宽	无宽度在 3cm 以上,长度在 0.5m 以上的连续缝	**缝宽＜3cm,排砌紧密,无长 0.5m 以上的连续缝**			**达到标准**
检测项目	1	砌体厚度	允许偏差为设计厚度的±10%	总测点数	合格点数	合格率	**优良**
				20	**19**	**95%**	
	2	坡面平整度	2m 靠尺检测凹凸不超过 10cm	总测点数	合格点数	合格率	**优良**
				30	**28**	**90%**	

施工单位自评意见		质量等级	监理单位复核意见	核定质量等级
检查项目达到质量标准,检测项目合格率 94%		**优良**	**经复核,同意施工单位自评结果**	**优良**
施工单位名称	**××市第×工程局**		监理单位名称	**××监理公司**
测量员	初检负责人	终检负责人		
××× ××年×月×日	××× 年×月×日	××× ×年×月×日	核定人	××× ××年×月×日

9. 干砌石护坡

表 7-66　　干砌石护坡单元工程质量评定表

<table>
<tr><td colspan="2">单位工程名称</td><td>××河堤防工程</td><td>单元工程量</td><td colspan="3">780m³</td></tr>
<tr><td colspan="2">分部工程名称</td><td>险工护岸</td><td>检验日期</td><td colspan="3">××年×月×日</td></tr>
<tr><td colspan="2">单元工程名称、部位</td><td>13 护岸护坡，××河段</td><td>评定日期</td><td colspan="3">××年×月×日</td></tr>
<tr><td colspan="2">项次</td><td>项目名称</td><td>质量标准</td><td colspan="3">检验结果</td><td>评定</td></tr>
<tr><td rowspan="4">检查项目</td><td>1</td><td>面石用料</td><td>质地坚硬无风化，单块质量大于等于25kg，最小边长大于等于20cm</td><td colspan="3">面石用料符合设计要求，质地坚硬无风化，抗压强度和软化系数分别为55.0MPa和0.78，单块质量尺寸符合要求</td><td>达到标准</td></tr>
<tr><td>2</td><td>腹石砌筑</td><td>排紧填严，无淤泥杂质</td><td colspan="3">腹石填充严紧，无淤泥等杂质</td><td>达到标准</td></tr>
<tr><td>3</td><td>面石砌筑</td><td>禁止使用小块石，不得有通缝、对缝、浮石、空洞</td><td colspan="3">面石无小块石。砌筑符合施工要求，无通缝、对缝、浮石、空洞</td><td>达到标准</td></tr>
<tr><td>4</td><td>缝宽</td><td>无宽度在1.5cm以上、长度在0.5m以上的连续缝</td><td colspan="3">缝隙较小，不大于1.5cm，且无长度0.5m以上连续缝</td><td>达到标准</td></tr>
<tr><td rowspan="4">检测项目</td><td rowspan="2">1</td><td rowspan="2">砌体厚度</td><td rowspan="2">允许偏差为设计厚度的±10%(设计厚度50cm)</td><td>总测点数</td><td>合格点数</td><td>合格率</td><td rowspan="2">优良</td></tr>
<tr><td>25</td><td>23</td><td>92%</td></tr>
<tr><td rowspan="2">2</td><td rowspan="2">坡面平整度</td><td rowspan="2">2m靠尺检测凹凸不超过5cm</td><td>总测点数</td><td>合格点数</td><td>合格率</td><td rowspan="2">优良</td></tr>
<tr><td>25</td><td>24</td><td>96%</td></tr>
</table>

<table>
<tr><td colspan="2">施工单位自评意见</td><td>质量等级</td><td>监理单位复核意见</td><td>核定质量等级</td></tr>
<tr><td colspan="2">检查项目达到质量标准，检测项目合格率94%</td><td>优良</td><td>经复核，同意施工单位自评结果</td><td>优良</td></tr>
<tr><td>施工单位名称</td><td colspan="2">××市第×工程局</td><td rowspan="2">监理单位名称</td><td rowspan="2">××监理公司</td></tr>
<tr><td>测量员</td><td>初检负责人</td><td>终检负责人</td></tr>
<tr><td>×××
××年×月×日</td><td>×××
年×月×日</td><td>×××
×年×月×日</td><td>核定人</td><td>×××
××年×月×日</td></tr>
</table>

10. 浆砌石护坡

表 7-67　　浆砌石护单元工程坡质量评定表

单位工程名称	××河堤防工程	单元工程量	$1670m^3$
分部工程名称	险工护岸	检验日期	××年×月×日
单元工程名称、部位	3# 单元，7～9 垛	评定日期	××年×月×日

项次		项目名称	质量标准	检验结果			评定
检查项目	1	石料、水泥、砂	符合设计要求	进场材料检验合格			达到标准
检查项目	2	砂浆配合比	符合设计要求	砂浆按试验配合比搅拌，符合设计要求			达到标准
检查项目	3	浆砌	空隙用小石填塞，不得用砂浆充填，坐浆饱满，无空隙	护岸空隙用小石填塞，坐浆饱满，填充密实，无空隙			达到标准
检查项目	4	勾缝	无裂缝、脱皮现象	勾缝无裂缝，无脱皮现象			达到标准
检测项目	1	砌体厚度	允许偏差为设计厚度的±10%（设计厚度 50cm）	总测点数	合格点数	合格率	优良
				20	19	95%	
检测项目	2	坡面平整度	2m 靠尺检测凹凸不超过 5cm	总测点数	合格点数	合格率	优良
				20	18	90%	

施工单位自评意见		质量等级	监理单位复核意见	核定质量等级
检查项目达到质量标准，检测项目合格率 92.5%		优良	经复核，同意施工单位自评结果	优良
施工单位名称	××市第×工程局		监理单位名称	××监理公司
测量员	初检负责人	终检负责人		
××× ××年×月×日	××× 年×月×日	××× ×年×月×日	核定人	××× ××年×月×日

11. 混凝土预制块护坡

表 7-68 **混凝土预制块护坡单元工程质量评定表**

<table>
<tr><td colspan="3">单位工程名称</td><td>××河堤防工程</td><td>单元工程量</td><td colspan="4">1200m³</td></tr>
<tr><td colspan="3">分部工程名称</td><td>堤防护坡</td><td>检验日期</td><td colspan="4">××年×月×日</td></tr>
<tr><td colspan="3">单元工程名称、部位</td><td>3# 单元,56K+150～56K+260</td><td>评定日期</td><td colspan="4">××年×月×日</td></tr>
<tr><td colspan="2">项次</td><td>项目名称</td><td colspan="2">质量标准</td><td colspan="3">检验结果</td><td>评定</td></tr>
<tr><td rowspan="2">检查项目</td><td>1</td><td>预制块外观</td><td colspan="2">尺寸准确、整齐统一,表面清洁平整</td><td colspan="3">预制块尺寸准确,表面清洁平整。预制块外观整齐统一</td><td>达到标准</td></tr>
<tr><td>2</td><td>预制块铺砌</td><td colspan="2">平整、稳定、缝线规则</td><td colspan="3">预制块铺砌平整、稳定,预制块缝线规则</td><td>达到标准</td></tr>
<tr><td rowspan="2">检测项目</td><td rowspan="2">1</td><td rowspan="2">坡面平整度</td><td colspan="2" rowspan="2">2m 靠尺检测凹凸不超过 1cm</td><td>总测点数</td><td>合格点数</td><td>合格率</td><td rowspan="2">优良</td></tr>
<tr><td>42</td><td>39</td><td>92.9%</td></tr>
<tr><td colspan="3">施工单位自评意见</td><td>质量等级</td><td colspan="2">监理单位复核意见</td><td colspan="3">核定质量等级</td></tr>
<tr><td colspan="3">检查项目达到质量标准,检测项目合格率 92.9%</td><td>优良</td><td colspan="2">经复核,同意施工单位自评结果</td><td colspan="3">优良</td></tr>
<tr><td colspan="2">施工单位名称</td><td colspan="2">××市第×工程局</td><td colspan="2" rowspan="2">监理单位名称</td><td colspan="3" rowspan="2">××监理公司</td></tr>
<tr><td colspan="2">测量员</td><td>初检负责人</td><td>终检负责人</td></tr>
<tr><td colspan="2">×××
××年×月×日</td><td>×××
年×月×日</td><td>×××
×年×月×日</td><td colspan="2">核定人</td><td colspan="3">×××
××年×月×日</td></tr>
</table>

12. 堤脚防护

表 7-69　　　　堤脚防护(水下抛石)单元工程质量评定表

单位工程名称	××河堤防工程	单元工程量	**864m³**
分部工程名称	**水下抛石护脚**	检验日期	××年×月×日
单元工程名称、部位	**14# 单元,26+040～26+080**	评定日期	××年×月×日

项次		项目名称	质量标准	检验结果			评定
检查项目	1	抗冲体结构、质量、强度	符合设计要求抗冲体比重大于 2.65t/m³,粒径大于 25cm,单块重量大于 22kg	**抗冲体比重 273t/m³,粒径 27～42cm,单块重量大于 26kg,湿抗压强度为 42～68MPa**			**达到标准**
	2	抛投程序	符合设计要求。从下游向上游,由远岸向近岸	**抛石程序符合要求,由下游向上游,由远岸向近岸**			**达到标准**
	3	抛投位置和数量	按单元工程内各网格位置和数量抛投	**抛投位置符合设计要求,实际抛投数量 926m³**			**达到标准**
检测项目	1	各种抗冲体工程量	体积允许偏差+10%,但不得偏小	总测点数	合格点数	合格率	**优良**
				18	**17**	**94.4%**	
	2	护脚坡面相应位置高程	允许偏差±0.3m	总测点数	合格点数	合格率	**优良**
				18	**18**	**100%**	

施工单位自评意见		质量等级	监理单位复核意见	核定质量等级
检查项目达到质量标准,检测项目合格率 97.2%		**优良**	**经复核,同意施工单位自评结果**	**优良**
施工单位名称	**××市第×工程局**		监理单位名称	**××监理公司**
测量员	初检负责人	终检负责人		
××× ××年×月×日	××× 年×月×日	××× ×年×月×日	核定人	××× ××年×月×日

第三节 金属结构及启闭机械安装质量评定表

一、金属结构工程

1. 压力钢管制作

表 7-70　　压力钢管制作单元工程质量评定表

单位工程名称	引水隧洞工程	单元工程量	9.235t(D=3.0m,δ=12mm)
分部工程名称	压力钢管制作	施工单位	××市第×工程局
单元工程名称、部位	2# 压力钢管制作(桩号)	检验日期	××年×月×日

项次	项目	设计值(mm)	允许偏差(mm) 合格 钢管内径 D(m) $D\leqslant2$	$2<D\leqslant5$	$D>5$	优良 钢管内径 D(m) $D\leqslant2$	$2<D\leqslant5$	$D>5$	实测值(mm)	合格数(点)	合格率(%)
1	瓦片与机关报板极限间隙		1.5	2.0	2.5	1.0	1.5	2.0	1.6,1.9,1.7	3	100
2	△实际周长与设计周长差	1=9425.2	$\pm3D/1000$ (9)			$\pm2.5D/1000$ (7.5)			7.8,7.0,7.4	3	100
3	△相邻管节周长差		$\delta<10$ 6 $\delta\geqslant10$ 10			6 8			7.2	1	100
4	纵缝、环缝对口错位		质量标准同表 7-73 中项次 6、7			质量标准同表 7-73 中项次 6、7			纵 0.5～1.0,共测 4 点,环 1.0～1.5,共测 4 点	8	100
5	△钢管管口平面度		$D\leqslant5$m 2.0	$D>5$m 3.0		$D\leqslant5$m 1.5	$D>5$mm 2.0		1.5,1.2,1.0	3	100
6	焊缝外观检查		质量标准见相关规范						质量优良		
7	△一、二类焊缝内部焊接质量		质量标准见相关规范						质量优良		
8	纵缝焊后变形△h		4.0	4.0	6.0	2.0	3.0	4.0	3.0,2.8,2.5	3	100
9	钢管圆度	3000	$3D/1000$ (9)			$2.5D/1000$ (7.5)			{3000, 2997} {3005, 2998} {3004, 2997}	3	100
10.1	支承环或加劲环与管壁的铅垂度	H=150	支承环: $a\leqslant0.01H$,且$\leqslant3$ 加劲环: $a\leqslant0.02H$,且$\leqslant5$						1.0～7.5 共测 16 点	16	100

续表

项次	项目	设计值(mm)	允许偏差(mm)						实测值(mm)	合格数(点)	合格率(%)
			合格			优良					
			钢管内径 D(m)			钢管内径 D(m)					
			$D\leqslant2$	$2<D\leqslant5$	$D>5$	$D\leqslant2$	$2<D\leqslant5$	$D>5$			
10.2	支承环或加劲环所组成的平面与管轴线的铅垂度		支承环		$b\leqslant\frac{2D}{1000}$,且≤6				**5.0,5.5,4.0 4.0,5.0,4.5**	**6**	**100**
			加劲环		$b\leqslant\frac{4D}{1000}$,且≤12						
10.3	相邻两环的间距	C=1500	支承环		±10				**1497~1501,共测8点**	**8**	**100**
			加劲环		±30						
11.1	钢管内、外壁的表面清除		内、外壁上,凡安装无用的临时支撑、夹具和焊疤清除干净			内、外壁上,凡安装无用的临时支撑、夹具和焊疤清除干净并磨光			**清除干净并磨光**		
11.2	钢管内、外壁局部凹坑焊补		内、外壁上,深度大于板厚10%或大于2mm的凹坑应焊被并磨光			内、外壁上,深度大于板厚10%或大于2mm的凹坑应焊补并磨光			**凹坑补焊并磨光凹坑最大深度为1.5mm**		
12	埋管和明管防腐蚀表面处理		内壁除锈彻底,表面干净、露出灰白色金属光滑动;涂装工艺符合厂家设计要求,外观良好			内壁除锈质量达到Sa2½标准,表面粗糙度40~70μm,涂层厚度,质量符合设计,规范要求应符合《压力钢管制造安装及验收规范》(DL 5017—93)			**除锈等级达到Sa2½,标准,抽查10点,粗糙度40~70μm;涂装厚度,表面质量及粘附力均符合质量标准**	**10**	**100**
13	埋管和明管防腐蚀涂料涂装		表面处理要求同埋管;涂料涂装层数、厚度、时间符合设计要求及厂家规定,外观良好			应符合《压力钢管制造安装及验收规范》(DL 5017—93)					
检验结果				**主要项目共测7点,合格7点,合格率100%**							
				一般项目共测57点,合可知57点,合格率100%							
评定意见						单元工程质量等级					
主要项目全部符合质量标准,一般项目实测点100%符合质量标准,项目优良率96.9%。其中主要项目优良率85.7%						**合格**					
测量人	××× ××年×月×日		施工单位	××× ××年×月×日			建设(监理)单位		××× ××年×月×日		

2. 压力钢管岔管制作

表 7-71　　压力钢管岔管制造单元工程质量评定表

单位工程名称		引水隧洞工程		单元工程量	11.0t(δ=16m)	
分部工程名称		压力钢管制作		施工单位	××市第×工程局	
单元工程名称、部位		岔管制作		检验日期	××年×月×日	
项次	项目	质量标准(mm)		实测值(mm)	合格数(点)	合格率(%)
		合格	优良			
1	岔管瓦片与样板间隙	质量标准见相关规范	质量标准见相关规范	1.5,1.2,1.7	3	100
2	相邻管节周长差	δ<10,≤6 δ≥10,≤10	δ<10,<6 δ≥10,≤8	5.0	1	100
3	△纵、环缝对口错位	质量标准见相关规范	质量标准见相关规范	纵 1.0~1.5,共测 10 点 环 1.6~2.0 共测 10 点	20	100
4	焊缝外观检查	质量标准见相关规范		质量优良		
5	△一、二类焊缝内部焊接质量检查	质量标准见相关规范		质量优良		
6	△纵缝焊后变形	4.0	4.0	3.2,3.5,3.0,3.8	4	100
7	△与主、支管相邻的岔管管口圆度	5D/1000 且不大于 30	4D/1000 且不大于 30	主管端:(D=3000),8.0,6.0 支管端:(D=2000),3.0,3.5,5.0	5	100
8	与主、支管相邻的岔管管口中心偏差	5	4	主管端 3.0 支管端 3.5		
9	岔管内、外管壁表面清除和局部凹坑焊补	质量标准见相关规范		临时支撑,夹具、焊疤已清除干净并磨光,深度大于等于 10%δ 的凹坑已焊补并磨光		
10	岔管管壁防腐蚀表面处理	除锈彻底,表面干净,露出灰白和金属光泽	表面处理达 Sa2½标准,表面粗糙度 40~70μm,表面处理达 Sa2½,粗糙度 50~70μm	表面处理达到 Sa2½粗糙度 50~70μm		
11	岔管管壁防腐蚀涂料涂装	涂装符合厂家或设计规定,外观良好	涂层厚度、质量符合设计规范要求	涂装厚度、外表质量均符合要求,涂层粘附力强		
12	△水压试验	无渗水及其他异常现象	无渗水及其他异常现象	无渗水及其他异常现象		
检验结果		主要项目共测 29 点,合格 29 点,合格率 100%				
		一般项目共测 4 点,合格 4 点,合格率 100%				
主要项目全部符合质量标准,一般项目测点 100%符合质量标准,项目优良率 96.7%,其中主要项目优良率 1000%					合格	
测量人	××× ××年×月×日	施工单位	××× ××年×月×日	建设(监理)单位	××× ××年×月×日	

3. 压力钢管埋管安装

表 7-72　　压力钢管埋管安装单元工程质量评定表

<table>
<tr><td colspan="2">单位工程名称</td><td colspan="2">引水隧洞工程</td><td colspan="2">单元工程量</td><td colspan="2">20.4t(D=3000mm,δ=12mm)</td></tr>
<tr><td colspan="2">分部工程名称</td><td colspan="2">压力钢管制作</td><td colspan="2">施工单位</td><td colspan="2">××市第×工程局</td></tr>
<tr><td colspan="2">单元工程名称、部位</td><td colspan="2">第2段埋管安装0+235~0+320</td><td colspan="2">评定日期</td><td colspan="2">××年×月×日</td></tr>
<tr><td rowspan="2">项次</td><td colspan="3" rowspan="2">项　目</td><td colspan="2">主要项目(个)</td><td colspan="2">一般项目(个)</td></tr>
<tr><td>合格</td><td>优良</td><td>合格</td><td>优良</td></tr>
<tr><td>1</td><td colspan="3">管口中心、里程、圆度、纵缝、环缝对口错位</td><td>5</td><td>5</td><td>1</td><td>1</td></tr>
<tr><td>2</td><td colspan="3">焊缝外观质量</td><td>4</td><td>4</td><td>5</td><td>4</td></tr>
<tr><td>3</td><td colspan="3">一、二类焊缝焊接,表面清除及焊补</td><td>1</td><td>1</td><td>4</td><td>3</td></tr>
<tr><td>4</td><td colspan="3">管壁防腐、灌浆孔堵焊</td><td>—</td><td>—</td><td>3</td><td>3</td></tr>
<tr><td></td><td colspan="3">合计</td><td>10</td><td>10</td><td>13</td><td>12</td></tr>
<tr><td colspan="4">优良项目占全部项目的百分数(%)</td><td colspan="4">93.5</td></tr>
<tr><td colspan="4">评定意见</td><td colspan="4">单元工程质量等级</td></tr>
<tr><td colspan="4">主要项目全部符合质量标准。一般项目检验的实测点100%符合质量标准。优良项目中全部项目的95.6%,其中主要项目优良率为100%</td><td colspan="4">合格</td></tr>
<tr><td>测量人</td><td>×××
××年×月×日</td><td>施工单位</td><td colspan="2">×××
××年×月×日</td><td>建设(监理)单位</td><td colspan="2">×××
××年×月×日</td></tr>
</table>

表 7-73　　压力钢管埋管管口中心、里程、圆度、纵缝、环缝对口错位质量评定表

单位工程名称	**引水隧洞工程**	单元工程量	**22.44(D=3000mm,δ12mm)**
分部工程名称	**压力钢管制作**	施工单位	**××市第×工程局**
单元工程名称、部位	**第2段埋管安装0+235～0+320**	检验日期	**××年×月×日**

项次	项目	设计值	允许偏差(mm) 合格 钢管内径D(m) D≤3	3<D≤5	D>5	优良 钢管内径D(m) D≤3	3<D≤5	D>5	实测值(mm)	合格数(点)	合格率(%)
1	△始装节管口里程	1+200	±5	±5	±5	±4	±4	±4	**1+200.002**	**1**	**100**
2	△始装节管口中心		5	5	5	4	4	4	**4.0,3.9**	**2**	**100**
3	与蜗壳、伸缩节、蝴蝶阀、球阀、岔管连接的管节及弯管起点的管口中心		6	10	12	6	10	12	— —	—	—
4	其他部位管节的管口中心		15	20	25	10	15	20	**13.0,15.0,11.0**	**3**	**100**
5	△钢管圆度		5D/1000(15)	5D/1000(15)	5D/1000(15)	4D/1000(12)	4D/1000(12)	4D/1000(12)	**7.0～11.0** **共测30点**	**16**	**100**
6	△纵缝对口错位		小于或等于板厚10%,且不大于2;当板厚小于或等于10时为1			小于或等于板厚5%,且不大于2;当板厚小于或等于20时为1			**0.3～0.5** **共测30点**	**30**	**100**
7	△环缝对口错位		小于或等于板厚15%,且不大于3;当板厚小于或等于10时为1.5			小于或等于板厚10%,且不大于3;当板厚小于或等于15时为1.0			**0.8～1.4** **共测20点**	**20**	**100**

检验结果	主要项目共测**69**点,合格**69**点,合格率**100**%	
检验结果	一般项目共测**3**点,合格**3**点,合格率**100**%	
评定意见		质量等级
主要项目5项,全部合格,其中6项优良;一般项目1项,全部合格,其中优良1项		**合格**

测量人	××× ××年×月×日	施工单位	××× ××年×月×日	建设(监理)单位	××× ××年×月×日

表 7-74 焊缝外观质量评定表

单位工程名称	引水隧洞工程	单元工程量	20.9t(D=3000mm,δ=12mm)
分部工程名称	压力钢管制作	施工单位	××市第×工程局
单元工程名称、部位	第2段埋管安装0+235~0+320	检验日期	××年×月×日

项次	项目		质量标准(mm)	检验记录
1	△裂纹		一、二、三类焊缝均不允许	无裂纹
2	△表面夹渣		一、二类焊缝不允许,三类焊缝深不大于0.1δ,长不大于0.3δ,且不大于10	无表面夹渣
3	△咬边		一、二类焊缝:深不超过0.5,连续长度不超过100,两侧咬边累计长度不大于10%全长焊缝 三类焊缝:深不大于1,长度不限	咬边深度0.2~0.5连续长度最大50mm,累计长度为:8%全长焊缝焊满
4	未焊满		一、二类焊缝:不允许 三类焊缝:不超过0.0+0.02δ且不超过1,每100焊缝内缺陷总长不大于25	焊满
5	△表面气孔	钢管	一、二类焊缝不允许,三类焊缝:每50长的焊缝内允许有直径为0.3δ,且不大于2的气孔2个,孔间距不小于6倍孔径	表面无气孔
		钢闸门	一类焊缝不允许,二类焊缝:1.0mm直径气孔每米范围内允许3个,间距不人于等于20,三类焊缝:1.5mm直径气孔每米范围内允许5个,间距不大于等于20	
6	焊缝余高△h	手工焊	一、二类焊缝:12<δ<25 △h=0~2.5;25<δ<50 △h=0~3 三类焊缝:△h=0~3;△h=0~4	△h=2.0~2.5
		埋弧焊	一、二类焊0~4,三类焊缝0~5	
7	对接接头焊缝宽度	手工焊	盖过每边坡口宽度2~4,且平缓过渡	盖过滤口2.0~4.0,且平缓过渡
		埋弧焊	盖过每边坡口宽度2~7,且平缓过渡	
8	飞溅		清除干净	基本清除干净
9	焊瘤		不允许	无焊瘤
10	角焊缝厚度不足(按设计焊缝厚度计)		一类焊缝:不允许 二类焊缝:不超过0.3+0.05δ且不超过1,每100焊缝内长度缺陷总长不大于25 三类焊缝:不超过0.3+0.05δ且不超过2,每100焊缝内长度缺陷总长不大于25	—
11	角焊缝焊脚K	手工焊	$K<12^{+3}$　$K>12^{+4}$	—
		埋弧焊	$K<12^{+4}$　$K>12^{+5}$	—
检验结果			项目共检验**9**项,合格**9**项,优良**8**项	

评定意见	质量等级
主要项目4项,全部合格,其中优良4项;一般项目5项,全部合格6项,其中优良4项	**合格**

测量人	年　月　日	施工单位	年　月　日	建设(监理)单位	年　月　日

注:δ为板厚,项次6,新规范没有δ<12的标准,这里以旧规范δ<10,△h=0~2代之。

表 7-75　　一、二类焊缝内部质量、表面清除及局部凹坑焊补质量评定表(例表)

单位工程名称	引水隧洞工程	单元工程量	20.4t(D=3000mm,δ=12mm)
分部工程名称	压力钢管制作	施工单位	××市第×工程局
单元工程名称、部位	第2段埋管安装0+235~0+320	检验日期	××年×月×日

项次	项目	质量标准		检验记录
		合格	优良	
1	△一、二类焊缝X射线透照	按《压力铜管制作安装及验收规范》(DL 5017—1993)或设计规定的数量和质量标准透照、评定,将发现的缺陷修补完,修补不宜超过2次	一次合格率85%	—
2	△一、二类焊缝超声波探伤	按《压力铜管制作安装及验收规范》(DL 5017—1993)或设计规定的数量和质量标准探伤、评定,将发现的缺陷修补完,修补不宜超过2次	一次合格率95%	一次合格率95%
3	埋管外壁的表面清除	外壁上临时支撑割除和焊疤清除干净	外壁上临时支撑割除和焊疤清除干净并磨光	清除干净并磨光
4	埋管外壁局中凹坑焊补	凡凹坑深度大于板厚10%或大于2mm应焊补	凡凹坑深度大于板厚10%或大于2mm焊补并磨光	局部凹坑深度均小于1.0mm
5	埋管内壁的表面清除	内壁上临时支撑割除和焊疤清除干净	内壁上临时支撑割除和焊疤清除干净并磨光	清除干净并磨光
6	埋管内壁局部凹坑焊补	凡凹坑深度大于板厚10%或大于2mm应焊补	凡凹坑深度大于板厚10%或大于2mm应焊补并磨光	局部凹坑最大深度为2.4mm,已焊补并打磨

检验结果	主要项目检验1项,符合1项
	一般项目检验4项,符合4项,基本符合 — 项

评定意见	质量等级
主要项目1项,全部合格,其中优良1项;一般项目4项,全部合格,其中优良4项	合格

测量人	××× ×年×月×日	施工单位	××× ×年×月×日	建设(监理)单位	××× ×年×月×日

表 7-76　压力钢管埋管内壁防腐蚀表面处理、涂料涂装、灌浆孔堵焊质量评定表

<table>
<tr><td colspan="2">单位工程名称</td><td>引水隧洞工程</td><td>单元工程量</td><td>20.4t(D=3000mm,δ=12mm)</td></tr>
<tr><td colspan="2">分部工程名称</td><td>压力钢管制作</td><td>施工单位</td><td>××市第×工程局</td></tr>
<tr><td colspan="2">单元工程名称、部位</td><td>第2段埋管安装0+235～0+320m</td><td>检验日期</td><td>××年×月×日</td></tr>
<tr><td rowspan="2">项次</td><td rowspan="2">项目</td><td colspan="2">质量标准</td><td rowspan="2">检验记录</td></tr>
<tr><td>合格</td><td>优良</td></tr>
<tr><td>1</td><td>埋管内壁防腐蚀表面处理</td><td>内管壁用压缩空气喷砂或喷丸除锈、彻底清除铁锈、氧化皮、焊渣、油污、灰尘、水分等,使之露出灰白色金属光泽</td><td>符合《压力钢管制造安装及验收规范》(DL/T 5017—2007)要求</td><td>喷砂除锈达到Sa2½标准,表面粗糙度50～70μm</td></tr>
<tr><td>2</td><td>埋管内壁涂料涂装</td><td>漆膜厚度应满足两个85%,即85%的测点厚度应达设计要求,达不到厚度的测点,其最小厚度值应不低于设计厚度的85%</td><td>漆膜厚度应满足两个90%,即90%的测点厚度应达设计要求,达不到厚度的测点,其最小厚度值应不低于设计厚度的90%</td><td>漆膜厚度,外表质量达设计要求,涂层粘附力较强</td></tr>
<tr><td>3</td><td>灌浆孔堵焊</td><td colspan="2">堵焊后表面平整,无裂纹,无渗水现象</td><td>表面平整、无裂纹,无渗水</td></tr>
<tr><td colspan="2">检验结果</td><td colspan="3">项目检验3项,符合3项,基本符合 — 项</td></tr>
<tr><td colspan="4">评定意见</td><td>质量等级</td></tr>
<tr><td colspan="4">一般项目3项,全部合格,其中优良3项</td><td>合格</td></tr>
<tr><td>测量人</td><td>×××
×年×月×日</td><td>施工单位</td><td>×××
×年×月×日</td><td>建设(监理)单位
×××
×年×月×日</td></tr>
</table>

二、启闭机与闸门安装

1. 平面闸门埋件安装

表 7-77　　平面闸门埋件安装单元工程质量评定表

<table>
<tr><td colspan="2">单位工程名称</td><td>水闸工程</td><td colspan="2">单元工程量</td><td colspan="2">12.4t</td></tr>
<tr><td colspan="2">分部工程名称</td><td>闸门及启闭机构安装</td><td colspan="2">施工单位</td><td colspan="2">××市第×工程局</td></tr>
<tr><td colspan="2">单元工程名称、部位</td><td>闸门埋件安装</td><td colspan="2">评定日期</td><td colspan="2">××年×月×日</td></tr>
<tr><td rowspan="2">项次</td><td colspan="2" rowspan="2">项目</td><td colspan="2">主要项目(个)</td><td colspan="2">一般项目(个)</td></tr>
<tr><td>合格</td><td>优良</td><td>合格</td><td>优良</td></tr>
<tr><td>1</td><td colspan="2">底槛、门楣安装</td><td>9</td><td>9</td><td>3</td><td>3</td></tr>
<tr><td>2</td><td colspan="2">主轨、侧轨安装</td><td>1</td><td>1</td><td>3</td><td>2</td></tr>
<tr><td>3</td><td colspan="2">反轨、侧止水座板安装</td><td>6</td><td>6</td><td>3</td><td>2</td></tr>
<tr><td>4</td><td colspan="2">护角、胸墙安装</td><td>4</td><td>4</td><td>3</td><td>3</td></tr>
<tr><td>5</td><td colspan="2">各埋件距离</td><td>—</td><td>—</td><td>5</td><td>2</td></tr>
<tr><td>6</td><td colspan="2">防腐蚀表面处理</td><td>—</td><td>—</td><td>1</td><td>1</td></tr>
<tr><td>7</td><td colspan="2">防腐蚀涂料涂装</td><td>—</td><td>—</td><td>1</td><td>1</td></tr>
<tr><td colspan="3">合计</td><td>20</td><td>20</td><td>19</td><td>14</td></tr>
<tr><td colspan="3">优良项目占全部项目的百分数(%)</td><td colspan="4">87.2</td></tr>
<tr><td colspan="3">评定意见</td><td colspan="4">单元工程质量等级</td></tr>
<tr><td colspan="3">主要项目全部符合质量标准。一般项目检验的实测点 90.0%，符合质量标准，其余基本符合质量标准。优良项目中全部项目的 87.2%，其中主要项目优良率为 100%</td><td colspan="4">优良</td></tr>
<tr><td>测量人</td><td>××× ××年×月×日</td><td>施工单位</td><td colspan="2">××× ××年×月×日</td><td>建设(监理)单位</td><td>××× ××年×月×日</td></tr>
</table>

2. 平面闸门门体安装

表 7-78　　平面闸门门体安装单元工程质量评定表

<table>
<tr><td colspan="2">单位工程名称</td><td>水闸工程</td><td>单元工程量</td><td colspan="2">15.8t</td></tr>
<tr><td colspan="2">分部工程名称</td><td>闸门及启闭机构安装</td><td>施工单位</td><td colspan="2">××市第×工程局</td></tr>
<tr><td colspan="2">单元工程名称、部位</td><td>闸门门体安装</td><td>评定日期</td><td colspan="2">××年×月×日</td></tr>
<tr><td rowspan="2">项次</td><td rowspan="2">项目</td><td colspan="2">主要项目(个)</td><td colspan="2">一般项目(个)</td></tr>
<tr><td>合格</td><td>优良</td><td>合格</td><td>优良</td></tr>
<tr><td>1</td><td>止水橡皮、反向滑块安装</td><td>3</td><td>3</td><td>1</td><td>1</td></tr>
<tr><td>2</td><td>焊缝对口错位</td><td>2</td><td>1</td><td>—</td><td>—</td></tr>
<tr><td>3</td><td>一、二类焊缝内部焊接质量、门体表面清除和局部凹坑焊补</td><td>1</td><td>0</td><td>2</td><td>2</td></tr>
<tr><td>4</td><td>焊缝外观质量</td><td>4</td><td>4</td><td>7</td><td>6</td></tr>
<tr><td>5</td><td>门体防腐蚀表面处理、涂料涂装</td><td>—</td><td>—</td><td>2</td><td>0</td></tr>
<tr><td>6</td><td>门体防腐蚀金属喷镀</td><td>—</td><td>—</td><td>—</td><td>—</td></tr>
<tr><td colspan="2">合计</td><td>10</td><td>8</td><td>12</td><td>9</td></tr>
<tr><td colspan="2">优良项目占全部项目的百分数(%)</td><td colspan="4">77.3</td></tr>
<tr><td colspan="2">评定意见</td><td colspan="4">单元工程质量等级</td></tr>
<tr><td colspan="2">主要项目全部符合质量标准。一般项目检验的实测点 94%，符合质量标准，其余基本符合质量标准。优良项目中全部项目的 77.3%，其中主要项目优良率 76%</td><td colspan="4">优良</td></tr>
<tr><td>测量人</td><td>×××
××年×月×日</td><td>施工单位</td><td>×××
××年×月×日</td><td>建设(监理)单位</td><td>×××
××年×月×日</td></tr>
</table>

3. 启闭机械轨道安装

表 7-79 **启闭机械轨道安装单元工程质量评定表**

<table>
<tr><td colspan="2">单位工程名称</td><td colspan="2">发电厂房工程</td><td colspan="2">单元工程量</td><td colspan="3">QU120，2×120m</td></tr>
<tr><td colspan="2">分部工程名称</td><td colspan="2">闸门及启闭机械安装</td><td colspan="2">施工单位</td><td colspan="3">××市第×工程局</td></tr>
<tr><td colspan="2">单元工程名称、部位</td><td colspan="2">桥式起重轨道安装</td><td colspan="2">评定日期</td><td colspan="3">××年×月×日</td></tr>
<tr><td rowspan="2">项次</td><td rowspan="2">项目</td><td rowspan="2">设计值(mm)</td><td colspan="2">允许偏差(mm)</td><td colspan="2">实测值(mm)</td><td rowspan="2">合格数(点)</td><td rowspan="2">合格率(%)</td></tr>
<tr><td>合格</td><td>优良</td><td>左</td><td>右</td></tr>
<tr><td>1</td><td>△轨道实际中心线对轨道设计中心线位置的偏移
L≤10m
L>10</td><td></td><td>2
3</td><td>1.5
2.5</td><td colspan="2">+2.0～+3.0 共测 15 点
(偏向上游侧)</td><td>15</td><td>100</td></tr>
<tr><td>2</td><td>△轨距 L≤10m
L>10m</td><td>1800</td><td>±3
±5</td><td>±2.5
±4</td><td colspan="2">17997.0～18002.0
共测 21 点</td><td>21</td><td>100</td></tr>
<tr><td>3</td><td>△轨道纵向直线度</td><td></td><td>1/1500
且全行程
不超过 2</td><td>1/1500
且全行程
不超过 2</td><td colspan="2">0.5/m～0.7/m 共测 9 点
全行程上游 8.0，下游 9.0</td><td>79</td><td>100</td></tr>
<tr><td>4</td><td>△同一断面上，两轨道高程相对差</td><td></td><td>8</td><td>8</td><td colspan="2">7.8～8 共测 38 点
L/800＝22.0</td><td>38</td><td>100</td></tr>
<tr><td>5</td><td>轨道接头左、右、上三面错位</td><td></td><td>1</td><td>1</td><td colspan="2">0.5～0.8
共测 24 点</td><td>24</td><td>100</td></tr>
<tr><td>6</td><td>轨道接头间隙</td><td></td><td>1～3</td><td>1～2</td><td colspan="2">2.0～4.0，共测 21 点</td><td>19</td><td>90.5</td></tr>
<tr><td>7</td><td>伸缩节接头间隙</td><td></td><td>+2
−1</td><td>±1</td><td colspan="2">—
—</td><td>—</td><td>—</td></tr>
<tr><td colspan="2" rowspan="2">检验结果</td><td colspan="7">主要项目共测 153 点，合格 153 点，合格率 100%</td></tr>
<tr><td colspan="7">一般项目共测 45 点，合格 43 点，合格率 95.6%</td></tr>
<tr><td colspan="6">评定意见</td><td colspan="3">单元工程质量等级</td></tr>
<tr><td colspan="6">主要项目全部符合质量标准。一般项目检验的实测点 95.6%符合质量标准，其余基本符合质量标准。优良项目占全部项目的 33.3%，其中主要项目优良率为 25%</td><td colspan="3">合格</td></tr>
<tr><td>测量人</td><td colspan="2">×××
×年×月×日</td><td>施工单位</td><td colspan="2">×××
×年×月×日</td><td>建设(监理)单位</td><td colspan="2">×××
×年×月×日</td></tr>
</table>

第四节 水轮发电机安装质量评定表

一、水轮机安装

1. 尾水管安装

表 7-80 灯泡贯流式水轮机尾水管安装单元工程质量评定表

单位工程名称	**发电厂房工程**	单元工程量	**45.8t**
分部工程名称	**2[#]水轮发电机组安装**	施工单位	**××市第×工程局**
单元工程名称、部位	**尾水管安装**	检验日期	**××年×月×日**

项次	检查项目	允许偏差(mm)						实测值(mm)	结论
		合格			优良				
		转轮直径			转轮直径				
		≤3000	>3000 ≤6000	>6000 ≤8000	≤3000	>3000 ≤6000	>6000 ≤8000		
1	△管口法兰最大与最小直径差	3	4	5	2	3	4	**设计 ϕ7520,实测最大 ϕ7520.9,最小 ϕ751%**	**优良**
2	△中心及高程(中心,0+312.1m,高程 1.94m)	±1.5	±2.0	±2.5	±1.0	±1.5	±2.0	**中心:0+312.08m,高程:1.938m**	**优良**
3	管口法兰至转轮中心距离(设计 1630mm)	±2.0	±2.5	±3.0	±1.5	±2.0	±2.5	**1635.00~1633.50 共测 8 点,合格 7 点**	**合格**
4	△法兰面垂直度及平面度	0.4	0.5	0.6	0.3	0.4	0.5	**垂直度 0.5 平面度 0.4**	**优秀**
5	相邻两节管口内壁周长差	不超过 10			不超过 8			**≤10 共测 4 点**	**合格**
6	各大节同心度	0.002D			0.0015D			**≤7 共测 4 点**	**优良**
检验结果	共检验 **6** 项,合格 **6** 项,其中优良 **4** 项,优良率 **66.7**%								

评定意见	单元工程质量等级
主要检查项目全部符合质量标准。一般检查项目中 95.7%符合质量标准,其余虽有微小出入,但不影响使用。检查项目 66.7%达到优良,其中主要检查项目 75%达到优良	**合格**

测量人	××× ××年×月×日	施工单位	××× ××年×月×日	建设(监理)单位	××× ××年×月×日

2. 油压装置安装

表 7-81 **油压装置安装单元工程质量评定表**

单位工程名称		发电厂房工程		单元工程量	13t
分部工程名称		2# 水轮发电机组安装		施工单位	××市第×工程局
单元工程名称、部位		油压装置安装		检验日期	××年×月×日
项次	检查项目	允许偏差(mm)		实测值(mm)	结论
		合格	优良		
1	集油槽、漏油槽渗漏试验	保持12h无渗漏		充水,保持12h,无渗漏	优良
2	△压油罐严密性试验	符合《水轮发电机组安装技术规范》(GB 8564—1998)第2.0.10条要求		试验压力7.5MPa,保持30min,无渗漏	优良
3	集油槽、压油罐中心	不超过5.0	不超过3.0	集油槽:横向 6000^{-4},纵向 10200^{-3} 压油罐:横向 9200^{-5},纵向 13005^{+3}	合格
4	集油槽、压油罐高程	±5.0	±3.0	集油槽:18.504m 压油罐:18.503m	合格
5	集油槽水平度	每米不超过0.20	每米不超过0.10	横向0.08mm/m	优良
6	压油罐垂直度	每米不超过2.0	每米不超过1.0	0.08mm/m	优良
7	事故配压阀中心及高程(设计18.50m)	±10	±5	中心:横向 5.530^{-7},纵向 210^{+3},高程−5.490m	合格
8	事故配压阀法兰水平度	每米不超过0.20	每米不超过0.15	0.14mm/m	合格

续表

<table>
<tr><th rowspan="2">项次</th><th rowspan="2">检查项目</th><th colspan="2">允许偏差(mm)</th><th rowspan="2">实测值(mm)</th><th rowspan="2">结论</th></tr>
<tr><th>合格</th><th>优良</th></tr>
<tr><td>9</td><td>△油泵及电动机中心</td><td>0.08</td><td>0.05</td><td>0.03</td><td>优良</td></tr>
<tr><td>10</td><td>△油泵及电动机中心倾斜</td><td>每米不超过0.20</td><td>每米不超过0.15</td><td>0.14mm/m</td><td>优良</td></tr>
<tr><td>11</td><td>△油压装置压力整定值</td><td>+2%~-2%
设计值</td><td>+1.5%~-1.5%
设计值</td><td>工作泵启动:设计值6.0MPa,整定值5.95MPa
低油压事故停机,5.1MPa5.12MPa</td><td>优良</td></tr>
<tr><td>12</td><td>△油泵试运转</td><td colspan="2">符合《水轮发电机组安装技术规范》(GB 8564—1998)第6.1.5条要求</td><td>电动机运转正常,油泵运行无异常,油泵输油量正常</td><td>优良</td></tr>
<tr><td>13</td><td>油压装置工作严密性</td><td colspan="2">在工作压力下保持8h,油压下降值不超过0.15MPa</td><td>在6.0MPa压力下保持8h,油压下降0.06MPa</td><td>优良</td></tr>
<tr><td>14</td><td>调速系统油质</td><td colspan="2">符合《汽轮机油》(GB 11120—1989)的规定</td><td>油质化验报告规定要求</td><td>优良</td></tr>
<tr><td colspan="2">检验结果</td><td colspan="4">共检验14项,合格14项,其中优良10项,优良率71.4%</td></tr>
<tr><td colspan="4">评定意见</td><td colspan="2">单元工程质量等级</td></tr>
<tr><td colspan="4">主要检查项目全部符合质量标准。一般检查项目中100%符合质量标准。检查项目71.4%达到优良,其中主要检查项目100%达到优良</td><td colspan="2">合格</td></tr>
<tr><td>测量人</td><td>×××
××年×月×日</td><td>施工单位</td><td>×××
××年×月×日</td><td>建设(监理)单位</td><td>×××
××年×月×日</td></tr>
</table>

注:适用范围:工作容量大于等于17652J(1800kg·f·m)或主配压阀直径大于80mm者。

3. 调速系统整体调试

表 7-82　　调速系统整体调试及模拟试验单元工程质量评定表

单位工程名称	发电厂房工程	单元工程量	4.4t
分部工程名称	水轮发电机组安装	施工单位	××市第×工程局
单元工程名称、部位	调速系统整体调试及模拟试验	检验日期	××年×月×日

项次	检查项目	允许偏差	实测值(mm)	结论
1	开度指标器红黑针位置	不重合不大于2%全行程值	不重合为1%全行程	优良
2	导叶接力器指标值	不大于1%全行程值(全行程值为15000)	9.0mm,全行程值的0.6%	优良
3	轮叶接力器指标值	不大于0.5°	−0.3°	优良
4	导叶及轮叶紧急关闭时间	+5%～−5%设计值(设计值:导叶:20sec,轮叶30sec)	导叶为20sec,轮叶为30sec	优良
5	轮叶开启时间	+5%～−5%设计值(设计值为30sec)	31sec	优良
6	事故关闭导叶时间	+5%～−5%设计值(设计值为15sec)	15sec	优良
7	接力器行程与导叶开度曲线	符合《水轮机发电机组安装技术规范》(GB/T 8564—2003)相关要求	导叶全开时,全部导叶开度值均大于99%	优良
8	导叶与轮叶协联关系曲线	随动不准确度小于1.5%全行程值	随动不准确度最大为1.2%全行程值	优良
9	回复机构死行程	不大于0.2%全行程值(312mm)	0.57mm	优良
10	导叶及轮叶最低操作油压	不大于16%额定油压(6.0MPa)	0.9MPa	优良

续表

项次	检查项目	允许偏差	实测值(mm)	结论
11	△永态转差系数及暂态转差系数	方向正确并与相应电位器刻度值相符合	**方向正确并与相应电位器刻度值相符合**	**优良**
12	缓冲特性曲线	符合设计要求	**符合要求**	**合格**
13	△手自动切换	接力器摆动小于0.2%全行程值(全行程值为1800mm)	**摆值左:1.5mm,右:1.7mm**	**优良**
14	测频回路关系曲线 $u=f(\text{Hz})$	死区及线性度符合设计要求	**满足要求,无死区**	**合格**
15	电液转换器静特性曲线 $S=f(\Delta i)$	死区及放大系数符合设计要求	**符合要求**	**合格**
16	△反馈送讯器关系曲线 $u=f(\text{a})$	线性度符合设计要求	**绘制曲线的线性度与设计相符**	**优良**
17	△调速系统静特性曲线	转速死区小于0.05%	**转速死区为0.04%**	**优良**
18	模拟手动、自动开停机及紧急停机	动作应正常	**动作正常**	**优良**
检验结果	**共检验18项,合格18项,其中优良15项,优良率83.3%**			

评定意见	单元工程质量等级
主要检查项目全部符合质量标准。一般检查项目中100%符合质量标准。检查项目83.3%达到优良,其中主要检查项目100%达到优良	**优良**

测量人	××× ×年×月×日	施工单位	××× ×年×月×日	建设(监理)单位	××× ×年×月×日

注:适用范围:工作容量大于等于19652J(1800kg·f·m),主配阀直径大于80mm者。

二、发电机组安装

1. 发电机电气部分检查和试验

表 7-83　　水轮机发电机电气部分检查和试验单元工程质量评定表

<table>
<tr><td colspan="2">单位工程名称</td><td>发电厂房</td><td>单元工程量</td><td colspan="2">3.5 万 kW 发电机电气检查试验</td></tr>
<tr><td colspan="2">分部工程名称</td><td>水轮发电机组</td><td>施工单位</td><td colspan="2">×××水电安装公司</td></tr>
<tr><td colspan="2">单元工程名称、部位</td><td>1# 发电机电气</td><td>检验日期</td><td colspan="2">××年×月×日</td></tr>
<tr><td>项次</td><td>检查项目</td><td colspan="2">质量标准</td><td>检验记录</td><td>结论</td></tr>
<tr><td>1</td><td>发电机定子在冷态下单个线棒的直线段宽度及铁芯的线槽宽</td><td colspan="2">应符合设计规定</td><td>由制造厂施工，详见厂家检验报告</td><td>合格</td></tr>
<tr><td>2</td><td>定子单根线棒的表面电阻率和起晕电压</td><td colspan="2">嵌装前抽查 5%～10%，起晕电压不低于 1.2 倍额定线电压</td><td>由制造厂施工，详见厂家检验报告</td><td>优良</td></tr>
<tr><td rowspan="3">3</td><td rowspan="3">定子线圈嵌装</td><td colspan="2">(1)上下端部与已装线圈高度一致，斜边间隙符合设计规定，线棒固定牢固</td><td>由制造厂施工，详见厂家检验报告</td><td rowspan="3">优良</td></tr>
<tr><td colspan="2">(2)上下层线圈接头错位不大于 5mm，前后距离偏差在并头套长度范围内</td><td>由制造厂施工，详见厂家检验报告</td></tr>
<tr><td colspan="2">(3)线圈在槽内单侧间隙不大于 0.3mm，间隙长度不大于 100mm</td><td>由制造厂施工，详见厂家检验报告</td></tr>
<tr><td rowspan="3">4</td><td rowspan="3">定子线圈接头焊接</td><td colspan="2">(1)铜线并头套间隙一般不大于 0.3mm，局部间隙不超过 0.5mm，银磷铜焊头的填料间隙在 0.05～0.2mm 之间</td><td>由制造厂施工，详见厂家检验报告</td><td rowspan="3">优良</td></tr>
<tr><td colspan="2">(2)接头焊后表面光滑，无棱角、气孔及空洞</td><td>由制造厂施工，详见厂家检验报告</td></tr>
<tr><td colspan="2">(3)接头焊后测量直流电阻，最大值与最小值之比不超过 1.2 倍</td><td>由制造厂施工，详见厂家检验报告</td></tr>
<tr><td rowspan="3">5</td><td rowspan="3">定子线圈接头绝缘包扎</td><td colspan="2">(1)绝缘材料及包扎厚度符合设计要求，包扎密实</td><td>由制造厂施工，详见厂家检验报告</td><td rowspan="3">合格</td></tr>
<tr><td colspan="2">(2)环氧树脂浇灌接头与绝缘盒间隙，搭接长度应符合设计要求。浇灌饱满、无气泡、分层及裂纹</td><td>由制造厂施工，详见厂家检验报告</td></tr>
<tr><td colspan="2">(3)新旧绝缘搭接长度应不大于下列数值
<table><tr><td>发电机额定电压(kV)</td><td>6.3</td><td>10.5</td><td>13.8</td><td>15.75</td><td>18</td></tr><tr><td>搭接长度(mm)</td><td>25</td><td>30</td><td>40</td><td>45</td><td>50</td></tr></table></td><td>由制造厂施工，详见厂家检验报告</td></tr>
</table>

续表

项次	检查项目	质量标准	检验记录	结论
6	定子支持环连接与包扎	(1)支持环圆度及高度应符合设计要求	**由制造厂施工,详见厂家检验报告**	**合格**
		(2)焊接接头用非磁性材料,焊后表面修平	**由制造厂施工,详见厂家检验报告**	
		(3)接头绝缘包扎紧密,搭接长度应大于5项(3)条的数值	**由制造厂施工,详见厂家检验报告**	
7	定子汇流母线安装	(1)螺栓连接接头应镀锡,用0.05mm塞尺检查,母线宽度在60mm,母线宽度在60mm以下时塞入深度不超过4mm	**由制造厂施工,详见厂家检验报告**	**优良**
		(2)焊接头无气孔、夹渣、表面光洁。其直流电阻值一般不大于同长度母线的阻值	**由制造厂施工,详见厂家检验报告**	
8	发电机转子磁极接头联接	(1)接头错位不超过接头宽度的10%	**不超过10%**	**优良**
		(2)焊接接头焊接饱满,外观光洁	**焊接饱满外观光洁**	
		(3)螺栓连接接头接触紧密,用0.05mm塞尺检查,塞入深度不超过5mm	—	
		(4)接头绝缘包扎符合设计要求,接头与接地导体之间距离大于10mm	**用丝绸带浸环氧树脂后半叠绕五层**	
9	阻尼环接头检查	用0.05mm塞尺检查,塞入深度不超过5mm	**满足要求,0.05mm塞尺塞进最大深度3mm**	**优良**
10	发电机测温装置	布置正确,温度计应经校验,温度计测温开关号与所测部位标号一致	**温度计经校验,布置与接线符合设计**	**优良**
11	定子线圈测温端子板的放电间隙	0.3～0.5mm	**0.5,0.4**	**合格**
12	励磁机电刷检测	电刷在刷握内滑动灵活。刷握与整流子表面应有2～3mm间隙。各组刷握间距差应小于1.5mm	—	
13	整流子各片间绝缘高度	应低于整流子表面1～1.5mm	—	
14	螺栓连接的母线接头	用0.05mm塞尺检查,塞入深度不超过5mm	—	
15	水轮发电机各部绝缘电阻值 15.1 推力轴承底座及支架 5	在底座及支架安装后测量	**12MΩ**	**优良**
	15.2 水冷瓦引水管路 50	与推力瓦联接前管内无水时单根测量	**68MΩ**	
	15.3 高压油顶起装置管路 10	与推力瓦联接前单根测量	**17MΩ**	
	15.4 推力轴承总体 1	轴承总装完,顶起转子充油前测量,温度在10～30℃	**21℃时,1.4MΩ**	

续表

项次	检查项目			质量标准		检验记录	结论
15	水轮发电机各部绝缘电阻值	15.5	推力轴承总体	0.5	轴承总装完，顶起转子充油后测量，温度在 10～30℃	**20℃时，1MΩ**	优良
		15.6	推力轴承总体	0.02	转子落在轴承上，与固定部件断开时测量	**0.5MΩ**	
		15.7	测温装置总绝缘	0.5	安装完成后测量	**1.9MΩ**	
		15.8	埋入式温度计	50	充油前测量	**共 18 个温度计，单个最小为 68**	
		15.9	受油器	0.5	尾水管无水时测量	**无水时测时 1MΩ**	
		15.10	永磁机机座	0.3	安装完成后测量	**0.5MΩ**	
		15.11	贯流式机组轴承	1	充油前测量	**充油前 1.2MΩ**	
		15.12	卧式机组轴承	0.3	充油前测量	**0.4MΩ**	
16	定子绕组的整体电气试验	16.1	测量定子绕组的绝缘电阻	(1)用 2500V 及以上兆欧表测得的电阻值换算至 100℃时不应低于公式的数值：$R=R_N(1000+S_N)$(MΩ) (2)各相绝缘电阻不平衡系数不大于 2		**30℃时：A/$_{BC}\frac{1}{2}$ B/$_{AC}\frac{1}{2}$ C/$_{AB}\frac{1}{2}$ *R*15 220 200 210 *R*60 400 380 450**	优良
		16.2	测量绝缘电阻吸收比 R_{60}/R_{15}	(1)对沥青云母绝缘不小于 1.3 (2)对环氧粉云母绝缘不小于 1.6		***K* 1.8 1.9 2.1 经换算，各项试验都符合质量标准**	
		16.3	测量定子绕组的直流电阻	(1)各相、各分支的电阻值校正引线误差后相互差别不应大于最小值的 2% (2)与产品出厂时的测量数值相对变化不大于 2%		**26℃时，A 相 0.01976Ω，SH 0.01982Ω，C 相 0.01984Ω，经比较，符合标准 出厂值 A：0.01982 B：0.01985 C：0.01985**	
		16.4	定子绕组直流耐压试验及测量泄漏电流	(1)试验电压为 3 倍额定电压 (2)泄漏电流不应随时间延长而增大 (3)各相泄漏电流的差别不应大于最小值的 50%		***u* 试 = 41.4kV 泄漏电流，A/$_{BC}\frac{1}{2}$ 250μA，B/$_{AC}\frac{1}{2}$ 780μA，C/$_{AB}\frac{1}{2}$ 710μA，各项满足标准，详见试验记录**	
		16.5	定子绕组交流耐压试验	容量(kVA)：1000 以下；10000 及以上	额定电压(kV)、试验电压(kV)：见 GB 50150—91 第 2.0.5 条规定	**一相对其他两相及地，交流 30.6kV，历时 1min，耐压合格**	

续表

<table>
<tr><th>项次</th><th colspan="4">检查项目</th><th colspan="2">质量标准</th><th>检验记录</th><th>结论</th></tr>
<tr><td rowspan="2">16</td><td rowspan="2">定子绕组的整体电气试验</td><td>16.6</td><td colspan="2">定子铁损试验</td><td colspan="2">按1T折算
(1)铁芯(齿)最大温升不超过25℃;相互间最大温差不超过15℃
(2)单位铁损符合制造厂规定
(3)定子铁芯压紧螺栓无松动现象</td><td>不在工地迭片,可以不做</td><td rowspan="2">优良</td></tr>
<tr><td colspan="6">注:U_N——电机额定线电压,V;S_N——电机额定容量,kVA</td></tr>
<tr><td rowspan="5">17</td><td rowspan="5">转子工地组装前的交流耐压试验和绝缘电阻检查</td><td rowspan="3">17.1</td><td rowspan="3">单个磁极</td><td colspan="2">耐压标准(V)</td><td>绝缘电阻(MΩ)</td><td rowspan="3">共48个磁极,单个绝缘挂装前,最小为20MΩ,挂装后,最小为18MΩ,单个经交流3.3kV,耐压1min。无异常</td><td rowspan="5">优良</td></tr>
<tr><td>挂装前</td><td>10U+1500但不得低于3000</td><td>≥5</td></tr>
<tr><td>挂装后</td><td>10U+1000但不得低于2500</td><td>≥5</td></tr>
<tr><td>17.2</td><td colspan="2">集电环、引线、刷架</td><td>10U+1000但不得低于3000</td><td>≥5</td><td>交流3.3kV,耐压1min</td></tr>
<tr><td colspan="6">注:U——额定励磁电压,V</td></tr>
<tr><td rowspan="8">18</td><td rowspan="8">转子试验</td><td>18.1</td><td colspan="2">测量转子绕组的绝缘电阻</td><td colspan="2">一般不小于0.5MΩ</td><td>7.5MΩ</td><td rowspan="8"></td></tr>
<tr><td>18.2</td><td colspan="2">测量单个磁极的直流电阻</td><td colspan="2">相互比较,其差别不超过2%</td><td>48个磁极,最小为0.0356Ω,最大为0.003Ω</td></tr>
<tr><td>18.3</td><td colspan="2">测量转子绕组的直流电阻</td><td colspan="2">与制造厂出厂时测量值比较,相对变化不超过2%</td><td>27℃时,5.99Ω(出厂25℃,5.94℃)</td></tr>
<tr><td>18.4</td><td colspan="2">测量单个磁极线圈的交流阻抗</td><td colspan="2">相互比较不应有显著差别</td><td>最小0.69Ω,最大0.718Ω</td></tr>
<tr><td rowspan="3">18.5</td><td colspan="2" rowspan="3">转子绕组交流耐压试验</td><td>额定励磁电压(V)</td><td>试验电压(V)</td><td rowspan="3">交流2.3kV,耐压1min无异常</td></tr>
<tr><td>≤500</td><td>10U但不得低于1500</td></tr>
<tr><td>>500</td><td>2U+4000</td></tr>
<tr><td colspan="6">注:U——额定励磁电压,V</td></tr>
</table>

续表

<table>
<tr><th>项次</th><th colspan="3">检查项目</th><th>质量标准</th><th>检验记录</th><th>结论</th></tr>
<tr><td rowspan="7">19</td><td rowspan="7">励磁机试验</td><td>19.1</td><td>测量各绕组及刷架的绝缘电阻</td><td>不小于 0.5MΩ</td><td>—</td><td rowspan="7"></td></tr>
<tr><td>19.2</td><td>测量励磁绕组的直流电阻</td><td>测得值与制造厂出厂时测量值比较相差不超过 2%</td><td>—</td></tr>
<tr><td>19.3</td><td>测量电枢整流片间直流电阻</td><td>相互间差值不应超过最小值的 10%</td><td>—</td></tr>
<tr><td>19.4</td><td>检查绕组的极性及连接的正确性</td><td>极性和接线符合设计要求</td><td>—</td></tr>
<tr><td>19.5</td><td>调整炭刷中性位置</td><td>位置正确,满足良好的换向要求</td><td>—</td></tr>
<tr><td>19.6</td><td>交流耐压试验</td><td>0.8(2U+1000)但不得低于 1200V</td><td>—</td></tr>
<tr><td colspan="4">注:U——励磁机额定电压,V</td></tr>
<tr><td rowspan="5">20</td><td rowspan="5">永磁发电机和调速器飞摆电动机试验</td><td>20.1</td><td>测量绕组的直流电阻</td><td>相互比较无显著差别</td><td>—</td><td rowspan="5"></td></tr>
<tr><td>20.2</td><td>检查相位</td><td>相位正确</td><td>—</td></tr>
<tr><td>20.3</td><td>测量绕组的绝缘电阻</td><td>绝缘电阻值不作规定</td><td>—</td></tr>
<tr><td>20.4</td><td>交流耐压试验</td><td>0.8(2U+1000)但不得低于 1000V</td><td>—</td></tr>
<tr><td colspan="4">注:U——永磁机额定电压,V</td></tr>
<tr><td colspan="3">检验结果</td><td colspan="4">共检验 15 项,合格 15 项,其中优良 11 项,优良率 73.3%</td></tr>
<tr><td colspan="5">评定意见</td><td colspan="2">单元工程质量等级</td></tr>
<tr><td colspan="5">检查和试验项目全部符合标准,并 73.3%的项目达到优良标准</td><td colspan="2">优良</td></tr>
<tr><td>测量人</td><td colspan="2">×××
×年×月×日</td><td>施工单位</td><td>×××
×年×月×日</td><td>建设(监理)单位</td><td>×××
×年×月×日</td></tr>
</table>

*工程质量标准。

合格:检查和试验项目全部符合规定要求。

优良:检查项目全部符合合格标准,并有 50%及其以上检查项目达到优良标准。

2. 灯泡式水轮发电机主要部件组装

表 7-84　　灯泡式水轮发电机主要部件组装单元工程质量评定表

<table>
<tr><td colspan="2">单位工程名称</td><td colspan="2">发电厂房工程</td><td>单元工程量</td><td>221t</td></tr>
<tr><td colspan="2">分部工程名称</td><td colspan="2">2# 水轮发电机组安装</td><td>施工单位</td><td>××市第×工程局</td></tr>
<tr><td colspan="2">单元工程名称、部位</td><td colspan="2">主要部件组装</td><td>检验日期</td><td>××年×月×日</td></tr>
<tr><td rowspan="2">项次</td><td rowspan="2">检查项目</td><td colspan="2">允许偏差(mm)</td><td rowspan="2">实测值(mm)</td><td rowspan="2">结论</td></tr>
<tr><td>合格</td><td>优良</td></tr>
<tr><td>1</td><td>定子铁芯组合缝间隙</td><td colspan="2">加垫后应无间隙，铁芯线槽底部径向错牙不大于 0.5</td><td>加垫后无间隙，槽底部径向错牙为 0.4</td><td>优良</td></tr>
<tr><td>2</td><td>△定子机座组合缝间隙</td><td colspan="2">局部不超过 0.10，螺栓周围不超过 0.05</td><td>定子机座组合缝间隙最大 0.08mm，螺栓周围平均 0.02mm</td><td>优良</td></tr>
<tr><td>3</td><td>△定子铁芯圆度</td><td>+5%～-5%空气间隙</td><td>+4%～-4%空气间隙</td><td>铁芯直径：φ7360.76～φ7358.72</td><td>优良</td></tr>
<tr><td>4</td><td>转子组装</td><td colspan="2">与立式水转发电机转子组装及安装质量评定表要求相同</td><td>详见表《发电机转子组装单元工程质量评定表》</td><td>优良</td></tr>
<tr><td>5</td><td>机壳、顶罩各法兰圆度</td><td colspan="2">+0.1%～-0.1%设计直径且最大不超过 5.0</td><td>机壳：φ8251.0～φ8249.45
泡头：φ8252.0～φ8249.0</td><td>优良</td></tr>
<tr><td>6</td><td>顶罩各组合缝间隙</td><td colspan="2">符合《水轮发电机组安装技术规范》(GB/T 8564—2003)要求</td><td>组合面光洁无毛刺，合缝用 0.05mm，塞尺检查不能通过，无错牙</td><td>优良</td></tr>
<tr><td>7</td><td>△机壳、顶罩焊缝</td><td colspan="2">按《钢制压力容器对接焊缝超声波探伤》(GB 11345—89)Ⅱ级焊缝要求</td><td>Ⅱ级焊缝一次合格率 92%</td><td>优良</td></tr>
<tr><td>检验结果</td><td colspan="5">共检验 7 项，合格 7 项，其中优良 7 项，优良率 100%</td></tr>
<tr><td colspan="4">评定意见</td><td colspan="2">单元工程质量等级</td></tr>
<tr><td colspan="4">主要项目全部符合质量标准。一般检查项目中 100%符合质量标准。检查项目 100%达到优良，其中主要检查项目 100%达到优良</td><td colspan="2">优良</td></tr>
<tr><td>测量人</td><td>×××
××年×月×日</td><td>施工单位</td><td>×××
××年×月×日</td><td>建设(监理)单位</td><td>×××
××年×月×日</td></tr>
</table>

三、水力辅助设备

1. 空气压缩机安装

表 7-85　　空气压缩机安装单元工程质量评定表

<table>
<tr><td colspan="3">单位工程名称</td><td colspan="2">发电厂房工程</td><td>单元工程量</td><td colspan="2">一台(0.7MPa,100)/min</td></tr>
<tr><td colspan="3">分部工程名称</td><td colspan="2">水力机械辅助设备安装</td><td>施工单位</td><td colspan="2">××市第×工程局</td></tr>
<tr><td colspan="3">单元工程名称、部位</td><td colspan="2">2#低压气机安装 12.55m,空压机室</td><td>检验日期</td><td colspan="2">××年×月×日</td></tr>
<tr><td rowspan="2">项次</td><td colspan="2" rowspan="2">检查项目</td><td colspan="2">允许偏差(mm)</td><td colspan="2" rowspan="2">实测值</td><td rowspan="2">结论</td></tr>
<tr><td>合格</td><td>优良</td></tr>
<tr><td colspan="2">1</td><td>设备平面位置</td><td>±10</td><td>±5</td><td colspan="2">横向:3000+4mm
纵向:1000+5mm</td><td>优良</td></tr>
<tr><td colspan="2">2</td><td>高程(设计 12.55m)</td><td>+20,-10</td><td>+10,-5</td><td colspan="2">12.548m</td><td>优良</td></tr>
<tr><td colspan="2">3</td><td>△机身纵、横向水平度</td><td>0.10(m)</td><td>0.08(m)</td><td colspan="2">横向:0.07mm(m)
纵向:0.06mm(m)</td><td>优良</td></tr>
<tr><td colspan="2">4</td><td>皮带轮端面垂直度</td><td>0.50(m)</td><td>0.30(m)</td><td colspan="2">0.30mm(m)</td><td>优良</td></tr>
<tr><td colspan="2">5</td><td>两皮带轮端面在同一平面内</td><td>0.50</td><td>0.20</td><td colspan="2">0.30mm</td><td>合格</td></tr>
<tr><td rowspan="5">6</td><td rowspan="5">无负荷试运转(4～8h)</td><td>润滑油压</td><td colspan="2">不低于 0.1MPa</td><td colspan="2">0.12MPa</td><td rowspan="5">优良</td></tr>
<tr><td>曲轴箱油温</td><td colspan="2">不超过 60℃</td><td colspan="2">55℃</td></tr>
<tr><td>运动部件振动</td><td colspan="2">无较大振动</td><td colspan="2">轻微振动</td></tr>
<tr><td>运动部件声音检查</td><td colspan="2">声音正常</td><td colspan="2">正常</td></tr>
<tr><td>各连接部件检查</td><td colspan="2">应无松动</td><td colspan="2">无松动</td></tr>
<tr><td rowspan="8">7</td><td rowspan="8">带负荷试运行(按额定压力 25%运转 1h,50%、75%各运转 2h,100%运转 4～8h,分别检测记录)</td><td>渗油</td><td colspan="2">无</td><td colspan="2">无</td><td rowspan="8">优良</td></tr>
<tr><td>漏气</td><td colspan="2">无</td><td colspan="2">无</td></tr>
<tr><td>漏水</td><td colspan="2">无</td><td colspan="2">无</td></tr>
<tr><td>冷却水排水温度</td><td colspan="2">不超过 40℃</td><td colspan="2">36℃</td></tr>
<tr><td>各级排气温度</td><td colspan="2">符合设计规定小于 60℃</td><td colspan="2">58℃</td></tr>
<tr><td>各级排气压力</td><td colspan="2">符合设计规定 0.75MPa</td><td colspan="2">0.65MPa</td></tr>
<tr><td>安全阀</td><td colspan="2">压力正确,动作灵敏</td><td colspan="2">压力正确,动作灵敏</td></tr>
<tr><td>各级自动控制装置</td><td colspan="2">灵敏可靠</td><td colspan="2">灵敏可靠</td></tr>
<tr><td colspan="2">检验结果</td><td colspan="6">共检验 7 项,合格 7 项,其中优良 6 项,优良率 85.7%</td></tr>
<tr><td colspan="5">评定意见</td><td colspan="3">单元工程质量等级</td></tr>
<tr><td colspan="5">每台设备主要检查项目全部符合规定。一般检查项目的实测点 100%符合规定,其余虽有微小出入,但不影响使用,85.7%项目达到优良标准。组成单元工程的各台设备 100%达到优良等级</td><td colspan="3">优良</td></tr>
<tr><td>测量人</td><td colspan="2">×××
××年×月×日</td><td>施工单位</td><td colspan="2">×××
××年×月×日</td><td>建设(监理)单位</td><td>×××
××年×月×日</td></tr>
</table>

注:适用范围:总装机容量大于 25MW 或单机容量大于等于 3MW 的水电站。

2. 离心泵安装

(1)以一台或数台同型号离心泵为一个单元工程。

(2)单元工程量填写单元水泵安装数量及技术参数(Q,H)。

表 7-86　　离心水泵安装单元工程质量评定表

单位工程名称	发电厂房工程	单元工程量	一台(Q=50.4m^2/h,H=25～35m)
分部工程名称	水力机械辅助设备安装	施工单位	××市第×工程局
单元工程名称、部位	2# 冷却水泵口 12.55m 供水泵房	检验日期	××年×月×日

项次	检查项目		允许偏差(mm) 合格	优良	实测值	结论
1	设备平面位置		±10	±5	横向:6800+4mm 纵向:1700－3mm	优良
2	高程(15.05m)		+20,－10	+10,－5	15.05m	优良
3	泵体纵、横向水平度		0.10(m)	0.08(m)	横向:0.06mm(m) 纵向:0.07mm(m)	优良
4	△叶轮和密封环间隙		符合设计规定		厂内装配	—
5	多级泵叶轮轴向间		大于推力头轴向间隙		厂内装配	—
6	主、从动轴中心		0.10	0.08	0.07mm	优良
7	主、从动轴中心倾斜		0.20(m)	0.10(m)	0.17mm(m)	合格
8	水泵试运转(在额定负荷下,试运转不小于2h)	填料函检查	压盖松紧适当,只有滴状泄漏		有滴状泄漏	优良
		转动部分检查	运转中无异常振动和响声,各连接部分不应松动和渗漏		转运中无异常振动和响声,各连接部分无松动和渗漏	
		轴承温度	滚动轴承不超过75℃,滑动轴承不超过70℃		68℃	
		电动机电流	不超过额定值(I=42.5A)		40A	
		水泵压力和流量	符合设计规定(Q=50.4m^3/h,P=0.2MPa)		Q=50.4m^3/h,P=0.19MPa	
		水泵止退机构	动作灵活可靠		动作灵活可靠	
		水泵轴的径向振动	转速(r/min) >750～1000 >1000～1500 >1500～3000	双向振幅(mm) ≤0.10 ≤0.08 ≤0.06	横向振幅:0.06mm 纵向振幅:0.07mm	
检验结果	共检验 6 项,合格 6 项,其中优良 5 项,优良率 83.3%					

评定意见	单元工程质量等级
每台设备主要检查项目全部符合规定。一般检查项目的实测点 100%符合规定,其余虽有微小出入,但不影响使用,83.3%项目达到优良标准。组成单元工程的各台设备 100%达到优良等级	优良

测量人	××× ××年×月×日	施工单位	××× ××年×月×日	建设(监理)单位	××× ××年×月×日

3. 水力测量仪表安装

(1)以每台机组的水力测量仪表安装为一个单元。

(2)单元工程量填写本单元安装水表套数。

表 7-87　　水力测量仪表安装单元工程质量评定表

单位工程名称	发电厂房工程		单元工程量	6套	
分部工程名称	$2^{\#}$水轮发电机组安装		施工单位	××市第×工程局	
单元工程名称、部位	水力测量仪表安装,交通廊道		检验日期	××年×月×日	
项次	检查项目	允许偏差(mm)		实测值(mm)	结论
		合格	优良		
1	仪表设计位置	10	5	距墙边:设计 120,实测 115～121	优良
2	仪表盘设计位置	20	10	横向:800＋8,纵向:120－6 横向:3200－8,纵向:1200－5	优良
3	仪表盘垂直度	3(m)	2(m)	1.5mm(m),1.7mm(m); 2.0mm(m),1.8mm(m), 1.8mm(m)	优良
4	仪表盘水平度	3(m)	2(m)	1.5mm(m),1.8mm(m); 1.5mm(m),2.0mm(m) 1.7mm(m)	优良
5	仪表盘高程(设计－3.90)	±5	±	－3.902m,－3.898m; －3.899m;－3.898m, －3.901m	优良
6	取压管位置	±10	±5	横向:300＋5mm 纵向:3190＋2mm	优良
检验结果	共检验 6 项,合格 6 项,其中优良 6 项,优良率 100%				
评定意见				单元工程质量等级	
一般检查项目的实测点 100%符合规定,100%项目达到优良标准。组成单元工程的各台设备 100%达到优良等级				优良	
测量人	××× ××年×月×日	施工单位	××× ××年×月×日	建设(监理)单位	××× ××年×月×日

注:适用范围:见表 4.1。

4. 油断路器安装

(1)以一组油断路器安装为一个单元工程。

(2)单元工程量填写本单元断路器全型号及台数。

表 7-88　　20kV 及以下油断路器安装单元工程质量评定表(例表)

单位工程名称	**发电厂房**	单元工程量	**SN_3－10/3000,1 台**
分部工程名称	**电气一次设备安装**	施工单位	**××市第×工程局**
单元工程名称、部位	**1G 发电机油断器安装**	检验日期	**××年×月×日**

项次	检查项目		质量标准(或允许偏差 mm)		检验记录	结论
			合格	优良		
1	一般规定		金属构架安装正确,牢固,质量符合要求。所有部件应齐全,无锈蚀,支持绝缘子或绝缘套瓷件应清洁,无裂纹、破损,瓷铁件粘合牢固。绝缘件应无变形和受潮		**构架安装符合设计,所有部件齐全,无锈蚀,无损伤,瓷铁件粘合牢固,绝缘件无变形和受潮**	**优良**
2	基础部分允许偏差		中心距及高度小于等于±10,预留孔或预埋铁板中心线小于等于±10,基础螺栓中心线小于等于±2		**$\Delta L_2 \leqslant +7$,$\Delta H \leqslant +5$ $\Delta L_2 \leqslant +8$,$\Delta L_3 \leqslant +2$**	**优良**
3	箱体安装	外观检查	安装垂直,固定牢固,底座与基础之间的垫片不宜超过 3 片,总厚度不应大于 10,各垫片间焊接牢固		**安装垂直,固定牢靠、垫片数小于等于 2 片,已焊接牢固**	**优良**
		△允许偏差 同相各支柱中心线 三相底座或油箱中心线	 ≤5 ≤5	 ≤2.5 ≤2.5	**$\Delta A \leqslant 2$,$\Delta B \leqslant 2.5$,$\Delta C \leqslant 2$,$\Delta L_1 \leqslant 2$,$\Delta L_2 \leqslant 2.3$**	
		油箱	内部清洁,无杂质,绝缘衬套干燥,无损伤,放沿江阀畅通。顶部及法兰等处衬垫完好,有弹性,密封良好,箱体焊缝无渗油,油漆完整		**内部清洁,衬套干燥,无损伤,放油阀畅通,衬垫完好,无渗油,油漆完好**	
4	△灭弧室检查		部件应完整,绝缘件应干燥,无变形,安装位置应准确		**无变形,绝缘件干燥,安装正确**	**优良**
5	提升杆及导向松检查		无弯曲及裂纹,绝缘漆层完好,绝缘电阻符合产品要求(出厂:$R \geqslant 1300\text{M}\Omega$)		**无变形 漆层完好 R_A=1200MΩ R_B=1250MΩ R_C=1200MΩ**	**优良**
6	△导电部分检查	触头	表面清洁,镀银部分不得挫磨,铜钨合金不得有裂纹或脱焊。动静触头应对准,分合闸过程无卡阻,合闸后触头线接触,用厚 0.05mm×10mm 塞尺检查,应塞不进去		**表面清洁,无挫磨,无裂纹,分合过程无卡阻现象,线接触时,用 0.05mm 塞尺塞不进去**	**优良**
		横杆,导电杆	无裂纹,导电杆应平直,端部光滑平整		**无裂纹,平直,端部光滑**	
		编织铜线或软铜片	应无断裂,铜片间无锈蚀,固定螺栓齐全,坚固		**无损伤,无锈蚀,坚固**	

续表

<table>
<tr><th rowspan="2">项次</th><th rowspan="2" colspan="2">检查项目</th><th colspan="2">质量标准(或允许偏差 mm)</th><th rowspan="2">检验记录</th><th rowspan="2">结论</th></tr>
<tr><th>合格</th><th>优良</th></tr>
<tr><td rowspan="3">7</td><td rowspan="3">缓冲器</td><td>动作</td><td colspan="2">固定牢固,动作灵活,无卡阻回跳现象</td><td>灵活,无回跳现象</td><td rowspan="3">优良</td></tr>
<tr><td>油质,油位</td><td colspan="2">油质应符合产品要求,油橲、油位正确</td><td>油质报告,显示符合要求,油位正确</td></tr>
<tr><td>行程</td><td colspan="2">应符合产品技术规定(5mm)</td><td>5mm</td></tr>
<tr><td rowspan="3">8</td><td rowspan="3">与母线或者电缆线连接</td><td>部位</td><td colspan="2">应清洁平整,无毛刺或锈蚀,连接螺栓紧固</td><td>清洁平整,无锈蚀,坚固</td><td rowspan="3">优良</td></tr>
<tr><td>接触面:线接触</td><td colspan="2"><0.05</td><td>三相:0.05mm 塞尺塞不进</td></tr>
<tr><td>接触面:面接触
接触面宽度小于等于50mm
接触面宽度大于等于60mm</td><td>塞尺塞入深度
<4
<6</td><td>塞尺塞入深度
<2
<3</td><td>
1
2</td></tr>
<tr><td rowspan="5">9</td><td rowspan="5">操作机构和传动装置安装</td><td>部件</td><td colspan="2">齐全完整,连接牢固,各锁片、防松螺母均应拧紧,开口销张开</td><td>齐全、坚固,开口销张开</td><td rowspan="5">优良</td></tr>
<tr><td>分合闸线圈</td><td colspan="2">绝缘完好,铁芯动作应灵活,无卡阻</td><td>绝缘完好,铁芯动作无卡阻</td></tr>
<tr><td>△合闸接触器和辅助开关</td><td colspan="2">动作应准确可靠,接点接触良好,无烧损或锈蚀</td><td>动作可靠,接点接触良好,无锈蚀</td></tr>
<tr><td>△操作机构调整</td><td colspan="2">应满足动作要求,检查活动部件与固定部件的间隙、移动距离、转动角度等均应在产品允许的误差范围内</td><td>均已调整在厂家允许误差范围内</td></tr>
<tr><td>△联动动作检查</td><td colspan="2">应正常,无卡阻现象,分合闸位置指示器指示正确</td><td>联动正常,无卡阻现象,分合指正正确</td></tr>
<tr><td>10</td><td colspan="2">排气装置的安装</td><td colspan="2">应符合《电气装置安装工程　高压电器施工及验收规范》(GBJ 147—90)第 3.2.8 条要求</td><td>内部清洁,有罩盖、排气不影响附近设备</td><td>优良</td></tr>
<tr><td>11</td><td colspan="2">油标油位指示器检查</td><td colspan="2">指示正确,无渗油</td><td>指示正确,无渗油现象</td><td>优良</td></tr>
<tr><td>12</td><td colspan="2">接地部位检查</td><td colspan="2">接触牢固、可靠</td><td>牢固、可靠</td><td>优良</td></tr>
<tr><td>13</td><td colspan="2">△测量每相导电回路电阻</td><td colspan="2">应符合产品的技术要求(出厂:58μΩ,56μΩ,K56μΩ)</td><td>58μΩ,55μΩ,K55μΩ</td><td>优良</td></tr>
<tr><td>14</td><td colspan="2">测量断路器分合闸状态时的绝缘电阻</td><td colspan="2">绝缘电阻值大于 1200MΩ</td><td>1800MΩ</td><td>优良</td></tr>
</table>

续表

项次	检查项目	质量标准(或允许偏差 mm)		检验记录	结论
		合格	优良		
15	测量二次回路绝缘电阻	绝缘电阻值大于等于 1MΩ		**2.0MΩ**	**优良**
16	测量分合闸线圈的直流电阻及绝缘电阻	绝缘电阻值大于 10MΩ,直流电阻值应符合产品技术要求, 直流电阻出厂值:合闸线圈 2.76Ω,分闸线圈 89.5Ω		**直流电阻:合闸线圈 2.8Ω,分闸线圈 90Ω,绝缘电阻:14MΩ**	**优良**
17	△交流耐压试验	试验标准见《电气装置安装工程　电气设备交接试验标准》(GB 50150—2006)相关内容,耐压试验应通过		**合闸时,27kV,耐压 1min 无异常**	**优良**
18	△测量分合闸时间	均应符合产品技术规定(合闸:0.5s,分闸:0.14s)		**合闸:0.49s,分闸:0.13s**	**优良**
19	测量分合闸速度	应符合产品技术规定(合闸最大 1.5m/s,分闸最大 3m/s)		**刚合闸:1.3m/s,刚分闸:2m/s,最大合:1.5m/s,最大分:3m/s**	**优良**
20	测量分合闸同时性	符合产品技术要求(≤4ms)		**<3ms**	**优良**
21	绝缘油试验	应符合《电气装置安装工程　电气设备交接试验标准》(GB 50150—2006)有关规定		**试验报告,满足要求,耐压 35kV**	**优良**
22	检查操作机构最低动作电压	分闸电磁铁:$30\%U_n<U<65\%U_n$ 合闸接触器:$(85\%\sim110\%)U_a$		**分闸:131V,合闸:205V**	**优良**
23	操作试验	在额定操作电压值下进行分合闸操作各 3 次,断路器动作正常		**DC220V 时,分合闸 3 次,动作正常**	**优良**

检验结果	**共检验 23 项,其中合格 23 项,优良 23 项,优良率 100%**

评定意见	单元工程质量等级
主要检查项目全部符合质量标准,一般检查项目符合质量标准。试验结果优良	**优良**

测量人	××× ××年×月×日	施工单位	××× ××年×月×日	建设(监理)单位	××× ××年×月×日

合格:主要检查项目全部符合质量标准,一般检查项目基本符合质量标准,操作试验达到合格标准。

优良:主要检查项目和一般检查项目都必须全部符合质量标准(其中有“优良”标准者应达到优良标准)。操作试验达到优良标准。

四、附件设备安装

1. 蝴蝶阀安装

表 7-89　　蝴蝶阀安装单元工程质量评定表

单位工程名称	发电厂房工程	单元工程量	15.2t
分部工程名称	2[#]水轮发电机组安装	施工单位	××市第×工程局
单元工程名称、部位	阀门安装	检验日期	××年×月×日

项次	检查项目		允许偏差(mm) 合格	允许偏差(mm) 优良	实测值(mm)	结论
1	阀座与基础板组合缝		符合《水轮发电机组安装技术规划》(GB/T 8564—2003)第13.1条要求		组合面光洁无毛刺，合缝用0.05mm塞尺检查不能通过	优良
2	△阀体中心		±5	±4	3500^{-2}	优良
3	阀体横向中心		15	12	4000^{+13}	合格
4	△阀体水平度及垂直度		每米不超过1.0	每米不超过0.8	水平度：横向0.65mm/m，纵向0.7mm/mm，垂直度：0.6mm/m	优良
5	阀壳各组合缝		符合《水轮发电机组安装技术规范》(GB/T 8564—2003)第13.1条的要求		组合面光洁无毛刺，合缝用0.05mm，塞尺检查不能通过。无错牙	优良
6	橡胶水封充气试验		通过0.05MPa压缩空气无漏气		通过0.05MPa压缩空气，无漏气	优良
7	△活门关闭时间隙	充气状态	无间隙		充气状态：无间隙 未充气状态：5.42～4.38	优良
		未充气状态	±20%设计值	±15%设计值		
8	△静水严密性试验		漏水量不超过设计值		静水状态，漏水量为5.12mL/min	优良
检验结果	共检验8项，合格8项，其中优良8项，优良率87.5%					

评定意见					单元工程质量等级
主要检查项目全部符合质量标准。一般检查项目中100%符合质量标准。检查项目87.5%达到优良，其中主要检查项目100达到优良					优良
测量人	××× ××年×月×日	施工单位	××× ××年×月×日	建设(监理)单位	××× ××年×月×日

注：适用范围：主阀名义直径为1000～6000mm的蝴蝶阀。

2. 附件及操作机构安装

表 7-90　　附件及操作机构安装单元工程质量评定表

单位工程名称		发电厂房工程		单元工程量	4.8t
分部工程名称		2# 水轮发电机组安装		施工单位	××市第×工程局
单元工程名称、部位		附件及操作机构安装		检验日期	××年×月×日
项次	检查项目	允许偏差(mm)		实测值(mm)	结论
		合格	优良		
1	液压阀、旁通阀、空气阀及接力器严密性试验	符合《水轮发电机组安装技术规范》(GB/T 8564—2003)第 13.5 条要求		注煤油，接力器保持 4.5h 液压阀，旁通阀，空气阀保持 20min，无渗漏	优良
2	旁通阀垂直度	每米不超过 2.0	每米不超过 1.5	1.4(m)	优良
3	△接力器水平度或垂直度	每米不超过 1.0	每米不超过 0.8	控制环两取中心连线，在水平位置时，接力器活塞杆垂直度 0.6(m)	优良
4	接力器底座高程(−3.525m)	±1.5	±1.0	−3.524m	优良
5	接力器基础板中心	3.0	2.0	左边：横向 4545+1 纵向 965+1 右边：横向 4545+1 纵向 965−2	优良
6	△动作试验(无水)	动作平稳活门在全开位置的开度偏差不超过±1°(设计 38°)		工作平稳，活门在全开位置的开度为 37.5°	优良
7	主阀操作系统严密性试验	在 1.25 倍工作压力情况下 30min 无渗漏(工作压力 6.0MPa)		试验压力 7.0MPa，保持 30min 无渗漏	优良
检验结果	共检验 7 项，合格 7 项，其中优良 7 项，优良率 100%				
评定意见				单元工程质量等级	
主要检查项目全部符合质量标准。一般检查项目中 100%符合质量标准。检查项目 100%达到优良，其中主要检查项目 100%达到优良				优良	
测量人	××× ××年×月×日	施工单位	××× ××年×月×日	建设(监理)单位	××× ××年×月×日

注：适用范围：见表。

五、运转试验记录

1. 机组空载试验

表 7-91　　　　**机组空载试验单元工程质量评定表**

单位工程名称	发电厂房工程	单元工程量	一台机组空载试验
分部工程名称	$2^{\#}$水轮发电机组安装	施工单位	××市第×工程局
单元工程名称、部位	机组空载试验	检验日期	××年×月×日

项次	检查项目		质量标准	检验记录	结论
1	首次手动开机进行检查和测试	记录启动、空载开度及上、下游水位	符合规定	上游水位 24.0m 下游水位 12.0m 启动开度:1.5% 空载开度:9.8%	优良
		测量各部轴承瓦温、油温及水温,记录轴承油面波动情况	应符合设计要求	正推力瓦温 45.4℃,反推力瓦温 40.5℃,润滑油温 38.5℃,水温 29.8℃,轴承油面 36～49mm	
		测量水导、上导摆度。测量支持盖、上机架、推力支架,定子铁芯机座的振动值	摆度应小于轴承间隙,振动值应符合"标准 3"规定	水导摆度:0.08mm 上导摆度:0.08mm 上机架径向振动:0.02mm 定子径向振动:0.02mm 定子径向振动:0.0mm,下机架 轴向振动:0.03mm	
		记录水轮机各部压力值和真空值	符合规定	符合要求,详见试验记录	
		测定顶盖排水泵运行周期,检查水导主轴密封工作情况	符合规定	主轴密封工作正常	
		测定油压装置油泵输油周期	符合规定	23′15″	
		测量手动运行时的机组周波摆动值	符合规定	49.95～50.05Hz	
		测量永磁机电压和频率关系曲线,测量各相电压及相序	符合规定		
		测量发电机残压及相序	符合规定	残压 168V 相序正确	
		检查自动控制和温度巡检回路	应正常工作	工作正常	
		检查主(副)励磁机输出极性及电压调节情况	符合规定	—	
		停机过程中检查转速继电器制动加闸整定值,记录加闸停机时间	符合设计要求	空定值符合要求,机械制动加闸至停机时间为 20s,符合设计要求	

续表

项次	检查项目		质量标准	检验记录	结论
2	手动、自动切换试验	测定导叶接力器摆动值及摆动周期	接力器庆无明显摆动	接力器无明显摆动	优良
		在自动调节状态下，机组转速波动相对值测量	大型调速器不超过±0.15%；中型调速器不超过±0.25%	转速波动相对值，0.12%～－0.09%	
3	空载扰动试验检查		转速最大超调量不超过扰动量的30%；超调次数不超过两次，调节时间应符合设计规定	扰动量为4Hz，最大超调量为0.6Hz。超调次数为1次，调节时间为18s	优良
4	机组过速试验应检查	测量机组各部摆度振动值	应符合"标准3"规定	振动值：0.03～0mm	优良
		测量各部轴承温度	应符合"标准3"规定	推力轴承：49.5℃ 水导轴承：44.4℃，上导：45℃	
		校核整定过速保护装置的动作值	应符合设计规定	电气：161.8%额定转速 机械：180%额定转速	
		停机检查机组各部位	应无异常	停机检查无异常	
5	自动开机试验检查	检查开、停机程序及时间	应符合设计要求	开、停机程序正确，开机时间25s，停机时间40s	优良
		高压油顶起装置	应能自动投入及退出，油压正常	能自动投入及退出，油压正常	
		调速器及各自动化元件	动作应正确	动作正确	
		制动系统检查	能正确动作，可靠	动作正确、可靠	
6	发电机短路时的试验和检查	检查发电机保护及测量电流互感器二次电流	三相应平衡，电气仪表指示正确，各继电器动作整定值正确	三相平衡，电气仪表指示正确，各继电器动作整定值正确	优良
		录制发电机三相短路特性，测量发电机轴电压	应符合设计要求	发电机轴电压4V	
		测量灭磁开关的时间常数	应符合设计规定	符合要求，0.808″	
		检查励磁机整流子碳刷换向情况	换向情况正常	—	
		复励及调差部分试验	应符合设计要求	—	
		模拟机组电气事故停机	动作程序应符合设计要求	动作程序正确	
7	发电机定子检查性直流耐压试验		应符合"标准3"规定	安装过程无异常，直流耐压试验符合要求	合格
8	发电机升压时的检查和试验		应符合"标准3"规定	分阶段升压至最高电压，设备带电情况正常，*Ue*时轴电压1.3V	优良
9	发电机单相接地试验		保护继电器动作整定值正确	整定值正确，单相接地动作值3kV	优良

续表

项次	检查项目		质量标准	检验记录	结论
10	发电机空载时励磁调节器试验	励磁装置处于手动位置时的励磁检查	工作应正常，且符合设计要求	**工作正常**	**优良**
		励磁装置手动和自动位置时的电压调整范围检查	最低可调电压值应符合设计要求	**手动:80%～130%*Ue* 自动:90%～110%*Ue***	
		各种工况下的稳定性和超调量的检查	摆动次数一般为2～3次。电机励磁超调量一般不超过20%；可控硅励磁超调量一般不超过10%	**摆动次数2次，超调8%**	
		测量励磁调节器的开环放大倍数	应符合设计要求	—	
		在等值负载情况下录制励磁调节器各部特性	应符合设计要求	—	
		测定发电机转速与电压的变化特性	频率每变化1%时，其发电压变化：对半导体型，不超过额定电压的±0.25%；对电磁型，不超过额定电压的2%	**频率变化0.5周，发电机电压变化0.2%**	
		可控硅励磁系统各种保护的模拟动作试验及调整	动作应正确	**动作正确**	
		带有逆变灭磁的静止励磁装置模拟停机工况逆变灭磁试验	应符合设计要求	**逆变灭磁工况正常，灭磁时间0.808s**	
检验结果	**共检验10项，合格10项，其中优良9项，优良率90.0%**				

评定意见	单元工程质量等级
所有检查项目均符合质量标准，各项记录准确、齐全，全部试验一次成功率95.4%	**优良**

测量人	××× ××年×月×日	施工单位	××× ××年×月×日	建设（监理）单位	××× ××年×月×日

* 设备运转试验部分质量标准。

合格：按启动委员会批准的试运行大纲完成各项试验和检查，机组各部无异常，主要数据达到设计要求，各项记录准确、齐全。

优良：在合格的基础上，各项试验一次成功率在90%及其以上。

第五节　电气设备安装质量评定表

一、发电电气设备安装

1. 互感器安装

(1)以一组电流式电压互感器安装为一个单元工程。

(2)单元工程填写全型号及组数。

表 7-92　　20kV 及以下互感器安装单元工程质量评定表

<table>
<tr><td colspan="3">单位工程名称</td><td>发电厂房</td><td>单元工程量</td><td>JDJ—10　电压互感器 1 组</td></tr>
<tr><td colspan="3">分部工程名称</td><td>电气一次设备安装</td><td>施工单位</td><td>××市第×工程局</td></tr>
<tr><td colspan="3">单元工程名称、部位</td><td>10kV 母线电压互感器安装</td><td>检验日期</td><td>××年×月×日</td></tr>
<tr><td>项次</td><td colspan="2">检查项目</td><td>质量标准</td><td>检验记录</td><td>结论</td></tr>
<tr><td rowspan="3">1</td><td rowspan="3">外观检查</td><td>外观</td><td>清洁,完整,外壳无渗漏现象。法兰无裂纹或损伤,穿心导电杆固定牢固</td><td>无渗漏,无裂纹,固定牢固,局部不够清洁</td><td rowspan="3">优良</td></tr>
<tr><td>瓷套管</td><td>无裂纹或损伤,与上盖间的胶合应牢固</td><td>无裂纹,胶合牢固</td></tr>
<tr><td>接地</td><td>牢固,可靠</td><td>牢固,可靠</td></tr>
<tr><td rowspan="2">2</td><td rowspan="2">安装质量检查</td><td>本体安装</td><td>放置稳固。垂直固定牢固,同一组的中心应在同一平面上,间隙一致</td><td>同一组中心基本在一平面上,牢固,垂直,间隙一致</td><td rowspan="2">合格</td></tr>
<tr><td>二次引线端子</td><td>接线正确,连接牢固,绝缘良好,标志正确</td><td>接线正确,绝缘良好</td></tr>
<tr><td rowspan="2">3</td><td rowspan="2">测量绕组绝缘电阻</td><td>一次绕组</td><td>不作规定</td><td>500MΩ</td><td rowspan="2">优良</td></tr>
<tr><td>二次绕组</td><td>电压互感器大于 5MΩ
电流互感器大于 10MΩ</td><td>300MΩ</td></tr>
<tr><td>4</td><td colspan="2">△交流耐压试验</td><td>一次绕组试验电压标准见《电气装置安装工程　电气设备交接试验标准》(GB 50150—2006)相关规定</td><td>一次绕相对地 27kV,二次绕组对地 2000V 交流耐压 1min 无异常</td><td>优良</td></tr>
<tr><td>5</td><td colspan="2">测量电流互感器的励磁特性曲线</td><td>同型号互感器特性曲线相互比较,应无显著差别</td><td>—</td><td>优良</td></tr>
<tr><td>7</td><td colspan="2">测量1000V 以上的电压互感器空载电流</td><td>空载电流值不作规定,与出厂值相比应无明显差别(出厂值:a-x:0.095A,b-x:0.091A,c-x:0.095A)</td><td>a—x　0.095A
b—x　0.090A
c—x　0.096A</td><td>优良</td></tr>
<tr><td>8</td><td colspan="2">电压互感器绝缘油试验</td><td>符合《电气装置安装工程　电气设备交接试验标准》(GB 50150—2006)要求</td><td>—</td><td>—</td></tr>
<tr><td>9</td><td colspan="2">△检查三相互感器接线组别和单相互感器的极性</td><td>必须与铭牌及外壳上的符号相符</td><td>组别与铭牌相符,极性与设计相符</td><td>优良</td></tr>
<tr><td>10</td><td colspan="2">检查变化</td><td>应与铭牌值相符</td><td>与设计一致</td><td>优良</td></tr>
<tr><td colspan="2">检验结果</td><td colspan="4">共检验 8 项,合格 8 项,其中优良 6 项,优良率 75.5%</td></tr>
<tr><td colspan="4">评定意见</td><td colspan="2">单元工程质量等级</td></tr>
<tr><td colspan="4">主要检查项目全部符合质量标准,一般检查项目符合质量标准</td><td colspan="2">优良</td></tr>
<tr><td>测量人</td><td colspan="2">×××
××年×月×日</td><td>施工单位　×××
××年×月×日</td><td>建设(监理)单位</td><td>×××
××年×月×日</td></tr>
</table>

2. 电缆线路安装

(1)控制电缆以同一控制保证系统的控制电缆总数为一个单元工程；35kV 及以下电力电缆以同一电压等级电缆总数为一个单元工程。

(2)单元工程量填写单元安装电缆长度。

表 7-93　　35kV 及以下电缆线路安装单元工程质量评定表

<table>
<tr><td colspan="3">单位工程名称</td><td>发电厂房</td><td>单元工程量</td><td colspan="2">电力电缆 2.5km</td></tr>
<tr><td colspan="3">分部工程名称</td><td>电气一次设备安装</td><td>施工单位</td><td colspan="2">××市第×工程局</td></tr>
<tr><td colspan="3">单元工程名称、部位</td><td>10kV 电力电缆安装</td><td>检验日期</td><td colspan="2">××年×月×日</td></tr>
<tr><td>项次</td><td colspan="2">检查项目</td><td>质量标准</td><td colspan="2">检验记录</td><td>结论</td></tr>
<tr><td>1</td><td colspan="2">一般规定</td><td>电缆附件齐全，符合国家标准规定，电缆隐蔽工程应有验收签证，电缆防火设施的安装应符合设计规定</td><td colspan="2">附件齐全，有验收签证，按设计要求涂有防火材料</td><td>优良</td></tr>
<tr><td>2</td><td colspan="2">电缆支架安装</td><td>平整牢固，排列整齐、均匀，成排安装的支架高度应一致，允许偏差小于等于±5mm。支架横档至沟顶、楼板、沟底的距离应符合设计要求。支架与电缆沟或建筑物的坡度应相同。托架的制作安装应符合设计要求。支架应涂刷防腐漆和油漆，漆层完好。按规定可靠接地</td><td colspan="2">牢固，排列整齐，高度基本一致，$\Delta h \leqslant 1$mm 支架油漆完好，接地可靠</td><td>合格</td></tr>
<tr><td rowspan="2">3</td><td rowspan="2">电缆管加工及敷设</td><td>加工弯制</td><td>每根电缆管弯头小于等于 3 个，直解弯头小于等于 2 个，管的弯曲半径不应小于所穿电缆的最小允许弯曲半径。管子弯制后无裂纹的最小允许弯曲半径。管子弯制后无裂纹，弯扁程度不大于管子外径的 10%。管口平齐呈喇叭形，无毛刺</td><td colspan="2">每根电缆管弯头小于等于3，弯曲半径符合要求，管口无毛刺</td><td rowspan="2">合格</td></tr>
<tr><td>敷设与连接</td><td>安装牢固、整齐，裸露的金属管应刷防腐漆。连接紧密，出入地沟、隧道、建筑物和管口应密封。管道内清洁无杂物</td><td colspan="2">安装整齐，牢固，密封良好，管内无杂物</td></tr>
<tr><td>4</td><td>控制敷设安装</td><td>敷设前的检查</td><td>电缆无扭曲变形，外表无损伤。绝缘层无损伤，铠装层不松散。电缆绝缘电阻应符合《电气装置安装工程　电气设备交接试验标准》(GB 50150—2006)的要求</td><td colspan="2">—</td><td>—</td></tr>
</table>

续表

项次	检查项目		质量标准	检验记录	结论
4	控制敷设安装	电缆的敷设	数量、位置与电缆统计书、图纸相符，厂房内，隧道、沟道内敷设、排列顺序应符合《电气装置安装工程　电缆线路施工及验收规范》(GB 50168—2006)规定。电缆排列整齐。最小弯曲半径大于等于10倍电缆外径。标志牌齐全、清晰、正确	—	—
		电缆固定	垂直敷设(或超过45°倾斜敷设)应在每个支架上固定，水平敷设时在电缆首末两端及转弯处固定，各固定支持点间的距离符合设计规定	—	
5	电力电缆敷设安装的其他要求	敷设	明敷电缆应剥除麻护层，并列敷设的电缆相互间净距符合设计要求，并联运行的电力电缆其长度应相等	**麻护片已剥除，净距符合设计**	**优良**
		△电缆头制作	电缆终端头和接头的制作符合《电气装置安装工程　电缆线路施工及验收规范》(GB 50168—2006)要求	**制作符合规范要求**	
		△电气试验	绝缘电阻：绝缘良好，达到敷设前要求。直流耐压试验无异常。试验过程中泄漏电流应稳定无异常	**绝缘良好，直流耐压无异常，泄漏电流成线性，见试验记录**	
检验结果	共检验**4**项，合格**4**项，其中优良**2**项，优良率**50.0**%				

评定意见	单元工程质量等级
主要检查项目全部符合质量标准，一般检查项目基本符合质量标准，试验结果达到规范规定	**合格**

测量人	××× ××年×月×日	施工单位	××× ××年×月×日	建设(监理)单位	××× ××年×月×日

3. 铅蓄电池安装

(1)以一组蓄电池为一个单元工程。

(2)单元工程量填写本单元电池安装个数。

表 7-94　　**铅蓄电池安装单元工程质量评定表**

单位工程名称	**发电厂房**	单元工程量	**一级 115 个**
分部工程名称	**电气二次设备安装**	施工单位	**××市第×工程局**
单元工程名称、部位	**铅酸蓄电池组安装**	检验日期	**××年×月×日**

项次	检查项目		质量标准	检验记录	结论
1	母线及台架安装	硬母线安装质量应符合硬母线安装要求	安装正确，基本符合要求		**合格**
		母线	支持点间距小于 2m，与建筑物或接地部分之间距离大于 50mm。平直、排列整齐、弯曲度一致。全长、金属支架、绝缘子铁脚均应涂刷耐酸相色漆，相色正确。与绝缘固定用的绑线，铜母线截面应大于 $2.5mm^2$，铁线截面应大于 $3mm^2$。绑扎应牢固，并涂耐酸漆。与电池连接的端头应搪锡且连接紧固	**支持点间距 1500mm，与接地部分距离 60mm 涂耐酸色漆，钢线截面大于等于 6，绑扎牢固并涂耐酸漆，端头搪锡**	
		引出线	应有正负极性标志，电缆穿管口(或洞口)应有耐酸材料密封	**正极红色，铀极黑色，管口用耐酸材料密封**	
		穿墙接线板	应为耐酸、非可燃又不吸潮的绝缘材料，接线板与固定框架之间及固定螺栓处应旋转耐酸密封垫	**绝缘材料，固定螺栓，密封垫等均为耐酸材料**	
		开口式蓄电池木台架	应涂刷耐酸漆，台架之间不得用金属连接固定，台架安装平直，台架与地面之间应有绝缘垫绝缘	**涂有耐酸漆，无金属连接，台架与地面有绝缘垫**	
2	安装前外观检查		部件齐全、无损伤，密封良好，极板平直，无受潮及剥落，接线柱无变形，极性正确	**部件齐全，无损伤，密封良好，无受潮，极性正确**	**优良**

续表

<table>
<tr><td>项次</td><td>检查项目</td><td>质量标准</td><td>检验记录</td><td>结论</td></tr>
<tr><td>3</td><td>蓄电池安装</td><td>安装平稳，排列整齐，池槽高低一致，间距符合要求。接线正确，螺栓紧固，极板规格数量符合产品的技术要求，极板焊接牢固，池槽编号应清晰、正确</td><td>平稳、整齐、高低一致，接线正确，焊接部位牢固，编号清晰、正确</td><td>优良</td></tr>
<tr><td>4</td><td>电解液配制与灌注</td><td>符合产品技术规定</td><td>用蓄电池硫酸有合格证，配制符合规定</td><td>优良</td></tr>
<tr><td>5</td><td>蓄电池充电</td><td>符合产品技术规定</td><td>恒流、均定、不过充，充电容量达到产品技术要求</td><td>优良</td></tr>
<tr><td>6</td><td>△蓄电池的首次放电</td><td>扫产品规定进行，不应“过放”，放电终了应符合“标准 5”规定</td><td>未过放，符合“标准 5”中的“优良”要求</td><td>优良</td></tr>
<tr><td>7</td><td>绝缘电阻测量</td><td>符合产品技术规定（大于 0.5MΩ）</td><td>1MΩ</td><td>优良</td></tr>
<tr><td>8</td><td>蓄电池切换器的安装</td><td>应符合《电气装置安装工程蓄电池施工及验收规范》（GB 50172—92）规定</td><td>底板绝缘良好，灵活可靠，开关动作可靠，指示正确</td><td>优良</td></tr>
<tr><td colspan="2">检验结果</td><td colspan="3">共检验 8 项，合格 8 项，其中优良 7 项，优良率 87.5%</td></tr>
<tr><td colspan="3">评定意见</td><td colspan="2">单元工程质量等级</td></tr>
<tr><td colspan="3">主要检查项目全部符合质量标准，一般检查项目符合质量标准</td><td colspan="2">合格</td></tr>
</table>

测量人	××× ××年×月×日	施工单位	××× ××年×月×日	建设（监理）单位	××× ××年×月×日

注：适用范围：电压大于等于 48V，且容量大于 100Ah 者。

二、升压变电设备安装

1. 主变压器安装单元

表 7-95　　主变压器安装单元工程质量评定表

单位工程名称	发电厂房	单元工程量	SF_8—20000/121,1 台
分部工程名称	主变压器安装	施工单位	××市第×工程局
单元工程名称、部位	2# 主变压器安装	检验日期	××年×月×日

项次	检查项目		质量标准	检验记录	结论
1	一般规定		油箱及所有的附件应齐全,无锈蚀或机械损伤,无渗漏现象。各连接部位螺栓应齐全,紧固良好。套管表面无裂缝、伤痕,充油套管无渗油现象,油位指示正常	附件齐全,无损伤,无渗漏,连接固定良好,油位指示正确	优良
2	器身检查	△铁芯	应无变形和多点接地。铁轭与夹件,夹件与螺杆等处的绝缘应完好,连接部位应紧固	铁芯无变形和多点接地,绝缘完好,连接坚固	良
		线圈	绝缘层应完好无损,各组线圈排列应整齐,间隙均匀,油路畅通。压钉应紧固,绝缘良好,防松螺母锁紧	绝缘良好,排列整齐间隙均匀,油路通畅,连接坚固	
		引出线	绝缘包扎坚固,无破损、拧扭现象。固定牢固,绝缘距离符合设计要求。引出线裸露部分应无毛刺或尖角,连接良好。引出线与套管的连接应正确,连接牢固	包扎坚固,绝缘距离符合设计要求,裸露部分无毛刺,焊接良好,与套管接线正确,牢固	
		电压切换装置	无激磁电压切换装置各分接点与线圈的连接应紧固正确。接点接触紧密,转动部位应转动灵活,密封良好,指示器指示正确。有载调压装置的各形式分接点接触良好。分接线连接牢固,正确,切换部分密封良好	连接坚固正确,接点接触紧密良好,转动部位灵活密封良好,指示正确	
		箱体	各部位无油泥、金属屑等杂物。有绝缘围屏者,其围屏应绑扎牢	无油泥、金属屑等杂物	
3	变压器干燥的检查		检查干燥记录,应符合《电气装置安装工程电力变压器、油浸电抗器、互感器施工及验收规范》(GB J148—90)第 2.5.1～2.5.5 条有关要求	检查干燥记录,符合质量标准要求	优良
4	本体及附件安装	轨道检查	两轨道间距离允许误差应小于 2mm,轨道对设计标高允许误差应小于±2mm,轨道连接处水平允许误差应小于 1mm	距离误差:2mm,高程误差:−1mm,水平误差:0.50mm	优良
		本体就位	轮距与轨距中心应对正,滚轮应加制动装置且该装置应固定牢固。装有气体继电器的箱体顶盖应有 1%～1.5%的升高坡度	中心对正,滚轮能拆卸,制动装置固定,箱体顶盖沿电气体继电器气流方向,升高坡度为 1.2%	

续表

项次	检查项目		质量标准	检验记录	结论
4	本体及附件安装	△冷却装置安装	安装前应进行密封试验无渗漏。与变压器本体及其他部位的连接应牢固，密封良好。管路阀门操作灵活，开闭位置正确。油泵运转正常。风扇电动机及叶片应安装牢固，转动灵活、运转正常、无振动或过热现象。冷却装置安装完毕，试运行正常，联动正确	试验检查无渗漏，连接牢固，密封良好，阀门操作灵活，油泵运转正常，风扇电动机良好，冷却装置试运行正常，联动正确	优良
		有载调压装置的安装	传动机构应固定牢固，操作灵活无卡阻。切换开关的触头及其连线应完整，接触良好。限流电阻完整无断裂。切换装置的工作顺序及切换时间应符合产品技术要求，机械联锁与电气联锁动作正确。位置指示器动作正常，指示正确。油箱应密封良好，油的电气绝缘强度应符合产品技术要求。电气试验符合相关要求	传动机构牢固，操作灵活，切换开关连接完整、接触良好，限流电阻完整，切换装置符合产品技术要求，联锁动作正确，油箱密封良好，油的电气试验符合标准	
		储油柜及吸潮器安装	储油柜应清洁干净，固定牢固。油位表应动作灵活，指示正确。吸潮器与储油柜的连接管应密封良好，吸潮剂应干燥	清洁、牢固，油位表动作灵活，油位批示正确，连接管密封良好，吸潮剂干燥	
		△套管的安装	套管表面无裂纹、伤痕，套管应试验合格。各连接部位接触紧密，密封良好。充油套管不渗漏油，油位正常	套管试验合格，密封良好无渗漏，油位正常	
		升高座的安装	安装正确，边相倾斜角应符合制造要求。与电流互感器中心应一致。绝缘筒应安装牢固位置正确	安装正确，中心一致，绝缘筒安装牢固，正确	
		气体断电器的安装	安装前应检验整定。安装水平，接线正确。与连通管的连接应密封良好	安装水平；接线正确，与管连接密封良好	
		安全气道的安装	内壁清洁干燥，隔膜的安装位置及油流方向正确	清洁干燥，安装正确	
		测温装置的安装	温度计应经校验，整定值符合要求，指示正确	温度计整定值符合要求，指示正确	
		保护装置的安装	配备应符合设计要求，各保护应经校验，整定值符合要求。操作及联动试验过程中保护装置应动作正常	联动试验动作正常，整定值符合要求	
5	△变压器油		应符合《电气装置安装工程　电气设备交接试验标准》(GB 50150—2006)第6.0.12条的要求	1. 在冲击合闸前和运行24h后的油中气体色谱分析两次测得的氢、乙炔、总烃含量无差别 2. 油中微水含量为10ppm 3. $tg\delta=0.24(90℃)$ 4. 击穿电压56kV	优良

续表

项次	检查项目	质量标准	检验记录	结论
6	变压器与母线或电缆的连接	应符合《电气装置安装工程　母线装置施工及验收规范》(GB J149—90)第2.1.8条、第2.2.2条、第2.3.2条的有关规定	采用铜铝过渡板，铜端搪锡，连接紧固，符合《规范》要求	优良
7	各接地部位	应牢固可靠，并按规定涂漆。接地引下线及引下线与主接地网的连接应满足设计要求(铁芯1点，外壳2点)	接地可靠、涂漆标志明显。连接满足设计要求	优良
8	△变压器整体密封检查	符合《电气装置安装工程　电气设备交接试验标准》(GB 50150—2006)，表19.0.1的要求	静压0.0MPa，24h无渗漏，无损伤	优良
9	测量绕组连同套管一起的直流电阻	相间相互差别不大于2%	低压　高压　1　2 ab 0.0213　A0 1.871，1.819 bc 0.02009　B0 1.875，1.831 ca 0.0215　C0 1.871，1831	优良
10	检查分接头的变压比	额定分接头变压比允许偏差为±0.5%，其他分接头与铭牌数据相比应无明显差别，且应符合变压比规律	实测误差　1　2　3 AB/ab　0.23，0.18，0.16 BC/bc　0.24，0.18，0.17 CA/ca　0.24，0.21，0.18	优良
11	△检查三相变压器的接线组别和单相变压器的极性	应与铭牌及顶盖上的符合相符(Y_N，d_{11})	用电压比电桥测定接线组别为Y_N，d_{11}	优良
12	测量绕组连同套管一起的绝缘电阻和吸收比	符合《电气装置安装工程　电气设备交接试验标准》(GB 50150—2006)的要求(绝缘电阻不低于出厂值的70%，吸收比大于等于1.3)	20℃ 高—低　地：5000/28000＝1.78 低—高　地：3700/1500＝2.47 高　低—地：3700/2300＝1.61 符合要求	优良
13	△测量绕组连同套管一起的正切值tgδ	符合《电气装置安装工程　电气设备交接试验标准》(GB 50150—2006)(不大于出厂值的130%)	高—低地，tanδ%＝0.4 低—高地，tanδ%＝0.5 高低—地，tanδ%＝0.7 与出厂值相同	优良

续表

项次	检查项目		质量标准	检验记录	结论
14	测量绕组连同套管直流泄漏电流		《电气装置安装工程　电气设备交接试验标准》(GB 50150—2006)符合要求(20℃时，110kV，<50μA，30℃时<74μA)	**见试验报告，26℃时，低—YM F ：7μA，高—低地：9μA，高低—地：10μA**	**优良**
15	工频耐压试验		试验电压标准见《电气装置安装工程　电气设备交接试验标准》(GB 50150—2006)附录1，试验中应无异常	**高—低地，免做，低—高地，35kV，60s无异常**	**优良**
16	与铁芯的各紧固件的铁芯引出套管与外壳的绝缘电阻测量		用2500V兆欧表测量时间1min，无闪络及击穿现象	**优良**	
17	非纯瓷套管试验		符合《电气装置安装工程　电气设备交接试验标准》(GB 50150—2006)第15.0.3条的有关规定	**绝缘电阻1600～4000MΩ，tgδ%＝0.5～0.65(20℃)，电容值与出厂比较，最大差值+8%**	**优良**
18	有载调压装置的检查试验	测量限流元件的电阻	与产品出厂测量值比较应无显著差别	**与出厂测量值一致**	**良**
		检查开关动、静触头动作顺序	应符合产品技术要求	**有载调压开关动，静触头动作顺序正确**	
		检查切换装置的切换过程	全部切换过程，应无开路现象	**全部切换过程均无开路现象**	
		检查切换装置的调压情况	电压变化范围和规律与产品出厂数据相比，应无显著差别	**电压变化范围和规律与出厂数据基本一致**	
19	△相位检查		必须与电网相位一致	**与电网相位一致**	**优良**
20	额定电压下的冲击合闸试验		试验5次，应无异常现象	**试验5次，无异常**	**优良**
检验结果	共检验**19**项，合格**19**项，其中优良**19**项，优良率**100%**				

评定意见					单元工程质量等级
主要检查项目全部符合质量标准。一般检查项目符合质量标准。启动试运行达到优良标准					**优良**
测量人	××× ××年×月×日	施工单位	××× ××年×月×日	建设(监理)单位	××× ××年×月×日

注：适用范围：额定电压小于等于330kV，额定容量大于等于6300kVA的油浸式变压器安装。

合格：主要检查项目应符合质量标准，一般检查项目基本符合质量标准要求，启动试运行达到合格标准。

优良：主要检查项目和一般检查项目必须全部达到质量标准要求。启动试运行达到优良标准。

2. 隔离开关安装

(1)以一组隔离开关为一个单元工程。

(2)单元工程量填写本单元隔离开关型号和组数。

表 7-96 隔离开关安装单元工程质量评定表

单位工程名称		升压变电站	单元工程量		GW_4—110,1 组
分部工程名称		其他电气设备安装	施工单位		××市第×工程局
单元工程名称、部位		2B 出线隔离开关安装	检验日期		××年×月×日
项次	检查项目	质量标准		检验记录	结论
1	外观检查	所有部件、附件齐全无损伤、变形及锈蚀,瓷件应无裂纹及破损。固定部分安装正确,固定牢固。操动机构部件齐全,连接紧固动作灵活。液压操作机构部件齐全,连接紧固动作灵活。液压操作机构油位正常,无渗漏油。气压操作机构密封应良好,无漏气现象		安装正确,连接坚固动作灵活。液压机构油位正确,无渗漏气压机构密封良好	合格
2	开关组装	相间距离允许误差:110kV 及以下应小于±10mm,110kV 以上开关应小于等于±20。支持绝缘子与底平面应垂直且固定牢固。同一绝缘子支柱的各绝缘子中心线应在同一中心线上。同相各绝缘子支柱的中心线应在同一垂直面内。均压环应安装牢固平整		开关相间误差 A→B+5mm,B→C+5mm,绝缘子支柱中心线垂直。	优良
3	△导电部分检查	触头应接触紧密,两侧压力均匀。接触表面应平整,无氧化膜。触头及开关与母线的接触面用厚 0.05mm×10mm 塞尺查检:线接触塞不进。面接触:接触面宽度在 50mm 及以下,塞入深度小于 4;接触面宽度在 60mm 以上,塞入深度小于 6。三相触头接触的前后差值应符合产品技术规定(小于等于 10mm)。开关与母线的连接应符合"标准 6"的要求		接头接触紧密,触头表面平整、无氧化膜。触头与母线接触面塞尺塞入深度 3mm。三相触头接前后差值为 6mm,与母线连接符合相关要求	优良

续表

项次	检查项目	质量标准	检验记录	结论
4	操动机构及传动装置检查	应符合《电气装置安装工程　高压电器施工及验收规范》(GB J147—90)第 8.2.4 第 8.2.5 条的有关规定	**安装正确,操作灵活,基本符合质量标准规定**	**合格**
5	接地	应牢固,可靠	**牢固,可靠**	**优良**
6	△交流耐压试验	试验电压标准见《电气装置安装工程　高压电器施工及验收规范》(GB 50150—2006)附录 1,试验中应无异常	**265kV,耐压 1min 无异常详见试验记录**	**优良**
7	测量操动机构线圈的最低动作电压	符合《电气装置安装工程　高压电器施工及验收规范》(GB 50150—2006)第 14.0.7 条规定,其电压值为 80%～110%U_n	—	—
8	开关动作情况检查	在额定操作电压(气压、液压)下进行分合闸操作各 3 次,动作正常	**分合闸操作 3 次,动作正常**	**优良**
检验结果	共检验 **8** 项,合格 **8** 项,其中优良 **7** 项,优良率 **87.5%**			
评定意见			单元工程质量等级	
主要检查项目全部符合质量标准,一般检查项目符合质量标准。试验结果优良			**合格**	

测量人	××× ××年×月×日	施工单位	××× ××年×月×日	建设(监理)单位	××× ××年×月×日

注:适用范围:额定电压 35～330kV 户外者。

合格:主要检查项目应达到质量标准;一般检查项目基本符合质量标准要求。开关动作检查达到合格标准。

优良:主要检查项目及一般检查项目均应全部达到质量标准,开关动作情况检查应达到优良标准。

3. 厂区馈电线路安装

(1)以同一电压等级的线路、安装为一个单元工程。

(2)单元工程量填写本单元线路安装量(km)

表 7-97　　厂区馈电线路安装单元工程质量评定表

<table>
<tr><td colspan="2">单位工程名称</td><td colspan="2">升压变电站</td><td colspan="2">单元工程量</td><td colspan="2">LMJ—70,2km</td></tr>
<tr><td colspan="2">分部工程名称</td><td colspan="2">其他电气设备安装</td><td colspan="2">施工单位</td><td colspan="2">××市第×工程局</td></tr>
<tr><td colspan="2">单元工程名称、部位</td><td colspan="2">厂房至坝区 10kV 线路</td><td colspan="2">检验日期</td><td colspan="2">××年×月×日</td></tr>
<tr><td>项次</td><td colspan="2">检查项目</td><td colspan="3">质量标准</td><td>检验记录</td><td>结论</td></tr>
<tr><td>1</td><td colspan="2">一般规定</td><td colspan="3">线路所用导线、金属、瓷件等器材的规格、型号应符合设计要求,并具有产品合格证。外观检查符合《规范》的有关规定。电杆基坑的施工及埋设深度应符合设计图纸和《规范》的有关规定</td><td>导线和所有金具均符合设计,具有合格证,基坑施工及埋设深度均符合设计要求</td><td>优良</td></tr>
<tr><td>2</td><td colspan="2">△电杆组立</td><td colspan="3">符合《电气装置安装工程 35kV 及以下架空电力线路施工及验收规范》(GB 50173—92)第 4 章的规定</td><td>预应力杆、组合符合标准</td><td>优良</td></tr>
<tr><td>3</td><td colspan="2">△拉线安装</td><td colspan="3">符合《电气装置安装工程 35kV 及以下架空电力线路施工及验收规范》(GB 50173—92)第 5 章的规定</td><td>位置及角度正确,符合标准</td><td>优良</td></tr>
<tr><td>4</td><td colspan="2">导线架设</td><td colspan="3">符合《电气装置安装工程 35kV 及以下架空电力线路施工及验收规范》(GB 50173—92)第 6 章的规定</td><td>LGJ—70 符合设计,架设符合规范</td><td>优良</td></tr>
<tr><td>5</td><td colspan="2">电杆上电器设备的安装</td><td colspan="3">符合《电气装置安装工程 35kV 及以下架空电力线路施工及验收规范》(GB 50173—92)第 7 章的有关规定</td><td>符合标准</td><td>合格</td></tr>
<tr><td>6</td><td colspan="2">绝缘电阻测量</td><td colspan="3">绝缘子的绝缘电阻符合《电气装置安装工程　设备交接试验标准》(GB 50150—2006)的有关规定(单个≥300MΩ)</td><td>单个测量,均≥400MΩ见试验记录</td><td>优良</td></tr>
<tr><td>7</td><td colspan="2">检查相位</td><td colspan="3">各相两端的相位应一致</td><td>相位一致</td><td>优良</td></tr>
<tr><td>8</td><td colspan="2">△冲击合闸试验</td><td colspan="3">在额定电压下,对空载线路冲击合闸 3 次应无异常</td><td>10kV,冲击 3 次无异常</td><td>优良</td></tr>
<tr><td>9</td><td colspan="2">测量杆塔的接地电阻</td><td colspan="3">接地电阻值应符合设计规定(<3Ω)</td><td>2.18～2.78Ω</td><td>优良</td></tr>
<tr><td colspan="2">检验结果</td><td colspan="6">共检验 9 项,合格 9 项,其中优良 9 项,优良率 100%</td></tr>
<tr><td colspan="6">评定意见</td><td colspan="2">单元工程质量等级</td></tr>
<tr><td colspan="6">主要检查项目全部符合质量标准。一般检查项目基本符合质量标准。交接验收过程中各验收项目符合规范要求,其技术参数达到设计规定</td><td colspan="2">优良</td></tr>
<tr><td>测量人</td><td colspan="2">×××
××年×月×日</td><td>施工单位</td><td colspan="2">×××
××年×月×日</td><td>建设(监理)单位</td><td>×××
××年×月×日</td></tr>
</table>

注:适用范围:额定电压 0.4～35kV 者。

合格:主要检查项目符合质量标准;一般检查项目基本符合质量标准。在交接验收过程中发现的缺陷,经处理消除,达到质量标准要求。或仍有个别小缺陷,但不影响线路正常运行。

优良:主要检查项目和一般检查项目全部达到质量标准要求。交接验收过程中,各验收项目应符合验收规范要求,各技术参数值达到或优于设计规定。

第八章　水利水电工程监理资料

第一节　基本概述

在水利水电工程监理工作中，会涉及并产生大量的信息与档案资料，这些信息或档案资料中，有些是监理工作的依据，有些是反映工程质量的文件，也有一些在监理工作中形成的文件，因此应加强对这些文件资料的管理。

一、资料编制要求

工程监理资料是监理单位在项目设计、施工等监理过程中形成的资料，它是监理工作中各项控制与管理的依据和凭证。其编制要求如下：

(1)监理资料的编制工作应及时。各类资料的编写应使用黑色墨水或黑色签字笔，复写时，须用单面黑色复写纸。

(2)各类监理用表应符合相关规定，用词准确，内容真实、全面、清楚，不得有涂改或模糊不清之处。

(3)项目总监理工程师为监理资料编制工作的总负责人，对监理资料的编制负有检查、指导和监督的职责，对施工单位报送的不符合格式或不规范的资料应责令其改正或重做；拒不执行的，可不予签认。

(4)监理工程师在编制监理资料时，应使用规范用语和统用符号、公式等。如采用其他单位、符号，应予以注明。

(5)监理资料应随着工程项目的进展不断进行编制、收集与整理。监理工程师应认真审核承包单位报送的资料，不得接受经涂改的报验资料。审核整理后，交资料管理人员存放。

二、资料管理流程

水利工程建设项目监理资料管理流程如图 8-1 所示。

三、监理资料分类

水利工程建设项目监理资料大致可分为以下三类：

(1)监理工作依据，如招标投标文件、合同文件、业主针对该项目制定的有关工作制度或规定、监理规划与监理实施细则；

(2)监理工作文件，表明工程项目建设情况的文件资料，如监理工程师通知、专项监理工作报告、会议纪要，施工方案审查意见等；

(3)反映工程质量的监理文件，如验收记录、竣工移交证书等。

四、监理资料的组成

水利工程建设项目监理资料主要由以下几种文件组成：

(1)合同文件。工程项目建设过程中，涉及合同的有关信息及文件资料，主要包括施工监理招投标文件；建设工程委托监理合同；施工招投标文件以及建设工程施工合同、分包合同、各类订货合同等。

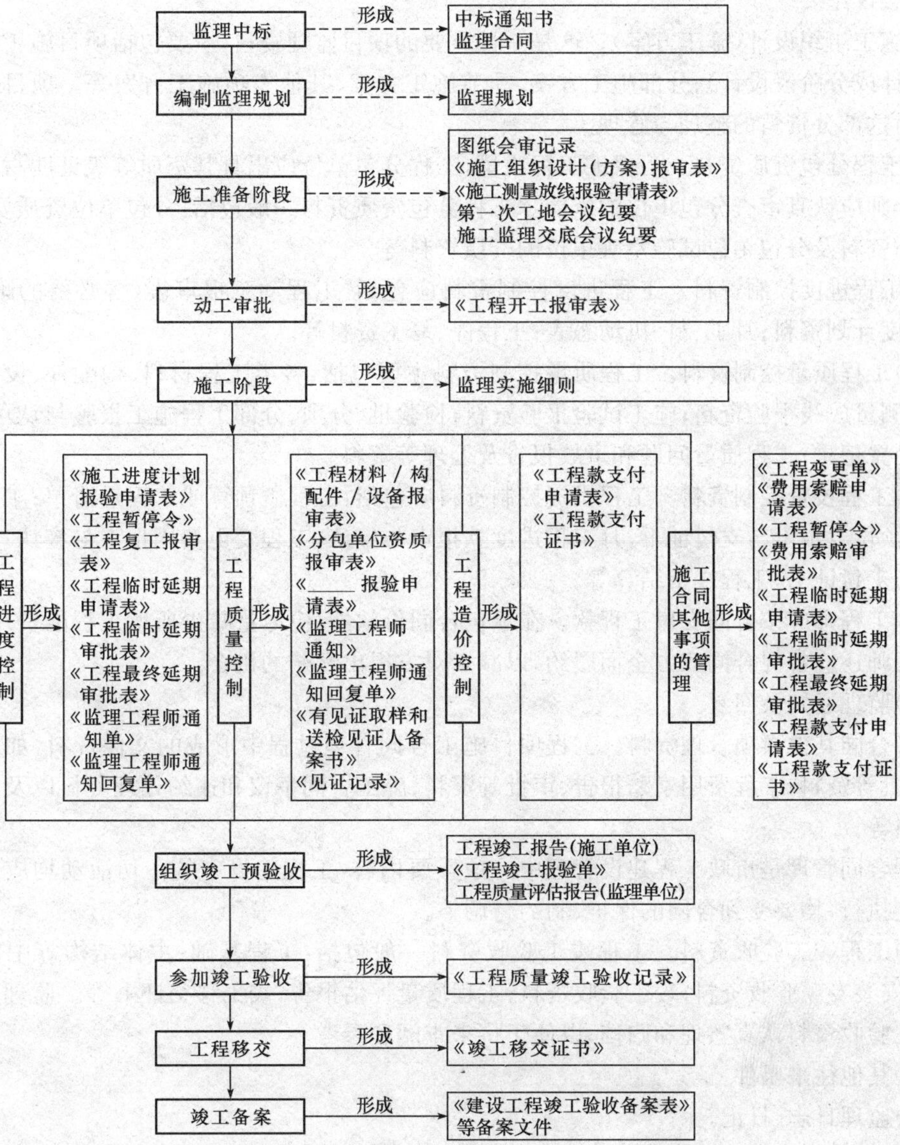

图 8-1 监理资料管理流程

(2)设计文件。工程项目设计阶段形成的相关文件资料,如施工图纸;岩土工程勘察报告;测量基础资料等。

(3)工程项目监理规划及监理实施细则。项目监理工作人员在实施监理工作前,应根据工程特点、施工设计要求编制具体监理规划和实施细则,一般包括:工程项目监理规划、监理实施细则以及工程项目监理部编制的总控制计划等其他资料。

(4)工程变更文件。在工程项目施工过程中,难免会因意想不到的情况出现而发生变更,在此过程中往往会形成一定的工程变更文件,如审图汇总资料,设计交底记录、纪要;设计变更文件;工程变更记录等相关资料。

(5)监理月报。

(6)会议纪要。

(7)施工组织设计(施工方案)。这是一种重要的项目监理资料,主要包括项目施工组织设计(总体设计或分阶段设计)、分部施工方案、季节施工方案、其他专项施工方案等。项目监理人员应加强对这部分资料的整理与管理。

(8)工程分包资质资料。为保证工程质量,工程分包单位应出具其资质等级证明材料。项目监理工程师应认真审查分包单位的资质。工程分包资质资料一般包括:分包单位资质资料、供货单位资质资料及分包单位试验室等单位的资质资料等。

(9)工程进度控制资料。工程进度控制资料应包括:工程动工报审表(含必要的附件);年、季、月进度计划资料;月工、料、机动态表;工程停、复工资料等。

(10)工程质量控制资料。工程质量控制资料主要包括:各类工程材料、构配件、设备报验资料;施工测量放线报验资料;施工试验报验资料;检验批、分项、分部工程施工报验与认可资料;不合格项处置记录;工程质量问题和事故报告及处理等资料。

(11)工程投资控制资料。工程投资控制资料应包括:工程概预算或工程量清单;工程量报审与签认;预付款报审与支付证书;月工程进度款报审与签认;工程变更费用报审与签认;工程款支付申请与支付证书;工程竣工结算等。

监理工程师应按合同支付工程款。在承包合同价款外,应尽量减少所增工程的费用。同时,监理工程师还应督促合同双方全面履约,以减少对方提出索赔的机会。

(12)监理通知及回复。

(13)合同其他事项管理资料。工程项目施工合同管理过程中形成的文件资料,如工程延期报告、审批等资料;工程费用索赔报告、审批等资料;施工合同争议和违约处理资料以及施工合同变更资料等。

工程合同管理是市政工程建设管理中一项重要内容,工程建设中的一切活动均应严格按照合同规定执行,均要受到合同的保护、制约与调整。

(14)工程竣工验收资料。工程竣工验收资料一般包括:工程基础、主体结构等中间验收资料;设备安装专项验收资料;竣工验收资料;工程质量评估报告;竣工移交证书等。监理人员应对工程竣工验收资料认真整理和归档,以便于将来查阅和参考。

(15)其他往来函件。

(16)监理日志、日记。

(17)监理工作总结(专题、阶段和竣工总结等)。

五、监理机构常用表格及填写规定

1. 填表基本规定

工程用表是检验与评定施工质量的基础资料,也是工程维修和事故处理的重要参考,因此对表格填写,作如下规定:

(1)应使用蓝色或黑色墨水钢笔填写,不得使用圆珠笔、铅笔填写。

(2)文字。应按国务院颁布的简化汉字书写。字迹应工整、清晰。

(3)数字和单位。数字使用阿拉伯数字(1、2、3…、9、0)。单位使用国家法定计算单位,并以规定的符号表示(如:MPa、m、m^3、t、…)。

(4)合格率。用百分数表示,小数点后保留一位。如果恰为整数,则小数点后以0表示。例如:95.0%。

(5)改错。将错误用斜线划掉，再在其右上方填写正确的文字(或数字)，禁止使用改正液、贴纸重写、橡皮擦、刀片刮或用墨水涂黑等方法。

例如：……表示有裂~~缝~~纹，抗压强度~~25.3~~ 23.3 MPa。

(6)表头填写。①单位工程、分部工程名称，按项目划分确定的名称填写。②单元工程名称、部位：填写该单元工程名称(中文名称或编号)，部位可用桩号、高程等表示。③施工单位：填写与项目法人(建设单位)签订承包合同的施工单位全称。④单元工程量：填写本单元主要工程量。⑤检验(评定)日期：年——填写4位数，月——填写实际月份(1～12月)，日——填写实际日期(1～31日)。

(7)质量标准中，凡有“符合设计要求”者，应注明设计具体要求(如内容较多，可附页说明)、凡有“符合规范要求”者，应标出所执行的规范名称及编号。

(8)检验记录。文字记录应真实、准确、简练。数字记录应准确、可靠，小数点后保留位数应符合有关规定。

2. 施工监理工作常用表格说明

(1)表格可分为以下两种类型：

1)承包人用表。以CB××表示。

2)监理机构用表。以JL××表示。

(2)表头应采用如下格式：

“CB11　　　　施工放样报检单

(承包[　]放样　号)”

注：1)“CB11”：表格类型及序号；

2)“工程放样报验单”：表格名称；

3)“承包[　]放样　号”：表格编号。其中：①“承包”：指该表以承包人为填表人，当填表人为监理机构时，即以“监理”代之。②当监理工程范围包括两个以上承包人时，为区分不同承包人的用表，“承包”可用其简称表示。③[　]：年份。[2002]、[2003]表示2002年、2003年的表格。④“放样”：表格的使用性质，即用于“放样”工作。⑤“　号”：一般为3位数的流水号。

如承包人简称为“华安”，则2003年承包人向监理机构报送的第3次放样报表可表示为：

“CB11　　　　施工放样报检单

(华安[2003]放样003号)”

(3)监理机构可根据施工项目的规模和复杂程度，采用其中的部分或全部表格；如果表格种类不能满足工程实际需要时，可按照表格的设计原则另行增加。

(4)各表格脚注中所列单位和份数为基本单位和最少份数，工作中应根据具体情况和要求具体指定各类表格的报送单位和份数。

(5)相关单位都应明确文件的签收。

(6)“CB01施工技术方案申报表”可用于承包人向监理机构申报关于施工组织设计、施工措施计划、工程测量施测计划和方案、施工工法、工程放样计划、专项试验计划和方案等。

(7)承包人的施工质量检验月汇总表、工程事故月报表除作为施工月报附表外，还应按有关要求另行单独填报。

(8)每一表格均应根据工程具体要求确定该表格原件的份数，并在表格底部注明；“设代机构”是代表工程设计单位在施工现场的机构，如设计代表、设代组、设代处等。

表 8-1　　　　承包人用表目录

序　号	表格名称	表格类型	表格编号
1	施工技术方案申报表	CB01	承包[　]技案　　号
2	施工进度计划申报表	CB02	承包[　]进度　　号
3	施工图用图计划报告	CB03	承包[　]图计　　号
4	资金流计划申报表	CB04	承包[　]资金　　号
5	施工分包申报表	CB05	承包[　]分包　　号
6	现场组织机构及主要人员报审表	CB06	承包[　]机人　　号
7	材料/构配件进场报验单	CB07	承包[　]材验　　号
8	施工设备进场报验单	CB08	承包[　]设备　　号
9	工程预付款申报表	CB09	承包[　]工预付　　号
10	工程材料预付款报审表	CB10	承包[　]材预付　　号
11	施工放样报验单	CB11	承包[　]放样　　号
12	联合测量通知单	CB12	承包[　]联测　　号
13	施工测量成果报验单	CB13	承包[　]测量　　号
14	合同项目开工申请表	CB14	承包[　]合开工　　号
15	分部工程开工申请表	CB15	承包[　]分开工　　号
16	设备采购计划申报表	CB16	承包[　]设采　　号
17	混凝土浇筑开仓报审表	CB17	承包[　]开仓　　号
18	单元工程施工质量报验单	CB18	承包[　]质报　　号
19	施工质量缺陷处理措施报审表	CB19	承包[　]缺陷　　号
20	事故报告单	CB20	承包[　]事故　　号
21	暂停施工申请报告	CB21	承包[　]暂停　　号
22	复工申请表	CB22	承包[　]复工　　号
23	变更申请报告	CB23	承包[　]变更　　号
24	施工进度计划调整申报表	CB24	承包[　]进调　　号
25	延长工期申报表	CB25	承包[　]延期　　号
26	变更项目价格申报表	CB26	承包[　]变价　　号
27	索赔意向通知	CB27	承包[　]赔通　　号
28	索赔申请报告	CB28	承包[　]赔报　　号
29	工程计量报验单	CB29	承包[　]计量　　号
30	计日工工程量签证单	CB30	承包[　]计日证　　号
31	工程价款月支付申请书	CB31	承包[　]月付　　号
32	工程价款月支付汇总表	CB31 附表 1	承包[　]月总　　号
33	已完工程量汇总表	CB31 附表 2	承包[　]量总　　号
34	合同单价项目月支付明细表	CB31 附表 3	承包[　]单价　　号
35	合同合价项目月支付明细表	CB31 附表 4	承包[　]合价　　号
36	合同新增项目月支付明细表	CB31 附表 5	承包[　]新增　　号

续表

序 号	表格名称	表格类型	表格编号
37	计日工项目月支付明细表	CB31 附表 6	承包[ ]计日付 号
38	计日工工程量月汇总表	CB31 附表 6-1	承包[ ]计日总 号
39	索赔项目价款月支付汇总表	CB31 附表 7	承包[ ]赔总 号
40	施工月报	CB32	承包[ ]月报 号
41	材料使用情况月报表	CB32 附表 1	承包[ ]材料月 号
42	主要施工机械设备情况月报表	CB32 附表 2	承包[ ]设备月 号
43	现场施工人员情况月报表	CB32 附表 3	承包[ ]人员月 号
44	施工质量检验月汇总表	CB32 附表 4	承包[ ]质检月 号
45	工程事故月报表	CB32 附表 5	承包[ ]事故月 号
46	完成工程量月汇总表	CB32 附表 6	承包[ ]量总月 号
47	施工实际进度月报表	CB32 附表 7	承包[ ]进度月 号
48	竣工验收申请报告	CB33	承包[ ]验报 号
49	报告单	CB34	承包[ ]报告 号
50	回复单	CB35	承包[ ]回复 号
51	完工/最终付款申请表	CB36	承包[ ]付申 号

表 8-2　　监理机构用表目录

序 号	表格名称	表格类型	表格编号
1	进场通知	JL01	监理[ ]进场 号
2	合同项目开工令	JL02	监理[ ]合开工 号
3	分部工程开工通知	JL03	监理[ ]分开工 号
4	工程预付款付款证书	JL04	监理[ ]工预付 号
5	批复表	JL05	监理[ ]批复 号
6	监理通知	JL06	监理[ ]通知 号
7	监理报告	JL07	监理[ ]报告 号
8	计日工工作通知	JL08	监理[ ]计通 号
9	工程现场书面指示	JL09	监理[ ]现指 号
10	警告通知	JL10	监理[ ]警告 号
11	整改通知	JL11	监理[ ]整改 号
12	新增或紧急工程通知	JL12	监理[ ]新通 号
13	变更指示	JL13	监理[ ]变指 号
14	变更项目价格审核表	JL14	监理[ ]变价审 号
15	变更项目价格签认单	JL15	监理[ ]变价签 号
16	变更通知	JL16	监理[ ]变通 号
17	暂停施工通知	JL17	监理[ ]停工 号
18	复工通知	JL18	监理[ ]复工 号

续表

序　号	表格名称	表格类型	表格编号
19	费用索赔审核表	JL19	监理[　]索赔审　号
20	费用索赔签认单	JL20	监理[　]索赔签　号
21	工程价款月付款证书	JL21	监理[　]月付　号
22	月支付审核汇总表	JL21 附表 1	监理[　]月总　号
23	合同解除后付款证书	JL22	监理[　]解付　号
24	完工/最终付款证书	JL23	监理[　]付证　号
25	工程移交通知	JL24	监理[　]移交　号
26	工程移交证书	JL25	监理[　]移证　号
27	保留金付款证书	JL26	监理[　]保付　号
28	保修责任终止证书	JL27	监理[　]责终　号
29	设计文件签收表	JL28	监理[　]设收　号
30	施工设计图纸核查意见单	JL29	监理[　]图核　号
31	施工设计图纸签发表	JL30	监理[　]图发　号
32	工程项目划分报审表	JL31	监理[　]项分　号
33	监理月报	JL32	监理[　]月报　号
34	完成工程量月统计表	JL32 附表 1	监理[　]量统月　号
35	监理抽检情况月汇总表	JL32 附表 2	监理[　]抽检月　号
36	工程变更月报表	JL32 附表 3	监理[　]变更月　号
37	监理抽检取样样品月登记表	JL33	监理[　]样品　号
38	监理抽检试验登记表	JL34	监理[　]试记　号
39	旁站监理值班记录	JL35	监理[　]旁站　号
40	监理巡视记录	JL36	监理[　]巡视　号
41	监理日记	JL37	监理[　]日记　号
42	监理日志	JL38	监理[　]日志　号
43	监理机构内部会签单	JL39	监理[　]内签　号
44	监理发文登记表	JL40	监理[　]监发　号
45	监理收文登记表	JL41	监理[　]监收　号
46	会议纪要	JL42	监理[　]纪要　号
47	监理机构联系单	JL43	监理[　]联系　号
48	监理机构备忘录	JL44	监理[　]备忘　号

第二节　水利水电工程监理管理资料

水利工程监理管理过程中形成的资料主要有监理规划、监理实施细则、监理月报、监理会议纪要、监理工作日志和监理工作总结等。其中,监理规划及监理实施细则是指导监理工作的纲领性文件。

一、监理规划

水利工程监理规划是依据监理大纲和委托监理合同编制的，在指导项目监理部工作方面起到重要作用。监理规划是编制监理实施细则的重要依据。

(1)监理规划的编制，应针对项目的实际情况，明确项目监理工作的目标，确定具体的监理工作制度、程序、方法和措施，并应具有可操作性。

(2)监理规划应在签订委托监理合同及收到设计文件后开始编制，完成后必须经监理单位技术负责人审核批准，并应在召开第一次工地会议前报送建设单位。

(3)监理规划应由总监理工程师主持、专业监理工程师参加编制。其编制依据如下：

1)建设工程的相关法律、法规及项目审批文件。

2)与建设工程项目有关的标准、设计文件、技术资料。

3)监理大纲、委托监理合同文件以及与建设工程项目相关的合同文件。

(4)监理规划应包括以下主要内容：

1)工程项目概况；

2)监理工作范围；

3)监理工作内容；

4)监理工作目标；

5)监理工作依据；

6)项目监理机构的组织形式；

7)项目监理机构的人员配备计划；

8)项目监理机构的人员岗位职责；

9)监理工作程序；

10)监理工作方法及措施；

11)监理工作制度；

12)监理设施。

(5)在监理工作实施过程中，如实际情况或条件发生重大变化而需要调整监理规划时，应由总监理工程师组织专业监理工程师研究修改，按原报审程序经过批准后报建设单位。

二、监理实施细则

对中型及以上或专业性较强的工程项目，项目监理机构应编制监理实施细则。监理实施细则应符合监理规划的要求，并应结合工程项目的专业特点，做到详细具体、具有可操作性。

(一)编制要求

(1)监理实施细则应在相应工程施工开始前编制完成，并必须经总监理工程师批准。

(2)监理实施细则应由专业监理工程师编制。编制监理实施细则的依据如下：

1)已批准的监理规划；

2)与专业工程相关的标准、设计文件和技术资料；

3)施工组织设计。

(3)监理实施细则应包括下列主要内容：

1)专业工程的特点；

2)监理工作的流程；

3)监理工作的控制要点及目标值；

4)监理工作的方法及措施。

(4)在监理工作实施过程中，监理实施细则应根据实际情况进行补充、修改和完善。

(二)实施细则的编制

水利工程施工阶段监理实施细则，应由专业监理工程围绕以下几方面进行编制：

1. 投资控制

(1)按承包合同中规定的价款控制工程投资，并尽量减少所增工程费用。

(2)按合同支付工程款等。保证合同方全面履约，以减少对方提出索赔的机会。

2. 进度控制

(1)由业主负责供应的材料和设备应按计划及时到位。同时，检查施工单位落实劳动力、机具设备、周转材料、原材料的情况。

(2)严格审查施工单位编制的施工组织设计，要求编制网络计划，并切实按计划组织施工。

(3)要求施工单位编制月施工作业计划，将进度按日分解，以保证月计划的落实。

(4)检查施工单位的进度落实情况，按网络计划控制，做好计划统计工作；制定工程形象进度图表，每月检查一次上月的进度和下月的进度计划。

(5)协调各施工单位间的关系，使它们相互配合、相互支付和搞好衔接。必要时，可利用工程付款签证权，督促施工单位按计划完成任务。

3. 质量控制

(1)对主要工程材料、半成品、设备制定预控措施。对一些重要工程部位及容易出现质量问题的分部(项)工程也应制订质量预控措施。

(2)要求施工单位建立健全质量保证体系，推行全面质量管理，做到开工有报告，施工有措施，技术有交底，定位有复查，材料、设备有试验，隐蔽工程有记录，质量有自检、专检，交工有资料。

(3)要求施工单位严格执行国家和地方有关施工安装的质量检验报表制度；对施工单位交验的有关施工质量报表，监理工程师应及时核查或认定。

对于隐蔽工程未经监理工程师核查签字不能继续施工。

4. 工程验收

(1)监理工程师根据施工单位有关阶段的、分部工程的以及单位工程的竣工验收申请报告，负责组织初验。

(2)经初验全部合格后，由项目总监理工程师在相应的工程竣工验收报告单上签明认可的正式竣工日期，然后向业主提出竣工报告。并要求业主组织有关部门和人员参加进行相应阶段的正式验收工作。

三、监理月报

监理月报是总监理工程师定期向业主提交的反映工程在本报告期末总体执行情况的书面报告，也是业主了解、确认，监督监理工作的重要依据。监理月报还应上报监理单位。

水利工程项目监理机构每月以《监理月报》的形式向业主报告本月的监理工作情况。监理月报的内容一般应包括以下方面：

(1)合同履行情况，主要说明合同的履行概况、主要工程项目的变化情况。

(2)工程进度情况，主要说明实际进度与计划进度、合同规定进度的比较。

(3)工程财务情况，主要说明计量情况、合同金额和支付金额等。

(4)施工现场情况，主要说明工程延误情况、工程质量情况及问题、工程进展中的主要问题与困难，如施工中重大质量事故，重大索赔事件，材料、设备的使用情况及困难，组织协调方面的困难,异常天气的影响等。

(5)监理的情况。主要说明监理人员的配备、监理工作的实施及效果、承包商对监理程序的执行等。

为了能简洁地说明问题,监理月报还应附有各类图表。监理月报应由项目总监理工程师组织编制,签署后,报送建设单位和监理单位。

表 8-3　　**监理月报(××年×月)**

(××[×]月报××号)

合同名称:××水利工程施工监理合同　　合同编号:××—×

致:××水利水电开发总公司 现呈报我方编写的__××__年__×__月监理月报,请贵方审阅。 随本监理月报一同上报以下附表: 1. 完成工程量月统计表。 2. 监理抽检情况月汇总表。 3. 工程变更月报表。 4. 其他。 监理机构:××监理公司××监理部 总监理工程师:××× 日期:××年×月×日
今已收到__××监理公司××监理部__(监理机构全称)所报__××__年__×__月的监理月报及附件共__×__份。 发包人:××水利水电开发总公司(盖章) 签收人:××× 日期:××年×月×日

说明:监理月报一式__1__份,由监理机构填写,每月 5 日前报发包人。发包人签收后,监理机构改革、发包人各 1 份。

四、监理会议纪要

监理会议纪要应由项目监理机构根据会议记录整理而成，经总监理工程师审阅，由与会各方代表会签。会议记录要真实、准确，同时必须得到监理工程师及承包商的同意。同意的方式可以是在会议记录上签字，也可以在下次工地会议上对记录取得口头上认可。

1. 第一次工地会议

第一次工地会议是在中标通知书发出后，监理工程师准备发出开工通知前召开，其目的是检查工程的准备情况（含各方机构、人员），以确定开工日期，发出开工令。

第一次工地会议由总监理工程师主持，业主、承包商、指定分包商、专业监理工程师等参加。各方准备工作的内容如下：

(1)监理单位准备工作的内容包括：现场监理组织的机构框图及各专业监理工程师、监理人员名单及职责范围；监理工作的例行程序及有关表达说明。

(2)业主准备工作的内容包括：派驻工地的代表名单以及业主的组织机构；工程占地、临时用地、临时道路、拆迁以及其他与工程开工有关的条件；施工许可证、执照的办理情况；资金筹集情况；施工图纸及其交底情况。

(3)承包商准备工作的内容包括：工地组织机构图表，参与工程的主要人员名单以及各种技术工人和劳动力进场计划表；用于工程的材料、机械的来源及落实情况；供材计划清单；各种临时设施的准备情况，临时工程建设计划；试验室的建立或委托试验室的资质、地点等情况；工程保险的办理情况，有关已办手续的副本；现场的自然条件、图纸、水准基点及主要控制点的测量复核情况；为监理工程师提供的设备准备情况；施工组织总设计及施工进度计划；与开工有关的其他事项。

监理工程师应将会议全部内容整理成纪要文件。纪要文件应包括：参加会议人员名单；承包商、业主和监理工程师对开工准备工作的详情；与会者讨论时发表的意见及补充说明；监理工程师的结论意见。

2. 工地例会

工地例会也称经常性工地会议，是在开工后由监理工程师按照协商的时间定期组织召开的会议，其目的是分析、讨论工程建设中的实际问题，并作出决定。

(1)参加工地例会的监理工程师和承包商应准备好会议资料。具体规定如下：

1)监理工程师应准备以下资料：上次工地会议的记录；承包商对监理程序执行情况分析资料；施工进度的分析资料；工程质量情况及有关技术问题的资料；合同履行情况分析资料；其他相关资料。

2)承包商应准备以下主要资料：工程进度图表；气象观测资料；实验数据资料；观测数据资料；人员及设备清单；现场材料的种类、数量及质量；有关事项说明资料，如进度和质量分析、安全问题分析、技术方案问题、财务支付问题、其他需要说明的问题。

(2)工地例会应由专人做会议记录。会议记录的内容一般应包括：会议时间、地点及会议序号；出席会议人员的姓名、职务及单位；会议提交的资料；会议中发言者的姓名及发言内容；会议的有关决定。

五、监理工作日志

监理工作日志也属于监理文件，是以项目监理机构的监理工作为记载对象。从监理工作开始起至监理工作结束止，应由专人负责逐日记载。

1. 监理员工作日志

监理员工作日志一般应按固定格式填写，并送交驻地监理工程师审阅，驻地监理工程师如果对监理员的处理决定有不同意见，可以及时纠正。

表 8-4　　**会议纪要**

（××[××]纪要×号）

合同名称：××工程施工合同　　合同编号：××－×

<table>
<tr><td>会议名称</td><td colspan="3">×××</td></tr>
<tr><td>会议时间</td><td>××年×月×日</td><td>会议地点</td><td>×××</td></tr>
<tr><td>×××</td><td colspan="3"></td></tr>
<tr><td>组织单位</td><td>××监理公司××监理部</td><td>主持人</td><td>×××</td></tr>
<tr><td>参加单位</td><td colspan="3">1. ××水利水电开发总公司
2. ××监理公司××监理部
3. ××市第×工程局</td></tr>
<tr><td rowspan="4">主要参加人
（签名）</td><td>×××</td><td>×××</td><td></td></tr>
<tr><td>×××</td><td></td><td></td></tr>
<tr><td></td><td></td><td></td></tr>
<tr><td></td><td></td><td></td></tr>
<tr><td>会议主要
内容及结论</td><td colspan="3">会议内容：（略）

会议结论：（略）

监理机构：××监理公司××监理部
总监理工程师：（签名）×××
日期：××年×月×日</td></tr>
</table>

说明：本表由监理机构填写，签字后送达与会单位；全文记录可加附页。

表 8-5

监理日志

（[××]监理日志××号）

工 程 名 称：××水利枢纽工程

合 同 编 码：×××

发　包　人：××水利水电开发总公司

承　包　人：××市第×水利水电工程局

监 理 机 构：（全称及盖章） ××监理公司(盖章)

总监理工程师：（签名）×××

表 8-6　　　　　　　　　　　**监理日志**

填写人：______　　　　　　　　　　　　　　　　　　　　　　日期：______

天气	白天	晴	夜晚	多云
施工部位、施工内容、施工形象				
施工质量检验、安全作业情况				
施工作业中存在的问题及处理情况				
承包人的管理人员及主要技术人员到位情况				
施工机械投入运行和设备完好情况				
其　他				

说明：本表由监理机构指定专人填写，按月装订成册。

监理员工作日志的主要内容应包括：工程施工部位及施工内容；现场施工人员、管理人员及设备的使用情况；完成的工作量及工程进度；工程质量情况；施工中存在的问题及处理经过；材料进场情况；当天的综合评价；其他方面有关情况。

2. 驻地监理工程师工作日志

驻地监理工程师工作日志一般不采用固定格式，其内容一般应包括以下内容：总监理工程师的指示以及与总监理工程师的口头协议；对承包商的主要指示；与承包商达成的协议；对监理员的指示；工程中发生的重大事件及处理过程；现场发生纠纷的解决办法；与工程有关的其他方面问题。

六、监理工作总结

监理工作的最后环节是进行监理工作总结。总监理工程师应带领全体项目监理人员对监理工作进行全面的、认真的总结。监理工作总结应包括两部分：一是向业主提交的监理工作总结；二是向监理单位提交的监理工作总结。

1. 向业主提交的监理工作总结

项目监理机构向业主提交的监理工作总结，一般应包括以下内容：

(1)工程基本概况。

(2)监理组织机构及进场、退场时间。

(3)监理委托合同履行情况概述。

(4)监理目标或监理任务完成情况的评价。

(5)工程质量的评价。

(6)对工程建设中存在问题的处理意见或建议。

(7)质量保修期的监理工作。

(8)由业主提供的供监理活动使用的办公用房、车辆、试验设施等清单。

(9)表明监理工作终结的说明等。

(10)监理资料清单及工程照片等资料。

2. 向监理单位提交的监理工作总结

项目监理机构向监理单位提交的工作总结应包括的内容:监理组织机构情况;监理规划及其执行情况;监理机构各项规章制度执行情况;监理工作经验和教训;监理工作建议;质量保修期监理工作;监理资料清单及工程照片等资料。

第三节 水利水电工程监理工作记录

一、工程方案管理

表 8-7 **施工技术方案申报表**

(承包[××]技案×号)

合同名称:××水利施工合同　　合同编号:××－×

监理机构:××市第×水利水电工程局

致:××监理公司(监理机构)
我方已根据施工合同的约定完成了 ××水利施工 工程 技术方案 的编制,并经我方技术负责人审查批准,现上报贵方,请审批。 附:☑施工组织设计 ☑施工措施计划 ☑安全措施计划 ☑分部工程施工工法 ☑工程放样计划 承包人:××市第×水利水电工程局 项目经理:××× 日期:××年×月×日
监理机构将另行签发审批意见。 监理机构:××监理公司××监理部 签收人:××× 日期:××年×月×日

说明:本表一式 1 份,由承包人填写,随同审批意见承包人、监理机构、发包人、设代机构各1份。

表 8-8

施工进度计划申报表

（承包[××]进度×号）

合同名称：××水利施工合同　　　　合同编号：××－×

承包人：××市第×水利水电工程局

致：××监理公司（监理机构）

我方今提交＿＿××河道××水利　（××－×）＿＿工程（名称及编码）的：

☑工程总进度计划

□工程年进度计划

□工程月进度计划

□

请贵方审查。

附件：1. 施工进度计划。

2. 图表、说明书共＿×＿页。

承包人：××市第×水利水电工程局（盖章）

项目经理：×××

日期：××年×月×日

监理机构将另行签发审批意见。

监理机构：××监理公司××监理部（盖章）

签收人：×××

日期：××年×月×日

说明：本表一式＿1＿份，由承包人填写，监理机构审核后，随同审批意见承包人、监理机构、发包人、设代机构各 1 份。

表 8-9

施工分包申报表

（承包[××]分包×号）

合同名称：××水利施工合同　　　　合同编号：××－×

监理机构：××市第×水利水电工程局

致：××监理公司（监理机构）

根据施工合同约定和工程需要，我方拟将本申请表中所列项目分包给所选分包人，经考察所选分包人具备按照合同要求完成所分包工程的资质、经验、技术与管理水平、资源和财务能力，并具有良好的业绩和信誉，请审核。

分包人名称	××市市政工程公司、××施工队					
分包工程编码	分包工程名称	单位	数量	单价	分包金额（万元）	占合同总金额的%
×××	××工程 2# 河堤	×	×	×	×	×
合计						

附件：分包人简况（包括分包人资质、经验、能力、信誉、财务，主要人员经历等资料）

承包人：××市第×水利水电工程局

负责人：×××

日期：××年×月×日

监理机构将另行签发审批意见。

监理机构：××监理公司××监理部

签收人：×××

日期：××年×月×日

说明：本表一式＿1＿份，由承包人填写，监理机构审核、发包人批准后，随同审批意见承包人、监理机构、发包人各1份。

二、工程进度管理

表 8-10　　**合同项目开工申报表**

（承包[××]合开工×号）

合同名称：××水利施工合同　　　　合同编号：××－×

承包人：××市第×水利水电工程局

致：××监理公司（监理机构） 我方承担的 ××水利施工 合同项目工程，已完成了各项准备工作，具备了开工条件，现申请开工，请审核。 附件：1. 开工申请报告 2. 已具备的开工条件证明文件 承包人：××市第×水利水电工程局（盖章） 项目经理：××× 日期：××年×月×日
审核批准后另行签发开工令。 监理机构：××监理公司××监理部（盖章） 签收人：××× 日期：××年×月×日

说明：本表一式 1 份，由承包人填写，监理机构审核后，随同审批意见承包人、监理机构、发包人、设代机构各1份。

表 8-11 分部工程开工申报表

（承包[××]分开工×号）

合同名称：××水利施工合同　　合同编号：××－×

承包人：××市第×水利水电工程局

<table>
<tr><td colspan="2">申请开工分部工程
名称、编码</td><td colspan="2">××水利工程 2# 河堤　(××－×)</td></tr>
<tr><td colspan="2">申请开工日期</td><td>××年×月×日</td><td>计划工期 ××年×月×日至 ××年×月×日</td></tr>
<tr><td rowspan="9">承包人
施工
准备
工作
自检
记录</td><td>序号</td><td>检查内容</td><td>检查结果</td></tr>
<tr><td>1</td><td>施工图纸、技术标准、施工技术交底情况</td><td>资料完整</td></tr>
<tr><td>2</td><td>主要施工设备到位情况</td><td>设备到位</td></tr>
<tr><td>3</td><td>施工安全、和质量保证措施落实情况</td><td>具备安全保护措施</td></tr>
<tr><td>4</td><td>建筑材料、成品、构配件质量及检验情况</td><td>进场材料已通过试验检测可以开始施工</td></tr>
<tr><td>5</td><td>现场管理、劳动组织及人员组合安排情况</td><td>人员已经到位，资格证、上岗证齐全</td></tr>
<tr><td>6</td><td>风、水、电等必须的辅助生产设施准备情况</td><td>具备开工条件</td></tr>
<tr><td>7</td><td>场地平整、交通、临时设施准备情况</td><td>具备开工条件</td></tr>
<tr><td>8</td><td>测量及试验情况</td><td>附施工放样报验单</td></tr>
<tr><td colspan="4">附件：☑分部工程施工工法
☑分部工程进度计划
☑施工放样报验单
本分部工程已具备开工条件，施工准备已就绪，请审批。

承包人：××市第×水利水电工程局（盖章）
项目经理：×××
日期：××年×月×日</td></tr>
<tr><td colspan="4">开工申请通过审核后另行签发开工通知。

监理机构：××监理公司××监理部（盖章）
签收人：×××
日期：××年×月×日</td></tr>
</table>

说明：本表一式 1 份，由承包人填写，监理机构审签后，随同“分部工程开工通知”送承包人、监理机构、发包人、设代机构各 1 份。

表 8-12

合同项目开工令

（监理[××]合开工×号）

合同名称：××水利施工合同　　　　合同编号：××—×

监理机构：××监理公司××监理部

<table>
<tr><td>
致：______（承包人）

你方__××__年__×__月__×__日报送的__××河道××水利__工程项目开工申请（承包[××]合开工×号）已经通过审核。你方可从即日起，按施工计划安排开工。
本开工令确定此合同的实际开工日期为__××__年__×__月__×__日。

监理机构：××监理公司××监理部（盖章）
总监理工程师：×××
日期：××年×月×日
</td></tr>
<tr><td>
今已收到合同项目的开工令。

承包人：××市第×水利水电工程局（盖章）
项目经理：×××
日期：××年×月×日
</td></tr>
</table>

说明：本表一式__1__份，由监理机构填写，承包人、监理机构、发包人、设代机构各1份。

表 8-13 **分部工程开工通知**

（监理[××]分开工×号）

合同名称：××水利施工合同　　合同编号：××－×

监理机构：××监理公司××监理部

<table>
<tr><td>
致：______（承包人）

你方 ×× 年 × 月 × 日报送的 ××水利工程2#堤防 分部工程（编码为：××－× 开工申请表（承包[××]分开工×号）已经通过审查。此开工通知确定该分部工程的开工日期为 ×× 年 × 月 × 日。

附注：

监理机构：××监理公司××监理部（盖章）
总监理工程师：×××
日期：××年×月×日
</td></tr>
<tr><td>
今已收到 ××水利工程2#堤防 分部工程（编码为：××－× 的开工通知。

承包人：××市第×水利水电工程局（盖章）
项目经理：×××
日期：××年×月×日
</td></tr>
</table>

说明：本表一式 1 份，由监理机构填写，承包人、监理机构、发包人、设代机构各1份。

表 8-14

暂停施工申请

（承包[××]暂停×号）

合同名称：××水利施工合同　　　　合同编号：××－×

承包人：××市第×水利水电工程局

<table>
<tr><td colspan="2">致：______（监理机构）

由于发生本申请所列原因造成工程无法正常施工，依据有关合同约定，我方申请对所列工程项目暂停施工。</td></tr>
<tr><td>暂停施工
工程项目</td><td>××河段 2# 河堤工程</td></tr>
<tr><td>暂停施工原因</td><td>×月×日－×月间将有大到暴雨，工程无法正常施工</td></tr>
<tr><td>引用合同条款</td><td></td></tr>
<tr><td>附注</td><td></td></tr>
<tr><td>（填报说明）

承包人：××市第×水利水电工程局（盖章）
项目经理：×××
日期：××年×月×日</td><td>监理机构将另行签发审批意见。

监理机构：××监理公司××监理部
签收人：×××
日期：××年×月×日</td></tr>
</table>

说明：本表一式__1__份，由承包人填写，监理机构审批后，随同审批意见承包商人、监理机构、发包人各1份。

表 8-15 **复工申请表**

（承包[××]复工×号）

合同名称：××水利施工合同 合同编号：××－×

监理机构：××市第×水利水电工程局

致：××监理公司（监理机构） __××水利施工__工程项目，接到监理[××]停工×号暂停施工通知后，已于__××__年__×__月__×__日__×__时暂停施工。鉴于致使该工程的停工因素已经消除，复工准备工作业已就绪，特报请批准于__××__年__×__月__×__日__×__时复工。 附件：具备复工条件的情况说明。 承包人：××市第×水利水电工程局 负责人：××× 日期：××年×月×日
监理机构将另行签发审批意见。 监理机构：××市第×水利水电工程局 签收人：××× 日期：××年×月×日

说明：本表一式__1__份，由承包人填写，报送监理机构审批后，随同审批意见承包人、监理机构、发包人各1份。

表 8-16

暂停施工通知

（监理[××]停工×号）

合同名称：××水利施工合同　　　　合同编号：××－×

承包人：××监理公司××监理部

<table>
<tr><td colspan="2">致：______（承包人）

由于本通知所述原因，现通知你方于 ×× 年 × 月 × 日 × 时对 ××河段 $2^{\#}$ 河堤 工程项目暂停施工。</td></tr>
<tr><td>工程暂停施工原因</td><td>×××</td></tr>
<tr><td>引用合同条款或法规依据</td><td>（略）</td></tr>
<tr><td>停工期间要求</td><td>对已完成工程进行妥善保护</td></tr>
<tr><td>合同责任</td><td>（略）</td></tr>
<tr><td>监理机构：××监理公司××监理部
总监理工程师：×××
日期：××年×月×日</td><td>承包人：××市第×水利水电工程局
项目经理：×××
日期：××年×月×日</td></tr>
</table>

说明：本表一式 1 份，由监理机构填写，承包人、监理机构、发包人、设代机构各 1 份。

表 8-17

复工通知

（监理[××]复工×号）

合同名称：××水利施工合同　　　　合同编号：××－×

监理机构：××监理公司××监理部

<table>
<tr><td>致：______（承包人）

鉴于监理[××]停工×号暂停施工通知所述原因已经消除，你方可于 <u>××</u> 年 <u>×</u> 月 <u>×</u> 日 <u>×</u> 时起对 <u>××河段 2# 河堤</u> 工程项目恢复施工。

附注：

监理机构：××监理公司××监理部
负责人：×××
日期：××年×月×日</td></tr>
<tr><td>承包人：××市第×水利水电工程局
项目经理：×××
日期：××年×月×日</td></tr>
</table>

说明：本表一式 <u>1</u> 份，由监理机构填写，承包人、监理机构、发包人、设代机构各 1 份。

表 8-18 延长工期申报表

（承包[××]延期×号）

合同名称：××水利施工合同　　合同编号：××－×

承包人：××市第×水利水电工程局

致：××监理公司（监理机构） 根据施工合同约定及相关规定，由于本申报表附件所列原因，我方要求对所申报的__河堤__工程项目工期延长__×__天，合同项目工期顺延__×__天，完工日期从__××__年__×__月__×__日延至__××__年__×__月__×__日，请审批。 附件：1. 延长工期申请报告（说明原因、依据、计算过程及结果等）。 2. 证明材料。 承包人：××市第×水利水电工程局 项目经理：××× 日期：××年×月×日
监理机构将另行签发审核意见。 监理机构：××监理公司××监理部 负责人：××× 日期：××年×月×日

说明：本表一式__1__份，由承包人填写，监理机构审核后，随同审核意见承包人、监理机构、发包人、设代机构各1份。

三、工程定价控制

表 8-19

工程预付款付款证书

（××[×]工预付××号）

合同名称：××水利工程施工合同　　　　合同编号：××－×

致：××市第×水利水电工程局　　　　（承包人）

经审核，承包人提供的预付款担保符合合同约定，并已获得你方认可，具备预付款支付条件。根据施工合同，你方应向承包人支付第　×　次工程预付款，金额为：

大写：　　　×××××元整　　　　。

小写：　　　¥×××××　　　　。

监理机构：××监理公司××监理部（盖章）

监理工程师：×××

日期：××年×月×日

说明：本证书一式　1　份，由监理机构填写。承包人 2 份，监理机构、发包人各 1 份。

表 8-20

工程计量报验单

（承包[××]计量×号）

合同名称：××水利施工合同　　　　合同编号：××－×

监理机构：××市第×水利水电工程局

致：××监理公司（监理机构）

我方按施工合同约定，完成了 × 个工序/单元工程的施工，其工程质量已经检验合格，并对工程量进行了计量测量。现提交测量结果，请核准。

承包人：××市第×水利水电工程局

项目经理：×××

日期：××年×月×日

序号	项目名称	合同价号	单元（元）	单位	申报工程量	核准工程量	监理审核意见	备注
01	×××	××－×	××	×	×××	×××		
02	×××	××－×	××	×	×××	×××		
03	×××	××－×	××	×	×××	×××		

附件：计量测量资料

（核准意见）

监理机构：××监理公司××监理部

总监理工程师/监理工程师：×××

日期：××年×月×日

说明：本表一式 1 份，由承包人填写，监理机构核准后，监理机构、发包人各1份，承包人2份，作为当月已完工程量汇总表的附件使用。

表 8-21

计日工工程量签证单

（承包[××]计日证×号）

合同名称：**××水利施工合同**　　　　　　　　　　　　　　　　　　合同编号：××－×

监理机构：**××市第×水利水电工程局**

序号	工程项目名称	计日工内容	单位	申报工程量	核准工程量	说明
1	××××	××××	×	××	××	
2	××××	××××	×	××	××	
3						
4						
5						
6						

现申报计日工工程量，请审核。

附件：1. 计日工工作通知。
　　　2. 计日工现场签认凭证。

承包人：**××市第×水利水电工程局**
负责人：×××
日期：××年×月×日

（审核意见）

监理机构：**××监理公司××监理部**
签收人：×××
日期：××年×月×日

说明：本表一式 **1** 份，由承包人每个工作日完成后填写，经监理机构验证后，监理机构、发包人各1份，退返承包人2份，作结算时使用。

表 8-22　　**工程价款月支付宴请书(××年×月)**

(承包[××]月付×号)

合同名称:××水利施工合同　　合同编号:××－×

监理机构:××市第×水利水电工程局

致:××监理公司(监理机构) 现申请支付 ×× 年 × 月工程价款金额共计(大写) ××××元整 (小写 ¥×××)。请审核。 附表: 1. 工程价款月支付汇总表。 2. 已完工程量汇总情。 3. 合同单价项目月支付明细表。 4. 合同合价项目月支付明细表。 5. 合同新增项目月支付明细表。 6. 计日工项目月支付明细表。 7. 计日工工程量月汇总表。 8. 索赔项目价款月支付汇总表。 9. 其他。 承包人:××市第×水利水电工程局 负责人:××× 日期:××年×月×日
审核后,监理机构将另行签发月付款证书。 监理机构:××监理公司××监理部 签收人:××× 日期:××年×月×日

说明:本申请书及附表一式 1 份,由承包人填写呈报监理机构审核后,作为支付证书的附件报送发包人批准。

表 8-23

已完工程量汇总表

（承包[××]量总×号）

合同名称：××水利施工合同　　合同编号：××－×

监理机构：××市第×水利水电工程局

序号	项目名称	项目内容	单位	核准工程量	备注
01	×××	××××	×	××	
02	×××	××××	×	××	
03	×××	××××	×	××	

致：××监理公司（监理机构）

本月已完工程量汇总表如上表，请审核。

附件：工程计量报验单

承包人：××市第×水利水电工程局

负责人：×××

日期：××年×月×日

（审核意见）

监理机构：××监理公司××监理部

签收人：×××

日期：××年×月×日

说明：本表一式 1 份，由承包人依据已签认的工程计量报验单填写，监理机构核准后，作为 GB31 的附表，一同流转、审批结算时用。

表 8-24

工程价款月付款证书

（监理[××]月付×号）

合同名称：××水利施工合同　　　　合同编号：××－×

监理机构：××监理公司××监理部

致：______（发包人） 根据施工合同，经审核承包人的工程价款月支付申请书（承我包[××]月付×号），本月应支付给承包人的工程价款金额共计为（大写）<u>××××元整</u>（小写<u>￥×××</u>）。 根据施工合同约定，请贵方在收到此证书后的<u>×</u>天之内完成审批。将上述工程价款支付给承包人。 附件：1. 月支付审核汇总表。 2. 其他。 监理机构：××监理公司××监理部 总监理工程师：××× 日期：××年×月×日

说明：本证书一式<u>1</u>份，由监理机构填写，发包人、监理机构各1份，承包人2份。办理结算时使用。

表 8-25

完工/最终付款证书

（监理[××]付证×号）

合同名称：××水利施工合同　　合同编号：××－×

监理机构：××监理公司××监理部

致：______（发包人）

根据施工合同约定，经审核承包人的☑完工付款申请/□最终付款申请（承我包[××]付申__×__号），应支付给承包人的金额共计为（大写）__×××元整__（小写__￥×××__）。

根据合同约定，请贵方在收到☑完工付款证书/□最终付款证书后的__×__天之内完成审批，将上述工程款额支付给承包人。

附件：1. 完工/最终付款申请书。
2. 计算资料。
3. 证明文件。
4. 其他。

监理机构：××监理公司××监理部
总监理工程师：×××
日期：××年×月×日

说明：本证书一式__1__份，由监理机构填写，监理机构及发包人各1份，承包人2份，办理结算时使用。

表 8-26 **索赔意向通知**

（承包[××]赔通×号）

合同名称：××水利施工合同 合同编号：××－×

承包人：××市第×水利水电工程局

<table>
<tr><td>致：××监理公司（监理机构）

由于<u>××××非人力因素造成误工的</u>原因，根据施工合同的约定，我方拟提出索赔申请，请审核。
附件：索赔意向书（包括索赔事件、索赔依据等）

承包人：××市第×水利水电工程局（盖章）
项目经理：×××
日期：××年×月×日</td></tr>
<tr><td>监理机构将另行签发批复意见。

监理机构：××监理公司××监理部（盖章）
负责人：×××
日期：××年×月×日</td></tr>
</table>

说明：本表一式<u>1</u>份，由承包人填写，监理机构审核后，随同批复意见承包人、监理机构、发包人各1份。

表 8-27

索赔申请报告

（承包[××]赔报×号）

合同名称：××水利施工合同　　　　　　　　　　　　　　　　　　　合同编号：××—×

承包人：××市第×水利水电工程局

<table>
<tr><td>致：××监理公司（监理机构）

根据有关规定和施工合同约定，我方对<u>　　××××　　</u>事件申请赔偿金额为（大写）<u>　××× 元整　</u>（小写<u>　¥×××　</u>），请审核。

附件：索赔报告。主要内容包括：
1. 事因简述
2. 引用合同条款及其他依据
3. 索赔计算
4. 索赔事实发生的当时记录
5. 索赔支持文件

承包人：××市第×水利水电工程局（盖章）
项目经理：×××
日期：××年×月×日</td></tr>
<tr><td>监理机构将另行签发审核意见。

监理机构：××监理公司××监理部（盖章）
负责人：×××
日期：××年×月×日</td></tr>
</table>

说明：本表一式<u>　1　</u>份，由承包人填写，监理机构审核后，随同批复意见承包人、监理机构、发包人各 1 份。

表 8-28

索赔项目价款月支付汇总表

（承包[××]赔总×号）

合同名称：**××水利施工合同** 合同编号：××－×

承包人：**××市第×水利水电工程局**

序号	费用索赔签认单号	核准索赔金额	备注
1	[××]×号	×××元	
2	[××]×号	×××元	
3			
4			
5			
6			
7			
8			
合计			

致：**××监理公司**（监理机构）

根据费用索赔签认单，现申报本月索赔项目价款总金额为（大写）__×××元×角×分__（小写__¥×××__，请审核。

附件：费用索赔签认单

承包人：**××市第×水利水电工程局**（盖章）

项目经理：**×××**

日期：**××年×月×日**

经审核，本月应支付索赔项目价款总金额为（大写）__×××元×角×分__（小写__¥×××__）。

监理机构：××**监理公司**××**监理部**

总监理工程师：**×××**

日期：**××年×月×日**

说明：本表一式__1__份，由承包人依据费用索赔签认单填写，作为CB31的附表，一同流转，审批结算时使用。

表 8-29 **费用索赔审核表**

（监理[××]索赔审×号）

合同名称：××水利施工合同 合同编号：××－×

承包人：××监理公司××监理部

致：______（承包人）

根据有关规定和施工合同约定，你方提出的索赔申请报告（承包[××]赔报×号，索赔金额（大写）__×××元整__）（小写__￥×××__），经我方审核。

☐不同意此项索赔

☑同意此项索赔，索赔金额为（大写）__×××元整__）（小写__￥×××__）。

附件：索赔分析、审核文件。

监理机构：××监理公司××监理部

总监理工程师：×××

日期：××年×月×日

说明：本表一式__1__份，由监理机构填写，审定后承包人、监理机构、发包人各1份。

表 8-30

费用索赔签认单

（监理[××]索赔签×号）

合同名称：××水利施工合同　　　　　　　　　　　　　　　　　　　　　　合同编号：××－×

承包人：××监理公司××监理部

<table>
<tr><td>根据有关规定和施工合同约定，经友好协商，承包人对于＿＿×××＿＿提出的索赔申请报告（承包[××]赔报×号），最终索赔金额确定为：
大写：＿＿×××元整＿＿（小写＿＿¥×××＿＿）。</td></tr>
<tr><td>承包人：××市第×水利水电工程局（盖章）
项目经理：×××
日期：××年×月×日</td></tr>
<tr><td>发包人：××市第×水利水电管理局（盖章）
负责人：×××
日期：××年×月×日</td></tr>
<tr><td>监理机构：××监理公司××监理部（盖章）
总监理工程师：×××
日期：××年×月×日</td></tr>
</table>

说明：本表一式＿1＿份，由监理机构填写，签字后监理机构、发包人各1份，承包人2份，办理结算时使用。

四、工程变更管理

表 8-31 **变更申请报告**

（承包[××]变更×号）

合同名称：**××水利施工合同** 合同编号：××—×

承包人：**××市第×水利水电工程局**

致：**××监理公司**（监理机构） 由于____×××____原因，今提出工程变更。变更内容详见附件，请审批。 附件：1. 工程变更建议书。 承包人：**××市第×水利水电工程局（盖章）** 项目经理：××× 日期：××年×月×日	
监理机构初步意见	**同意进行变更** 监理机构：**××监理公司××监理部（盖章）** 总监理工程师：××× 日期：××年×月×日
设计单元意见	**同意** 设计单位：**××水利水电设计院（盖章）** 负责人：××× 日期：××年×月×日
发包人意见	**同意** 发包人：××**市水利水电管理局**（盖章） 负责人：××× 日期：××年×月×日
批复意见	**提交详细的变更报告** 监理机构：**××监理公司××监理部** 总监理工程师：××× 日期：××年×月×日

说明：本表一式__1__份，由监理机构填写，承包人、监理机构、发包人、设代机构各1份。

表 8-32

变更项目价格申报表

（承包[××]变价×号）

合同名称：××水利施工合同　　　　合同编号：××一×

承包人：××市第×水利水电工程局

致：××监理公司（监理机构）

根据___××___工程变更指示（监理[××]变指×号）的工程变更内容，对下列项目单价申报如下，请审批。

附件：变更单价报告（原由、工程量、编制说明、单价分析表）

序号	项目名称	单位	申报单位	备注
1	××××	××		
2	××××	××		
3	××××	××		
4				
5				

（填报说明）

承包人：××市第×水利水电工程局
负责人：×××
日期：××年×月×日

监理机构将另行签发批复意见。

监理机构：××监理公司××监理部
签收人：×××
日期：××年×月×日

说明：本表一式__1__份，由承包人填写报监理机构，随同监理审核表、变更项目价格签认单或价格监理临时决定发包人、监理机构、承包人各1份。

表 8-33 新增或紧急工程通知

（监理[××]新通×号）

合同名称：××水利施工合同　　　　　　　　　　　　　　　　　　　　　　合同编号：××－×

致： 今委托你方进行下列不包括在施工合同内 混凝土坝体上端护栏 新增/紧急工程的施工，并于 ××年×月×日 前提交该工程的施工进度计划和施工技术方案。正式变更指示另行签发。 工程内容简介：（略） 工期要求：（略） 费用及支付方式：新增部分费用另行申报 监理机构：××监理公司××监理部 负责人：××× 日期：××年×月×日
现已收到 混凝土坝体上端护栏 新增/紧急工程通知，我方将按要求提交该工程的施工进度计划和施工技术方案。费用及工期意见将□同时提交/☑另行提交。 承包人：××市第×水利水电工程局 项目经理：××× 日期：××年×月×日

说明：本表一式 1 份，由监理机构填写，承包人、监理机构、发包人、设代机构各1份。

表 8-34

变更指示

(监理[××]变旨×号)

合同名称:××水利施工合同　　　　合同编号:××－×

承包人:××监理公司××监理部

<table>
<tr><td colspan="2">致:＿＿＿(承包人)

现决定对本合同项目作如下变更或调整,应遵照执行,并根据本指示于＿××＿年＿×＿月＿×＿日前提交相应的和施工技术方案、进度计划和报价。</td></tr>
<tr><td>变更项目名称</td><td>××河段 2# 河堤</td></tr>
<tr><td>变更内容简述</td><td>对 2# 河堤加高 0.5m</td></tr>
<tr><td>变更工程量</td><td>×××</td></tr>
<tr><td>变更技术要求</td><td>根据《堤防工程施工质量评定与验收规程》(SL239—1999)进行验收</td></tr>
<tr><td>其他内容</td><td></td></tr>
<tr><td colspan="2">附件:变更文件、施工图纸

监理机构:××监理公司××监理部(盖章)
总监理工程师:×××
日期:××年×月×日</td></tr>
<tr><td colspan="2">接受变更指示,并按要求提交施工技术方案、进度计划和报价。

承包人:××市第×水利水电工程局(盖章)
项目经理:×××
日期:××年×月×日</td></tr>
</table>

说明:本表一式＿1＿份,由监理机构填写,承包人、监理机构、发包人、设代机构各 1 份。

表 8-35 变更项目价格审核表

（监理[××]变价审×号）

合同名称：××水利施工合同　　合同编号：××－×

承包人：××监理公司××监理部

致：______（承包人）

根据有关规定和施工合同约定，你方提出的变更项目价格申报表（承包[××]变价 × 号），经我方审核，变更项目价格如下。

附注：

序号	项目名称	单位	监理审核单价	备注
01	××××	×	×××	
02	××××	×	×××	
03	××××	×	×××	

（填报说明）

监理机构：××监理公司××监理部

签收人：×××

日期：××年×月×日

说明：本表一式 1 份，由监理机构填写，审核后承包人、监理机构、发包人各1份。

表 8-36

变更项目价格签认单

（监理[××]变价签×号）

合同名称：××水利施工合同　　　　合同编号：××－×

承包人：××监理公司××监理部

根据有关规定和施工合同约定，经友好协商，承包人对于　××河段 2# 河堤　提出的变更项目价格申报表（承包[××]变价×号），最终确定变更项目价格如下。

序号	项目名称	单位	核定单价	备注
01	××××	×	×××	
02	××××	×	×××	
03	××××	×	×××	

承包人：××市第×水利水电工程局（盖章）
项目经理：×××
日期：××年×月×日

发包人：××市水利水电管理局（盖章）
负责人：×××
日期：××年×月×日

监理机构：××监理公司××监理部
签收人：×××
日期：××年×月×日

说明：本表一式　1　份，由监理机构填写，签字后监理机构、发包人各 1 份，承包人 2 份，办理结算时使用。

表 8-37 变更通知

（监理[××]变通×号）

合同名称：××水利施工合同 合同编号：××－×

承包人：××监理公司××监理部

致：______（承包人）

根据　变更指示(监理[××]变指×号　，你方与发包人协商一致，按本通知调整价款和工期。

项目号	变更项目内容	单位	数量(增或减)	单价	增加金额(元)	减少金额(元)
××	×××	×	××	×	××	
合计						

合同工期日数的增加：

(1)原合同工期(日历天)　×　(天)。

(2)本变更指令延长工期日数　×　(天)。

(3)迄今延长合同工期总的变更　×　(天)。

(4)现合同工期(日历天)　×　(天)。

变更或额外/紧急工程描述及其他说明：

监理机构：××监理公司××监理部

签收人：×××

日期：××年×月×日

承包人：××市第×水利水电工程局

项目经理：×××

日期：××年×月×日

说明：本表一式　1　份，由监理机构填写，承包人2份，监理机构、发包人各1份。

五、工程质量验收

表 8-38

单元工程施工质量报验单

（承包[××]质报×号）

合同名称：××水利施工合同　　　　　　　　　　　　　　　　合同编号：××-×
监理机构：××市第×水利水电工程局

致：××监理公司（监理机构） __××河段岩石边坡开挖__单元工程已按合同要求完成施工，经自检合格，报请核验。 附：__××　河段岩石边坡开挖单元工程质量评定表。__ 承包人：××市第×水利水电工程局 项目经理：××× 日期：××年×月×日
（核验意见） 边坡岩石与地质勘探报告（编号××）相符，边坡平面位置、几何尺寸、基槽底标高，定位符合设计要求。 可进行下道工序。 监理机构：××监理公司××监理部 签收人：××× 日期：××年×月×日

说明：本表一式__1__份，由承包人填写，随同审批意见承包人、监理机构、发包人、设代机构各1份。

表 8-39 施工质量缺陷处理措施报审单

（承包[××]缺陷×号）

合同名称：××水利施工合同 合同编号：××－×

监理机构：××市第×水利水电工程局

单位工程名称	××河段 $2^{\#}$ 河堤工程	分部工程名称	$2^{\#}$ 河堤基础
单元工程名称	岩石边坡开挖	单元工程编码	××××××
质量缺陷工程部位	$2^{\#}$ 河堤 0＋635m～0＋642m		
质量缺陷情况简要说明	岩石边坡出现软基带，土质较软，无法在此基础上施工		
拟采用的处理措施简述	拟软基部分继续开挖至原状土执力层，用毛石进行填平至设计高度		
附件目录	☑处理措施报告 □修复图纸	计划施工时段	××年×月×日至 ××年×月×日
现提交 ××河段 $2^{\#}$ 河堤 工程质量的缺陷处理措施，请审批。 承包人：××市第×水利水电工程局（盖章） 项目经理：××× 日期：××年×月×日		（审核意见） 同意按此方案执行。 监理机构：××监理公司××监理部 总监理工程师/监理工程师：××× 日期：××年×月×日	

说明：本表一式 1 份，由承包人填写，监理机构审签后，承包商人、监理机构、发包人各 1 份。

六、工程移交与施工验收

表 8-40 **工程移交通知**

（监理[××]移交×号）

合同名称：××水利施工合同 合同编号：××—×

承包人：××监理公司××监理部

<table>
<tr><td colspan="2">致：______（承包人）

鉴于__××河段混凝土坝体__工程已于__××__年__×__月__×__日通过

☑单位工程验收

□完工验收

根据有关规定和施工合同约定，可按本通知的要求，办理移交手续。

特此通知。</td></tr>
<tr><td>工程移交
日期</td><td>☑请于__××__年__×__月__×__日办妥移交手续。
□</td></tr>
<tr><td>保修期
起算日期</td><td>☑本工程保修期，自该工程的移交证书中写明的实际完工之日起算，保修期为__×__个月。</td></tr>
<tr><td colspan="2">办理移交手续前应完成的工程项目：
1.
2.
3.
4.

监理机构：××监理公司××监理部
总监理工程师：×××
日期：××年×月×日</td></tr>
<tr><td colspan="2">承包人：××市第×水利水电工程局
项目经理：×××
日期：××年×月×日</td></tr>
</table>

说明：本表一式__1__份，由监理机构填写，承包人、监理机构、发包人各1份。

表 8-41

工程移交证书

（监理[××]移证×号）

合同名称：××水利施工合同　　　　合同编号：××－×

承包人：××监理公司××监理部

致：_____（承包人）

　　××河段混凝土坝体　工程已按施工合同和监理机构的指示完成（该证书中注明的工程缺陷和未完工程除外），并于　××　年　×　月　×　日经过□完工验收/☑单位工程验收。根据有关规定和合同约定，监理机构签发此工程移交证书。从本移交证书颁发之日开始，正式移交给发包人。本工程的实际完工之日为　××　年　×　月　×　日，并从此日开始，该工程进入保修期阶段。

附件：工程缺陷及未完工程内容清单及其实施计划

监理机构：××监理公司××监理部

总监理工程师：×××

日期：××年×月×日

说明：本证书一式　1　份，由监理机构填写，监理机构及发包人各1份，承包人2份。

表 8-42

验收申请报告

（承包[××]验报×号）

合同名称：××水利施工合同　　　　　　　　　　　　　　合同编号：××－×

承包人：××监理公司××监理部

<table>
<tr><td colspan="3">致：××监理公司（监理机构）

××水利工程项目已经按计划于×年×月×日基本完工，零星未完工程及缺陷修复拟按申报计划实施，验收文件也已准备就绪，现申请验收。</td></tr>
<tr><td rowspan="2">☑合同项目完工验收
□阶段验收
□单位工程验收
□分部工程验收</td><td>验收工程名称、编码</td><td>申请验收时间</td></tr>
<tr><td></td><td></td></tr>
<tr><td colspan="3">附件：
1. 零星未完工程施工计划。
2. 缺陷修复计划。
3. 验收报告、资料。

承包人：×××
项目经理：×××
日期：××年×月×日</td></tr>
<tr><td colspan="3">监理机构将另行签发审核意见。

监理机构：××监理公司
签收人：×××
日期：××年×月×日</td></tr>
</table>

说明：本表一式 1 份，由承包人填写，监理机构审核后，随同审核意见承包人、监理机构、发包人、设代机构各 1 份。

表 8-43

合同解除后付款证书

（监理[　　]解付　号）

合同名称：××水利施工合同　　　　合同编号：××－×

监理机构：××监理公司

事同解除的原因	
致：______（发包人） 根据施工合同约定，经审核，承包人共应获得工程价款总价为（大写）____×××元整____（小写____××××____），已得到各项付款总价为（大写）____××××元整____（小写____×××____），现应支付剩余工程价款总价为（大写）____×××元整____（小写____×××____），请审核。 附件：计算资料、证明文件。 监理机构：××监理公司 总监理工程师：××× 日期：××年×月×日	

说明：本表一式__1__份，由监理机构填写，审定后发包人、监理机构各1份，承包人2份，作为结算的附件。

七、其他监理资料

表 8-44

监理通知

（监理[　　]通知　　号）

合同名称：　　　　　　　　　　　　　　　　　　　　　　　　合同编号：

监理机构：

致：______（承包人） 事由： 通知内容： 特此通知 附件： 监理机构：（全称及盖章） 总监理工程师：（签名） 日期：　年　月　日
承包人：（全称及盖章） 签收人：（签名） 日期：　年　月　日

说明：1. 本通知一式______份，由监理机构填写，承包人、监理机构、发包人各1份。

2. 一般通知，由监理工程师办理，重要通知由总监理工程师签发。

3. 本通知单可用于对承包人的指示。

表 8-45

工程现场书面指示

（监理[××]现指×号）

合同名称：××水利施工合同　　　　　　　　　　　　　　　　　　　合同编号：××－×

承包人：××监理公司×监理部

致：______（承包人）
请你方执行本指示内容。若你方不提出确认，本指示章签收后立即生效。 发布指示依据：☑工程施工合同　×××条款　第×条 □工程施工合同　　条款　第　条 □工程施工合同　　条款　第　条 □ 指示内容与要求：（略） 监理机构：××监理公司××监理部 监理工程师：××× 日期：××年×月×日
今已收到贵方现场书面指示，我方将： □将按指示要求执行 ☑申请监理机构确认 承包人：××市第×水利水电工程局 现场负责人：××× 日期：××年×月×日

说明：本表一式__1__份，由监理机构填写，承包人、监理机构各1份。

表 8-46

警告通知

（监理[××]警告×号）

合同名称：××水利施工合同　　　　合同编号：××－×

承包人：××监理公司××监理部

致：＿＿＿（承包人） ＿××＿年＿×＿月＿×＿日＿×＿时，你方在工作时，存在下列所述的违规＊章）作业情况。为确保施工合同顺利实施，要求你方立即进行纠正，并避免类似情况的再次发生。 违规情况描述：××河段 2# 河堤浇筑过程中： (1)砂子未过筛，含较大颗粒，影响浇筑质量 (2)混凝土配料不均，砂子未过磅 (3)无坍落度试验记录 法规或合同条款的相关规定：(略) 监理机构：××监理公司××监理部 监理工程师：××× 日期：××年×月×日
承包人：××市第×水利水电工程局 签收人：××× 日期：××年×月×日

说明：本表一式＿1＿份，由监理机构填写，承包人、监理机构、发包人各 1 份。

表 8-47

整改通知

（监理[××]整改×号）

合同名称：××水利施工合同　　合同编号：××－×

监理机构：××监理公司××监理部

<table>
<tr><td colspan="3">致：______（承包人）

由于本通知所述原因，通知你方对　××河段 2# 河堤浇筑　工程项目应按下述要求进行整改，并于　××　年　×　月　×　日前提交整改措施报告，确保整改的结果达到要求。</td></tr>
<tr><td>整改
原因</td><td colspan="2">□施工质量经检验不合格
☑材料、设备不符合要求
□未按设计文件要求施工
□工程变更
□</td></tr>
<tr><td>整改
要求</td><td>□拆除
□更换、增加材料、设备
□调整施工人员</td><td>☑返工
□修补缺陷
□</td></tr>
<tr><td colspan="3">☑整改所发生费用由承包人承担
□整改所发生费用可另行申报
□

监理机构：××监理公司××监理部
总监理工程师：×××
日期：××年×月×日</td></tr>
<tr><td colspan="3">现已收到整改通知，我方将根据通知要求进行整改，并按要求提交整改措施报告。

承包人：××市第×水利水电工程局
项目经理：×××
日期：××年×月×日</td></tr>
</table>

说明：本表一式　1　份，由监理机构填写，承包人、监理机构、发包人各 1 份。

表 8-48

监理抽检试验登记表

（监理[　　]试记　号）

合同名称：　　　　　　　　　　　　　　　　　　　　　　　　合同编号：

监理机构：

序号	试验项目名称	试验单元工程名称	试验记录编号	试验完成日期	实验负责人	遗漏的试验项目名称	采取的措施	备注
1								
2								
3								
4								
5								
6								
7								
8								
9								
10								
专业监理工程师		（签名）			填报日期		年　月　日	

说明：监理机构试验实用表

表 8-49

监理巡视记录

（监理[　　]试记　号）

合同名称：　　　　　　　　　　　　　　　　　　　　　　合同编号：

监理机构：

巡视范围	
巡视对象	
发现问题 及处理意见	
巡视人： 日期：　　年　月　日	

说明：本表由监理机构填写，按月装订成册。

参 考 文 献

[1] 中华人民共和国水利部. SL 176—2007 水利水电工程施工质量检验与评定规程[S]. 北京:中国水利水电出版社,2007.

[2] 中华人民共和国水利部. SL 223—2008 水利水电建设工程验收规程[S]. 北京:中国水利水电出版社,2008.

[3] 中华人民共和国水利部. SL 288—2003 水利工程建设项目施工监理规范[S]. 北京:中国水利水电出版社,2003.

[4] 中华人民共和国国家发展和改革委员会. DL/T 5113.1—2005 水电水利基本建设工程单元工程质量等级评定标准一第1部分:土建工程[S]. 北京:中国电力出版社.

[5] 中华人民共和国建设部. GB 50300—2001 建筑工程施工质量验收统一标准[S]. 北京:中国建筑工业出版社,2001.

[6] 水利部建设与管理司,水利部水利工程质量监督总站. 水利水电工程施工质量评定表填表说明与示范[M]. 北京:中国水利水电出版社,2003.

[7]《中国水利百科全书》(第二版)编辑委员会. 中国水利百科全书[M]. 2版. 北京:中国水利水电出版社,2005.